防腐蚀工程师必读丛书

腐蚀试验方法及监检测技术

（第二版）

李晓刚　杜翠薇　编著

中国石化出版社

内 容 提 要

《腐蚀试验方法及监检测技术》为《防腐蚀工程师必读丛书》之一，由中国腐蚀与防护学会组织专家编写。全书共分为三篇。第 1 篇为腐蚀试验方法，主要介绍腐蚀试验方法的分类、试验设计与试验条件控制、常用的腐蚀评定方法、电化学测试技术、常规实验室腐蚀试验方法、局部腐蚀试验方法、加速腐蚀试验方法、自然环境中的腐蚀试验、微区腐蚀试验方法和模拟微生物腐蚀试验方法。第 2 篇为防腐蚀检测技术，介绍耐蚀材料检测与评定方法、防腐蚀工程和产品的检测技术，包括阴极保护检测技术、涂料涂层检测技术及缓蚀剂测试评定方法。第 3 篇为腐蚀监控，包括腐蚀监控技术、腐蚀监控装置和方法选择以及大数据技术在腐蚀监测中的应用。

本书可作为防腐蚀工程师技术资格认证培训教材，也可以作为高等院校相关专业教材和参考书，并可供从事防腐蚀领域的技术人员阅读参考。

图书在版编目(CIP)数据

腐蚀试验方法及监检测技术 / 李晓刚,杜翠薇编著.—2 版 .—北京：中国石化出版社,2021.6
(防腐蚀工程师必读丛书)
ISBN 978-7-5114-6296-1

Ⅰ.①腐… Ⅱ.①李… ②杜… Ⅲ.①腐蚀试验 ②腐蚀检测
Ⅳ.①TB304

中国版本图书馆 CIP 数据核字(2021)第 105380 号

中国石化出版社出版发行
地址：北京市东城区安定门外大街 58 号
邮编：100011 电话：(010)57512500
发行部电话：(010)57512575
http://www.sinopec-press.com
E-mail：press@sinopec.com
北京科信印刷有限公司印刷
全国各地新华书店经销
*
787×1092 毫米 16 开本 20.25 印张 501 千字
2021 年 6 月第 1 版 2021 年 6 月第 1 次印刷
定价：68.00 元

序

金属材料在自然条件或工况条件下，由于与其所处环境介质发生化学或电化学作用而引起的退化和破坏，这种现象称为腐蚀，其中也包括上述因素与力学因素或生物因素的共同作用。某种物理作用（例如金属材料在某些液态金属中的物理溶解现象）也可以归入金属腐蚀范畴。

腐蚀问题遍及各个部门及行业，对国民经济发展、人类生活和社会环境产生了巨大危害。据统计，各国由于腐蚀破坏造成的年度经济损失约占当年国民经济生产总值的 1.5%～4.2%，随各国不同的经济发达程度和腐蚀控制水平而异。根据《中国腐蚀调查报告》的资料，我国仅 2014 年腐蚀总成本就超过 2 万亿元人民币，约占当年国内生产总值的 3.34%，相当于每个中国人当年承担 1555 元的腐蚀成本，这是一个十分惊人的经济损失数字。除了腐蚀的经济性问题之外，腐蚀过程和结果实际上也是对地球上有限资源和能源的极大浪费，对自然环境的严重污染，对正常工业生产和人们生活的重大干扰，并给人们带来不可忽视的社会安全性问题。同时，腐蚀问题还可成为阻碍高新技术发展和国民经济持续发展的重要制约因素。

腐蚀与防护是一个很重要的学科，它涉及许多对国民经济发展有着重要影响的行业。普遍地、正确地选用适当的腐蚀控制技术和方法，可以防止或减缓腐蚀破坏，最大程度地减轻可能由腐蚀造成的经济损失和社会危害。一般认为，只要充分利用现有的腐蚀控制技术，就可使腐蚀损失降低 25%～40%。采用适当的腐蚀控制措施和预防对策，其能够达到的目标是可以保障公共安全，防止工业设备损伤破坏，保护环境，节约资源能源，以及挽回数以百亿、千亿元的腐蚀损失。

腐蚀结果表现为多种不同的类型，在不同条件下引起金属腐蚀的原因不尽相同，而且影响因素也非常复杂。因此，根据不同的金属/介质体系和不同的工况条件，迄今已发展出多种有效的防腐蚀技术（腐蚀控制措施），内容非常丰富。每一种防腐蚀技术都有其适用范围和条件，只要掌握了它们的原理、技术和工程应用条件，就可以获得令人满意的防腐蚀效果，对国民经济建设的贡献将是巨大的。

当前，随着国民经济的迅速发展，我国腐蚀科学和防腐蚀工程技术领域迎来了又一个春天。防腐蚀市场的发展和巨大需求，给腐蚀科学和防腐蚀工程业界的广大科研人员和工程技术人员带来了极大的机遇。为和腐蚀作斗争，满足国民经济的巨大需求，就需要拥有大量高水平的科技人才和一支很大的防腐蚀从业人员队伍。在开展腐蚀科学研究、发展和推广应用防腐蚀技术、精心实施防腐蚀工程项目的同时，我们还应高度重视防腐蚀教育工作，培养一大批合格的、能满足国民经济需要的各类人才。

中国腐蚀与防护学会经国家主管部门授权，试点开展防腐蚀工程师（系列）技术资格认证工作。同时，对需要提高腐蚀与防护专业知识水平的人员，中国腐蚀与防护学会将组织专业培训和考试。为此中国腐蚀与防护学会组织编写了《防腐蚀工程师技术资格认证考试指南》(中国石化出版社出版，2005 年 1 月)。为了适应防腐蚀工程师(系列)技术资格认证工作的需求，以及满足腐蚀学科与防腐蚀行业的科研人员和工程技术人员进一步学习的需要，中国腐蚀与防护学会和中国石化出版社又共同组织编写了一套《防腐蚀工程师必读丛书》。这套丛书包括《腐蚀和腐蚀控制原理》(林玉珍、杨德钧)、《工程材料及其耐蚀性》(左禹、熊金平)、《表面工程技术和缓蚀剂》(李金桂、郑家燊)、《阴极保护和阳极保护——原理、技术及工程应用》(吴荫顺、曹备)、《防腐蚀涂料与涂装》(高瑾、米琪)、《腐蚀试验方法及监测技术》(李久青、杜翠薇) 共 6 册。2019 年决定对本套丛书进行修订，相关工作在李晓刚教授的指导下进行。在编写过程中，力求理论联系实际，深入浅出，通俗易懂，便于自学，尽可能结合防腐蚀工程案例，使它们既可用作技术资格认证培训的教学参考书，也可作为广大科技工作者的科技参考书。

丛书编委会由中国腐蚀与防护学会邀请本学科、本行业的专家教授组成。由于时间短促和限于作者水平，书中缺点错误在所难免，敬请广大读者指正，当然，作者和编委会努力将缺点错误减至最少。我们期望这套丛书对感兴趣的读者有所裨益，对我国的国民经济建设能有所贡献。

《防腐蚀工程师必读丛书》

编写委员会

第二版前言

腐蚀试验、防腐蚀检测和工业腐蚀监控是从事腐蚀研究和防腐蚀工程不可或缺的方法和手段，是防腐蚀工程师完整知识结构中必要的组成部分。作为防腐蚀工程师必读丛书之一，出版本书的目的是配合防腐蚀工程师技术资格认证和培训，使读者对防腐蚀工程师必备的基本专业知识有一个全面的了解，为相关课程提供一本教学参考书。本书也可供从事腐蚀研究和防腐蚀工程的科技人员和大专院校相关专业的师生使用。

本书共分为三篇。第 1 篇为腐蚀试验方法，主要介绍腐蚀试验方法的分类、试验设计与试验条件控制、常用的腐蚀评定方法、电化学测试方法、常规实验室腐蚀试验方法、局部腐蚀试验方法、加速腐蚀试验方法、自然环境中的腐蚀试验、微区腐蚀试验方法和模拟微生物腐蚀试验方法。第 2 篇为防腐蚀检测技术，介绍耐蚀材料检测与评定方法、防腐蚀工程和产品的检测技术，包括阴极保护检测技术、涂料涂层检测技术及缓蚀剂测试评定方法。第 3 篇为腐蚀监控，包括腐蚀监控技术、腐蚀监控装置和方法选择以及大数据技术在腐蚀监测中的应用。

本书第一版《腐蚀试验方法及监测技术》力图总结概括腐蚀试验方法、防腐蚀检测技术和工业腐蚀监控的现状，编写过程中作者参考引用了国内外一些腐蚀工作者著作中的有关内容，借此机会向这些作者致以衷心的感谢。书中的许多内容也是作者及在北京科技大学腐蚀与防护中心工作的同事们多年来教学和科研工作的总结，是在中国腐蚀与防护学会主编的《腐蚀试验方法与防腐蚀检测技术》一书的基础上完成的，吴荫顺教授在全书的结构和取材方面都给予了很大帮助。本次修订再版，更名为《腐蚀试验方法及监检测技术》，李久青教授对修订工作给予了大力支持，在此一并表示深深的谢意。

李晓刚教授主持了本书的修订。第 1 篇由李晓刚编写，第 2、3 篇由杜翠薇编写，其中第 1 篇的第 7 章由刘超修订，第 8 章由刘超编写，第 9 章由刘超和刘波编写，第 2 篇的第 11 章由马宏驰编写，第 3 篇的第 17 章由杨小佳修订，第 18 章由杨小佳编写，余轶凡、付禹、刘波对部分标准进行了更新，李逸伦对部分图表进行了制作、更新。

鉴于作者水平有限，书中疏漏和错误之处在所难免，殷切希望读者批评指正。

编著者

目　　录

第1篇　腐蚀试验方法

第1章　概论 …………………………………………………………………………………（ 1 ）

1.1　腐蚀试验的任务与试验方法分类 ……………………………………………………（ 1 ）

　　1.1.1　腐蚀试验的任务 ………………………………………………………………（ 1 ）

　　1.1.2　腐蚀试验方法的分类 …………………………………………………………（ 1 ）

1.2　腐蚀试验设计与试验条件控制 ………………………………………………………（ 3 ）

　　1.2.1　腐蚀试验设计 …………………………………………………………………（ 3 ）

　　1.2.2　腐蚀试验条件控制 ……………………………………………………………（ 4 ）

第2章　常用腐蚀评定方法 ………………………………………………………………（ 10 ）

2.1　表观检查 ………………………………………………………………………………（ 10 ）

　　2.1.1　宏观检查 ………………………………………………………………………（ 10 ）

　　2.1.2　微观检查 ………………………………………………………………………（ 10 ）

　　2.1.3　评定方法 ………………………………………………………………………（ 11 ）

2.2　质量法 …………………………………………………………………………………（ 12 ）

　　2.2.1　质量增加法 ……………………………………………………………………（ 12 ）

　　2.2.2　质量损失法 ……………………………………………………………………（ 12 ）

　　2.2.3　质量法测量结果的评定 ………………………………………………………（ 17 ）

2.3　失厚测量与点蚀深度测量 ……………………………………………………………（ 18 ）

　　2.3.1　失厚测量 ………………………………………………………………………（ 18 ）

　　2.3.2　点蚀深度测量 …………………………………………………………………（ 18 ）

2.4　气体容量法 ……………………………………………………………………………（ 19 ）

　　2.4.1　析氢测量 ………………………………………………………………………（ 19 ）

　　2.4.2　吸氧测量 ………………………………………………………………………（ 19 ）

2.5　电阻法 …………………………………………………………………………………（ 20 ）

　　2.5.1　基本原理 ………………………………………………………………………（ 20 ）

　　2.5.2　测量技术 ………………………………………………………………………（ 21 ）

2.6　力学性能与腐蚀评定 …………………………………………………………………（ 21 ）

　　2.6.1　用力学性能变化评定全面腐蚀 ………………………………………………（ 21 ）

　　2.6.2　局部腐蚀对力学性能的影响 …………………………………………………（ 22 ）

2.7　溶液分析与指示剂法 …………………………………………………………………（ 22 ）

第3章　电化学测试技术 …………………………………………………………………（ 25 ）

3.1　电极电位测量 …………………………………………………………………………（ 25 ）

3.2　极化曲线测量 …………………………………………………………………………（ 28 ）

　　3.2.1　极化曲线测量技术的分类 ……………………………………………………（ 28 ）

　　3.2.2　测量技术 ………………………………………………………………………（ 29 ）

3.3　线性极化技术 …………………………………………………………（31）
　　3.3.1　线性极化技术原理 …………………………………………（32）
　　3.3.2　线性极化测量技术 …………………………………………（35）
　　3.3.3　线性极化技术中的常数 ……………………………………（38）
3.4　弱极化区测量方法 ……………………………………………………（39）
　　3.4.1　Barnartt 三点法 ……………………………………………（39）
　　3.4.2　两点法 ………………………………………………………（42）
3.5　测定腐蚀速度的极化曲线外延法 ……………………………………（43）
3.6　充电曲线法 ……………………………………………………………（44）
　　3.6.1　恒电流充电曲线方程式 ……………………………………（44）
　　3.6.2　充电曲线方程式的解析方法 ………………………………（45）
　　3.6.3　充电曲线的实验测定 ………………………………………（47）
3.7　暂态线性极化技术 ……………………………………………………（47）
3.8　恒电量法 ………………………………………………………………（48）
　　3.8.1　恒电量法原理 ………………………………………………（48）
　　3.8.2　恒电量法测试技术 …………………………………………（50）
3.9　交流阻抗技术 …………………………………………………………（51）
　　3.9.1　基本电路的交流阻抗谱 ……………………………………（51）
　　3.9.2　等效电路及电化学阻抗谱 …………………………………（58）
　　3.9.3　交流阻抗测量与数据处理 …………………………………（62）
3.10　电化学噪声研究方法 ………………………………………………（65）
　　3.10.1　电化学噪声 ………………………………………………（65）
　　3.10.2　电化学噪声的测定 ………………………………………（66）
　　3.10.3　电化学噪声的解析 ………………………………………（67）
第4章　常规实验室腐蚀试验方法 ………………………………………（72）
4.1　模拟浸泡试验 …………………………………………………………（72）
　　4.1.1　全浸试验 ……………………………………………………（72）
　　4.1.2　半浸试验 ……………………………………………………（73）
　　4.1.3　间浸试验 ……………………………………………………（74）
4.2　动态浸泡试验 …………………………………………………………（75）
　　4.2.1　一般流动溶液试验 …………………………………………（75）
　　4.2.2　循环流动溶液试验 …………………………………………（76）
　　4.2.3　高速流动溶液试验 …………………………………………（76）
　　4.2.4　转动金属试样的试验 ………………………………………（77）
4.3　控制温度的腐蚀试验 …………………………………………………（78）
　　4.3.1　等温试验 ……………………………………………………（78）
　　4.3.2　传热面试验 …………………………………………………（78）
　　4.3.3　温差腐蚀试验 ………………………………………………（78）
　　4.3.4　高温高压釜试验 ……………………………………………（78）
4.4　氧化试验 ………………………………………………………………（80）
　　4.4.1　概述 …………………………………………………………（80）

    4.4.2　质量法 ……………………………………………………………（80）

    4.4.3　容量法 ……………………………………………………………（81）

    4.4.4　压力计法 …………………………………………………………（82）

    4.4.5　电阻法 ……………………………………………………………（83）

    4.4.6　水蒸气氧化试验 …………………………………………………（83）

  4.5　燃气腐蚀试验 ……………………………………………………………（84）

    4.5.1　概述 ………………………………………………………………（84）

    4.5.2　硫酸露点腐蚀试验 ………………………………………………（85）

    4.5.3　碱性硫酸盐熔融腐蚀试验 ………………………………………（86）

    4.5.4　钒腐蚀试验方法 …………………………………………………（88）

第5章　局部腐蚀试验方法 …………………………………………………………（90）

  5.1　点蚀试验 …………………………………………………………………（90）

    5.1.1　点蚀研究目的及试验方法分类 …………………………………（90）

    5.1.2　点蚀的化学浸泡试验方法 ………………………………………（90）

    5.1.3　点蚀的电化学试验方法 …………………………………………（94）

    5.1.4　点蚀现场试验 ……………………………………………………（99）

  5.2　缝隙腐蚀试验 ……………………………………………………………（100）

    5.2.1　浸泡试验法 ………………………………………………………（100）

    5.2.2　测定缝隙腐蚀敏感性的电化学方法 ……………………………（102）

  5.3　电偶腐蚀试验 ……………………………………………………………（104）

    5.3.1　实物部件试验 ……………………………………………………（104）

    5.3.2　模拟试验方法 ……………………………………………………（104）

    5.3.3　实验室试验 ………………………………………………………（105）

    5.3.4　大气暴露试验 ……………………………………………………（107）

  5.4　晶间腐蚀试验方法 ………………………………………………………（108）

    5.4.1　评定晶间腐蚀倾向的化学浸泡方法 ……………………………（109）

    5.4.2　晶间腐蚀的电化学试验方法 ……………………………………（113）

    5.4.3　其他检验与评定方法 ……………………………………………（115）

  5.5　应力腐蚀开裂试验方法 …………………………………………………（116）

    5.5.1　概述 ………………………………………………………………（116）

    5.5.2　应力腐蚀试验的试样 ……………………………………………（117）

    5.5.3　SCC 试验的加载方式 ……………………………………………（129）

    5.5.4　SCC 试验环境 ……………………………………………………（132）

    5.5.5　试验与评定 ………………………………………………………（133）

  5.6　腐蚀疲劳试验 ……………………………………………………………（135）

    5.6.1　腐蚀疲劳试验目的 ………………………………………………（135）

    5.6.2　腐蚀疲劳试验的分类 ……………………………………………（135）

    5.6.3　腐蚀疲劳试验的加载方法 ………………………………………（136）

    5.6.4　腐蚀介质的引入方法 ……………………………………………（136）

    5.6.5　评定方法 …………………………………………………………（137）

  5.7　磨蚀和空泡腐蚀试验方法 ………………………………………………（137）

　　5.7.1　试验方法 ………………………………………………………（138）
　　5.7.2　试验数据的相关性 ………………………………………………（140）
　5.8　微动腐蚀试验方法 …………………………………………………………（140）
　　5.8.1　机械式微动腐蚀试验装置 ………………………………………（140）
　　5.8.2　电磁式微动腐蚀试验装置 ………………………………………（141）
第6章　加速腐蚀试验方法 …………………………………………………………（142）
　6.1　盐雾试验 ……………………………………………………………………（142）
　　6.1.1　中性盐雾（NSS）试验 ……………………………………………（142）
　　6.1.2　乙酸盐雾（AASS）试验 …………………………………………（142）
　　6.1.3　铜加速的乙酸盐雾（CASS）试验 ………………………………（142）
　　6.1.4　其他标准试验方法 ………………………………………………（142）
　　6.1.5　盐雾箱的结构 ……………………………………………………（143）
　6.2　控制湿度的试验 ……………………………………………………………（143）
　6.3　腐蚀性气体试验 ……………………………………………………………（144）
　6.4　电解加速腐蚀试验 …………………………………………………………（145）
　　6.4.1　电解腐蚀试验（EC试验） ………………………………………（145）
　　6.4.2　阳极氧化铝的腐蚀试验方法 ……………………………………（145）
　6.5　膏泥腐蚀试验（Corrodkote试验） ………………………………………（148）
第7章　自然环境中的腐蚀试验 ……………………………………………………（149）
　7.1　大气暴露试验 ………………………………………………………………（149）
　　7.1.1　试验场点选择 ……………………………………………………（149）
　　7.1.2　控制材料 …………………………………………………………（149）
　　7.1.3　大气暴露试验的试样 ……………………………………………（149）
　　7.1.4　暴晒架与暴露试验 ………………………………………………（151）
　　7.1.5　试验结果的评价 …………………………………………………（152）
　7.2　自然水中的腐蚀试验 ………………………………………………………（152）
　　7.2.1　海水腐蚀试验 ……………………………………………………（152）
　　7.2.2　淡水腐蚀试验 ……………………………………………………（155）
　7.3　土壤腐蚀试验 ………………………………………………………………（156）
　　7.3.1　土壤埋置试验 ……………………………………………………（156）
　　7.3.2　土壤特征参数的测量 ……………………………………………（158）
第8章　微区腐蚀试验方法 …………………………………………………………（159）
　8.1　扫描开尔文探针（SKP）试验 ……………………………………………（159）
　　8.1.1　试验原理 …………………………………………………………（159）
　　8.1.2　设备构成 …………………………………………………………（161）
　　8.1.3　测试方法 …………………………………………………………（161）
　　8.1.4　测试的局限性 ……………………………………………………（161）
　8.2　扫描开尔文探针力显微镜（SKPFM）试验 ……………………………（162）
　　8.2.1　试验原理 …………………………………………………………（162）
　　8.2.2　设备构成 …………………………………………………………（163）
　　8.2.3　测试方法 …………………………………………………………（163）
　　8.2.4　测试的局限性 ……………………………………………………（164）

8.3　电流敏感度原子力显微镜(CSAFM)试验 ································ (164)

8.4　扫描振动电极(SVET)试验 ·· (165)

　　8.4.1　试验原理 ··· (165)

　　8.4.2　设备构成 ··· (166)

　　8.4.3　测试方法 ··· (166)

　　8.4.4　测试的局限性 ··· (167)

8.5　电化学原子力显微镜(EC-AFM)试验 ····································· (167)

8.6　扫描电化学显微镜(SECM)试验 ·· (167)

　　8.6.1　反馈模式 ··· (167)

　　8.6.2　收集模式 ··· (169)

　　8.6.3　渗透试验 ··· (169)

　　8.6.4　离子转移反馈模式 ··· (169)

　　8.6.5　平衡扰动模式 ··· (169)

　　8.6.6　电位检测模式 ··· (169)

　　8.6.7　设备构成 ··· (169)

　　8.6.8　测试方法 ··· (170)

8.7　局部交流阻抗测试(LEIS) ·· (170)

　　8.7.1　试验原理 ··· (170)

　　8.7.2　试验装置 ··· (170)

　　8.7.3　试验方法 ··· (171)

8.8　腐蚀形貌观测技术 ··· (171)

　　8.8.1　非破坏性观测 ··· (171)

　　8.8.2　破坏性观测 ··· (171)

第9章　模拟微生物腐蚀试验 ··· (173)

9.1　试样要求 ··· (173)

9.2　试验设备 ··· (173)

9.3　试剂 ··· (174)

9.4　通用性试验步骤 ··· (174)

9.5　试验后试样的处理 ··· (175)

参考文献 ·· (175)

第2篇　防腐蚀检测技术

第10章　概论 ··· (179)

10.1　防腐蚀检测的任务和意义 ··· (179)

10.2　防腐蚀检测技术的发展和应用 ··· (179)

第11章　耐蚀金属材料检测与评定方法 ··· (181)

11.1　引言 ··· (181)

11.2　耐候钢 ··· (181)

　　11.2.1　质量损失法 ··· (181)

　　11.2.2　电化学方法 ··· (184)

11.3　高强螺栓用钢 ··· (188)

11.4　不锈钢 ··· (189)

11.4.1　不锈钢点蚀性能检测与评定方法 ………………………………… (189)

11.4.2　不锈钢耐晶间腐蚀性能检测与评定方法 ………………………… (190)

11.5　镍基合金 ……………………………………………………………………… (192)

11.6　铝合金 ………………………………………………………………………… (193)

11.7　钛合金 ………………………………………………………………………… (193)

11.8　铜及铜合金 …………………………………………………………………… (194)

第 12 章　阴极保护检测技术 ……………………………………………………… (196)

12.1　引言 …………………………………………………………………………… (196)

12.1.1　阴极保护检测的任务 ………………………………………………… (196)

12.1.2　阴极保护检测技术的基本要求 ……………………………………… (196)

12.1.3　国内外现状和国内发展现状 ………………………………………… (197)

12.2　管地电位测量技术 …………………………………………………………… (198)

12.2.1　电位测量的一般原则 ………………………………………………… (198)

12.2.2　参比电极 ………………………………………………………………… (198)

12.2.3　测试探头 ………………………………………………………………… (200)

12.2.4　管地电位测试方法 …………………………………………………… (200)

12.2.5　电位测量中的 IR 降及其消除 ……………………………………… (201)

12.3　牺牲阳极输出电流测试 ……………………………………………………… (204)

12.3.1　直接测量法 …………………………………………………………… (204)

12.3.2　双电流表法 …………………………………………………………… (205)

12.3.3　标准电阻法 …………………………………………………………… (205)

12.4　管内电流测试 ………………………………………………………………… (205)

12.4.1　电压降法 ……………………………………………………………… (205)

12.4.2　补偿法 …………………………………………………………………… (206)

12.4.3　保护电流密度的测定 ………………………………………………… (206)

12.5　绝缘法兰绝缘性能测试 ……………………………………………………… (207)

12.5.1　兆欧表法 ……………………………………………………………… (207)

12.5.2　电位法 …………………………………………………………………… (207)

12.5.3　电压电流法 …………………………………………………………… (208)

12.6　接地电阻测试 ………………………………………………………………… (209)

12.6.1　外加电流接地阳极的接地电阻测试 ………………………………… (209)

12.6.2　牺牲阳极接地电阻测试 ……………………………………………… (209)

12.7　土壤电阻率测试 ……………………………………………………………… (210)

12.7.1　原位测试法 …………………………………………………………… (210)

12.7.2　土壤箱法 ……………………………………………………………… (210)

12.8　管道外防腐涂层漏电阻测试 ………………………………………………… (211)

12.8.1　外加电流法 …………………………………………………………… (211)

12.8.2　间歇电流法 …………………………………………………………… (212)

12.8.3　Pearson 法 …………………………………………………………… (213)

12.8.4　CIPS 和 DCVG 联合检测法 ………………………………………… (214)

12.8.5　电火花检漏 …………………………………………………………… (214)

12.9　故障点确定 …………………………………………………………………… (215)

    12.9.1　直流法 ······································· (215)

    12.9.2　交流法 ······································· (216)

    12.9.3　电化学暂态检测技术 ························· (217)

    12.9.4　DCVG 和 CIPS 综合检测技术 ················ (217)

    12.9.5　内部信号检测法 ····························· (217)

    12.9.6　GPS(全球定位系统) 时间标签法 ············· (218)

    12.9.7　综合检测软件 ······························· (218)

第13章　涂料涂层检测技术 ·························· (219)

  13.1　引言 ··· (219)

    13.1.1　涂料和涂层应用要求 ························· (219)

    13.1.2　涂料和涂层质量的检测与控制 ················ (219)

  13.2　涂料性能检测技术 ······························· (223)

    13.2.1　液体涂料性能检测技术 ······················ (223)

    13.2.2　粉末涂料性能检测技术 ······················ (227)

  13.3　涂层性能检测技术 ······························· (229)

    13.3.1　涂层基本性能检测技术 ······················ (229)

    13.3.2　涂层应用性能检测技术 ······················ (235)

    13.3.3　涂层性能的化学及电化学检测方法 ············ (237)

    13.3.4　涂层性能的物理检测方法 ···················· (241)

第14章　缓蚀剂测试评定方法 ························ (246)

  14.1　引言 ··· (246)

    14.1.1　缓蚀剂的性能与特点 ························· (246)

    14.1.2　缓蚀剂的缓蚀效率 ··························· (246)

  14.2　缓蚀剂的性能测试评定 ··························· (247)

    14.2.1　质量损失试验 ······························· (247)

    14.2.2　电化学测试 ································· (247)

    14.2.3　其他分析技术 ······························· (250)

参考文献 ··· (251)

第3篇　腐蚀监控

第15章　概论 ·· (254)

  15.1　腐蚀监控技术的发展及工业应用 ················· (254)

  15.2　腐蚀监控的任务 ································· (256)

  15.3　腐蚀监控系统 ··································· (257)

第16章　工业腐蚀监控技术 ·························· (259)

  16.1　表观检查 ······································· (259)

  16.2　挂片法 ··· (260)

  16.3　电阻探针 ······································· (261)

  16.4　电位探针 ······································· (265)

  16.5　线性极化探针 ··································· (267)

  16.6　交流阻抗探针 ··································· (268)

  16.7　氢探针 ··· (270)

16.8　警戒孔监视(腐蚀裕量监测) ·· (272)

16.9　无损检测技术 ··· (272)

16.9.1　超声检测 ·· (272)

16.9.2　涡流技术 ·· (274)

16.9.3　热像显示技术 ··· (275)

16.9.4　射线照相术 ··· (276)

16.9.5　声发射技术 ··· (276)

16.10　电偶探针和电流探针 ·· (277)

16.10.1　电偶探针 ··· (277)

16.10.2　电流探针 ··· (278)

16.11　离子选择探针(介质分析法) ·· (279)

16.12　其他方法 ··· (281)

16.12.1　阳极激发技术 ··· (281)

16.12.2　谐波分析方法(HA) ·· (281)

16.12.3　激光法测定氧化膜厚度 ··· (282)

16.12.4　放射激活技术 ··· (282)

16.12.5　渗透探伤法 ··· (283)

16.12.6　化学分析法 ··· (284)

16.12.7　漏磁法 ··· (284)

第17章　腐蚀监控装置和方法选择 ·· (286)

17.1　腐蚀监控装置 ··· (286)

17.2　腐蚀监控方法的选择 ··· (290)

17.3　腐蚀监测位置的确定 ··· (291)

第18章　腐蚀监控中的大数据技术应用 ······································· (293)

18.1　腐蚀大数据技术在腐蚀监控中的应用 ····································· (293)

18.2　腐蚀大数据在线监测技术 ··· (293)

18.2.1　腐蚀传感器技术 ·· (294)

18.2.2　腐蚀测试系统 ·· (294)

18.2.3　通信技术 ·· (295)

18.2.4　服务器 ·· (296)

18.2.5　数据库 ·· (296)

18.3　腐蚀大数据处理技术 ··· (296)

18.3.1　多元线性回归 ·· (298)

18.3.2　人工神经网络 ·· (298)

18.3.3　支持向量机和支持向量回归 ··· (299)

18.3.4　马尔科夫链 ··· (300)

18.3.5　宏观尺度的蒙特卡洛模拟 ··· (301)

18.3.6　灰色关联性分析与灰色预测 ··· (302)

18.3.7　频繁模式树算法 ··· (303)

18.3.8　贝叶斯信念网络 ··· (303)

18.3.9　随机森林 ·· (304)

参考文献 ··· (305)

第1篇　腐蚀试验方法

第1章　概　　论

1.1　腐蚀试验的任务与试验方法分类

1.1.1　腐蚀试验的任务

材料在环境介质的化学或电化学作用下所发生的变质和破坏，一般被称为腐蚀，其中也包括在化学/力学或化学/生物学因素共同作用下所造成的破坏。某些物理作用(例如合金在某些液态金属中的物理溶解)有时也可归入腐蚀的范畴。在上述定义中所说的"材料"既包括金属材料，也包括非金属材料，因此是一个涵盖面更宽、更为普遍适用的定义。但在很多情况下，人们往往依照传统，狭义地将"材料"限定于金属材料。

材料的耐蚀性(腐蚀稳定性)是决定系统和部件工作寿命的质量保证参数之一。在设计设备装置或构件时，通常不能仅仅考虑材料的机械性能、加工性能和经济因素，而且还应该顾及对材料耐蚀性的要求。然而材料的耐蚀性并不是材料的绝对特性，不像极限强度等参数那样是材料本身的固有特性，而是既取决于材料本身，又取决于介质特性、环境条件及其变化的相对性质。作为腐蚀试验的实际任务，在大多数情况下即是测定某种材料在特定条件下的耐蚀性，其试验结果应能给出该种材料在操作条件下所表现出的腐蚀行为方面的信息。腐蚀试验的任务可进一步细化为如下几个方面：

① 对确定的材料/介质体系，估计材料的使用寿命。
② 确定由于材料腐蚀对介质造成污染的可能性或污染程度。
③ 进行失效分析，追查发生腐蚀事故的原因，寻求解决问题的办法。
④ 选择有效的防腐措施，并估计其效果。
⑤ 选择适合在特定腐蚀环境中使用的材料。
⑥ 研制开发新型耐蚀材料。
⑦ 用作生产工艺管理、产品质量控制的检验性试验。
⑧ 对工厂设备的腐蚀状态进行监测。
⑨ 研究腐蚀规律和机理。

1.1.2　腐蚀试验方法的分类

鉴于研究任务的复杂性以及材料、腐蚀介质和环境条件的多样性和复杂性，因此企图建立一种适用于各种情况的通用腐蚀试验方法的想法是不切实际的，其必然结果是腐蚀试验方法也呈现多样性。通过对众多的腐蚀试验方法进行适当的分类，有助于人们对试验方法的性质和用途的认识。对于腐蚀试验方法的分类有多种方法，例如可以按材料、环境、腐蚀类型和工业部门等对其进行分类，也可按照试验方法的性质进行分类，还可以根据试验场所以及材料与环境间的相互关系对其进行分类。按照后者，可将腐蚀试验分为实验室试验、现场试验和实物试验三大类(参见图 1-1)。

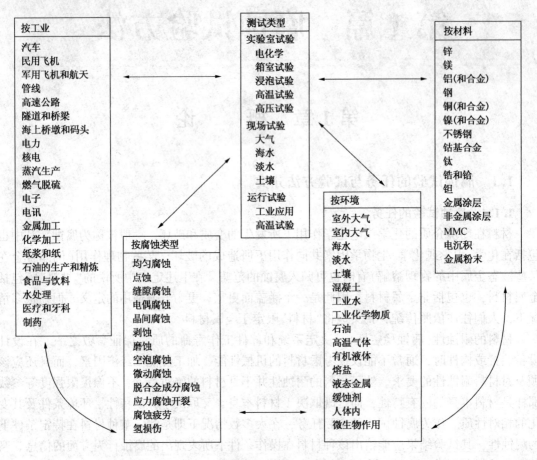

按工业	测试类型	按材料
汽车	**实验室试验**	锌
民用飞机	电化学	镁
军用飞机和航天	箱室试验	铝(和合金)
管线	浸泡试验	钢
高速公路	高温试验	铜(和合金)
隧道和桥梁	高压试验	镍(和合金)
海上桥墩和码头	**现场试验**	不锈钢
电力	大气	钴基合金
核电	海水	钛
蒸汽生产	淡水	锆和铪
燃气脱硫	土壤	钽
电子	**运行试验**	金属涂层
电讯	工业应用	非金属涂层
金属加工	高温试验	MMC
化学加工		电沉积
纸浆和纸		金属粉末

按腐蚀类型
均匀腐蚀
点蚀
缝隙腐蚀
电偶腐蚀
晶间腐蚀
剥蚀
磨蚀
空泡腐蚀
微动腐蚀
脱合金成分腐蚀
应力腐蚀开裂
腐蚀疲劳
氢损伤

按环境
室外大气
室内大气
海水
淡水
土壤
混凝土
工业水
工业化学物质
石油
高温气体
有机液体
熔盐
液态金属
缓蚀剂
人体内
微生物作用

图 1-1 腐蚀试验方法的分类及检索途径[1]

(1)实验室试验

在实验室内,有目的地将专门制备的小型金属试样在人工配制的(或取自实际环境的)介质和受控的环境中进行的腐蚀试验,称为实验室试验。其突出的优点是:①可以充分利用精确的测试仪器和控制设备;②试样形状和大小的选择有较大的灵活性;③可以严格地控制有关影响因素;④可以灵活地规定试验时间,一般试验周期较短;⑤试验结果的重现性较好。

实验室试验一般又可分为模拟试验和加速试验两类。实验室模拟试验是一种不加速试验,即在实验室的小型模拟装置中,尽可能精确地人为模拟实际环境,或在专门规定的介质条件下进行试验。其试验结果的稳定性和重现性较好。在对实际条件下的腐蚀规律认识清楚并能严格控制主要影响因素的情况下,能够得到很好的试验结果。但是,在实验室条件下往往难以完全再现现场的环境条件;此外,模拟试验的周期较长,试验费用也较高。

加速试验是人为地强化一个或少数几个控制因素,从而可在较短的时间内确定金属发生某种腐蚀的倾向,或相对比较材料在指定条件下的相对耐蚀性的一种加速试验方法。加速试验方法一般只用于相对比较材料耐蚀性和检验产品质量的目的。除特殊试验外,试验中一般不应引入实际条件下并不存在的因素,也不能因为引入了加速因素而改变实际条件下的腐蚀机理。因此,设计和使用加速试验方法时,应大体了解实际条件下的腐蚀规律和机理、主要影响因素及其对腐蚀规律和机理的影响。一种恰当的加速试验方法应具备足够的"侵蚀性"和良好的"鉴别性"。

实验室试验也有其固有的局限性，例如：①金属试样与实物之间存在状态(如冶金状态、焊接热应力和加工应力状态等)上的差别，很难实现完全一致；②试样与实物的面积存在差别，因此在极化、微电池和宏电池行为以及腐蚀几率等方面存在差异；③实验室试验的腐蚀介质和环境与实际情况存在差异，例如腐蚀介质在组成、杂质等方面，外部条件在温度、压力、流速等方面均可能存在差异，而且很难完全模拟。鉴于以上原因，一些重要的试验结果和结论，往往需要在实验室试验的基础上，进一步通过现场试验或实物试验来验证。

（2）现场试验

把专门制备的金属试片置于现场实际应用的环境介质(如天然海水、土壤、大气或工业介质等)中进行腐蚀试验，称为现场试验。其最大的特点就是环境条件的真实性，解决了实验室试验很难模拟实际环境、介质的困难，因此试验结果比较可靠。现场试验的缺点是：①试验中环境因素无法严格控制，试验条件可能会有较大的变化，试验结果分散，重现性较差；②试验周期较长；③试片较易失落，腐蚀产物可能污染工业产品；④现场试验用的金属试片与实物状态之间仍存在很大差异，如实物构件中可能存在的应力状态、异金属接触状态、缝隙状态和焊接状态等，在小试片中是不可能完全模拟的。因此，现场试验结果如不能给出肯定结论，就须进一步做实物试验。

现场试验可用于筛选材料、评定材料的耐蚀性、预测材料的使用寿命、考核防蚀措施的有效性以及检验实验室试验结果的可靠性等。

（3）实物试验

实物试验是将待试验的金属材料制成实物部件、设备或小型试验装置，在现场的实际应用条件下进行的腐蚀试验。这种试验比较如实地反映了实际使用的金属材料状态及环境介质状态，结果更为可靠。它一般是在材料的研制或设计基本完成之后用于考核长期使用效果的，为定型纳标所必需的试验阶段，其结果是所研制或所选定的金属材料的最终评定。但这类试验费用很大，试验周期冗长，且只能提供定性的评定考核。所以在进行实物试验以前，通常需要事先进行实验室试验和现场试验，取得足够数据之后才可考虑实物试验。

1.2 腐蚀试验设计与试验条件控制

1.2.1 腐蚀试验设计

金属腐蚀试验至少包含五个方面的内容，即研究目标的确定、试验方法的设计(或选择)、试验条件的控制、试验参数的测量及试验结果的解析。

如前所述，没有万能的腐蚀试验方法，因此在进行试验前确定研究目标和对象是非常重要的，由此决定了试验的用途和内容。对于工厂而言，目标和对象往往集中于经济和安全问题上，因此腐蚀往往是针对部件运行状况分析、失效风险评价和防护、检修策略的确定而进行的。除了经济和安全问题，腐蚀试验的目标还可能涉及法律和法规、健康及环境等问题。金属腐蚀研究的具体目标不同，采用的试验方法和测量技术就可能不同，试验条件的控制和结果的解析方法等也会有所不同。

确定了研究目标和对象以后，首先要解决的问题是设计(或选择)试验方法。设计腐蚀试验必须考虑许多因素，例如：

• 试验的目的是什么？要测定哪种类型的数据？

- 试验中包括哪些影响因素？哪些影响因素间存在有相互作用？哪些是影响材料腐蚀行为的控制因素？
- 现有多少试样？它们的生产方式如何？试样是否均匀？其代表性如何？
- 试验过程中要进行哪些控制？
- 试验能得到哪些信息？如何把这些信息与较早的试验或其他试验的结果结合起来？应该怎样解释试验结果？
- 设计时引入各种人为误差的可能性大小如何？
- 试验是破坏性的吗？
- 试验的费用如何？

面对如此众多的问题和五花八门的试验方法，使试验方案的设计变得复杂起来。把试验目标(即需求)与主要试验参数联系起来是简化试验方案设计的重要方法。

设计(或选用)腐蚀试验方法必须符合腐蚀机理的现代科学理论，按照不同的腐蚀机理和腐蚀类型确定具体的腐蚀试验方法和仪器装置。腐蚀试验设计还应反映数据分析的统计学基础。将统计方法用于腐蚀试验设计至少有以下优点：

- 节约时间和经费，利用较少的试验得到比较严格的结论。
- 简化数据处理，可将数据以容易再使用的形式分类。
- 建立较好的相关性，将变量与它们的作用分开。
- 提高试验结果的准确性。

但是试验设计比单纯应用统计方法更复杂，因为试验设计应能有效地提供所需的信息。试验设计应同时采用统计分析和经济分析方法。

对于各种金属-环境组合的评价方法的设计并不排除把某些试验和评价方法标准化。标准化的试验方法在许多相同或类似的条件下可以被直接选用，按统一规范进行试验后所收集到的信息更适合于相互比较和交流。标准化的试验方法还能为许多腐蚀试验的设计提供有益的借鉴。Baboian R. 所编著的《腐蚀试验和标准》总结了腐蚀试验和评价领域的400多位专家的研究成果，对腐蚀试验设计(或选择)是非常有价值的信息来源[2]。国际上一些重要的标准化组织，如国际标准组织(ISO)、美国试验与材料协会(ASTM)、法国标准协会(AFNOR)、英国标准学会(BSI)、德国标准学会(DIN)、腐蚀和时效防护联合体(USCAP)、美国腐蚀工程师协会(NACE)、国际电化学委员会(IEC)等，都制定有相应的腐蚀试验标准。

材料的腐蚀行为受到材料、介质和环境条件等多种因素的影响，有时这些因素间还存在着交互或协同作用。为此应力求找出其中的关键影响因素，并严格控制有关因素，以保证试验结果的可靠性和重现性。

任何试验方法中都有理论问题，应当正确地理解所用试验方法的原理、实验技术和限制条件，以便正确地测量试验参数。

经腐蚀试验所获取的试验数据通常还需要经过去伪存真的逻辑分析和统计数学处理，求取某些参数或将其转化为有用的信息。最简单的情况下，试验结果的解析可以采用极限简化法或解析法，配合适当的作图方式来计算某些参数。还可以利用计算机建立模型和模拟解析，或利用计算机进行最优化曲线拟合来求解某些参数。计算机在数据采集、加工、分析、检索和发布等方面均具有重要作用。

1.2.2 腐蚀试验条件控制

腐蚀试验的试样、试验介质、环境条件和试验周期等均会影响试验结果的可靠性、准确性和重现性，本节简要介绍上述条件控制的意义和做法，相关内容对所有腐蚀试验均有普遍指导意义。

1.2.2.1 试样

（1）试验材料

在设计腐蚀试验时，除了要考虑金属材料的基本性质(这些性质与化学组成、结构和表面光洁度有关)外，还必须考虑材料的生产过程和最后的成形、加工、焊接及热处理等对腐蚀试验结果的影响，因为后者往往也会影响材料的耐蚀性，例如：

成形： 成形会影响金属材料的组织结构。例如成形所产生的内应力可能导致应力腐蚀开裂；成形引起铝合金的组织结构变化可能导致晶间腐蚀。在成形的过程中，金属表面还经常会被腐蚀性物质或对后续的涂镀工序有害的物质(如脂肪酸酯)所污染。

加工： 加工(包括打磨、喷砂和抛光)会影响金属的表面结构和性质。加工作业中经常出现局部高温和使用冷却剂，这往往会改变金属材料的显微组织和表面性质。加工过程中工件表面吸附或残留那些来自冷却剂、研磨材料和喷砂介质的组分，会改变金属表面的化学成分。例如不锈钢在切削或喷丸过程中其表面可能被碳钢颗粒污染，电化学加工过程(特别是电化学去毛刺过程)往往会造成活性阴离子在表面残留，这些都会影响腐蚀试验结果。

焊接： 焊接可能会改变金属的组织结构，并能对金属的腐蚀行为产生很大的影响。例如，在焊接金属、热影响区和母板之间可能引发电偶腐蚀；不锈钢焊接热影响区有可能被敏化；加热和冷却有可能在结构中形成残余应力等。

热处理： 人们发现，对于许多铁基合金，当用其生产轧制产品(板、薄板、管、棒)时，如果合金暴露在某些温度下(即在晶界优先出现固态反应的温度)，由于合金元素的偏析，特别是碳化物、氮化物和其他金属间化合物的沉淀，会造成晶界成分的改变，并在许多工况下发生严重的晶间腐蚀。以上例子说明，材料的热经历可能会改变其微观组织和微区电化学行为。

鉴于以上原因，进行腐蚀试验前应尽可能详尽地掌握用于制备试样的试验材料的各种原始资料，如试验材料的牌号、生产批次、名义化学成分及取样部位的实际化学成分。还应当了解试验材料的工艺特征、金属学性质及热经历等。

（2）试样的形状和尺寸

腐蚀试验所用的试样的形状和尺寸主要决定于试验目的、试验方法、试验环境、材料的性质和数量、介质的腐蚀性、试验周期、试验设备装置以及评定方法和指标等。一般希望试样的形状尽可能简单，以便于精确测量受腐蚀的表面积，便于加工和制备试样，使平行试样及重复试验的结果重现性更好，并且也容易去除腐蚀产物。用得最多的是矩形和圆形的板状试样以及圆棒试样。根据实际需要，有时也需把试样制成较为复杂的形状，如应力腐蚀试样等。

试样尺寸应视试验方法和评定方法而定。从某些评定方法(如质量损失法)的精度考虑，或从腐蚀几率与面积的关系考虑，或从阴/阳极面积比对电偶腐蚀的影响考虑，一般认为应选用尺寸较大的试样。尽管如此，在实验室试验中却往往采用小试样，其优点是可以减少材料消耗和简化试验装置，通过增加平行试样的数量，可使统计结果接近实际情况。

由于腐蚀过程是试样暴露表面与介质间的相互作用，所以增大试样的暴露表面面积与其自身质量之比，可以提高测量精度。此外，试样的边棱部位比大面积的表面更易遭到腐蚀，特别是对点蚀(又称孔蚀)和晶间腐蚀等更为敏感。而实际条件下的边棱部位是不多的，因此应尽可能增大试样暴露面积与边棱面积之比，并尽可能使试样尺寸规范化。

（3）试样制备

试样表面的均匀性、粗糙度和洁净程度等是影响腐蚀试验结果的重要因素。对腐蚀试样进行规范化的表面处理可提高腐蚀试验结果的可比性和重现性。

试样一般从原始金属材料的中心部位切取，为消除残余应力的影响需经机械切削除去几毫米的剪切边棱。为了去除试样表面上的氧化皮、污垢和缺陷，往往还需要对试样进行表面处理，除去表面薄层，提供规范化的表面。常用的方法有：机械切削、喷砂、酸洗、用磨料研磨和抛光等。抛光包括机械抛光、（电）化学抛光和机械-化学抛光。为了进一步去除试样表面粘附的残屑和油污，可用自来水和去离子水冲洗，或用软毛刷或软布擦洗，或用超声波清洗；脱脂可用洗涤剂或无水乙醇、丙酮等化学溶剂清洗试样，也可用高压喷雾进行清洗。清洗后的试样在空气中或冷风干燥后置于干燥器中静置24h后使用。

（4）平行试样的数量

为控制试验结果的偶然误差，提高测量结果的准确性，一般要求每次试验应采用一定数量的平行试样（在同一试验条件下进行试验和测量的完全相同的试样）。平行试样数量越多，结果的准确性就越高。

实际上，每次试验所使用的平行试样数量取决于试验目的、平均结果所需的精度、预期的个别试样试验结果的分散度、试验材料的均匀性和价格、设备的容量等因素。对不加载应力的试验，平行试样的数量为3~12个，一般为3~5个；对加载应力的试验，平行试样数量要求为5~20个，一般为5~10个。

（5）试样标记

腐蚀试验时将会遇到大量形状和尺寸相同的试样，如果不能准确无误地识别试样，必将引起试验结果的混乱。为准确识别和区分试样，试验前应仔细对试样加上标记，明白无误地对各试样的成分、状态和试验条件给予说明。标记应当清晰持久，易于区分，尽可能地做在非腐蚀面上或影响较小的部位上。

在试样上直接加标记的方法有：用钢字头打印字母或数字，电刻，化学蚀刻，或以一定的规律在试样上钻孔或加工缺口。为了防止标记在试验过程中被腐蚀掉和减少标记对试验的影响，可用石蜡或清漆覆盖保护标记。间接加标记的方法是在试样支架或夹具上加标记。

（6）试样的暴露技术

进行腐蚀试验时试样以一定的方式暴露于腐蚀介质中。暴露技术取决于试验目的、设备装置及试样的形状和尺寸，并直接影响到试验结果的可靠性。

在腐蚀试验中，金属试样可以全部、部分或间断地暴露于腐蚀介质中，以模拟实际应用中可能遇到的各种情况，此即全浸试验、半浸试验和间浸试验。半浸试验对于研究水线破坏具有特殊价值，而间浸试验则用于模拟干、湿交替条件下的金属腐蚀。

试样往往是通过悬挂或支架支撑的方式固定在腐蚀介质中。一般要求：①支架（或悬挂物）应不妨碍试样与腐蚀介质的自由接触，支架或容器壁与试样应保持点接触或线接触，尽可能减少屏蔽面积；②支架或悬挂物是惰性的，在试验中既不能因腐蚀而失效，也不能因其腐蚀而污染溶液；③保证试样相互之间、试样与容器及支架之间的电绝缘，并避免形成缝隙；④试样装取方便，牢固可靠；⑤在同一容器中避免不同金属试样间的相互干扰。

为了保证试样有恒定的暴露面积，经常需要将试样的非工作面封闭隔绝。对封闭材料的一般要求是：耐腐蚀；不污染试验介质；与试样间不产生缝隙；操作简便。常用的封闭材料有蜂蜡、环氧树脂、聚四氟乙烯和密封胶等。

此外，还要注意试样在容器中的相对位置，可根据需要将试样垂直、水平或倾斜放置。

1.2.2.2 试验介质

由于腐蚀试验的研究对象和目标不同，因此试验中会涉及多种环境介质，其中许多介质因素会对腐蚀过程和腐蚀试验结果产生影响，所以在腐蚀试验中要对介质因素进行控制。一般说来，影响腐蚀过程的介质因素主要有：①介质的类型、主要成分、杂质成分、浓度及分布；②溶液的 pH 值；③介质的电导率；④试验过程中形成的腐蚀产物的性质；⑤含有的固体粒子的数量及尺度；⑥介质的容量；⑦生物因素等。进行腐蚀试验前，通常应根据研究目的对研究体系进行认真分析，找出影响腐蚀过程的主要因素，并在试验过程中进行严格控制。

在解决实际腐蚀问题时，应尽可能采用实际应用的介质，或在实验室内模拟配制试验介质。有时为了简化试验，也可采用简单的纯溶液。为加速腐蚀试验过程，有时还会采用强化的加速腐蚀试验介质。

应当用蒸馏水（或去离子水）和化学纯（或分析纯）的化学试剂精确地配制试验溶液，严格控制溶液成分。腐蚀试验中所用的介质容量取决于试样面积、腐蚀速度和试验周期等。原则是不能因为腐蚀过程的进行而使介质中的腐蚀性组分明显减少，腐蚀产物在介质中的积累也不能明显改变腐蚀规律。一般将介质容量与试样面积的比例控制在 $20 \sim 200 \mathrm{mL/cm^2}$。应当在试验前、试验过程中和试验结束时检查溶液的成分，以确定由于蒸发、稀释、催化分解或腐蚀反应可能引起的变化。为了控制由于水分蒸发所引起的变化，往往采用恒定水平装置、回流冷凝装置，有时也可以人工定时地添加蒸馏水。通过电导测量可以检查电解质存在的情况，而 pH 值测量除了用于掌握酸度外，还可有效地检查 CO_2 的存在状况。

1.2.2.3 环境条件

除了金属试样和腐蚀介质外，还有一些与金属及介质两相均有关的重要因素（如温度、金属与介质间的相对运动、充气和去气、试样的暴露程度以及试验持续时间等）会影响腐蚀试验及结果，应注意加以控制。

（1）温度及温度控制

一般说来，温度对腐蚀过程有如下影响：①改变化学反应速度；②改变气体（特别是氧在水溶液介质中的溶解度）；③大气暴露试验时会改变金属表面的干湿状态；④改变某些腐蚀产物的溶解度；⑤改变溶液黏度；⑥介质中存在温度差异会引起对流，这又影响到腐蚀介质的供应及腐蚀产物的转移。

腐蚀试验往往以溶液介质的温度作为控制对象。这种基于金属表面与介质温度相同的试验，称为等温试验。通常可采用水（油）浴恒温器、空气恒温箱等控制试验温度，有时使用自动控温的浸泡加热器直接插入腐蚀介质也是可行的。有些试验是在试验溶液的沸点下进行的，为防止水分蒸发的影响，可使用带有回流冷凝器的装置。

实际上，金属与腐蚀介质之间往往存在着传热过程，金属/介质的界面与介质本体间存在明显的温度梯度，据此而设计的试验称为传热试验。

（2）金属与介质的相对运动

金属与介质间的相对运动会影响液体中腐蚀组分向金属表面的供应以及腐蚀产物的冲洗和脱除，因此对于处于扩散控制或电阻控制的腐蚀过程有重要影响。此外，高流速下可能出现磨蚀和空泡腐蚀，使腐蚀类型发生改变。

在腐蚀试验中，为了实现金属/介质间的相对运动，可根据试验目的设计金属相对于溶液转动，或溶液在金属表面流动，或两者都作相对运动。常用的试验装置有：流体管道系统、搅拌器、旋转圆盘、圆环、盘-环、环-环和旋转圆筒等。

（3）充气与去气

在大气中敞露进行腐蚀试验时，通常空气会溶解到试验溶液中去，而空气中的氧和二氧化碳等可能对试验结果产生很大的影响。氧是重要的去极化剂，对某些体系也可能成为钝化剂，试验溶液中是否含溶解氧通常会影响腐蚀规律和腐蚀试验结果。CO_2 气体对中性溶液的pH 值会产生影响。

充气和去气是对试验溶液中的气体进行控制的最简单的方法。充气一般是指向溶液中供氧，可以直接供以氧气，也可以供以空气，或者供以氧气/惰性气体的混合气体。去气则是以惰性气体(如氮气、氩气等)鼓入溶液，驱除溶液中的氧，或者以抽真空与充惰性气体相结合，也有加热溶液驱氧或加入除氧剂除氧的。

向溶液中通入气体时应注意：①鼓入的气泡应尽可能的小而弥散，通气管端常用烧结陶瓷或烧结玻璃制成的多孔塞。②通气流量取决于溶液体积、试样面积和腐蚀速度，应根据要求控制通气量。③在研究介质中氧含量的影响时，应采取改变和控制通入气体的成分(氧与惰性气体的比例)的方法，而不是改变气体的总流量，以保持相对运动状态稳定。④通入气体应经过纯化处理。⑤气体通入溶液前，应预热到与试验介质相同的温度。

当腐蚀试验的设计证明充气或去气是合理而必要的时候，就需要对溶液中的气体状态进行控制。而在化工系统的许多现场试验中，往往是在系统的固有气氛下进行试验，一般并不要求充气和去气。

（4）试样暴露程度

在实验室腐蚀试验中，金属试样可以全部、部分或间断地暴露于腐蚀介质中，以模拟实际应用中可能遇到的各种情况。相应地将上述几种情况分别称作全浸、半浸和间浸试验。

全浸试验通常可以比较严格地控制一些影响因素，如温度、流速和充气状态等。为了保证恒同的供氧状态，一般要求试样浸入深度不小于2cm。

半浸试验对研究水线腐蚀有特殊价值。试验中应维持液面恒定，使水线有固定的位置，尤其要注意保持水线上下金属的面积比恒定。

间浸试验用以模拟材料表面干、湿交替的情况。试验按预定的循环变化程序，重复交替地将试样浸入和提出溶液。在每次交变中应保证浸入和提出时间不变，并应严格控制环境的温度和湿度。

（5）试验持续时间

腐蚀试验持续的时间与材料的腐蚀速度有关。一般说来，金属腐蚀速度越高，试验时间应该越短；能形成保护膜或钝化膜的体系，试验时间则应较长。腐蚀过程中材料的腐蚀速度和介质的侵蚀性往往是随时间变化的。对于不同的腐蚀体系，其腐蚀速度和介质侵蚀性随时间的变化可能呈现不同的规律。在设计腐蚀试验和评定试验结果时，应了解材料腐蚀速度及介质的侵蚀性随时间变化的情况，即了解时间对腐蚀的影响规律。这有利于确定试验周期、分析腐蚀现象和评定试验结果。Wachter 和 Treseder 提出了一套在实验室中评价时间对金属腐蚀和环境腐蚀性影响的方法，即分段试验法。图 1-2 为分段试验法的原理图。把若干相同的试样置于同一介质中进行腐蚀试验，在总试验时间$(t+1)$内试验条件保持恒定。A_1、A_t和 A_{t+1}分别表示各试样在相应时间内的腐蚀量；B 表示新试样在经过试验时间 t 后的溶液中暴露单位时间的腐蚀量；$A_2 = A_{t+1} - A_t$，由计算得到，表示已在介质中暴露 t 时刻的试样在 $t \to t+1$ 这个单位时间间隔内的腐蚀量。单位时间间隔通常为 1 天，总试验周期 $(t+1)$ 一般为几天。

根据 A_1 和 B 的相互关系可知介质腐蚀性的变化；根据 A_2 和 B 的相互关系可知金属腐蚀速度的变化；根据试验测定的 A_1、A_2 和 B 的相互关系，可综合表达出该腐蚀试验中的介质腐蚀性和金属腐蚀速度随时间的变化规律，详见表 1-1。

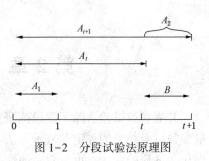

图 1-2　分段试验法原理图

表 1-1　分段试验法揭示的腐蚀变化

介质的侵蚀性	金属的腐蚀率	判　据
不　变	不　变	$A_1 = A_2 = B$
不　变	减　小	$A_2 < A_1 = B$
不　变	增　大	$A_1 = B < A_2$
减　小	不　变	$A_2 = B < A_1$
减　小	减　小	$A_2 < B < A_1$
减　小	增　大	$A_1 > B < A_2$
增　大	不　变	$A_1 < A_2 = B$
增　大	减　小	$A_1 < B > A_2$
增　大	增　大	$A_1 < B < A_2$

显然，试验持续时间太长，既无必要也不经济；但试验时间太短，腐蚀过程尚未达到稳态，试验结果也不充分有效。简单地把短期试验结果外推到长期，往往会导致错误。在实验室中，一个周期的试验时间通常为 24~168h（1~7 天），至少要进行两个周期的试验。对于具有中等或较低腐蚀速度的体系，可由下式粗略地估计试验周期：

$$试验周期(h) = \frac{50}{腐蚀速度(mm/a)} \qquad (1-1)$$

这种估算只能用来确定在一次试验之后是否还需要继续进行更长时间的试验。

对于试验工厂和生产厂中的试验，时间最少为两周，最好是一个月以上。

在自然环境中金属的腐蚀速度往往很低，有时需要好多年才能提供确定的结果。在海水、河水、大气和土壤等现场暴露试验过程中，须在不同的时间间隔后逐批取出试片，进行检查和评定。通常规定顺序取片的时间间隔每次要加倍，如取样时间可以是 1、3、7、15、31 等（时间单位可为年、月、天或小时）。

第2章 常用腐蚀评定方法

开展腐蚀试验，除了要根据研究目的选择和确定试验方法及试验条件外，还必须确定测量参数以及结果的评定和表示方法。根据腐蚀前后金属材料、腐蚀介质或上述两者的某些物理化学性质的变化，可以对腐蚀作用进行评定。现介绍一些常用的腐蚀评定方法。

2.1 表观检查

表观检查通常是一种定性的检查评定方法，有时也可以给出一些定量数据，又可以作为其他评定方法的重要补充。

2.1.1 宏观检查

宏观检查就是用肉眼或低倍放大镜对金属材料和腐蚀介质在腐蚀过程中和腐蚀前后的形态进行仔细的观测，也包括对金属材料去除腐蚀产物前后的形态观测。宏观检查虽然比较粗略，甚至带有一定的主观性，但该方法方便简捷，是一种有价值的定性方法。它不依靠任何精密仪器，就能初步确定金属材料的腐蚀形貌、类型、程度和受腐蚀部位。

在试验前必须仔细地观察试样的初始状态，标明表面缺陷。试验过程中如有可能应对腐蚀状况进行实时原位观测，观察的时间间隔可根据腐蚀速度确定。选择观察时间间隔还须考虑到：①能够观察、记录到可见的腐蚀产物开始出现的时间；②两次观察之间的变化足够明显。一般在试验初期观察频繁，而后间隔时间逐渐延长。

宏观检查时应注意观察和记录：①材料表面的颜色与状态。②材料表面腐蚀产物的颜色、形态、附着情况及分布。③腐蚀介质的变化，如溶液的颜色、腐蚀产物的颜色、形态和数量。④判别腐蚀类型。局部腐蚀应确定部位、类型并检测其腐蚀破坏程度。⑤观察重点部位，如材料加工变形及应力集中部位、焊缝及热影区、气–液交界部位、温度与浓度变化部位、流速或压力变化部位等。当发现典型或特殊变化时，还可拍摄影像资料，以便保存和事后分析之用。为了更仔细地进行观察，也可使用低倍(2~20倍)放大镜进行检查。

2.1.2 微观检查

宏观检查所获取的信息反映了腐蚀行为的统计平均结果，其代表性和直观性都比较强，但不一定能揭示腐蚀的本质或过程的真实情况。微观检查方法被用来获取微观(局域的或表面的)信息，用以揭示过程的细节和本质，是宏观检查的进一步发展和必要的补充。

光学显微镜曾是微观检查的主要工具，除用于检查材料腐蚀前后的金相组织外，还可用于：①判断腐蚀类型；②确定腐蚀程度；③分析金相组织与腐蚀的关系；④调查腐蚀事故的起因；⑤跟踪腐蚀发生和发展的情况。

随着近代科学的发展和学科之间的互相渗透，许多现代物理研究方法和表面分析方法被用于微观检查，大大丰富和深化了其内容。这些方法按功用可分为：①用于获取化学信息的方法，如用于元素的鉴别和定量分析、元素的分布状况、价态和吸附分子的结构等等；②用于形貌观察的方法，如观察断口、组织、析出物、夹杂的形态、晶体缺陷的形态(包括点、线、面和体等的缺陷)、晶格象和原子象等；③用于物理参量的测定和晶体结构的分析，如膜厚、膜的光学常数、点阵常数、位错密度、织构、物相鉴定、电子组态和磁织构等等[4]。经常用于腐蚀微观检查的工具和方法包括电子显微镜(特别是扫描电镜,SEM)、电子探针(EPMA)、俄歇电子能谱法(AES)、X射线光电子能谱法(XPS)、二次离子质谱法(SIMS)和原子力显微镜/扫描隧道显微镜(AFM/STM)等。

2.1.3 评定方法

对于定性的表观考察来说,腐蚀形态和程度的表述明显地受到人为因素的影响,具有主观随意性。为了建立统一的标准评定方法,一些组织和个人做了多方努力,其中比较有代表性的工作包括Champion提出的标准样图(图2-1)。样图共有A、B、C、D四幅,其中样图A和B表征试样受腐蚀表面的平面特征,分别表示单位面积上腐蚀破坏的位置数目和腐蚀位置的面积;样图C和D是腐蚀深度特征,其中C表征全面腐蚀破坏深度等级,而D图则是表示点蚀和裂纹的深度等级。四幅样图均分别划分为7个等级,其量化标准如表2-1所示。Champion还按照腐蚀性质和程度对腐蚀形态进行了分类和规范化的表述,规定了标准的缩写符号,详见表2-2。

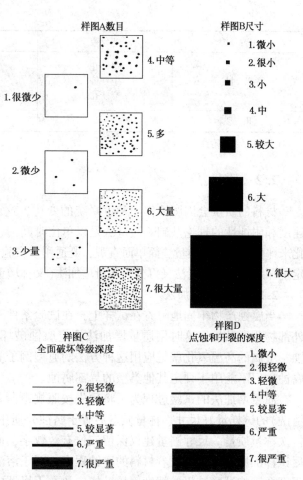

图2-1 表观检查的Champion标准样图[3]

表2-1 Champion标准样图的量化标准[3]

等级编码	腐蚀位置的数目		腐蚀位置的面积		腐蚀深度			腐蚀影响系数(%影响程度)
	A 图		B 图		标准术语	C 图	D 图	
	标准术语	个/dm²	标准术语	cm²		cm	cm	
1	很微小	33	微小	0.0006	微小痕量	0.0001	0.004	9
2	微小	100	很小	0.003	很轻微	0.0004	0.01	13
3	少量	330	小	0.016	轻微	0.0016	0.025	20
4	中等	1000	中	0.08	中等	0.006	0.06	30
5	多	3300	较大	0.4	较显著	0.024	0.15	45
6	大量	10000	大	2.0	严重	0.10	0.4	70
7	很大量	33000	很大	10.0	很严重	0.40	1.0	100
级数的公约比率		3		5		4	2.5	1.5

表2-2 腐蚀形态分类[3]

主要分类	细分类	编写符号	平均宽度/深度
全面腐蚀	均匀	Ge	>>20①
	不均匀	Gu	>20①
半局部腐蚀	均匀	Le	≥20
	不均匀	Lu	<20

11

主要分类	细分类	编写符号	平均宽度/深度
点　蚀	宽　孔 中　等 窄　孔	W M N	4 1 1/4
开　裂	—	K	≪1/4①

① 为本书编者附注。

2.2　质量法

材料的质量会因腐蚀作用发生系统的变化，这就是质量法(又称重量法)评定材料腐蚀速度和耐蚀性的理论基础。质量法是以单位时间内、单位面积上由腐蚀而引起的材料质量变化来评价腐蚀的。质量法简单而直观，既适用于实验室，又适用于现场试验，是最基本的腐蚀定量评定方法。质量法又可分为质量增加法(又称增重法)和质量损失法(又称失重法)两种。

2.2.1　质量增加法

当腐蚀产物牢固地附着在试样上，在试验条件下不挥发或几乎不溶于溶液介质，也不为外部物质所玷污，这时用质量增加法评定腐蚀破坏程度是合理的。钛、锆等耐蚀金属的腐蚀、金属的高温氧化就是应用这种方法的典型例子。质量增加法适用于评定全面腐蚀和晶间腐蚀，但不能用于评定其他类型的局部腐蚀。

质量增加法的试验过程为：将预先按照规范制备(已经做好标记、除油、酸洗、打磨和清洗)的试样量好尺寸、称量质量后置于腐蚀介质中，试验结束后取出，连同腐蚀产物一起再次称量质量。尺寸测量建议保留三位有效数字，而质量测量建议保留五位有效数字。试验后试样的质量增加表征着材料的腐蚀程度。对于溶液介质中的腐蚀试验，试验后试样的干燥程度会影响试验结果的精度，故试样应放在干燥器中贮存三天后再称量质量。

对于质量增加法，一个试样通常只在腐蚀-时间曲线上提供一个数据点。当腐蚀产物确实是牢固地附着于试样表面，且具有恒定的组成时，就能在同一试样上连续地或周期性地测量质量增加，获得完整的腐蚀-时间曲线，因而适用于研究腐蚀随时间的变化规律。

质量增加法获得的数据具有间接性，即数据中包括腐蚀产物的质量，要知道被腐蚀金属的量，还需根据腐蚀产物的化学组成进行换算。有时腐蚀产物的相组成相当复杂，精确的分析往往有困难。多价金属还可能生成不同价态的腐蚀产物，也增加了换算的难度。这些都限制了质量增加法的应用范围。

2.2.2　质量损失法

质量损失法是一种简单而直接的腐蚀测量方法。它要求在腐蚀试验后全部清除腐蚀产物后再称量试样的终态质量，因此根据试验前后样品质量计算得出的质量损失直接表示了由于腐蚀而损失的金属量，不需要按腐蚀产物的化学组成进行换算。质量损失法并不要求腐蚀产物牢固地附着在材料表面上，也无需考虑腐蚀产物的可溶性。这些优点使质量损失法得到广泛的应用。

消除腐蚀产物的方法大体可分为三类，即机械方法、化学方法和电解方法。一种理想的去除腐蚀产物的方法应该是只消除腐蚀产物而不损伤基体金属。所有去除腐蚀产物的方法往往会破坏腐蚀产物，使腐蚀产物所蕴含的信息丢失，因此在去除腐蚀产物前最好能提取腐蚀产物样品。这些样品可以用于各种分析，如用 X 射线衍射确定晶体结构，或用于化学分析，寻找某些腐蚀性组分(如氯)等。

消除腐蚀产物的化学方法是将腐蚀试验后的样品浸泡在指定的溶液中，该溶液被设计用于去除腐蚀产物，而能最大限度地降低基体金属的溶解。对于特定的金属和腐蚀产物类型，建立或选择清除腐蚀产物的最有效的方法往往是反复试验摸索的结果。用于去除腐蚀产物的清洗溶液均应用试剂水和试剂级的化学药品配制。表2-3列出了一些去除腐蚀产物的化学方法。为了确定去除腐蚀产物时基体金属的质量损失，可采用未经腐蚀的同样的试样作为控制试样，应用与试验样品同样的清洗方法对其进行清洗。清洗前后称量控制样品的质量，由于清洗造成的基体金属损失量可被用于校正腐蚀质量损失。清洗严重腐蚀的样品时，使用控制试样的方法可能并不可靠。此时需对腐蚀后的表面重复进行清洗，即使表面已没有腐蚀产物，还会不断地有质量损失。这是因为腐蚀后的表面常常比新加工或打磨的表面对清洗方法造成的腐蚀更敏感，特别是对于多相合金。下面的确定清洗步骤造成的质量损失的方法更为可取：

表2-3　去除腐蚀产物的化学方法[5]

代码	材料	溶液	时间	温度	备注
C.1.1	铝和铝合金	50mL 磷酸(H_3PO_4，相对密度1.69) 20g CrO_3 用试剂水稀释至1000mL	5~10min	90℃至沸腾	如果残留有腐蚀产物膜，冲洗，随后用 HNO_3 法(C.1.2)
C.1.2		硝酸(HNO_3，相对密度1.42)	1~5min	20~25℃	去除外部沉积物和松散的腐蚀产物，避免过度损伤基体金属的反应
C.2.1	铜和铜合金	500mL 盐酸(HCl，相对密度1.19) 用试剂水稀释至1000mL	1~3min	20~25℃	用纯氮去除溶液中的空气将减少基体金属损失
C.2.2		4.9g 氰化钠($NaCN$) 用试剂水稀释至1000mL	1~3min	20~25℃	可去除铜的硫化物，盐酸处理(C.2.1)可能不能将其去除
C.2.3		100mL 硫酸(H_2SO_4，相对密度1.84) 用试剂水稀释至1000mL	1~3min	20~25℃	处理前除去松散的腐蚀产物，最大限度地降低铜再沉积到试样表面上的可能
C.2.4		120mL 硫酸(H_2SO_4，相对密度1.84) 30g $Na_2Cr_2O_7 \cdot 2H_2O$ 用试剂水稀释至1000mL	5~10s	20~25℃	去除硫酸处理导致的再沉积的铜
C.2.5		54mL 硫酸(H_2SO_4，相对密度1.84) 用试剂水稀释至1000mL	30~60min	40~50℃	用氮去除溶液中的空气。推荐用毛刷去除试样上的腐蚀产物，然后再浸泡3~4s
C.3.1	铁和钢	1000mL 盐酸(HCl，相对密度1.19) 20g Sb_2O_3 50g $SnCl_2$	1~25min	20~25℃	应强烈搅拌溶液或刷洗试样，某些情况下可能需要较长时间

代码	材料	溶液	时间	温度	备注
C.3.2		50g 氢氧化钠(NaOH) 200g 锌粒或锌屑 用试剂水稀释至1000mL	30~40min	80~90℃	在使用任何锌粉时都应小心操作,因为在空气中会自燃
C.3.3		200g 氢氧化钠(NaOH) 20g 锌粒或锌屑 试剂水稀释至1000mL	30~40min	80~90℃	在使用任何锌粉时都应小心操作,因为在空气中会自燃
C.3.4		200g 柠檬酸二铵[(NH$_4$)$_2$HC$_6$H$_5$O$_7$] 试剂水稀释至1000mL	20min	75~90℃	取决于腐蚀产物的组成,可能侵蚀基体
C.3.5		500mL 盐酸(HCl,相对密度1.19) 3.5g 六亚甲基四胺 试剂水稀释至1000mL	10min	20~25℃	在某些情况下可能需要较长的时间
C.3.6		含1.5%~2.0%氢化钠(NaH)的熔融苛性钠(NaOH)	1~20min	370℃	细节参见技术信息报告SP29-370"杜邦氢化钠去除氧化皮的操作说明"
C.4.1	铅和铅合金	10mL 乙酸(CH$_3$COOH) 试剂水稀释至1000mL	5min	沸腾	
C.4.2		50g 乙酸铵(CH$_3$COONH$_4$) 试剂水稀释至1000mL	10min	60~70℃	
C.4.3		250g 乙酸铵(CH$_3$COONH$_4$) 试剂水稀释至1000mL	5min	60~70℃	
C.5.1	镁和镁合金	150g CrO$_3$ 10g Ag$_2$CrO$_4$ 试剂水稀释至1000mL	1min	沸腾	银盐用于沉积氯化物
C.5.2		200g CrO$_3$ 10g AgNO$_3$ 20g Ba(NO$_3$)$_2$ 试剂水稀释至1000mL	1min	20~25℃	钡盐用于沉积硫酸盐
C.6.1	镍和镍合金	150mL 盐酸(HCl,相对密度1.19) 试剂水稀释至1000mL	1~3min	20~25℃	
C.6.2		100mL 硫酸(H$_2$SO$_4$,相对密度1.84) 试剂水稀释至1000mL	1~3min	20~25℃	
C.7.1	不锈钢	100mL 硝酸(HNO$_3$,相对密度1.42) 试剂水稀释至1000mL	20min	60℃	
C.7.2		150g 柠檬酸二铵[(NH$_4$)$_2$HC$_6$H$_5$O$_7$] 试剂水稀释至1000mL	10~60min	70℃	

代码	材料	溶 液	时 间	温 度	备 注
C.7.3		100g 柠檬酸($C_6H_8O_7$) 50mL 硫酸(H_2SO_4,相对密度1.84) 2g 缓蚀剂(二甲苯硫脲或喹啉碘乙烷或β-萘酚喹啉) 试剂水稀释至1000mL	5min	60℃	
C.7.4		200g 氢氧化钠(NaOH) 30g $KMnO_4$ 试剂水稀释至1000mL 然后在下述溶液中处理: 100g 柠檬酸二铵[$(NH_4)_2HC_6H_5O_7$] 试剂水稀释至1000mL	5min		
C.7.5		100mL 硝酸(HNO_3,相对密度1.42) 20mL 氢氟酸(HF,相对密度1.198,48%) 试剂水稀释至1000mL	5~20min	20~25℃	
C.7.6		200g 氢氧化钠(NaOH) 50g 锌粉 试剂水稀释至1000mL	20min	沸 腾	使用任何锌粉均应小心操作,因为暴露于空气中会自燃
C.8.1	锡和锡合金	150g $Na_3PO_4 \cdot 12H_2O$ 试剂水稀释至1000mL	10min	沸 腾	
C.8.2		50mL 盐酸(HCl,相对密度1.19) 试剂水稀释至1000mL	10min	20℃	
C.9.1	锌和锌合金	150mL 氢氧化铵(NH_4OH,相对密度0.90) 试剂水稀释至1000mL 随后用下列溶液处理: 50g CrO_3 10g $AgNO_3$ 试剂水稀释至1000mL	5min 15~20s	20~25℃ 沸 腾	$AgNO_3$ 应溶解在水中,然后加到沸腾的铬酸中,以防止铬酸银过度结晶。铬酸中应不含硫酸盐,避免对基体锌的侵蚀
C.9.2		100gNH_4Cl 试剂水稀释至1000mL	2~5min	70℃	
C.9.3		200g CrO_3 试剂水稀释至1000mL	1min	80℃	应避免在含盐环境中形成的腐蚀产物对铬酸造成的氯化物污染,以防止对基体金属锌的侵蚀
C.9.4		85mL 碘酸(HI,相对密度1.5) 试剂水稀释至1000mL	15s	20~25℃	基体金属锌可能会有一些损伤,应使用控制试样
C.9.5		100g 过硫酸铵[$(NH_4)_2S_2O_8$] 试剂水稀释至1000mL	5min	20~25℃	特别推荐用于镀锌钢
C.9.6		100g 乙酸铵(CH_3COONH_4) 试剂水稀释至1000mL	2~5min	70℃	

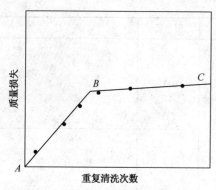

图 2-2 多周期重复清洗引起的腐蚀
样品的质量损失[5]

① 对试样进行多次重复清洗，每次清洗后称量试样，确定质量损失。

② 将质量损失对清洗的周期数作图，其中每次清洗的周期相同。如图 2-2 所示，将得到 AB 和 BC 两段曲线。其中 BC 段对应于去除腐蚀产物后的金属腐蚀，而由实际腐蚀所造成的质量损失则大体对应于 B 点。

③ 为了尽可能减小由清洗方法所引起的不确定性，应选择清洗方法，使 BC 线的斜率最低（近于水平）。

在用化学方法去除腐蚀产物前、过程中或之后可用非金属毛刷轻轻刷洗试样或用超声波清洗试样，这不仅可以清除试样表面松散的腐蚀产物，也有助于去除紧密的腐蚀产物。

常常可以用低倍显微镜（例如 7~10 倍）检查腐蚀产物的去除情况，这种方法对于发生点蚀的表面特别有用，因为腐蚀产物可能会在孔中留存。

去除腐蚀产物的操作最终完成后，应彻底清洗试样并立即进行干燥，干燥的试样通常还要在干燥器中存放 24h 后再称量质量。

电解（电化学）方法也可用于去除腐蚀产物。电解方法需选用适当的电解质溶液和阳极，并以试样为阴极，外加直流电电解。电解时阴极表面产生的氢气泡有助于腐蚀产物的剥离。电解清洗后应对试样进行刷洗或超声清洗，去除试样表面的残渣或沉积物，以最大限度地减少由于可还原腐蚀产物的还原而引起的金属再沉积，否则会减少表观质量损失。表 2-4 给出了一些用于去除腐蚀产物的电解方法。

表 2-4　去除腐蚀产物的电解方法[5]

代码	材料	溶液	时间	温度	备注
E.1.1	铁、铸铁、钢	75g NaOH 25g Na_2SO_4 75g Na_2CO_3 试剂水稀释至 1000mL	20~40min	20~25℃	在 100~200A/m^2 电流密度下进行阴极处理。阳极可用石墨、铂或不锈钢
E.1.2		28mL 硫酸（H_2SO_4，相对密度 1.84） 0.5g 缓蚀剂（二甲苯硫脲或喹啉碘乙烷或 β-萘酚喹啉） 试剂水稀释至 1000mL	3min	75℃	在 200A/m^2 电流密度下阴极电解。阳极可用石墨、铂或铅
E.1.3		100g 柠檬酸二铵[$(NH_4)_2HC_6H_5O_7$] 试剂水稀释至 1000mL	5min	20~25℃	在 100A/m^2 下阴极电解。可用石墨或铂阳极
E.2.1	铅和铅合金	28mL 硫酸（H_2SO_4，相对密度 1.84） 0.5g 缓蚀剂（二甲苯硫脲或喹啉碘乙烷或 β-萘酚喹啉） 试剂水稀释至 1000mL	3min	75℃	在 2000A/m^2 下阴极电解。可用石墨、铂或铅阳极
E.3.1	铜和铜合金	7.5g KCl 试剂水稀释至 1000mL	1~3min	20~25℃	100A/m^2 下阴极电解。石墨或铂阳极

16

代码	材料	溶液	时间	温度	备注
E.4.1	锌和镉	50g 磷酸二氢钠（Na_2HPO_4） 试剂水稀释至1000mL	5min	70℃	110A/m^2 下阴极电解，石墨、铂或不锈钢阳极
E.4.2		100g NaOH 试剂水稀释至1000mL	1~2min	20~25℃	100A/m^2 下阴极电解，试样带电入槽。石墨、铂或不锈钢阳极
E.5.1	通用（铝、镁和锡合金除外）	20g NaOH 试剂水稀释至1000mL	5~10min	20~25℃	300A/m^2 下阴极电解，AS31600不锈钢阳极

去除腐蚀产物的机械方法包括刮削、擦洗、刷洗、超声清洗、机械冲击和撞击吹刷（如喷砂、射流等）。这些方法常被用于去除严重结壳的腐蚀产物。强烈的机械清洗可能造成一部分基体金属损失，因此应小心操作，而且一般是用其他方法不能充分去除腐蚀产物时才使用这些方法。如同去除腐蚀产物的其他方法一样，需对由清洗方法造成的质量损失进行校正。在采用清除腐蚀产物的化学或电化学方法前，通常可用机械法去除试样表面疏松的腐蚀产物，例如可先用自来水冲洗，并用橡皮或硬毛刷擦洗，或用木制刮刀、塑料刮刀刮擦，用这种方法往往可将试样表面绝大部分的疏松腐蚀产物去除干净。

2.2.3 质量法测量结果的评定

质量法通常是用试样在单位时间内、单位面积上的质量变化来表征平均腐蚀速度的。通过测定试样的初始总面积和试验过程中的质量变化即可计算得到腐蚀速度。对于质量增加法，其计算公式如下：

$$v_+ = \frac{m_1 - m_0}{A \cdot T} \qquad (2-1)$$

式中 A——试样面积；

T——试验周期；

m_0——试样初始质量；

m_1——腐蚀试验后带有腐蚀产物的试样质量。

对于质量损失法：

$$v_- = \frac{K \times \Delta m}{A \cdot T \cdot D} \qquad (2-2)$$

式中 K——常数（数值见后文）；

T——试验周期，h；

A——试样初始面积，cm^2；

Δm——腐蚀试验中试样的质量损失，g；

D——试验材料的密度，g/cm^3。

当 T、A、Δm 和 D 使用上述规定的单位时，可利用下列相应 K 值计算出以不同单位表示的腐蚀速度：

所需要的腐蚀速度的单位	式（2-2）中的常数 K
密耳/年（mpy）	3.45×10^6
时/年（ipy）	3.45×10^3
时/月（ipm）	2.87×10^2

毫米/年（mm/y）	8.76×10^4
微米/年（μm/y）	8.76×10^7
皮米/秒（pm/s）	2.78×10^6
克/米²·时（g/m²·h）	$1.00 \times 10^4 \times D$
毫克/分米²·天（mdd）	$2.40 \times 10^6 \times D$
微克/米²·秒（μg/m²·s）	$2.78 \times 10^6 \times D$

如果需要，还可以利用这些常数将腐蚀速度从一种单位转变成另一种单位，为了将用单位 x 表示的腐蚀速度变成用单位 y 表示的腐蚀速度，只需将其乘以 K_y/K_x 即可，例如：

$$15\text{mpy} = 15 \times (2.78 \times 10^6)/(3.45 \times 10^6) \quad \text{pm/s}$$

由质量损失法计算得出的腐蚀速度通常只表示在试验周期内全面腐蚀的平均腐蚀速度。基于质量损失估计腐蚀侵入深度可能会严重低估由于局部腐蚀（如点蚀、开裂、缝隙腐蚀等）所造成的实际穿透深度。

在质量损失测量中应注意选择合适的天平，对其校准和标准化，避免可能导致的测量误差。一般来说，用现代分析天平测量质量很容易达到 ±0.2mg 的精度，也有能达到 ±0.02mg 的天平。因此质量测量通常不是引起误差的决定性因素。但是，在去除腐蚀产物操作中，如果腐蚀产物去除不充分或过度清洗都会影响精度。利用图 2-2 所示的重复清洗步骤可最大限度地降低这两方面的误差。

测定腐蚀速度时，试样面积的测量一般是对精度影响最小的步骤。卡尺和其他长度测量装置的精度变化范围很宽，但是为确定腐蚀速度所进行的面积测量，一般说其精度无须好于 ±1%。

在大多数实验室试验中，暴露时间通常可控制得好于 ±1%。但是对于现场试验，腐蚀条件可能随时间明显变化，对现存腐蚀条件能持续多久的判断有很大的可能产生误差。此外，腐蚀过程随时间的变化未必是线性的，因此所得到的腐蚀速度可能并不能预示未来的情况。

2.3 失厚测量与点蚀深度测量

对于设备和大型试样等不便于使用质量法的情况，或为了了解局部腐蚀情况，可以测量腐蚀失厚或点蚀深度。

2.3.1 失厚测量

测量腐蚀前后或腐蚀过程某两时刻的试件厚度，可直接得到腐蚀所造成的厚度损失，单位时间内的腐蚀失厚即为侵蚀率，常以 mm/a 表示。但是对于不均匀腐蚀来说，这种方法是很不准确的。可以用一些计量工具和仪器装置直接测量试件的厚度，如测量内外径的卡钳、测量平面厚度的卡尺、螺旋测微器、带标度的双筒显微镜、测量试件截面的金相显微镜等。由于腐蚀引起的厚度变化常常导致许多其他性质的变化，根据这些性质变化发展出许多无损测厚的方法，如涡流法、超声波法、射线照相法和电阻法等。

2.3.2 点蚀深度测量

点蚀的危害很大，但点蚀的测量和表征却比较困难。为了表征点蚀的严重程度，通常应综合评定点蚀密度、点蚀直径和点蚀深度。其中前两项指标表征点蚀范围，而后一项指标则表征点蚀强度。相比之下，后者具有更重要的实际意义。为此，经常测量面积为 1dm² 的试件上 10 个最深的点蚀深度，并取其最大点蚀深度和平均点蚀深度来表征点蚀严重程度。也可以用点蚀系数表征点蚀。点蚀系数是最大点蚀深度 P 与按全面腐蚀计算的平均侵蚀深度 d 的比率，见图2-3。点蚀系数数值越大，表示点蚀的程度越严重，而在全面腐蚀的情况下，点蚀系数为1。

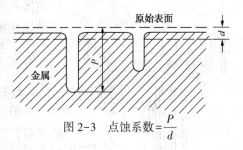

图2-3　点蚀系数 $= \dfrac{P}{d}$

测量点蚀深度的方法有：用配有刚性细长探针的微米规探测孔深；在全相显微镜下观测横切蚀孔的试样截面；以试样的某个未腐蚀面为基准面，通过机械切削达到蚀孔底部，根据进刀量确定孔深；用显微镜分别在未受腐蚀的蚀孔外缘和蚀孔底部聚焦，根据标尺确定点蚀深度，以及其他方法等。

2.4　气体容量法

对于析氢或吸氧(耗氧)腐蚀过程，可通过一定时间内的析氢量或耗氧量来计算金属的腐蚀速度，这种方法称为容量法。

容量法测量装置简单可靠，测量灵敏度较质量法高。由于不必像质量损失法那样清除腐蚀产物，所以可以跟踪腐蚀过程，测得腐蚀量与时间之间的连续关系曲线。用容量法测定金属腐蚀速度要求析氢或吸氧量与金属溶解的量之间存在确定的化学计量比关系。

2.4.1　析氢测量

如果金属腐蚀的阴极过程是氢去极化过程，则可测定反应析出的氢气量，并据此推算出金属的腐蚀量。在析氢测定时，一般用量气管收集腐蚀试样上方析出的氢气。为了准确计量，往往在量气管下口倒置一个确定口径的漏斗，并尽可能选用细口径量气管，如图2-4所示。在规定的试验周期终了时，以 mL/cm^2 计量单位面积金属上由于腐蚀所析出的氢气体积，并可通过计算得出金属腐蚀量 $m(g)$。为了提高灵敏度，可用压力计代替量气管，压力计管越细，灵敏度越高。由于气体体积与温度有关，所以测量时必须严格控制恒温。

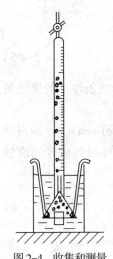

图2-4　收集和测量氢气的装置

2.4.2　吸氧测量

如果金属腐蚀与环境中氧的消耗存在确定的化学计量关系，则可以通过测定环境中氧的消耗量来确定金属的腐蚀量。这无论是对水溶液中的氧去极化腐蚀，还是气相氧化均是成立的。但应该注意的是，只有当腐蚀产物的组成恒定不变时，才可能由氧的消耗量来推算金属的腐蚀量。有些多价金属在腐蚀产物中呈现多种价态，且彼此间的比例也不断发生变化，从而给金属实际腐蚀量的确定带来困难。

从耗氧量测定金属腐蚀的方法有：①把试样放在气相中，测量由于腐蚀引起的气相中氧量的变化；②把试样放在含有溶解氧的溶液中，用化学分析方法测定由于腐蚀引起的溶液中含氧量的变化；③把试样放在溶液中，测量上部封闭体积中氧浓度的变化。

图2-5是一种用气体容量法测定腐蚀的装置，它能同时测定消耗的氧量和析出的氢气量。析氢量是根据氢燃烧后气相体积的减小来决定的，氧量是按照析出氢气的体积与总的气相体积变化之差来决定的。腐蚀溶液经旋塞2导入容器1，利用U形管4和压力计3来测定

气相体积的变化，容器 5 及压力计 3 可在常压下进行测量，氢的燃烧在铂丝螺旋 6 上进行。

2.5　电阻法

2.5.1　基本原理

电阻法是一种电学方法。对于一定形状、尺寸和组织结构的材料，当其遭受腐蚀后，由电阻变化可给出许多腐蚀信息，如了解晶间腐蚀或氢腐蚀的状态，腐蚀导致的材料厚度变化，金属腐蚀的速度等。

电阻法测定腐蚀导致的材料厚度变化和腐蚀速度，是根据金属试样由于腐蚀作用使横截面积减小，从而导致电阻增大的原理。通过测量腐蚀过程中金属电阻的变化而求出金属的腐蚀量和腐蚀速度。根据电学定律，导体的电阻与其长度 l 成正比，与其横截面积 S 成反比。对于长度为 l，横截面积为 S，电阻率为 ρ 的导体，其电阻 R 为：

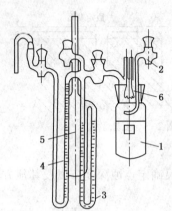

图 2-5　有混合去极化
作用的腐蚀测定器
1,5—容器；2—旋塞；3—压力计；
4—U 形管；6—铂丝螺旋

$$R = \rho \cdot \frac{l}{S} \qquad (2-3)$$

对于确定长度的导体，如果初始截面积和电阻分别为 S_0 和 R_0，在经 t 时刻的腐蚀后其截面积和电阻分别为 S_t 和 R_t，则有

$$\frac{R_0}{R_t} = \frac{S_t}{S_0} \qquad (2-4)$$

令 $\Delta R = R_t - R_0$，$\Delta S = S_0 - S_t$，可得：

$$\frac{\Delta R}{R_t} = \frac{\Delta S}{S_0} \qquad (2-5)$$

根据式(2-4)和式(2-5)，对不同几何形状的试样，可以推导出在均匀腐蚀条件下的腐蚀量和腐蚀速度表达式：

① 丝状试样：其横截面形状如图 2-6(a)所示。r_0 为试样的原始半径(mm)，r_t 为腐蚀到 t 时刻的半径，则腐蚀深度 $x = r_0 - r_t$，$S_0 = \pi r_0^2$，$S_t = \pi r_t^2$，代入式(2-4)可得到试样的腐蚀深度：

$$x = r_0 - r_t = r_0\left(1 - \sqrt{\frac{R_0}{R_t}}\right) \qquad (2-6)$$

把腐蚀深度除以试验时间 t(h)，可求得腐蚀速度：

$$v = \frac{r_0}{t}\left(1 - \sqrt{\frac{R_0}{R_t}}\right) \times 8760\,(\text{mm/a}) \qquad (2-7)$$

② 片状试样：其截面形状如图 2-6
(b)所示。a、b 分别为试样的原始宽度
和厚度(mm)，x 为腐蚀深度。用 a、b、
x 计算出 ΔS 和 S_0，并代入式(2-5)，得

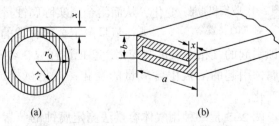

图 2-6　不同形状试样腐蚀后的横截面积变化
(a)丝状试样；(b)片状试样

到一个一元二次方程，求出方程的解为：

$$x = \frac{1}{4}\left[(a+b) - \sqrt{(a+b)^2 - 4ab\frac{\Delta R}{R_t}}\right] \tag{2-8}$$

把腐蚀深度 x 除以试验时间 $t(\mathrm{h})$，求得腐蚀速度为：

$$v = \frac{(a+b) - \sqrt{(a+b)^2 - 4ab\dfrac{\Delta R}{R_t}}}{t} \times 2190(\mathrm{mm/a}) \tag{2-9}$$

电阻法测定腐蚀信息不受腐蚀介质的限制，即无论是气相或液相、导电或不导电的介质均可应用。测量时无需取出试样和清除腐蚀产物，可实现实时、原位测量，测定腐蚀速度随时间变化的关系，因此可用于腐蚀监控。

2.5.2　测量技术

要准确测量金属腐蚀试样的电阻变化，通常须采用精确的电桥法。由于金属试样的电阻不仅随腐蚀发生变化，而且也随环境温度发生变化，因此应解决测量中的温度补偿问题。一般的做法是采用与腐蚀试样同种材料、同样尺寸的温度补偿试样，但后者表面用涂料涂覆，使其免遭腐蚀。

图 2-7(a)、(b)分别为电阻测量的单电桥法和双电桥法的原理图，其中 R_x 为待测腐蚀试样，$R_{补}$ 和 R_N 分别为两种方法中的温度补偿试样。

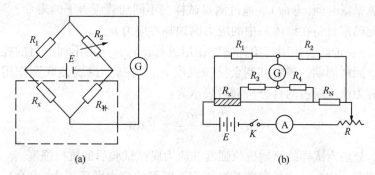

图 2-7　用电桥法测量电阻的原理图
(a)单电桥法；(b)双电桥法

2.6　力学性能与腐蚀评定

腐蚀评定有时无法使用质量法或测厚法，但腐蚀作用的结果可能会使材料的力学性能发生明显的变化，从而可通过测定力学性能的变化来评定腐蚀作用。特别是对于点蚀、晶间腐蚀和应力腐蚀开裂等局部腐蚀形态，腐蚀后材料的外观、质量都可能没有明显的变化，但材料的力学性能却会急剧下降，所以力学性能的测定成为评定某些局部腐蚀的一项重要手段。

2.6.1　用力学性能变化评定全面腐蚀

通常是用试样在腐蚀前后的力学性质的变化来评定腐蚀。为了提高试验结果的重现性，所有试样的加工条件、热处理条件、取样方向、试样尺寸等都要尽可能相同。试验时应有相同状态、但未经腐蚀的空白试样作为参照物。

为了评价全面腐蚀作用，一般用腐蚀前后材料力学性能变化的相对百分率表示，如：

$$K_S = \frac{\sigma_{b0} - \sigma_{b1}}{\sigma_{b0}} \times 100\%\,(\text{时间 } t) \tag{2-10}$$

$$K_{\rm L} = \frac{\delta_0 - \delta_1}{\delta_0} \times 100\% \,(\text{时间}\ t) \qquad\qquad (2-11)$$

式中　$K_{\rm S}$——强度损失百分率；

$\sigma_{\rm b0}$ 和 $\sigma_{\rm b1}$——分别为腐蚀前后试样的抗拉强度；

　　　$K_{\rm L}$——延伸率损失百分率；

δ_0 和 δ_1——分别为腐蚀前后试样的延伸率。也可用剩余抗拉强度比率和剩余延伸率的比率表示：

$$K'_{\rm S} = \frac{\sigma_{\rm b1}}{\sigma_{\rm b0}} \times 100\% \,(\text{时间}\ t) \qquad\qquad (2-12)$$

$$K'_{\rm L} = \frac{\delta_1}{\delta_0} \times 100\% \,(\text{时间}\ t) \qquad\qquad (2-13)$$

2.6.2　局部腐蚀对力学性能的影响

局部腐蚀的类型很多，利用力学性能对其进行评定也有不同的方法。对于点蚀、缝隙腐蚀、晶间腐蚀、电偶腐蚀等局部腐蚀，在某些情况下也可参照全面腐蚀的评定方法，利用式(2-10)至式(2-13)予以评定。

为评定材料的应力腐蚀敏感性，目前有多种测定方法，例如：①将加载应力的试样在腐蚀介质中暴露指定周期后测定剩余力学性能；②把加载应力的试样在腐蚀介质中暴露直至试样断裂，记录总暴露时间(寿命)。通过测量试样在不同加载应力下的寿命，可作出应力-寿命曲线，并据此确定材料在该体系中的应力腐蚀临界应力 $\sigma_{\rm th}$。

为了对应力-腐蚀联合作用与单纯腐蚀作用进行比较，须将不加应力的控制试样在相同腐蚀条件下暴露同样周期，测定其剩余抗拉强度 $\sigma_{\rm b1}$。在应力-腐蚀联合作用引起的总强度损失中，附加应力作用所占的百分份额可表示为：

$$\alpha = \frac{\sigma_{\rm b1} - \sigma_{\rm b2}}{\sigma_{\rm b0} - \sigma_{\rm b2}} \times 100\% \qquad\qquad (2-14)$$

式中，$\sigma_{\rm b0}$ 和 $\sigma_{\rm b2}$ 分别为试样的原始抗拉强度和应力腐蚀试验后的抗拉强度。

对于腐蚀疲劳，主要的测量参数是试样直至断裂的应力循环周次(寿命)。在 σ-N 腐蚀疲劳曲线上，通常取对应于某一指定腐蚀疲劳寿命(如疲劳循环周次 $N = 10^7$)的应力幅值为腐蚀疲劳临界应力 $\sigma_{\rm th}$，也称腐蚀疲劳强度。

腐蚀试验后对试样进行反复弯曲试验也是评定某些类型局部腐蚀的方法。可以测定腐蚀后的试样所能承受的往复弯曲而不致断裂的次数；对延性较差的金属也可以采用能够弯曲的角度来评价腐蚀；还可以将腐蚀后试样弯成 U 形(弯曲半径等于其厚度的 2 倍)，然后检查所产生的裂纹。

利用断裂力学研究应力腐蚀和腐蚀疲劳，可以确定应力腐蚀和腐蚀疲劳的临界应力场强度因子 $K_{\rm ISCC}$ 和 $\Delta K_{\rm ICF}$，还可以确定应力腐蚀裂纹扩展速率 da/dt 和腐蚀疲劳裂纹扩展速率 da/dN。

2.7　溶液分析与指示剂法

化学分析(包括常规化学分析和仪器分析)常被用于测定腐蚀介质的成分和浓度、缓蚀剂的含量以及腐蚀产物的组成和浓度等。当金属的腐蚀产物完全溶解于介质中时，可通过对试验溶液的定量化学分析求得某时刻的腐蚀速度，并有可能通过实时检测获得腐蚀量-时间关系曲线。化学分析还是一种重要的工业腐蚀监控方法。极谱分析、离子选择性电极和原子吸收光谱等技术均被用于溶液化学分析。

极谱分析是一种在特殊条件下的电解分析。图 2-8 是极谱分析的基本装置图。电解池由滴汞电极(面积很小的极化电极)和甘汞电极(面积很大的不极化电极)组成。将加有足量支持电解质的待测溶液注入电解池,通入惰性气体以除去溶液中的溶解氧。电解时通过调节电位器来改变加在电解池两端上的外加电压。在静止状态下,使汞滴以 2～3 滴/10s 的速度滴下。测定各个不同电压下的电流值,得到的电压-电流曲线,即极谱,如图 2-9 所示。从极谱的示意图可以看到,在达到分解电压之前,电解池中只有微小的电流通过,即残余电流;当外加电压增加到分解电压后,离子开始在滴汞电极上被还原,电流随电压迅速升高;当外加电压继续增加到某一数值后,电流不再随电压的增加而增加,达到一个极限值,此即极限电流。电化学原理表明,极限电流的大小与被测定离子的浓度成正比,这就是极谱定量分析的基础。现已普遍采用极谱进行分析测定,操作简便。

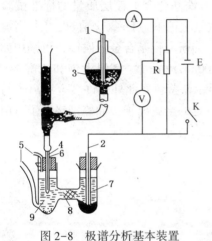

图 2-8　极谱分析基本装置

A—电流表;V—电压表;E—电源;K—开关;R—电位器;

1—阴极接线;2—阳极接线;3—贮汞器;4—毛细管;

5—氮气入口管;6—氮气出口空隙;7—甘汞电极;

8—微孔烧结玻璃;9—待测溶液

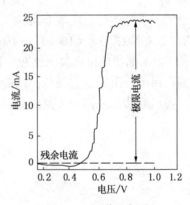

图 2-9　极谱示意图

近年来在电化学分析领域内发展出离子选择性电极分析技术,这是利用一种对特定离子具有专属选择性的膜电极(即离子选择电极,实质上是一种电化学传感器),其电极电位与待测特定离子的浓度(严格说应该是活度,后同)之间符合 Nernst 公式,从而可通过电极电位的测量来确定溶液中某些特定离子的浓度。测定 pH 值的玻璃电极是对氢离子具有专属性的典型的离子选择性电极。除此之外,还有对钠离子有选择性的钠离子玻璃电极,以氟化镧单晶为电极的氟离子选择性电极,以卤化银或硫化银等难溶盐沉淀为电极膜的各种卤素离子、硫离子选择性电极等。利用离子选择性电极测定特定离子浓度所需仪器设备简单,操作方便,适用于实验室和现场测量。

原子吸收光谱分析法是利用被测元素的基态原子具有吸收特定辐射波长的能力,而吸收值的大小与该原子的浓度存在着一定的关系,从而成为用这种方法对被测元素进行定性和定量分析的理论基础。图 2-10 是原子吸收光谱的装置原理图,主要包括光源、试样蒸发装置、波长选择器、光接收器及测量系统等五个部分。原子吸收光谱法能分析几乎所有的金属

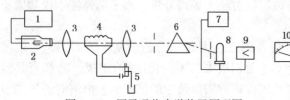

图 2-10　原子吸收光谱装置原理图
1—灯电源；2—光源；3—透镜；
4—试样蒸发装置；5—试样；6—波长选择器；
7—电源；8—检测器；9—放大器；10—指示仪表

元素、部分半金属元素和非金属元素，可用于分析腐蚀产物的成分、腐蚀介质中的成分变化和溶解的金属离子含量。这种方法灵敏度高、分析速度快、操作简便。

指示剂法是利用某些化学试剂组成的指示剂与腐蚀产物（金属离子、OH^- 等）之间反应所产生的特定颜色，以确定受腐蚀金属表面上的阳极区和阴极区以及受腐蚀的局部区域和状态类型。为研究铁基合金的腐蚀，常采用铁羟指示剂，该指示剂的配方为：$K_3Fe(CN)_6 \cdot 2H_2O(1g)$ + NaCl（10g）+琼脂（10g）+水（1000mL）+数滴酚酞。该指示剂中的铁氰化钾会与 Fe^{2+} 作用使腐蚀的阳极区呈现深蓝色，而阴极区富集的 OH^- 与酚酞作用呈现出粉红色。孔隙率试验在日本已成为一种检验铁基合金上镀层质量的标准试验方法（JIS H8612）[6]，其指示剂为：亚铁氰化钙 10g/L+铁氰化钙 10g/L+氯化钠 60g/L。当镀层存在针孔暴露出铁基体时，此溶液与铁反应显示蓝色。为研究铝基合金的腐蚀，可采用如下指示剂溶液：3% NaCl 溶液（100mL）+1% 琼脂溶液（100mL）+茜素（室温下饱和乙醇溶液 7~10mL）。该指示剂使阳极区显示红色，而使阴极区显示蓝紫色。此外，许多金属离子与一定的指示剂作用可产生特定的颜色，因此可用来鉴别特定的金属离子，如鉴别铬离子可用二苯长巴肼，镁用醌茜素，钼用黄原酸钾，镍用二甲基乙二肟等。

第3章 电化学测试技术

基于大多数腐蚀的电化学本质，电化学测试技术在腐蚀机理研究、腐蚀试验及工业腐蚀监控中均得到广泛应用。电化学测试技术是一种"原位"(in situ)测量技术，并可以进行实时测量，给出瞬时腐蚀信息和连续跟踪金属电极表面状况的变化。电化学测试技术通常是一类快速测量方法，测试的灵敏度也较高。但是，由于实际腐蚀体系是经常变化的和十分复杂的，所以在实际使用电化学测试技术时应对所研究的腐蚀体系、所采用的测试技术的原理和适用范围等有比较清晰的认识。此外，当要把实验室的电化学测试结果外推到实际应用中时，须格外小心谨慎，往往还需要借助其他的定性或定量的试验研究方法予以综合分析评定。

3.1 电极电位测量

电极电位是腐蚀金属电极的一个重要热力学参数，在研究金属腐蚀行为及分析腐蚀过程时具有重要意义，在防腐蚀工程技术中也有广泛的应用。例如：①结合电位-pH图判断金属的腐蚀倾向；②在电偶腐蚀中判断金属的极性；③确定某些局部腐蚀的特征电位和敏感电位区间；④在阴极保护工程中，作为重要的技术参数和判据；⑤研究活化-钝化转变行为，其致钝电位 E_{cr} 和稳定钝化区电位范围均是阳极保护的重要技术参数。

金属腐蚀研究中的电位测量一般有两类：①测量无外加电流作用时的自然腐蚀电位及其随时间的变化；②测量金属在外加电流作用下的极化电位及其随电流或随时间的变化。

至今尚无法测定单个金属电极的绝对电极电位值，但电池的电动势是可以精确测定的。只要将所研究的工作电极与另一参比电极组成原电池，测量其电动势，即可确定研究电极的相对电极电位。参比电极应该是自身电位稳定的不极化或难极化的电极体系。国际上统一将标准氢电极的电极电位规定为零，并将其作为参比电极。但在实际测量时，经常采用比较方便的甘汞电极、氯化银电极、硫酸铜电极等作为参比电极。表3-1列出了一些常用参比电极。在某些场合下也可使用固体参比电极或与研究电极同种材料的金属作为参比电极。由于电极电位测量均是相对于特定参比电极，所以在记录、报告试验结果时，必须说明是相对何种参比电极的。

表 3-1　一些常用参比电极

名　称	结　构	电极电位/V[①]	温度系数/mV[②]	适用介质	代　码
标准氢电极	$Pt[H_2]_{1atm} \mid H^+(a=1)$	0.000	0	酸性介质	SHE
饱和甘汞电极	$Hg[Hg_2Cl_2] \mid$ 饱和 KCl	0.244	-0.65	中性介质	SCE
1mol/L 甘汞电极	$Hg[Hg_2Cl_2] \mid 1mol/L$ KCl	0.280	-0.24	中性介质	NCE
标准甘汞电极	$Hg[Hg_2Cl_2] \mid Cl^-(a=1)$	0.2676	-0.32	中性介质	
海水甘汞电极	$Hg[Hg_2Cl_2] \mid$ 海水	0.296	-0.28	海　水	
饱和氯化银电极	$Ag[AgCl] \mid$ 饱和 KCl	0.196	-1.10	中性介质	
1mol/L 氯化银电极	$Ag[AgCl] \mid 1mol/L$ KCl	0.2344	-0.58	中性介质	
标准氯化银电极	$Ag[AgCl] \mid Cl^-(a=1)$	0.2223	-0.65	中性介质	

名　　称	结　　构	电极电位/V[①]	温度系数/mV[②]	适用介质	代　码
海水氯化银电极	Ag[AgCl]｜海水	0.2503	-0.62	海水	
1mol/L氧化汞电极	Hg[HgO]｜1mol/L NaOH	0.114		碱性介质	
标准氧化汞电极	Hg[HgO]｜OH⁻($a=1$)	0.098	-1.12	碱性介质	
饱和硫酸铜电极	Cu[CuSO₄]｜饱和 CuSO₄	0.316	+0.02	土壤，中性介质	CSE
标准硫酸铜电极	Cu[CuSO₄]｜SO₄²⁻($a=1$)	0.342	+0.008	土壤，中性介质	

① 各电极的电极电位值系指25℃时相对于标准氢电极的电位值。

② 温度系数是指每变化1℃时电极电位变化的数值。

电极电位的测量比较简单，图3-1是没有外加极化时测量电极电位的装置示意图。图中盐桥的作用是：①导通试验溶液和参比电极溶液；②减小液体接界电位；③避免溶液间的污染。常见的盐桥是一种充满盐溶液的U形玻璃管，将其倒置于两溶液间，使其导通。图3-2给出了几种不同形式的盐桥的示意图。图3-1中的电位测量仪表应具有高输入阻抗，因为如果电位测量回路中流过电流将造成电极的极化而引起误差。可用于电位测量的仪表有：直流数字电压表、运算放大器构成的高阻电压表、晶体管高阻电压表、直流电位差计等。此外，pH计和各种离子计也可用于测量电位。为自动记录电位-时间曲线，可在测量回路中配接函数记录仪，如选用微计算机配以模数转换板采集电位数据则更为方便。

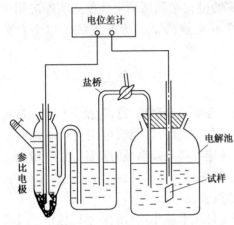

图3-1　无外加极化时测量电极电位的装置

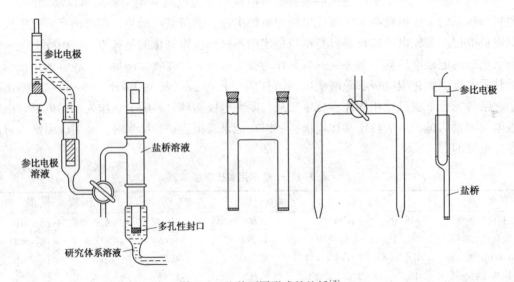

图3-2　几种不同形式的盐桥[7]

测定极化电位往往采用经典三电极体系。如图3-3所示，经典三电极体系由两个回路组成：电源E、可变电阻R、电流表G、研究电极A和辅助电极B构成极化回路；高输入阻抗的电位测量仪表V、工作电极A和参比电极C构成的电位测量回路。在极化回路中，E为极化电源，通过调整可变电阻 R 可以改变流过研究电极 A 的极化电流 I 的大小，辅助电极 B 的作用是构成完整的电回路。在电位测量回路中，由于采用了高输入阻抗的电位测量仪表，所以在研究电极和参比电极之间产生的电流 I' 是很小的，可以忽略。此时电位测量仪表所实际测得的电位差为：

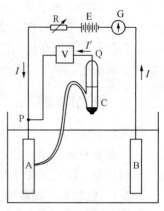

图 3-3　利用三电极体系测量极化电位[7]

$$E = E_{研究} - E_{参比} + IR_L \qquad (3-1)$$

式中，$E_{研究}$ 和 $E_{参比}$ 分别为研究电极和参比电极的电极电位，IR_L 为电流 I 流经研究电极和参比电极之间的溶液而产生的欧姆电压降，R_L 为溶液电阻。为了消除欧姆压降的影响，一般是在极化的测量中使用 Luggin 毛细管。Luggin 毛细管是一端拉得很细的玻璃管或塑料管，测量电极电位时其尖端靠近被测电极，而另一端与参比电极相连。为了减小式（3-1）中的 IR_L 值，可将 Luggin 毛细管的尖端尽可能逼近研究电极表面。但是由于毛细管本身对研究电极表面的电力线有屏蔽作用，一般要求管口离电极表面的距离不小于毛细管本身的直径。图 3-4 给出了几种常见的 Luggin 毛细管的形式和位置。在使用 Luggin 毛细管的情况下，为尽可能消除欧姆压降的影响，还可以：①调节 Luggin 毛细管相对于研究电极的距离，并测量不同位置处的电位，然后外推到距离为零，相应的电位即为消除欧姆降影响的电位；②采用背侧 Luggin 毛细管[参见图 3-4(c)]，这种毛细管对电力线没有屏蔽作用，对溶液的对流也影响较小；③用高频电导仪预先测定 Luggin 毛细管与研究电极之间的溶液电阻，然后根据外加电流计算修正欧姆降的影响。

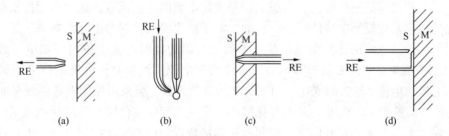

(a)　　　　　　(b)　　　　　　(c)　　　　　　(d)

图 3-4　几种常见的 Luggin 毛细管的形式和位置[7]

RE—参比电极；M—研究电极；S—溶液

除了采用 Luggin 毛细管减少溶液电阻电压降的影响外，还可以采用以下几种方法：

① 采用可自动补偿欧姆压降的电子电路，例如电压正反馈电路。

② 利用电桥线路进行电阻补偿。在电桥线路中如果两个桥臂的电阻相同，则在电桥平衡时另两个桥臂的电阻必相等。这种方法是把研究电极和参比电极间的溶液电阻作为一个桥臂，利用另一个等电阻的桥臂进行电阻补偿。

③ 用断电流法消除欧姆降。如果在断电瞬间测量电极电位，测得的电极电位将不包括溶液电阻电压降。

局部腐蚀研究中常采用微区电位测量技术。微区电位测量的关键是选用或制作微参比电极。对微参比电极的基本要求是：电化学性能良好（是不极化或难极化电极，电位稳定）；电极前端微毛细管的口径小（例如外径为 $1 \sim 30 \mu m$，内径为 $0.2 \sim 8 \mu m$）；应具有一定的机械强度；阻抗尽可能小；电极内溶液扩散小等。用于腐蚀研究的微参比电极有两类：一类是金属微电极，如 Pt、Sn、W、Sb 等；另一类是非极化微参比电极，如氯化银微参比电极等，它们大多以玻璃毛细管作为盐桥。大部分微参比电极的内阻很高，因此用于微区电化学测量的电位测量仪器须有高输入阻抗。为了测定金属表面微区自腐蚀电位及电位和电流密度的分布状况，可采用扫描微电极技术或计算机控制、采样、数据处理的全自动系统。

3.2　极化曲线测量

通常把表示电极电位与极化电流（或极化电流密度）之间关系的曲线称为极化曲线。极化曲线能够在有关腐蚀机理、腐蚀速率和特定材料在指定环境中的腐蚀敏感性等方面提供大量有用的信息。因此极化曲线测量技术被广泛用于实验室腐蚀试验。

3.2.1　极化曲线测量技术的分类

极化曲线测量技术有不同的分类方法。按所控制的变量分类，可将极化曲线测量技术分为两类：

① 控制电位法：控制电位法是以电位为自变量（激励信号是电位），电流为因变量（响应信号）的技术。测试时，按规定的程序控制电位的变化并测定极化电流随电位变化的函数关系。

② 控制电流法：控制电流法是以电流为自变量（激励信号是电流），电位为因变量（响应信号）的技术。测试时，遵循规定的电流变化程序并测定相应的电极电位随电流变化的函数关系。

控制电位法和控制电流法具有各自的特点和适用范围。控制电流法可使用较为简单的仪器，且易于控制，主要用于一些不受扩散控制的电极过程或电极表面状态不发生很大变化的体系。对于形状简单的极化曲线，电极电位是极化电流的单值函数，此时采用控制电流法测得的极化曲线与采用控制电位法时是一样的。对于活化极化控制的电化学体系，进行强极化区测量时采用控制电流法比控制电位法更为有利。因为此时电极电位与外加电流之间服从 Tafel 关系，电流 I 是电位 E 的指数函数，采用控制电位法测量时，电极电位 E 的微小偏差都将会引起极化电流 I 较大的变化；而 E 是 I 的对数函数，当采用控制电流法测量时，极化电流 I 的微小偏差造成电极电位 E 的变化极小。另一方面强极化区测量极化电流 I 较大，欧姆压降影响也大，若未进行补偿时，控制电位测量造成的误差要比控制电流法大。这是由于采用控制电流法测量时，IR 降只影响电极电位 E 测量的误差；但采用控制电位法时，还将影响电位的控制精度，造成测出极化电流的误差较大。尽管如此，控制电位法在实际应用中仍很普遍。控制电位法相比之下适用范围要宽一些，对于形状复杂的极化曲线，电极电位不是极化电流的单值函数（如具有活化-钝化转变行为的体系其极化曲线呈"S"形），此时只能采用控制电位法才能得到完整的极化曲线。

极化曲线测量按外加扰动信号的变化速率又可分为稳态法、准稳态法和暂态法。当用外加扰动信号对电极进行极化时，电极体系的参量（如浓度分布、电极电位、电流、电极表面状态等）不会"立即"达到稳定值，也即从电极开始极化至电极过程达到稳定需要一定的时间。随时间变化着的极化称为"暂态极化"，相应的电极过程为"暂态电极过程"；经过一段时间后极化渐趋稳定便称为"稳态极化"，相应的电极过程为"稳态电极过程"[8]。系统达到稳态后具有以下特点：①稳态的电流全部是由于电极反应所产生的；②浓度及扩散层内的浓度分布基本不变，所以 $\dfrac{dc}{dt}=0$；浓度 c 只是 x 的函数，且 $\dfrac{dc}{dx}=$ 常数（对平面电极而言）[9]。严格的稳态是较难达到的。一般每一个读数稳定 2~3min 即可。用这种测量方法得到的极化曲线称为准稳态极化曲线，或称经典极化曲线[7]。

如果按极化测量中扰动信号的变化方式分类，则极化测量又可分为逐点法、阶梯波阶跃法、线性扫描法和三角波扫描法。

3.2.2 测量技术

为测定极化曲线，需要同时测定流过研究电极的电流和电极电位，为此常采用经典三电极体系。图 3-5 是测量极化曲线的基本系统，它是由极化电源(最常用的是恒电位仪)、电解池与电极系统以及实验条件控制设备(图中未画出)组成。

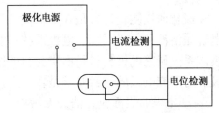

图 3-5　极化曲线测试系统示意图

极化曲线测量最基本的极化电源是恒电位仪。恒电位仪可自动调节流经研究电极的电流，从而使得参比电极与研究电极之间的电位差严格地等于一个"给定电位"。恒电位仪的给定电位在一定范围内是连续可调的，可根据试验需要将研究电极的电位分别恒定在不同的给定电位上，并测定相应的极化电流，从而完成极化曲线的测量。恒电位仪配以指令信号后，可以使电极电位自动跟踪指令信号而变化。配以指令信号发生装置(如波形发生器)和数据记录装置(函数记录仪、示波器等)的恒电位仪可实现极化曲线的自动测量。图3-6 是测量动电位极化曲线的传统线路图。先进的恒电位仪可与微机联机实现极化曲线的全自动测量。此时指定信号不再由信号发生器给定，而是由用户程序通过微机给定数字量波形，经数/模转换接口板变换成模拟量波形，向恒电位仪输出；电极电位和极化电流模拟量输出，不再由示波器或函数记录仪记录，而是通过模/数转换接口板变换成数字量，由微机读入，经加工处理后由微机专用设备(显示器、打印机、磁盘)输出和存储[10]。目前所使用的恒电位仪实质上是利用运算放大器经

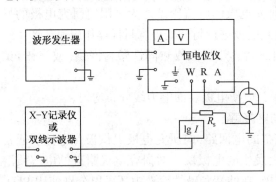

图 3-6　测量动电位极化曲线的传统线路

过运算实现电位控制的。利用运算放大器构建恒电位仪常采用两种基本电路形式：一种是电压跟随器形式，如图 3-7(a)所示；另一种是反相放大器形式，如图 3-7(b)所示。在图 3-7

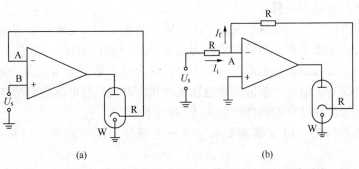

(a)　　　　　　　　　　　(b)

图 3-7　利用运算放大器构建恒电位仪的两种基本电路形式
(a) 电压跟随器形式；(b) 反相放大器形式

（a）电路中，基准电位讯号 U_S 加在运算放大器的同相输入端，而参比电极电位 U_R 作为反馈讯号加到反向输入端，根据运算放大器同相输入时的跟随特性，$U_A = U_B$，故 $U_R = U_S$，也就是参比电极的电位随着基准电位而变化，且能自动调节以达到恒定。在图 3-7（b）电路中，基准电位 U_S 和参比电极电位 U_R 分别通过输入电阻和反馈电阻接入反相输入端，输入电阻与反馈电阻相等（均等于 R）。推导可得：$I_i = I_f$，且 A 是虚地点，故 $U_R = -U_S$，同样能达到自动调节电位的目的。恒电位仪也很容易用作控制电流法的极化电源。对于一个电阻而言，恒定电位和恒定电流实质上是同一概念，只要恒定了标准电阻上的电压降即可获得恒电流。

极化曲线测量通常是在电解池装置中完成的。电解池装置的基本部分包括电解池容器、电解质溶液和电极系统。电极系统一般是由研究电极、辅助电极和参比电极组成的经典三电极体系。研究电极材料是由研究目的所决定的。在腐蚀研究中多数情况下研究电极是固体电极。对研究电极的一般要求是：

① 电极的表面应光洁，无污垢，无氧化皮。平行试验的电极表面状态应保持一致，以保证试验结果的重现性和可比性。为此应做好电极表面的净化预处理。可用丙酮或洗涤剂进行除油净化。表面漂洗可采用冲洗方式，或进行超声清洗。很多情况下用金相砂纸或抛光膏对固体电极表面进行机械打磨和抛光。为了去除电极表面的氧化物或吸附（或渗透）的氢，也可以对固体电极进行退火处理，如在纯氢中加热以去除表面的氧化物，在真空中加热以去除氢。电化学预极化一般是最后一道预处理，预极化方法依具体研究电极而定。

② 有确定的暴露表面积，以便计算流经研究电极的电流密度。为了限定研究电极的暴露面积，使非工作表面与电解质溶液隔绝，须对电极进行封样处理。封样操作应避免产生缝隙及由此造成的干扰。常用的封样方法有涂料涂封、热塑性或热固性塑料嵌镶（或浇铸）试样、聚四氟乙烯专用夹具压紧非工作表面等。

③ 研究电极的形状及其在电解池中的配置，应使电极表面电力线分布均匀。

④ 便于与支架连接，并与外导线有良好的电接触。

辅助电极的功能是与研究电极一道构成完整的电回路，向研究电极提供极化电流。通常选用惰性材料作为辅助电极，以避免辅助电极上发生的电极反应对研究电极附近的电解质溶液的污染。实验室中广泛使用铂电极和石墨电极，在酸性和碱性溶液中还可以分别使用 PbO_2 电极和 Ni 电极。一般辅助电极的暴露面积都比研究电极大得多，这样既保证了研究电极的电力线分布均匀，同时又可以降低电解池的槽电压，为此常采用镀铂黑的铂片作辅助电极。

关于参比电极、盐桥和 Luggin 毛细管等内容已在 3.1 中做了介绍，极化曲线测量中对它们无额外要求，在此不再赘述。

测定极化曲线时所用的电解质溶液是由试验目的决定的。电解质溶液由溶剂和电活性物质组成。通常需要考虑可用于研究的电极电位范围和溶剂的介电常数[10]。电极电位范围既决定于电极材料，也与溶剂和电解质有关。溶剂的介电常数是重要参量，其介电常数越大，盐在其中的离解越好，电解质溶液的导电性也越好。对于某些电解质溶液体系，有时根据需要还可加入改善溶液导电性的惰性电解质或 pH 缓冲剂。

在测量极化曲线时，可根据需要采用各种电解池。设计或选择电解池主要应考虑以下问题：

① 电解池应有适当的容量，避免由于电极反应物的消耗和反应产物的积累所造成的电解质溶液浓度的显著改变。

② 电解池应由容易清洗且不污染电解质溶液的材料制成。电解池容器的材料有玻璃、聚四氟乙烯、有机玻璃等。在实验室中用优质玻璃吹制的电解池容器居多。

③ 电解池应根据需要设置各种接口，布局要合理。三电极接口应便于电极的装卸和移动定位。Luggin 毛细管在电解池中的位置应是可靠的、能调整的，以尽量减少溶液欧姆降对电位测量的影响，但又不屏蔽研究电极表面。辅助电极相对于研究电极的位置直接影响研究电极表面电流分布的均匀性，故须注意辅助电极的位置。除三电极接口外，有时电解池还需设置气体出入口、温度计和搅拌器接口。气体出入口供对电解质溶液充气或去气之用，为此还要求电解池具有一定的气密性。

④ 为避免辅助电极上发生的电极反应对研究电极附近电解质溶液的污染，有时电解池容器可设计两个室，分别放置研究电极和辅助电极，中间用烧结玻璃、隔膜等将其隔开，保持离子导电通道的连通。

电解池容器有各种形状，可根据实验要求设计或选择，有时用简单的 H 型电解池也能满足试验要求。图 3-8 即为 H 型电解池的示意图。其中研究电极和辅助电极分别置于两个电极管中，中间用多孔烧结玻璃板隔开。参比电极直接插在参比电极管中，该管前端有 Luggin 毛细管，靠近研究电极表面。三个电极管可以研究电极为中心呈直角布置，从而有利于电流的均匀分布和进行电位测量，也有助于电解池的稳妥放置。图 3-9 是美国材料试验协会(ASTM)所推荐的适用于腐蚀研究的电解池。该电解池有两个对称的辅助电极，以利于电流的均匀分布。电解池配有带 Luggin 毛细管的盐桥，通过它与外加参比电极连通。

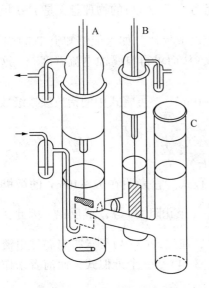 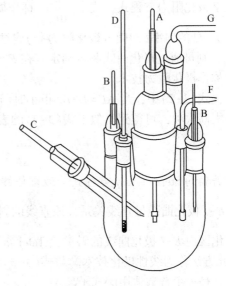

图 3-8　简单的 H 型电解池[11]　　　　图 3-9　一种用于金属腐蚀研究的电解池[12]

A—研究电极；B—辅助电极；C—参比电极　　　A—研究电极；B—辅助电极；C—盐桥；

D—温度计；F—进气管；G—出气管

为保证极化曲线测量在确定的条件下进行，有时还需有某些辅助的实验条件控制设备，如恒温槽、气体发生装置、流速控制装置等。

3.3　线性极化技术

金属腐蚀速度是从事腐蚀与防护工作的人员所关心的重要参数。测定金属腐蚀速度的经典方法是质量法。但质量法费时耗力，且所测得的结果只是试验周期内的平均腐蚀速度，无法得知某一时刻的瞬时腐蚀速度。基于金属腐蚀的电化学本质，现已发展了多种测定金属腐蚀速度的电化学技术。这些方法具有简单、快速、灵敏等特点，可实现实时、原位测量，能连续测定和跟踪金属的瞬时腐蚀速度。从本节开始，首先介绍基于极化测量不同区段的动力学规律发展起来的几种金属腐蚀速度测量的电化学技术，它们分别是线性极化技术（微极化区测量技术）、弱极化区测量技术和极化曲线外延技术（强极化区测量技术）。

3.3.1　线性极化技术原理

线性极化技术是通过在腐蚀电位附近的微小极化测量金属腐蚀速度的方法，1957 年首先由 Stern 和 Geary 提出[13]，后由 Mansfeld 等对此作了较为全面的评述[14]。

对于活化极化控制的腐蚀体系，当自然腐蚀电位 E_k 距两个局部反应的平衡电位甚远时，描述极化电流密度 I 与电极电位 E 的基本方程式为：

$$I = i_k \left\{ \exp\left[\frac{2.3(E - E_k)}{b_a}\right] - \exp\left[\frac{2.3(E_k - E)}{b_c}\right] \right\} \tag{3-2}$$

式中，i_k 为自然腐蚀电流密度，在腐蚀电化学中用其表示腐蚀速度，利用 Faraday 定律很容易将其换算成以质量或深度表示的腐蚀速度。b_a 和 b_c 分别为金属阳极溶解反应和去极化剂阴极还原反应的 Tafel 常数。在 E_k 处将式（3-2）对 I 求导，得到：

$$R_P = \left(\frac{dE}{dI}\right)_{E_k} = \frac{b_a b_c}{2.3(b_a + b_c)} \cdot \frac{1}{i_k} \tag{3-3}$$

这就是极化阻力方程式，式中 $\left(\dfrac{dE}{dI}\right)_{E_k}$ 称作微分极化阻力。式（3-3）的物理意义是 E-I 极化曲线在 E_k 处的斜率（即微分极化阻力）与腐蚀电流密度 i_k 成反比。如果能够知道 Tafel 常数 b_a 和 b_c，则可通过极化曲线测定确定其在 E_k 处的斜率，从而求得自腐蚀电流密度 i_k。这种方法被称作极化阻力技术。

在式（3-2）中，当 $\Delta E = E - E_k$ 很小时（通常 $\Delta E < \pm 10\text{mV}$），可将式中的指数项按级数展开并略去高次项，可得到类似于式（3-3）的表达式：

$$R'_P = \frac{\Delta E}{\Delta I} = \frac{b_a b_c}{2.3(b_a + b_c)} \cdot \frac{1}{i_k} \tag{3-4}$$

此即著名的 Stern-Geary 方程式，或称作线性极化方程式。它表明在 $E_k \pm 10\text{mV}$ 的微极化区内，E-I 极化曲线呈直线关系，该直线的斜率 $R'_P = \dfrac{\Delta E}{\Delta I}$（极化阻力）与 i_k 成反比。因此，利用微极化区内 E-I 极化曲线的斜率及 Tafel 常数 b_a 和 b_c，通过式（3-4）可求得自腐蚀电流密度 i_k，此方法称为线性极化技术。与式（3-3）相比，式（3-4）是一个近似式，而前者未作近似假设，是一个普遍适用的式子。

对于由去极化剂扩散控制的腐蚀体系（如氧去极化控制的体系）和钝化体系，可当作两种极限情况，直接由式（3-4）出发得到简化的线性极化方程式：

① 浓差极化控制的腐蚀体系

此时 $b_c \rightarrow \infty$，$b_a \ll b_c$

故

$$R_P = \frac{b_a}{2.3} \cdot \frac{1}{i_k} \tag{3-5}$$

② 钝化体系

此时 $b_a \rightarrow \infty$，$b_c \ll b_a$

故
$$R_{\mathrm{p}} = \frac{b_{\mathrm{c}}}{2.3} \cdot \frac{1}{i_{\mathrm{k}}} \qquad (3-6)$$

1963 年提出了双电极线性极化技术[15]。这种技术采用同种材料的双电极系统，取消了作为参比电极的第三电极，简化了电极装置，对于现场腐蚀监控具有重要意义。双电极线性极化技术的原理可根据两个电极的自然腐蚀电位之差 $E_{\mathrm{corr}}^2 - E_{\mathrm{corr}}^1$ 与施加在两电极间的微小电位差 ΔE 之间的相对关系，分三种情况进行讨论：首先将线性极化方程式(3-4)改写为：

$$i_{\mathrm{k}} = B \cdot \left(\frac{\Delta I}{\Delta E} \right)_{\Delta E \to 0} \qquad (3-7)$$

（1）恒同双电极系统

所谓恒同双电极系统是指所用的两个电极不仅化学成分、几何形状是相同的，而且在电化学性质上也是完全一样的。因此这两个电极具有相同的腐蚀电位和腐蚀电流，即：

$$E_{\mathrm{corr}}^1 = E_{\mathrm{corr}}^2 = E_{\mathrm{corr}} ; \quad i_{\mathrm{k}}^{(1)} = i_{\mathrm{k}}^{(2)} = i_{\mathrm{k}}$$

其中 E_{corr}^1 和 $i_{\mathrm{k}}^{(1)}$ 是第一个电极的腐蚀电位和腐蚀电流，E_{corr}^2 和 $i_{\mathrm{k}}^{(2)}$ 是第二个电极的腐蚀电位和腐蚀电流。

若在这两个电极之间施加一个很小的电压 ΔE，测得相应的极化电流为 ΔI，此时电极 1 从 E_{corr} 阴极极化到 E_1，电极 2 从 E_{corr} 阳极极化到 E_2，如图 3-10(a)所示。若不考虑溶液电阻欧姆降的影响，则根据式(3-7)，对于电极 1 和电极 2 分别有：

$$\frac{1}{i_{\mathrm{k}}} = \frac{1}{B} \cdot \frac{E_{\mathrm{corr}} - E_1}{\Delta I} \qquad (3-8)$$

$$\frac{1}{i_{\mathrm{k}}} = \frac{1}{B} \cdot \frac{E_2 - E_{\mathrm{corr}}}{\Delta I} \qquad (3-9)$$

将式(3-8)与式(3-9)相加，得出：

$$\frac{2}{i_{\mathrm{k}}} = \frac{1}{B} \cdot \frac{E_2 - E_1}{\Delta I} = \frac{1}{B} \cdot \frac{\Delta E}{\Delta I}$$

故
$$i_{\mathrm{k}} = 2B \cdot \frac{\Delta I}{\Delta E} \qquad (3-10)$$

上述恒同双电极系统是一种理想的情况，事实上即使是具有同样化学成分及经相同加工处理的两个电极，在同一腐蚀介质中也会具有不同的腐蚀电位及腐蚀电流，即实际电极总是非恒同的。对非恒同双电极系统，根据 ΔE 与 $E_{\mathrm{corr}}^2 - E_{\mathrm{corr}}^1$ 的相对关系，分两种情况讨论。

（2）非恒同双电极系统，$\Delta E > E_{\mathrm{corr}}^2 - E_{\mathrm{corr}}^1$

如图 3-10(b)所示，这两个非恒同电极的腐蚀电位分别为 E_{corr}^1 和 E_{corr}^2，相应的腐蚀电流为 $i_{\mathrm{k}}^{(1)}$ 和 $i_{\mathrm{k}}^{(2)}$。在这两个电极间施加正向电压 ΔE，测得正向极化电流为 ΔI_{f}，此时电极 1 从 E_{corr}^1 阴极极化到 E_1，电极 2 从 E_{corr}^2 阳极极化到 E_2，若不考虑溶液电阻的欧姆降，则对于电极 1 和电极 2 分别有：

$$\frac{1}{i_{\mathrm{k}}^{(1)}} = \frac{1}{B} \cdot \frac{E_{\mathrm{corr}}^1 - E_1}{\Delta I_{\mathrm{f}}} \qquad (3-11)$$

$$\frac{1}{i_{\mathrm{k}}^{(2)}} = \frac{1}{B} \cdot \frac{E_2 - E_{\mathrm{corr}}^2}{\Delta I_{\mathrm{f}}} \qquad (3-12)$$

将式(3-11)与式(3-12)相加，可得：

$$\frac{1}{i_{\mathrm{k}}^{(1)}} + \frac{1}{i_{\mathrm{k}}^{(2)}} = \frac{1}{B} \cdot \frac{E_2 - E_1 - (E_{\mathrm{corr}}^1 - E_{\mathrm{corr}}^2)}{\Delta I_{\mathrm{f}}}$$

故
$$\Delta I_{\mathrm{f}}\left[\frac{1}{i_{\mathrm{k}}^{(1)}}+\frac{1}{i_{\mathrm{k}}^{(2)}}\right]=\frac{\Delta E}{B}-\frac{1}{B}(E_{\mathrm{corr}}^{1}-E_{\mathrm{corr}}^{2}) \tag{3-13}$$

再在两个电极上施加反向电压 ΔE，测定反向极化电流 ΔI_{r}，此时电极 1 从 E_{corr}^{1} 阳极极化到 E_2，电极 2 从 E_{corr}^{2} 阴极极化到 E_1。对于电极 1 和电极 2 分别有：

$$\frac{1}{i_{\mathrm{k}}^{(1)}}=\frac{1}{B}\cdot\frac{E_2-E_{\mathrm{corr}}^{1}}{\Delta I_{\mathrm{r}}} \tag{3-14}$$

$$\frac{1}{i_{\mathrm{k}}^{(2)}}=\frac{1}{B}\cdot\frac{E_{\mathrm{corr}}^{2}-E_1}{\Delta I_{\mathrm{r}}} \tag{3-15}$$

将式(3-14)和式(3-15)两式相加，经整理后得出：

$$\Delta I_{\mathrm{r}}\left(\frac{1}{i_{\mathrm{k}}^{(1)}}+\frac{1}{i_{\mathrm{k}}^{(2)}}\right)=\frac{\Delta E}{B}+\frac{1}{B}(E_{\mathrm{corr}}^{1}-E_{\mathrm{corr}}^{2}) \tag{3-16}$$

将式(3-13)式(3-16)相加，得：

$$(\Delta I_{\mathrm{r}}+\Delta I_{\mathrm{f}})\left(\frac{1}{i_{\mathrm{k}}^{(1)}}+\frac{1}{i_{\mathrm{k}}^{(2)}}\right)=\frac{2\Delta E}{B} \tag{3-17}$$

令
$$\Delta I=\frac{1}{2}(\Delta I_{\mathrm{f}}+\Delta I_{\mathrm{r}}) \tag{3-18}$$

$$\frac{2}{i_{\mathrm{k}}^{(m)}}=\frac{1}{i_{\mathrm{k}}^{(1)}}+\frac{1}{i_{\mathrm{k}}^{(2)}} \tag{3-19}$$

则式(3-17)可写作：

$$i_{\mathrm{k}}^{(m)}=2B\cdot\frac{\Delta I}{\Delta E} \tag{3-20}$$

式中 $i_{\mathrm{k}}^{(m)}$ 由式(3-19)所定义，称为平均腐蚀电流。而 ΔI 是正向电流与反向电流的算术平均值。

（3）非恒同双电极体系，$\Delta E<E_{\mathrm{corr}}^{2}-E_{\mathrm{corr}}^{1}$

如图 3-10(c)所示，在这一对非恒同电极之间外加电压 ΔE，使电极 1 从 E_{corr}^{1} 阳极极化到 E_1，电极 2 从 E_{corr}^{2} 阴极极化到 E_2，此时通过的正向电流为 ΔI_{f}，对电极 1 和电极 2 分别有：

$$\frac{1}{i_{\mathrm{k}}^{(1)}}=\frac{1}{B}\cdot\frac{E_1-E_{\mathrm{corr}}^{1}}{\Delta I_{\mathrm{f}}} \tag{3-21}$$

$$\frac{1}{i_{\mathrm{k}}^{(2)}}=\frac{1}{B}\cdot\frac{E_{\mathrm{corr}}^{2}-E_2}{\Delta I_{\mathrm{f}}} \tag{3-22}$$

将式(3-21)和式(3-22)相加并整理后得到：

$$\Delta I_{\mathrm{f}}\left[\frac{1}{i_{\mathrm{k}}^{(1)}}+\frac{1}{i_{\mathrm{k}}^{(2)}}\right]=\frac{-\Delta E}{B}+\frac{1}{B}(E_{\mathrm{corr}}^{2}-E_{\mathrm{corr}}^{1}) \tag{3-23}$$

再将电极 1 继续阳极极化到 E_2，电极 2 继续阴极极化到 E_1，此时两个电极的极性反向，通过的反向电流为 ΔI_{r}，于是有：

$$\frac{1}{i_{\mathrm{k}}^{(1)}}=\frac{1}{B}\cdot\frac{E_2-E_{\mathrm{corr}}^{1}}{\Delta I_{\mathrm{r}}} \tag{3-24}$$

$$\frac{1}{i_{\mathrm{k}}^{(2)}}=\frac{1}{B}\cdot\frac{E_{\mathrm{corr}}^{2}-E_1}{\Delta I_{\mathrm{r}}} \tag{3-25}$$

将式(3-24)和式(3-25)相加并整理，得到：

$$\Delta I_r \left[\frac{1}{i_k^{(1)}} + \frac{1}{i_k^{(2)}} \right] = \frac{\Delta E}{B} + \frac{1}{B} (E_{corr}^2 - E_{corr}^1) \tag{3-26}$$

用式(3-26)减式(3-23)，得到：

$$(\Delta I_r - \Delta I_f) \left[\frac{1}{i_k^{(1)}} + \frac{1}{i_k^{(2)}} \right] = \frac{2\Delta E}{B} \tag{3-27}$$

令

$$\Delta I = \frac{\Delta I_r - \Delta I_f}{2} \tag{3-28}$$

$$\frac{2}{i_k^{(m)}} = \frac{1}{i_k^{(1)}} + \frac{1}{i_k^{(2)}} \tag{3-29}$$

将式(3-28)、式(3-29)代入式(3-27)，则有：

$$i_k^{(m)} = 2B \cdot \frac{\Delta I}{\Delta E} \tag{3-30}$$

由式(3-10)、式(3-20)和式(3-30)可以看出，恒同双电极系统和非恒同双电极系统的线性极化方程式有大体相同的表达形式。但需注意的是，非恒同双电极系统在测量方法以及 $i_k^{(m)}$ 和 ΔI 的定义上与恒同双电极系统还是有差别的。对于非恒同双电极系统，使用的是极化反转法，即先在两电极间施加很小的电压 ΔE（如 20mV），测量正向电流 I_f，然后变换极性，使电极间的反向电压同样为 ΔE，测量反向电流 I_r。可根据式(3-20)和式(3-30)求得平均腐蚀电流 $i_k^{(m)}$，而 ΔI 和 $i_k^{(m)}$ 可由式(3-18)、式(3-19)、式(3-28)和式(3-29)定义。

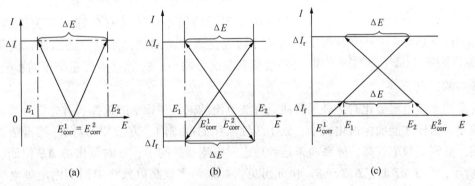

图 3-10　双电极系统线性极化示意图

（a）恒同双电极系统；（b）非恒同双电极系统，$\Delta E > E_{corr}^2 - E_{corr}^1$；

（c）非恒同双电极系统，$\Delta E < E_{corr}^2 - E_{corr}^1$

3.3.2　线性极化测量技术

运用极化阻力技术或线性极化技术测定腐蚀速度，首要的便是测定极化阻力 R_p。根据式(3-3)和式(3-4)，只需测定腐蚀体系在腐蚀电位附近的微小极化区内的稳态 $E\text{-}I$ 极化曲线，便可由其在 E_k 处的斜率 $\left(\frac{dE}{dI} \right)_{E_k}$ 或 E_k 附近线性段的斜率 $\left(\frac{\Delta E}{\Delta I} \right)_{\Delta E \to 0}$ 确定 R_p。因此，R_p 的测量技术在大多数情况下与稳态极化曲线测量技术相同。

（1）R_p 的测量方式

可采用控制电流法或控制电位法逐点测量腐蚀电位附近的稳态 $E\text{-}I$ 极化曲线，由线性区的斜率确定 R_p；也可采用回归分析的方法求出最佳直线及其斜率；如果 E_k 附近极化曲线无线性区，可根据 E_k 处极化曲线的斜率确定 R_p。

也可以采用动电位扫描方法测定腐蚀电位附近的极化曲线，例如可设定电位由相对自然腐蚀电位−30mV 扫描至+30mV，自动测量和记录 E-I 极化曲线，并根据定义确定 R_p。动电位测量应采用足够慢的扫描速度，尽可能使体系达到稳态。ASTM 标准 G59 给出了动电位极化阻力测量的标准方法，规定扫描速度为 0.6V/h，扫描电位范围为 $E_k \pm 30$mV，测试在试样浸入介质 1h 后进行。该标准还给出了 430 不锈钢在 0.5mol/L H_2SO_4 中由八个实验室得到的测试结果，结果包括 R_p、b_a、b_c、B 和 i_k 的平均值、标准偏差和平均标准误差，可供验证实验方法和仪器时参考。

使用小幅度交流方波电流（或电位）作为激励信号实现极化阻力测量，是某些商品化的

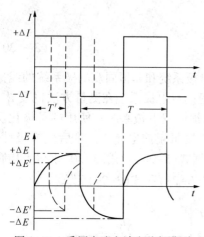

图 3-11　采用交流方波电流极化时
激励信号和响应信号的波形示意图

线性极化测试仪的基础。图 3-11 是用交流方波电流对电极极化时，电流（激励信号）和电极电位（响应信号）随时间的变化关系示意图。方波电流的幅值为 ΔI，周期为 T，在一个周期内电流交替进行阳极极化和阴极极化，而阳极极化和阴极极化后响应信号电极电位达到稳定时的极化电位分别为 ΔE 和−ΔE。则极化阻力为：

$$R_p = \frac{\Delta E}{\Delta I} \qquad (3-31)$$

交流方波方法是所谓的"一点法"测量，是通过 E-I 曲线上的某一特定数据点的测量确定 R_p 的方法，适用于腐蚀电位附近的极化曲线具有良好线性关系的体系。采用小幅度交流方波测量，测量方法简便，极化对电极表面状态的影响小，E_k 漂移对测量结果的影响也小，具有较多的优点。

在采用方波电流极化时，必须要注意方波电流的幅值和频率的选择。首先，方波电流的幅值要小，这样才能确保极化较小，处于线性极化的范围内。方波频率对 R_p 测量结果有较大影响。如测试频率较高，体系尚未达到稳态时电流就换向了，这时测出的 ΔE 偏低。如图3-11 所示，当 $T' < T$ 时，$\Delta E' < \Delta E$。由此可见，如果频率较高以致在半周期内电极电位不能达到稳态值，则会造成 R_p 的测试结果偏低，计算出的腐蚀速度偏高。但如果频率太低，自然腐蚀电位漂移对测量结果的影响就会变得显著。因此，希望在实现稳态测量的前提下，尽量选择高一些的频率。

（2）电极系统

极化阻力测量可以使用经典三电极系统。经典三电极系统与常规电化学测量系统相同。这种电极系统特别适合于实验室测量使用，但较少用于现场。原因是经典三电极系统使用标准参比电极，其结构比较复杂，容易损坏；另外许多金属在介质中相对于标准参比电极的腐蚀电位数值都比较大（可达 500~800mV），要在满刻度为 1000mV 的电位测量仪表上准确读出小于 10mV 的极化电位值是困难的。为此发展了同种材料三电极系统。

同种材料三电极系统使用与研究电极相同材料、同样制备程序、同样形状和大小的参比电极和辅助电极。由于 R_p 测量所关心的是研究电极的极化值 ΔE，而不是电极电位的数值 E，因此有可能采用同种材料的参比电极，只要参比电极的电位相对稳定就行了。同种材料

三电极系统经常制成探头的形式，用于实验室测试和现场监控。探头中三个电极可以互换，分别作为研究电极，同一探头可以测出几组数据，为指示可能发生的局部腐蚀倾向提供信息。同种材料三电极系统中的三个电极可以呈等距离直线分布、等边三角形分布或参比电极接近工作电极的分布。

同种材料双电极系统取消了第三电极，所以极化电位和电流的测量都是在两个同种材料的电极之间进行的。由于两个电极在极化过程中被反向极化，所以如果两电极间的相对极化值为 $2\Delta E$（如 20mV）时，每个电极实际上只相当于极化了 ΔE（10mV）。双电极系统的理论基础已在 3.3.1 中介绍。对于腐蚀电位不完全相同的两个电极，可分别对系统进行正反方向的两次极化。若采用交流方波极化，则本身就克服了这个问题。对于双电极系统，由于极化电流通过两电极间溶液所产生的 IR 降会影响 ΔE 的精确测量，应注意校正。同种材料双电极组合成探头有多种形式，两电极可直线布置，也可以同轴分布（其中一个电极为探头外壳），有时探头只有一个电极而以金属设备作为第二电极。

（3）线性极化法的适用性和误差分析

在线性极化测量中，除试验误差外，试验方法本身以及腐蚀体系的某些性质也会影响精确测量。

在线性极化法的基本公式（3-4）的推导过程中，首先假设了金属的腐蚀电位距两个局部反应的平衡电位甚远，从而可以忽略金属阳极溶解和去极化剂阴极还原的逆反应。但实际腐蚀体系的腐蚀电位可能会接近局部反应的平衡电位，此时就需对线性极化方程式作出修正[16]。

线性极化法计算腐蚀速度的基本公式在推导过程中还作了一次近似处理，在对指数项作级数展开时略去了高次项，从而才得出腐蚀电位附近 E-I 极化曲线呈直线的结果。实际腐蚀体系的极化曲线在腐蚀电位附近未必是线性的，因此运用 Stern 公式计算腐蚀电流必将引进一定的误差。从式（3-2）可知：

$$i_k = I\left\{\exp\left[\frac{2.3\Delta E}{b_a}\right] - \exp\left[\frac{-2.3\Delta E}{b_c}\right]\right\}^{-1} \tag{3-32}$$

而由 Stern 公式计算的腐蚀电流 i_k^s 为：

$$i_k^s = \frac{I}{\Delta E}\frac{b_a b_c}{2.3(b_a + b_c)} = \frac{I}{\Delta E} \cdot B \tag{3-33}$$

误差 δ 为：

$$\delta = \frac{i_k - i_k^s}{i_k} = 1 - \frac{B}{\Delta E}\left\{\exp\left[\frac{2.3\Delta E}{b_a}\right] - \exp\left[\frac{-2.3\Delta E}{b_c}\right]\right\} \tag{3-34}$$

可见误差 δ 与 ΔE、b_a 和 b_c 的取值有关。文献[17]表明，当 $\Delta E = +10\text{mV}$ 或 $\Delta E = -10\text{mV}$，b_a 和 b_c 在 $30 \sim \propto \text{mV}$ 之间取值时，Stern 公式本身引进的误差小于 50%。

在线性极化测量中，溶液的电阻以及金属表面腐蚀产物的电阻会直接影响测量结果。可以认为腐蚀产物的电阻和溶液电阻是串联的，如果单位面积电极的此种电阻为 R_Ω，则在利用极化电阻计算腐蚀电流时，应从测得的极化电阻中减去 R_Ω 的成分[7]，即：

$$i_k = \frac{B}{R_p - R_\Omega} \tag{3-35}$$

如果不作欧姆电阻补偿，而仅根据实验得到的 R_p 值计算腐蚀速度，则结果将会偏低，引入的误差 δ 为：

$$\delta = \frac{i_{校} - i_{未校}}{i_{未校}} = \frac{\dfrac{B}{R_{\mathrm{p}} - R_{\Omega}} - \dfrac{B}{R_{\mathrm{p}}}}{\dfrac{B}{R_{\mathrm{p}}}} = \frac{R_{\Omega}}{R_{\mathrm{p}} - R_{\Omega}} \tag{3-36}$$

此外，自然腐蚀电位 E_k 随时间漂移、金属表面状态的变化、非稳态极化采样等都可能影响极化阻力测量的精确性。

3.3.3 线性极化技术中的常数

运用线性极化方程式时，可通过实验测定 R_{p}，但还须知道 Tafel 常数 b_a 和 b_c 或总常数 B，才能计算得出 i_k。确定 Tafel 常数或总常数的方法通常有：

（1）理论计算

由活化极化动力学方程式的推导可知：

$$b_a = \frac{2.303RT}{\beta_a nF}, \quad b_c = \frac{2.303RT}{\alpha_c nF} \tag{3-37}$$

式中，R 为气体常数，T 为绝对温度，F 为 Faraday 常数，β_a 和 α_c 分别为组成腐蚀金属电极的局部阳、阴极反应的传递系数，n 是电极反应速度控制步骤的得失电子数。在 25℃ 时，$\dfrac{2.303RT}{F} \approx 59\mathrm{mV}$。若取 $\alpha = \beta = 0.5$，则可以近似算出：

一电子反应：$b_a = 118\mathrm{mV}$ 或 $b_c = 118\mathrm{mV}$

二电子反应：$b_a = 59\mathrm{mV}$ 或 $b_c = 59\mathrm{mV}$

式(3-37)是按迟缓放电理论得出的，对于不同的电化学反应机理，b_a 和 b_c 的表达形式也不同。式(3-37)中的 β_a 和 α_c 分别为局部阳、阴极反应的传递系数，故 $\beta_a + \alpha_c \neq 1$，且 β_a 和 α_c 并不一定等于 0.5。此外阴、阳极反应的电子数也未必相同。鉴于以上情况，通常 b_a 和 b_c 并不相等。但一般说来，b_a 和 b_c 的范围是有限度的，通常会在 30~180mV 之间，由不同 b_a、b_c 组合计算出的 B 的理论值在 6.51~52.1mV 之间。

（2）查阅文献

许多腐蚀工作者在线性极化技术的研究和应用中实验测定了一些腐蚀体系的 b_a 和 b_c 值或总常数，如 F. Mansfeld 在一篇综述性文章中就列出了许多 B 的文献值[14]。在引用文献时应注意尽可能使腐蚀体系、实验条件、测量方法与文献中的情况相同或相近，因为条件不同常数会有显著的不同。

（3）在强极化区测定 E-$\lg i$ 极化曲线

测定强极化区的 E-$\lg i$ 极化曲线的方法常被用来确定局部阳、阴极过程的 Tafel 常数 b_a 和 b_c，因为 b_a 和 b_c 是半对数坐标上极化曲线 Tafel 直线段的斜率，即：

$$b_a = \left(\frac{\mathrm{d}E_a}{\mathrm{d}\lg I_a}\right)_{E \gg E_K} \tag{3-38}$$

$$b_c = \left(\frac{\mathrm{d}E_c}{\mathrm{d}\lg I_c}\right)_{E \ll E_K} \tag{3-39}$$

（4）用挂片校正法确定 B

常用挂片校正法直接确定 B 值。这种方法无需具体测定 b_a 和 b_c 值，只需在某一试验周期内测定不同时刻的研究电极的 R_{p} 值及最终作一次质量损失测定，即可求得总常数 B 值。具体步骤为：

① 由不同时刻测定 R_p 值，利用图解积分法或数值积分法求出试验周期内的 R_p 的积分平均值 $\overline{R}_p$。

② 根据质量损失数计求出腐蚀速度，利用 Faraday 定律换算求出自然腐蚀电流密度 i_k。

③ 根据线性极化方程式，由 $B = i_k \cdot \overline{R}_p$ 可求出该腐蚀体系的 B 值。

除上述方法外，还可以利用 Barnartt 三点法、恒电量法等获得 b_a 和 b_c 值。相关内容将在以后的相关章节中介绍。

3.4 弱极化区测量方法

弱极化区是处于微极化和强极化区之间的区域。弱极化区测量方法是基于弱极化区的极化数据获取自然腐蚀电流密度和 Tafel 常数的方法。与微极化区内适用的线性极化技术相比，弱极化区测量技术不受腐蚀体系极化曲线线性度的限制，也无须已知 Tafel 常数。与强极化区利用极化曲线外延法求取腐蚀速度的方法相比，弱极化区测量方法对电极表面状态的干扰会比较小。

在弱极化区测量方法的发展过程中曾先后提出过两点法、三点法和四点法[18,19]。其中三点法最具代表性，两点法可作为三点法的一个特例。本节将就三点法和两点法进行说明。

3.4.1 Barnartt 三点法

Barnartt 提出的三点法是针对不同类型的腐蚀体系，在弱极化区内分别选取极化值为 ΔE、$2\Delta E$ 和 $-2\Delta E$ 三点对电极进行极化，并测定相应的极化电流密度 $i_{\Delta E}$、$i_{2\Delta E}$ 和 $i_{-2\Delta E}$，从而求取腐蚀电流密度 i_k 和 Tafel 常数 b_a、b_c 的方法。可分为两种情况讨论。

第一种情况：腐蚀体系的两个局部反应均受活化极化控制，且自然腐蚀电位 E_k 距两个局部反应的平衡电位甚远。

此时可在弱极化区选取极化电位值分别为 ΔE、$2\Delta E$ 和 $-2\Delta E$ 的三个点，进行三次极化测量，相应的极化电流密度与极化电位的关系为：

$$i_{(\Delta E)} = i_k \left\{ \exp\left(\frac{2.3\Delta E}{b_a}\right) - \exp\left(\frac{-2.3\Delta E}{b_c}\right) \right\} \tag{3-40}$$

$$i_{(2\Delta E)} = i_k \left\{ \exp\left(\frac{4.6\Delta E}{b_a}\right) - \exp\left(\frac{-4.6\Delta E}{b_c}\right) \right\} \tag{3-41}$$

$$i_{(-2\Delta E)} = i_k \left\{ \exp\left(\frac{4.6\Delta E}{b_c}\right) - \exp\left(\frac{-4.6\Delta E}{b_a}\right) \right\} \tag{3-42}$$

可以看出方程式中有三个待定参数，即 i_k、b_a 和 b_c，所以利用三个方程式原则上可以求出上述三个参数。下面为求解过程：

令
$$u = \exp\left(\frac{2.3\Delta E}{b_a}\right) \qquad v = \exp\left(\frac{-2.3\Delta E}{b_c}\right) \tag{3-43}$$

则式(3-40)～式(3-42)可写为：

$$i_{(\Delta E)} = i_k(u - v) \tag{3-44}$$

$$i_{(2\Delta E)} = i_k(u^2 - v^2) \tag{3-45}$$

$$i_{(-2\Delta E)} = i_k(v^{-2} - u^{-2}) \tag{3-46}$$

从测量的三个极化电流密度值可得到两个比值：

$$r_1 = \frac{i_{(2\Delta E)}}{i_{(-2\Delta E)}} = \frac{u^2 - v^2}{v^{-2} - u^{-2}} = u^2 v^2 \tag{3-47}$$

$$v_2 = \frac{i_{(2\Delta E)}}{i_{(\Delta E)}} = \frac{u^2 - v^2}{u - v} = u + v \tag{3-48}$$

从式(3-47)和式(3-48)中消去 v 或 u，可得两个对称的一元二次方程：

$$\begin{cases} u^2 - r_2 u + \sqrt{r_1} = 0 \\ v^2 - r_2 v + \sqrt{r_1} = 0 \end{cases} \tag{3-49}$$

根据 u 和 v 的定义，$u>1$ 而 $v<1$，可解得：

$$u = \frac{1}{2}\left(r_2 + \sqrt{r_2^2 - 4\sqrt{r_1}}\right) \tag{3-50}$$

$$v = \frac{1}{2}\left(r_2 - \sqrt{r_2^2 - 4\sqrt{r_1}}\right) \tag{3-51}$$

将 u 和 v 代入式(3-44)，可得到：

$$i_k = \frac{i_{(\Delta E)}}{\sqrt{r_2^2 - 4\sqrt{r_1}}} \tag{3-52}$$

将 u 和 v 代入式(3-43)，可得：

$$b_a = \frac{\Delta E}{\lg\left(r_2 + \sqrt{r_2^2 - 4\sqrt{r_1}}\right) - \lg 2} \tag{3-53}$$

$$b_c = \frac{-\Delta E}{\lg\left(r_2 - \sqrt{r_2^2 - 4\sqrt{r_1}}\right) - \lg 2} \tag{3-54}$$

式(3-52)、式(3-53)和式(3-54)就是第一种情况下 Barnartt 三点法的计算公式。

第二种情况：腐蚀体系的两个局部反应之一受活化极化控制，另一反应受扩散控制，且腐蚀电位接近一个局部反应的平衡电位。

若局部阳极反应受活化极化控制，局部阴极反应受扩散控制，且腐蚀电位 E_k 接近局部阳极反应的平衡电位 $E_{e,a}$。此时可进行三次极化测量，分别取 $\Delta E(\Delta E = E_k - E_{e,a})$、$-\Delta E$ 和 $-2\Delta E$，相应可写出三个极化方程式：

$$i_{(-\Delta E)} = i_k = i^{\circ}_a\left[\exp\left(\frac{\beta nF}{2.303RT}\Delta E\right) - \exp\left(\frac{-\alpha nF}{2.303RT}\Delta E\right)\right]$$
$$= i^{\circ}_a(u - v) \tag{3-55}$$

$$i_{(-2\Delta E)} = i_k + i^{\circ}_a(v^{-1} - u^{-1}) \tag{3-56}$$

$$i_{(\Delta E)} = i^{\circ}_a(u^2 - v^2) - i_k \tag{3-57}$$

上述三式中的 i°_a 为局部阳极反应的交换电流密度。根据与第一种情况相似的步骤，且令：

$$r_3 = \frac{i_{(-\Delta E)}}{i_{(-2\Delta E)} - i_{(-\Delta E)}} = uv \tag{3-58}$$

$$r_4 = \frac{i_{(\Delta E)} + i_{(-\Delta E)}}{i_{(-\Delta E)}} = u + v \tag{3-59}$$

经适当推导，可解得：

$$i_k = i_{(-\Delta E)} \tag{3-60}$$

$$b_a = \frac{\Delta E}{\lg\left(r_4 + \sqrt{r_4^2 - 4\sqrt{r_3}}\right) - \lg 2} \tag{3-61}$$

$$i^{\circ}_a = \frac{i_{(-\Delta E)}}{\sqrt{r_4^2 - 4\sqrt{r_3}}} \tag{3-62}$$

对于阴极反应受活化极化控制，而阳极反应受扩散控制，腐蚀电位 E_K 接近局部阴极反应的平衡电位 $E_{e,c}$ 的腐蚀体系，可用类似的方法进行处理。

除了 Barnartt 三点法选取三个极化电位值的方式外，还可用各种不同组合的三个极化电位点，如 $E/2\Delta E/3\Delta E$、$-\Delta E/-2\Delta E/-3\Delta E$ 等，同样可求得 i_k、b_a 和 b_c。

为了提高 Barnartt 三点法的测量精度，在数据处理方面引入了统计分析方法，发展了作图法和回归分析方法，还开发出一些实用的计算机解析方法，如迭代的最小二乘法、高斯-牛顿法和非迭代法等。此处仅针对 Barnartt 三点法的第一种情况对作图法和回归分析方法作简要介绍。

为了得到更精确的 i_k、b_a 和 b_c，可进行多组三点法测量，通过作图求斜率的方法来确定待定参数。具体应用步骤如下：

① 在距腐蚀电位 ± 70mV 以内的弱极化区内测定腐蚀体系的阴极和阳极极化曲线，在极化曲线上选择若干组 ΔE、$2\Delta E$ 和 $-2\Delta E$，由相应的极化电流密度算出对应的 r_1 和 r_2。

也可以不测极化曲线，在弱极化区内用恒电位仪测定若干组与 ΔE、$2\Delta E$ 和 $-2\Delta E$ 对应的极化电流密度，算出对应的 r_1 和 r_2。

② 将 $\sqrt{r_2^2 - 4\sqrt{r_1}}$ 对 $i_{(\Delta E)}$ 作图，斜率即为 i_k^{-1}，如图 3-12(a) 所示。

③ 将 $\lg(r_2 + \sqrt{r_2^2 - 4\sqrt{r_1}}) - \lg 2$ 对 ΔE 作图，斜率即为 b_a^{-1}，如图 3-12(b) 所示。

④ 将 $\lg(r_2 - \sqrt{r_2^2 - 4\sqrt{r_1}}) - \lg 2$ 对 ΔE 作图，斜率即为 $-b_c^{-1}$，如图 3-12(b) 所示。

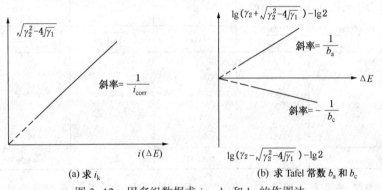

(a) 求 i_k (b) 求 Tafel 常数 b_a 和 b_c

图 3-12 用多组数据求 i_k、b_a 和 b_c 的作图法

采用回归三点法可以提高待定参数的精确性。令：

$$y = \sqrt{r_2^2 - 4\sqrt{r_1}}, \quad x = i_{(\Delta E)} \tag{3-63}$$

则式(3-52)将具有 $y = ax + b$ 这种二元一次方程的形式，其中 $b = 0$，a 为 $y = f(x)$ 图上的直线斜率。回归直线的斜率 a 由下式确定：

$$a = \frac{n \sum x_i y_i - \sum x_i \sum y_i}{n \sum x_i^2 - (\sum x_i)^2} \tag{3-64}$$

由于 $a = \dfrac{1}{i_k}$，所以腐蚀电流密度 i_k 的表达式为：

$$i_k = \frac{n \sum x_i^2 - (\sum x_i)^2}{n \sum x_i y_i - \sum x_i \sum y_i} \tag{3-65}$$

同样，也可用回归分析技术确定 b_a 和 b_c。对于式(3-53)，可令

$$y = \lg\left(r_2 + \sqrt{r_2^2 - 4\sqrt{r_1}}\right) - \lg 2, \quad x = \Delta E \qquad (3-66)$$

则

$$b_a = \frac{n\sum x_i^2 - \left(\sum x_i\right)^2}{n\sum x_i y_i - \sum x_i \sum y_i} \qquad (3-67)$$

类似的，对于式(3-54)，令

$$y = \lg\left(r_2 - \sqrt{r_2^2 - 4\sqrt{r_1}}\right) - \lg 2, \quad x = \Delta E \qquad (3-68)$$

则

$$b_c = \frac{\left(\sum x_i\right)^2 - n\sum x_i^2}{n\sum x_i y_i - \sum x_i \sum y_i} \qquad (3-69)$$

回归三点法的实施步骤为：

① 在距离腐蚀电位±70mV 以内的弱极化区，测定与若干组极化电位 ΔE、$2\Delta E$ 和 $-2\Delta E$ 相对应的极化电流密度 $i_{(\Delta E)}$、$i_{(2\Delta E)}$ 和 $i_{(-2\Delta E)}$。

② 根据需要按式(3-63)、式(3-65)和式(3-68)定义 x 和 y。

③ 按回归三点法数据运算表(表3-2)的要求进行各项数据运算，并根据式(3-65)计算得出腐蚀电流密度 i_k。计算 Tafel 常数时，运算表中的相关栏目应按 x_i 和 y_i 的定义改写，并将数据运算表中运算结果代入相应的式(3-67)和式(3-69)，即可求出 b_a 和 b_c。

表 3-2　回归三点法计算腐蚀电流密度的数据运算表

ΔE (mV)	r_1 $\dfrac{i_{(2\Delta E)}}{i_{(-2\Delta E)}}$	r_2 $\dfrac{i_{(2\Delta E)}}{i_{(\Delta E)}}$	x_i $i_{(\Delta E)}$	y_i $\sqrt{r_2^2 - 4\sqrt{r_1}}$	$x_i y_i$ $i_{(\Delta E)}\sqrt{r_2^2 - 4\sqrt{r_1}}$	x_i^2 $i_{(\Delta E)}^2$
ΔE_1						
ΔE_2						
$\vdots$						
$\vdots$						
ΔE_n						
Σ			$\sum x_i$	$\sum y_i$	$\sum x_i y_i$	$\sum x_i^2$

Barnartt 三点法理论上是严格的，但实际应用时会出现偏差，有时甚至出现二次方程求解时开方项小于零的情况。其主要原因是电流读数的误差或测得的是非稳态数据，此外也可能是由于所研究的腐蚀体系的动力学规律不一定完全符合 Barnartt 三点法所提出的两种情况。

3.4.2　两点法

Engell 和 Barnartt 先后提出了两点法。对于已知一个 Tafel 常数的腐蚀体系，事实上只有两个待定参数，所以只需在弱极化区进行两次极化测量，给出两个极化方程式，原则上即可求出两个待定参数。

两点法适用的条件是，腐蚀体系的两个局部反应之一受活化极化控制，另一反应受扩散控制，且自然腐蚀电位距两个局部反应的平衡电位甚远。对于局部阴极反应受扩散控制的体系，Tafel 常数 $b_c \to \infty$。此时只需在弱极化区选择两点对电极进行对称极化，极化值分别为 $\Delta E(\Delta E = E - E_k)$ 和 $-\Delta E$，则相应的极化电流密度分别为：

$$i_a = i_k\left[\exp\left(\frac{2.3\Delta E}{b_a}\right) - 1\right] \qquad (3-70)$$

$$i_c = i_k \left[1 - \exp\left(\frac{-2.3\Delta E}{b_a} \right) \right] \qquad (3-71)$$

两式相除，得：

$$\frac{i_a}{i_c} = \exp\left(\frac{2.3\Delta E}{b_a} \right) \qquad (3-72)$$

将式(3-72)代入式(3-70)，经整理后得：

$$i_k = \frac{i_a i_c}{i_a - i_c} \qquad (3-73)$$

将式(3-72)两边取对数，可得：

$$b_a = \frac{2.3\Delta E}{\ln \dfrac{i_a}{i_c}} = \frac{\Delta E}{\lg \dfrac{i_a}{i_c}} \qquad (3-74)$$

对于局部阴极反应受活化极化控制，阳极反应受扩散控制的腐蚀体系，也可进行类似的处理，得到：

$$i_k = \frac{i_a i_c}{i_c - i_a} \qquad (3-75)$$

$$b_c = \frac{-\Delta E}{\lg \dfrac{i_a}{i_c}} \qquad (3-76)$$

两点法测量简单、计算方便，可用来快速测定腐蚀速度和 Tafel 常数。但仅凭两点测量确定参数，无疑会给结果带来较大的误差。类似于三点法，可对多组实验数据进行统计处理，以提高实验的精度。

3.5 测定腐蚀速度的极化曲线外延法

对于活化极化控制的腐蚀体系，当腐蚀电位距两个局部反应的平衡电位甚远时，其电极电位与外加极化电流密度间的函数关系如下：

$$I_a = i_a - i_c = i_k \left\{ \exp\left[\frac{2.3(E - E_k)}{b_a} \right] - \exp\left[\frac{2.3(E_k - E)}{b_c} \right] \right\} \quad (\text{阳极极化}) \quad (3-77)$$

$$I_c = i_c - i_a = i_k \left\{ \exp\left[\frac{2.3(E_k - E)}{b_c} \right] - \exp\left[\frac{2.3(E - E_k)}{b_a} \right] \right\} \quad (\text{阴极极化}) \quad (3-78)$$

式(3-77)和式(3-78)中 I_a、I_c 分别为外加阳极电流密度和外加阴极电流密度，i_a 和 i_c 为局部阳、阴极电流密度。

当外加极化 ΔE 较大时(通常 $|\Delta E| > \dfrac{100}{n}\text{mV}$)，式(3-77)和式(3-78)中负指数项可以省略，此时：

$$I_a \doteq i_k \exp\left[\frac{2.3(E - E_k)}{b_a} \right] = i_a \qquad (3-79)$$

$$I_c \doteq i_k \exp\left[\frac{2.3(E_k - E)}{b_c} \right] = i_c \qquad (3-80)$$

上述两式说明当极化较大时(即在强极化区内)，腐蚀金属电极的实验极化曲线与其局部阳、阴极的理论极化曲线近似重合。也可将上述两式写成对数形式：

$$E - E_k = -b_a \lg i_k + b_a \lg I_a \qquad (3-81)$$

$$E_k - E = -b_c \lg i_k + b_c \lg I_c \qquad (3-82)$$

由式(3-81)和式(3-82)可以看出，在强极化的情况下，极化电位与外加电流的对数呈直线关系。此时在 E-$\lg I$ 半对数坐标上，可以获得一条直线，即 Tafel 直线。当 $E = E_k$ 时，根据上述两式应有 $I_a = I_c = i_k$。因此，阴、阳极极化曲线的 Tafel 直线段的延长线应在 E_k 处相交，并可据此确定该体系的自然腐蚀电流密度 i_k，如图 3-13 所示。对于某些腐蚀体系，在阳极极化曲线的实际测量中可能得不到 Tafel 直线段，如某些钝化体系。此时，可将阴极极化曲线的 Tafel 直线外延与 $E = E_k$ 的直线相交，由它们的交点确定 i_k。

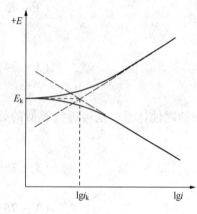

图 3-13　极化曲线外延法原理图

由式(3-81)和式(3-82)可知，b_a 和 b_c 分别为 E-$\lg I$ 半对数坐标中阳、阴极极化曲线的 Tafel 直线段的斜率。因此，常通过测定强极化区的极化曲线的方法来确定 Tafel 常数 b_a 和 b_c。

极化曲线外延法测定金属腐蚀速度比较简单，通过测定强极化区的稳态极化曲线即可实现。测量极化曲线可以采用恒电流/恒电位逐点测试法，现多采用线性电位扫描法。由于极化大，测试时间长，对金属表面状态及表面层溶液成分影响大，故测试精度比较差。

为克服经典作图法误差较大的缺点，可编制计算机程序，由 $|\Delta E| > \dfrac{100}{n}$ mV 的阴极极化曲线上各点的电位值 E_i 和相应的外加电流 I_i 的实验数据，计算出 ΔE_i 和 $\lg I_i$ 的数值，用最小二乘法求出 ΔE-$\lg I$ 直线及其斜率 b_c，然后计算出 i_k 的数值。

3.6　充电曲线法

极低腐蚀速度的测定是困难的。低腐蚀速度体系的极化阻力大，时间常数也就很大，需要很长时间才能达到稳态。对于稳态测量，在等待达到稳态的过程中，自然腐蚀电位的飘移和表面状态的变化等均会给结果造成显著偏差。为此发展了各种暂态方法，以便从暂态数据求解腐蚀速度。这些暂态方法包括充电曲线法、暂态线性极化技术和恒电量法等，从本节开始将陆续对其进行介绍。

3.6.1　恒电流充电曲线方程式

当极化很小时，腐蚀体系的等效电路如图 3-14 所示。恒电流小极化时，由图可知：

$$I = I_C + I_R \qquad (3-83)$$

$$E = IR_1 + E_1 \qquad (3-84)$$

由于极化很小，可认为 C_d 和 R_p 为常数，则有：

$$I_R = \frac{E_1}{R_p} \qquad (3-85)$$

$$I_C = C_d \frac{dE_1}{dt} \qquad (3-86)$$

将式(3-85)和式(3-86)代入式(3-83)，整理后得：

$$\frac{dE_1}{dt} + \frac{1}{R_p C_d} E_1 = \frac{I}{C_d} \qquad (3-87)$$

式(3-87)是 E_1 的一阶线性非齐次方程,其解为:

$$E_1 = IR_p + A\exp\left(\frac{-t}{R_p C_d}\right) \tag{3-88}$$

根据初始条件:$t=0$ 时,$E_1=0$,可得 $A=-IR_p$

故

$$E_1 = IR_p\left[1 - \exp\left(\frac{-t}{R_p C_d}\right)\right] \tag{3-89}$$

则

$$E = IR_1 + IR_p\left[1 - \exp\left(\frac{-t}{R_p C_d}\right)\right] \tag{3-90}$$

式(3-90)称作恒电流充电曲线方程式,图 3-15 是相应的典型 E-t 曲线。其两种极限情况是:

$t=0$ 时,$E=E_0=IR_1$

$t\rightarrow\infty$ 时,$E=E_\infty=IR_1+IR_p$(相当于稳态值)

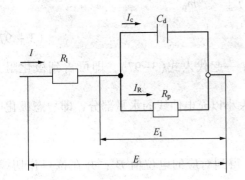

图 3-14　恒电流小极化时腐蚀体系的等效电路　　　图 3-15　恒电流充电曲线

因此,可根据 $t=0$ 时 E-t 曲线的突跃值 IR_1 计算溶液欧姆电阻 R_1。

当溶液电阻 R_1 可以忽略时,式(3-90)可以简化为:

$$E = IR_p\left[1 - \exp\left(\frac{-t}{R_p C_d}\right)\right] \tag{3-91}$$

式(3-91)的两种极限情况是:

$t=0$ 时,$E_0=0$

$t\rightarrow\infty$ 时,$E_\infty=IR_p$

$\tau=R_p C_d$ 称为体系的时间常数,它是反映体系是否容易达到稳态的一个参数。一般说来,当 $t=4\tau$ 时,E 可达到稳态值的 98%;而 $t>5\tau$ 时,可认为已基本上达到了稳态。τ 值越大的体系,越不易达到稳态。

3.6.2　充电曲线方程式的解析方法

由充电曲线方程式解析求出 IR_p 是充电曲线法的关键。解析方法有多种,1966 年 D. A. Jones 和 N. D. Greene 提出了试差法[20];1974 年 D. A. Aragone 和 S. F. Hulbert 提出改进法[21];杨璋等于 1976 年提出了切线法和两点法[22];宋诗哲等利用计算机迭代的最小二乘法解析充电曲线方程式。这些方法实验技术是相近的,只是对充电曲线方程式的解析方法有所不同。现以切线法和两点法为例,了解充电曲线方程式的解析方法。

(1)充电曲线切线法

将充电曲线方程式(3-91)对时间微商,可得:

$$\frac{\mathrm{d}E}{\mathrm{d}t} = \frac{I}{C_\mathrm{d}} \exp\left(\frac{t}{R_\mathrm{p}C_\mathrm{d}}\right) \tag{3-92}$$

用 m_0 表示充电曲线在 $t=0$ 处的切线斜率，则：

$$m_0 = \left(\frac{\mathrm{d}E}{\mathrm{d}t}\right)_{t=0} = \frac{I}{C_\mathrm{d}} \tag{3-93}$$

用 m_1 表示充电曲线在 $t=t_1$ 处切线的斜率，则：

$$m_1 = \left(\frac{\mathrm{d}E}{\mathrm{d}t}\right)_{t=t_1} = \frac{I}{C_\mathrm{d}} \exp\left(\frac{-t_1}{R_\mathrm{p}C_\mathrm{d}}\right) \tag{3-94}$$

$$\frac{m_1}{m_0} = \exp\left(\frac{-t_1}{R_\mathrm{p}C_\mathrm{d}}\right) \tag{3-95}$$

于是在 $t=t_1$ 时，极化电位 E_1 为：

$$E_1 = IR_\mathrm{p}\left[1 - \exp\left(\frac{-t_1}{R_\mathrm{p}C_\mathrm{d}}\right)\right] = \frac{m_0 - m_1}{m_0}IR_\mathrm{p} \tag{3-96}$$

因此

$$R_\mathrm{p} = \frac{E_1 m_0}{I(m_0 - m_1)} \tag{3-97}$$

从充电曲线上确定相应的 m_0、m_1、E_1，与 I 一起代入式（3-97），即可得到极化阻力 R_p。具体运用步骤如下：

① 测定体系的恒电流充电曲线（外加电流的大小以充电曲线的水平部分，即稳态极化电位不超过 10mV 为宜）。

② 在 $t=0$ 处作充电曲线的切线，得到斜率 m_0。

③ 在充电曲线图上选择一个适宜的时间 t_1，得到对应的电位值 E_1；并在该点作切线，得到斜率 m_1。

④ 将 m_0、m_1、E 和 I 代入式（3-97），即可求得极化阻力 R_p。

（2）充电曲线两点法

根据式（3-91），对应于时间 $t=t_1$ 和 $t=t_2=2t_1$ 时的电位 E_1 和 E_2 分别为：

$$E_1 = IR_\mathrm{p}\left[1 - \exp\left(\frac{-t_1}{R_\mathrm{p}C_\mathrm{d}}\right)\right] \tag{3-98}$$

$$E_2 = IR_\mathrm{p}\left[1 - \exp\left(\frac{2t_1}{R_\mathrm{p}C_\mathrm{d}}\right)\right] \tag{3-99}$$

式（3-99）/式（3-98），得到：

$$\frac{E_2}{E_1} = 1 + \exp\left(\frac{-t_1}{R_\mathrm{p}C_\mathrm{d}}\right) \tag{3-100}$$

所以

$$\exp\left(\frac{-t_1}{R_\mathrm{p}C_\mathrm{d}}\right) = \frac{E_2 - E_1}{E_1} \tag{3-101}$$

将式（3-101）代入式（3-98）：

$$E_1 = IR_\mathrm{p}\left(1 - \frac{E_2 - E_1}{E_1}\right) = IR_\mathrm{p}\frac{2E_1 - E_2}{E_1}$$

故可导出：

$$R_\mathrm{p} = \frac{E_1^2}{I(2E_1 - E_2)} \tag{3-102}$$

从实验测定的充电曲线上确定 t_1 和 t_2 时刻的 E_1 和 E_2，即可根据式（3-102）计算

得到 R_p。

在运用充电曲线两点法时，同样应该注意所施加的电流不应使极化电位值超过 10mV。使用大电流极化时，浓差极化、溶液欧姆压降的影响增大，有时甚至不能再用电阻与电容并联的简单等效电路来表示所研究的体系了。

上述切线法和两点法都是在忽略溶液欧姆压降的情况下进行解析的，不适于溶液电阻率较大的腐蚀体系。此外，在解析中只采用了两个实验点的数据，因此结果的准确度会比较低。可用计算机迭代的最小二乘法解析式(3-90)的充电曲线方程，这样不仅可提高结果的准确性，而且可以同时计算出极化阻力 R_p、界面电容 C_d、溶液欧姆电阻 R_l 和腐蚀体系在恒电流极化时的时间常数。

3.6.3 充电曲线的实验测定

测定充电曲线的极化电源可以是恒电位/恒电流仪或经典的恒电流电路。由于极化电流很小，电流检测可用精密微安表，或测定串联的取样电阻上的电压降。电位检测则可用函数记录仪，也可用数字电压表，并按一定的时间间隔在数字打印机上自动记录 E-t 曲线。利用微机在线测量充电曲线更为理想，数据采集结束后可调入应用程序直接完成 E-t 曲线的绘制及解析计算求解相关电化学参数。

3.7 暂态线性极化技术

在介绍恒电流充电曲线时，曾得到不考虑溶液电阻的充电曲线方程式(3-91)。在推导该式时，曾假定 $t=0$ 时，$E=0$。若假定 $t=0$ 时，$E=E_k$，则很容易得到下列方程式：

$$E = IR_p \left[1 - \exp\left(\frac{-t}{R_p C_d}\right) \right] + E_k \exp\left(\frac{-t}{R_p C_d}\right) \qquad (3-103)$$

以此式为基础，研究暂态线性极化技术。若对一腐蚀电极以步阶的方式施加一系列相等的电流 I_1、I_2、I_3……I_n，且使 $I_n = nI_1$。在每一个电流步阶上间隔相等的时间后，相应的极化电位 E_1、E_2、E_3……E_n 可根据充电曲线方程式得到：

$$E_n = I_n R_p \left[1 - \exp\left(\frac{-t}{R_p C_d}\right) \right] + E_{n-1} \exp\left(\frac{-t}{R_p C_d}\right)$$

$$E_{n-1} = I_{n-1} R_p \left[1 - \exp\left(\frac{-t}{R_p C_d}\right) \right] + E_{n-2} \exp\left(\frac{-t}{R_p C_d}\right)$$

$$E_{n-2} = I_{n-2} R_p \left[1 - \exp\left(\frac{-t}{R_p C_d}\right) \right] + E_{n-3} \exp\left(\frac{-t}{R_p C_d}\right)$$

$$\vdots$$

$$E_1 = I_1 R_p \left[1 - \exp\left(\frac{-t}{R_p C_d}\right) \right]$$

将各式逐一代入，整理可得：

$$E_n = I_n R_p - (I_n - I_{n-1}) R_p \exp\left(\frac{-t}{R_p C_d}\right) - (I_{n-1} - I_{n-2}) R_p \exp\left(\frac{-2t}{R_p C_d}\right) -$$

$$(I_{n-2} - I_{n-3}) R_p \exp\left(\frac{-3t}{R_p C_d}\right) - \cdots - IR_p \exp\left(\frac{-nt}{R_p C_d}\right) \qquad (3-104)$$

若在每一步阶停留的时间不足以使体系达到稳态，那么所测的极化电位值 E_n 就和在相同电流$(I_n = nI_1)$下极化的稳态极化电位 $I_n R_p$ 之间存在一个差值 Δn。在每一个步阶上停留的时间越短，此项差值 Δn 就越大。由于 $\Delta n = I_n R_p - E_n$，且 $I_n - I_{n-1} = I_1$，将式（3-104）代入后有：

$$\Delta n = I_1 R_p \exp\left(\frac{-t}{R_p C_d}\right) + I_1 R_p \exp\left(\frac{-2t}{R_p C_d}\right) + I_1 R_p \exp\left(\frac{-3t}{R_p C_d}\right) + \cdots\cdots +$$

$$I_1 R_p \exp\left(\frac{-nt}{R_p C_d}\right) \tag{3-105}$$

根据等比数列前 n 项和的公式，得出：

$$\Delta n = \frac{I_1 R_p \exp\left(\frac{-t}{R_p C_d}\right)\left[1 - \exp\left(\frac{-nt}{R_p C_d}\right)\right]}{1 - \exp\left(\frac{-t}{R_p C_d}\right)} \tag{3-106}$$

随外加电流阶跃次数增加（n 增加），$\exp\left(\frac{-nt}{R_p C_d}\right)$ 一项可忽略不计，Δn 将趋近于某一恒定最大值：

$$\Delta n_{\max} = \frac{I_1 R_p \exp\left(\frac{-t}{R_p C_d}\right)}{1 - \exp\left(\frac{-t}{R_p C_d}\right)} \tag{3-107}$$

对于一个确定的腐蚀体系，R_p 和 C_d 为一确定的值，当 I_1 和 t 也被确定时，式（3-107）中的 $\Delta n_{\max}$ 也基本上为一确定的值。也就是说，随外加电流阶跃次数增加，暂态的极化电位值与稳态的极化电位之差趋于恒定的值 $\Delta n_{\max}$，稳态与非稳态的两条极化曲线平行。平行线的斜率相等，均为 R_p。

暂态线性极化技术可采用经典恒电流电路，也可采用阶梯电流法以提高测试的精确性。基本测试要求是，施加等电流步阶和等间隔时间后测量极化电位值，外加电流造成的最大电位极化值小于 20mV（使其处于线性区内）。此法主要用于低腐蚀速度体系，通常外加电流很小，有时甚至为 nA 数量级，因此普通恒电位仪不适用。实验结果可以通过作图法绘制极化曲线，求出斜率 R_p；也可以采用最小二乘法应用电子计算机计算斜率。

3.8　恒电量法

1977 年 K. Kanno，M. Suzuki 和 Y. Sato 等首先将恒电量方法成功地用于快速测定腐蚀速度和 Tafel 常数。恒电量方法是一种快速测定瞬时腐蚀速度的暂态方法，它可以迅速测定低腐蚀速度而避免溶液欧姆电压降的影响，适用于高阻介质。

3.8.1　恒电量法原理

把一个小量的电荷脉冲 Δq 施加到处于腐蚀电位 E_k 的金属电极上，电极将极化到某个电位值 E_m，实际初始极化值 $\Delta E_0 = E_m - E_k$。设在小极化情况下电极双电层电容 C_d 为常数，则 ΔE_0 作为 C_d 的函数由下式给出：

$$\Delta E_0 = \frac{\Delta q}{C_d} \tag{3-108}$$

在切断电流后，电极电位趋向于衰减回到 E_k。如果所供给的电量完全消耗在腐蚀反应上，并具浓差极化小到可以忽略的程度，则在电位衰减曲线上 t 时刻的电位极化值 ΔE_t（$\Delta E_t = E_t - E_k$）与反应电流密度 i_t 之间仍服从电化学极化方程式：

$$i_t = i_k \left[\exp\left(\frac{2.3\Delta E_t}{b_a}\right) - \exp\left(\frac{-2.3\Delta E_t}{b_c}\right) \right] \qquad (3-109)$$

当 ΔE_t 的数值很小(处于线性极化区内)时，可简化为线性极化方程式：

$$i_t = \frac{1}{R_p}\Delta E_t \qquad (3-110)$$

在 $0 \sim t$ 时间内，腐蚀反应消耗的电量 Δq_t 为：

$$\Delta q_t = C_d(\Delta E_0 - \Delta E_t) \qquad (3-111)$$

且

$$\Delta q_t = \int_0^t i_t \mathrm{d}t = \int_0^t \frac{1}{R_p}\Delta E_t \mathrm{d}t \qquad (3-112)$$

将式(3-111)和式(3-112)分别对 t 微分并联立，得到：

$$-C_d \frac{\mathrm{d}(\Delta E_t)}{\mathrm{d}t} = \frac{1}{R_p}\Delta E_t$$

整理后得到：

$$\frac{\mathrm{d}(\Delta E_t)}{\mathrm{d}t} + \frac{1}{R_p C_d}\Delta E_t = 0 \qquad (3-113)$$

式(3-113)为 ΔE_t 的一阶线性齐次微分方程，其解为：

$$\Delta E_t = Ae^{-\int \frac{\mathrm{d}t}{R_p C_d}} = Ae^{-\frac{t}{R_p C_d}}$$

根据初始边界条件 $t=0$ 时，$\Delta E_t = \Delta E_0$，求出 $A = \Delta E_0$，因此得到：

$$\Delta E_t = \Delta E_0 \exp\left(\frac{-t}{R_p C_d}\right) \qquad (3-114)$$

将(3-114)式两边取对数，可得：

$$\lg \Delta E_t = \lg \Delta E_0 - \frac{t}{2.3 R_p C_d} \qquad (3-115)$$

由式(3-115)可以看出，$\lg \Delta E_t \sim t$ 呈直线关系，直线的斜率为 $-\dfrac{1}{2.3 R_p C_d}$，截距为 $\lg \Delta E_0$。图 3-16 是典型的过电位衰减曲线和相应的对数转换曲线示意图。因此，可由对数转换曲线的截距确定 ΔE_0，并根据式(3-108)由 ΔE_0 和 Δq 计算出 C_d。C_d 确定后，可根据对数转换曲线的斜率计算出极化阻力 R_p。

恒电量法也可用来测定 Tafel 常数。此时要求施加的电荷量应能产生 50mV 或更大的过电位。在极化方程式中，当 ΔE_t 较大时，则相反方向的电流一项可以忽略。例如进行阳极极化时有：

$$i_t = i_k \exp\left(\frac{2.3\Delta E_t}{b_a}\right) \qquad (3-116)$$

时间 $i \to t$ 内腐蚀反应消耗的电量 $\Delta q_{i \to t}$ 为：

$$\Delta q_{i \to t} = \int_i^t i_t \mathrm{d}t = \int_i^t i_k \exp\left(\frac{2.3\Delta E_t}{b_a}\right) \mathrm{d}t \qquad (3-117)$$

且

$$\Delta q_{i \to t} = C_d(\Delta E_i - \Delta E_t) \qquad (3-118)$$

式(1-132)和式(1-133)分别对 t 微分并联立，得：

$$\exp\left(-\frac{2.3\Delta E_t}{b_a}\right) \mathrm{d}(\Delta E_t) = -\frac{i_k}{C_d}\mathrm{d}t \qquad (3-119)$$

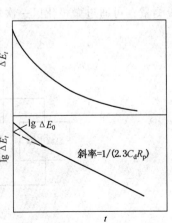

图 3-16 过电位衰减曲线
及其对数转换

解上述微分方程，可得：

$$\exp\left(-\frac{2.3\Delta E_t}{b_a}\right) = \frac{2.3i_k}{b_a C_d}t + \exp\left(-\frac{2.3\Delta E_i}{b_a}\right) \qquad (3-120)$$

则

$$\frac{\exp\left(-\frac{2.3\Delta E_1}{b_a}\right) - \exp\left(-\frac{2.3\Delta E_2}{b_a}\right)}{\exp\left(-\frac{2.3\Delta E_2}{b_a}\right) - \exp\left(-\frac{2.3\Delta E_3}{b_a}\right)} = \frac{t_1 - t_2}{t_2 - t_3} \qquad (3-121)$$

其中 ΔE_1、ΔE_2、ΔE_3 为过电位衰减曲线上的三点，且满足 $\Delta E = \Delta E_1 - \Delta E_2 = \Delta E_2 - \Delta E_3 \leqslant$ 10mV，t_1、t_2 和 t_3 为其对应的时间。由 ΔE 的定义可知，$\Delta E_1 = \Delta E + \Delta E_2$，$\Delta E_3 = \Delta E_2 - \Delta E$，代入式(3-121)左端：

$$左端 = \frac{\exp\left(-\frac{2.3\Delta E_2}{b_a}\right)\left[\exp\left(\frac{-2.3\Delta E}{b_a}\right) - 1\right]}{\exp\left[-\frac{2.3}{b_a}(\Delta E_2 - \Delta E)\right]\left[\exp\left(\frac{-2.3\Delta E}{b_a}\right) - 1\right]} = \frac{1}{\exp\left(\frac{2.3\Delta E}{b_a}\right)}$$

代回式(3-121)，整理后得到：

$$b_a = \frac{\Delta E}{\lg\dfrac{t_3 - t_2}{t_2 - t_1}} \qquad (3-122)$$

通过类似的处理也可求出阴极 Tafel 常数 b_c。

3.8.2　恒电量法测试技术

恒电量法测试电路的原理图如图 3-17 所示。可调的恒定电量由直流稳压电源对电容器 C 充电提供。电容器上所充的电荷通过接通继电器 RL 的电路而施加到研究电极 W 上，产生的电位阶跃和它的衰减经放大器进行阻抗变换和放大后接记录装置。对于一般衰减速度的腐蚀体系，可采用 X-Y 记录仪或数字电压表接数字打印机记录衰减曲线。对于某些快速衰减的体系(腐蚀速度较高的体系)，可用光线示波器记录。在实验条件较好的情况下，可通过记忆示波器记录过电位衰减曲线，再经过对数转换器直接在记录仪上获得对数衰减曲线。图 3-17 中的附加继电器 RL′可在电容器放电开始的某预定时间打开电路，以消除溶液欧姆压降的干扰。天津大学宋诗哲等研制了相应的测试仪器和应用软件，实现了恒电量测试的微机在线测量，可通过微极化区一次恒电量测定同时计算出 R_p、C_d 和 Tafel 常数。

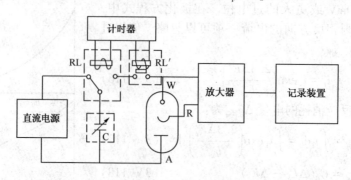

图 3-17　恒电量法测试电路原理图

应用恒电量法，可采用多种方法计算 R_p 和处理数据，如作图法、计算机最小二乘法和积分法等。

3.9 交流阻抗技术[23,24]

3.9.1 基本电路的交流阻抗谱

交流阻抗技术是一种准稳态电化学技术。对处于定态下的电极系统用一个角频率为 ω 的小幅度正弦波电信号(电流 $\tilde{I}$ 或电位 $\tilde{E}$)进行扰动，体系就会作出角频率相同的正弦波响应(电位 $\tilde{E}$ 或电流 $\tilde{I}$)，其频率响应函数 $\dfrac{\tilde{E}}{\tilde{I}}$ 就是阻抗 Z。由不同频率下测得的一系列阻抗可绘出系统的阻抗谱。

阻抗是一个矢量，也可以用一个复数来表示。一个复数由实部和虚部组成，实部是这一矢量在横坐标上的分量，虚部是这一矢量在纵坐标上的分量。电化学中习惯以 $-Z''$ 为纵轴，以 Z' 为横轴的坐标系统来表示阻抗平面。因此有：

$$\left.\begin{array}{l} Z = Z' - jZ'' \\ Z = |Z| \, e^{-j\theta} \end{array}\right\} \tag{3-123}$$

或

式中，Z' 为阻抗的实部，$-Z''$ 为阻抗的虚部，$|Z|$ 为阻抗的模，θ 为阻抗的幅角，$j = \sqrt{-1}$。显然，阻抗各部分之间存在以下关系：

$$\left.\begin{array}{l} Z' = |Z| \cos\theta \\ Z'' = |Z| \sin\theta \\ |Z| = \sqrt{Z'^2 + Z''^2} \\ \mathrm{tg}\theta = \dfrac{-Z''}{Z'} \end{array}\right\} \tag{3-124}$$

可以用两种图谱来表示体系的阻抗频谱特征。一种是以 Z' 为横轴，$-Z''$ 为纵轴的阻抗复平面图。这种图的优点是，曲线上的每一个点都代表一个矢量，将矢量的大小和方向都表现得很直观。它的缺点是矢量的各个参数与频率的关系不能清楚地表示出来。为了弥补这一缺点，有时在复平面的曲线上选择几个点，注明与之相应的频率。另一种方法是用 $\lg|Z|$ - $\lg\omega$ 和 θ-$\lg\omega$ 两条曲线来表示阻抗的频谱特征，此即 Bode 图。

电学中的线性元件有电阻、电容和电感。用这三种元件通过一定的联接方式可组成各种电路。我们首先讨论电学中的线性元件和一些简单电路的阻抗频谱特征。对于电阻 R、电容 C 和电感 L 这样的简单元件，当对其用小幅度正弦波电位信号 $E = E_m \sin\omega$ 进行扰动后，其相应的交流阻抗分别为：

	阻抗 Z	幅角 θ
电阻元件 R	R	0
电容元件 C	$-\dfrac{j}{\omega C}$	∞
电感元件 L	$j\omega L$	$-\infty$

当把上述简单元件串联或并联在一起时，即构成了简单的交流电路，有时也可将其整体看作是复合元件。现就几种最简单的复合元件的阻抗特性讨论如下：

(1) R 和 C 串联电路

如果一个电路由一个电阻 R_s 和一个电容 C_s 串联而成，它的阻抗由二者的阻抗相加而得，故

$$Z = R_s - j\frac{1}{\omega C_s} \qquad (1-125)$$

在阻抗复平面图上，这是在第一象限中与实轴相交于 R_s 而与虚轴平行的一条直线，如图 1-30(a)所示。由式(1-125)可知

$$|Z| = \sqrt{R_s^2 + \left(\frac{1}{\omega C_s}\right)^2} = \frac{\sqrt{1 + (R_s C_s \omega)^2}}{\omega C_s} \qquad (1-126)$$

$$\lg|Z| = \frac{1}{2}\lg[1 + (\omega R_s C_s)^2] - \lg\omega - \lg C_s \qquad (1-127)$$

$$\text{tg}\theta = \frac{1}{R_s C_s \omega} \qquad (1-128)$$

由以上等式可以看出：

① 高频时，由于 ω 很大，$R_s C_s \omega \gg 1$，于是 $|Z| \approx R_s$，$\text{tg}\theta = 0$，亦即 $\theta \approx 0$。

② 低频时，由于 ω 很小，$R_s C_s \omega \ll 1$，于是 $|Z| = \frac{1}{\omega C_s}$，$\text{tg}\theta \approx \infty$，亦即 $\theta \approx \frac{\pi}{2}$。

在高频与低频之间有一个特征频率 ω^*，当 $\omega = \omega^*$ 时，复合元件阻抗的实部与虚部相等，故有：

$$\omega^* = \frac{1}{R_s C_s} \qquad (3-129)$$

可以看出，当 $\omega = \omega^*$ 时，$\text{tg}\theta = 1$，$\theta = \frac{\pi}{4}$，$|Z| = \sqrt{2}R_s$。特征频率的倒数 $1/\omega^* = \tau = R_s C_s$，称作这个复合元件的时间常数。在该复合元件阻抗的 Bode 图[图 3-18(b)]中，$\lg|Z|-\lg\omega$ 曲线在高频端是一条平行于横轴的水平线，在低频端是一条斜率为-1 的直线，两条直线的延长线的交点所对应的横坐标即为 $\lg\omega^*$。

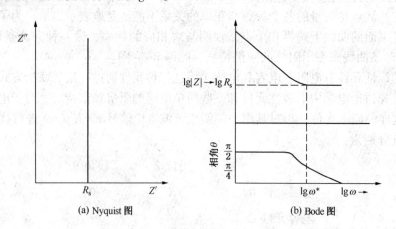

(a) Nyquist 图   (b) Bode 图

图 3-18 RC 串联电路的频谱图

（2）R 和 C 并联的电路

RC 并联电路由 R_p 和 C_p 并联而成，则有

$$\frac{1}{Z} = \frac{1}{R_p} + j\omega C_p = \frac{1 + j\omega_p C_p}{R_p} \qquad (3-130)$$

故复合元件的阻抗为：

$$Z = \frac{R_p}{1 + j\omega C_p R_p} = \frac{R_p}{1 + (\omega R_p C_p)^2} - j\frac{\omega R_p^2 C_p}{1 + (\omega R_p C_p)^2} \qquad (3-131)$$

阻抗的实部和虚部分别为:

$$Z' = \frac{R_p}{1 + (\omega R_p C_p)^2} \qquad (3-132)$$

$$Z'' = \frac{\omega R_p^2 C_p}{1 + (\omega R_p C_p)^2} \qquad (3-133)$$

因此

$$|Z| = \sqrt{Z'^2 + Z''^2} = \frac{R_p}{\sqrt{1 + (\omega R_p C_p)^2}} \qquad (3-134)$$

$$\mathrm{tg}\theta = \frac{Z''}{Z'} = \omega R_p C_p \qquad (3-135)$$

由式(3-134)和式(3-135)可以看到:

① 在很低频率,$\omega R_p C_p \ll 1$ 时,$\lg|Z| \approx \lg R_p$,与频率 ω 无关。此时 $\theta \to 0$。

② 在很高频率,$\omega R_p C_p \gg 1$,$\lg|Z| \approx -\lg\omega - \lg C_p$,在 Bode 模图中是一条斜率为-1的直线。在 $\omega \to \infty$ 时,$|Z| \to 0$,$\theta \to \frac{\pi}{2}$。

在特征频率 ω^* 处,$\omega^* R_p C_p = 1$,$\theta = \frac{\pi}{4}$。时间常数 $\tau = 1/\omega^* = R_p C_p$。在 $\omega = \omega^*$ 时,$|Z| = \frac{R_p}{\sqrt{2}}$。图 3-19(b) 为 RC 并联电路的 Bode 图。

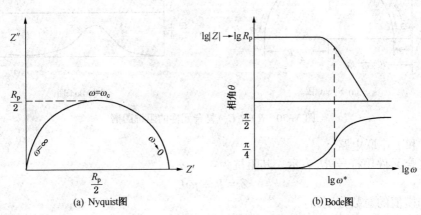

(a) Nyquist图   (b) Bode图

图 3-19 RC 并联电路的频谱图

RC 并联电路的阻抗谱亦可用 Nyquist 图来表示。将式(3-135)代入式(3-132),经整理后得到:

$$Z'^2 - Z'R_p + Z''^2 = 0$$

在上式两边各加上 $\left(\frac{R_p}{2}\right)^2$,则有:

$$\left(Z' - \frac{R_p}{2}\right)^2 + Z''^2 = \left(\frac{R_p}{2}\right)^2 \qquad (3-136)$$

这是一个圆的方程,其圆心坐标为 $\left(\frac{R_p}{2}, 0\right)$,半径为 $\frac{R_p}{2}$。如图 3-19(a)所示,在 $\omega \to 0$ 时,

半圆与实轴相交于 $Z' = R_p$ 处；在 $\omega \to \infty$ 时，半圆与实轴交于原点。在半圆的最高点，$Z'' = Z'$，$tg\theta = 1$，$\theta = \dfrac{\pi}{4}$，$\omega = \omega^*$。从半圆确定了 R_p 和 ω^* 后，可根据下式确定 C_p：

$$C_p = \frac{1}{\omega^* R_p} \tag{3-137}$$

如果将 R_p 与 C_p 的并联电路再串联一个电阻 R_s，该复合元件 $R_s(R_pC_p)$ 的阻抗为：

$$Z = R_s + \left(\frac{1}{R_p} + j\omega C_p\right)^{-1} = \left(R_s + \frac{R_p}{1 + \omega^2 C_p^2 R_p^2}\right) - j\frac{\omega C_p R_p^2}{1 + \omega^2 C_p^2 R_p^2} \tag{3-138}$$

此时，式(3-136)应改为：

$$\left[Z' - \left(R_s + \frac{R_p}{2}\right)\right]^2 + Z''^2 = \left(\frac{R_p}{2}\right)^2 \tag{3-139}$$

其 Nyquist 图仍为以 $\dfrac{R_p}{2}$ 为半径的半圆，圆心坐标为 $\left(R_s + \dfrac{R_p}{2}, 0\right)$，如图 3-20(a)所示。其 Bode 图如图 3-20(b)所示，其模图相当于图 3-19(b)向上发生了平移。

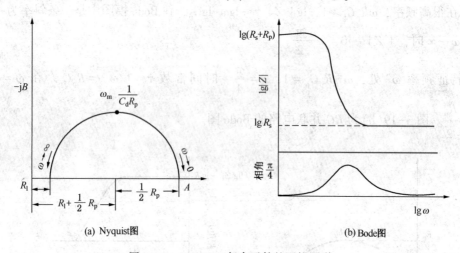

(a) Nyquist图   (b) Bode图

图 3-20　$R_s(R_pC_p)$复合元件的阻抗图谱

（3）R 和 L 串联电路

这一复合元件用符号 RL 表示，其阻抗为：

$$Z = R + j\omega L \tag{3-140}$$

它的模值和模值的对数分别为：

$$|Z| = \sqrt{R^2 + (\omega L)^2} \tag{3-141}$$

$$lg|Z| = 0.5lg[R^2 + (\omega L)^2] \tag{3-142}$$

其相位角的正切为：

$$tg\theta = -\frac{\omega L}{R} \tag{3-143}$$

因此，这一复合元件的频响曲线在阻抗复平面图上是在第四象限平行于虚轴而与实轴相交于 R 的一条直线。在阻抗 Bode 图中 $lg|Z|$-$lg\omega$ 曲线，在高频端是一条斜率为+1 的直线，其行为如同电感 L；在低频端是一条平行于横轴的直线，其行为如同电阻 R。对于 θ-$lg\omega$ 曲线，当 $\omega \to \infty$ 时，$tg\theta \approx -\infty$，即 $\theta \to -\dfrac{\pi}{2}$；当 $\omega = 0$ 时，$\theta = 0$。这一复合元件的特征频率 $\omega^* = R/L$，

其时间常数 $\tau = 1/\omega^* = L/R$。

(4) R 和 L 并联电路

这一复合元件用符号 (RL) 表示,其阻抗为:

$$Z = \left(\frac{1}{R} + \frac{1}{j\omega L}\right)^{-1} = \frac{R}{1 + \left(\dfrac{R}{\omega L}\right)^2} + j\frac{R^2}{\omega L\left[1 + \left(\dfrac{R}{\omega L}\right)^2\right]} \qquad (3-144)$$

$$Z' = \frac{R}{1 + \left(\dfrac{R}{\omega L}\right)^2} \qquad (3-145)$$

$$Z'' = -\frac{R^2}{\omega L\left[1 + \left(\dfrac{R}{\omega L}\right)^2\right]} \qquad (3-146)$$

$$\text{tg}\theta = \frac{-Z''}{Z'} = \frac{R}{\omega L} \qquad (3-147)$$

$$|Z| = \frac{R}{\sqrt{1 + \left(\dfrac{R}{\omega L}\right)^2}} \qquad (3-148)$$

$$\lg|Z| = \lg R - 0.5\lg\left[1 + \left(\dfrac{R}{\omega L}\right)^2\right] \qquad (3-149)$$

故 Bode 图的 $\lg|Z|$—$\lg\omega$ 曲线在高频端是一条平行于横轴的直线,模值 $|Z|$ 为 R,其行为有如电阻 R;在低频端曲线是斜率为+1 的一条直线,其行为有如电感 L。从高频到低频,相位角 θ 从 0 逐渐趋为 $-\dfrac{\pi}{2}$。这一复合元件的特征频率 $\omega^* = R/L$,时间常数 $\tau = \dfrac{1}{\omega^*} = L/R$。在 ω^* 处 $\text{tg}\theta = -1$,$\theta = -\dfrac{\pi}{4}$,$|Z| = \dfrac{R}{\sqrt{2}}$。

再看 Nyquist 图,将式(3-147)代入式(3-145),经整理和配方后得:

$$\left(Z' - \frac{R}{2}\right)^2 + Z''^2 = \left(\frac{R}{2}\right)^2 \qquad (3-150)$$

这是一个以 $\left(\dfrac{R}{2}, 0\right)$ 为圆心,以 $\dfrac{R}{2}$ 为半径的圆的方程,形式上与式(3-136)完全相同。但实际上,由式(3-150)作出的 Nyquist 图与根据式(3-136)作出的图有两点重要差别:

① 对于 R 和 L 并联电路,$Z' > 0$,$Z'' < 0$,故其在阻抗复平面图上是第四象限的半圆。这个半圆被称作感抗半圆或感抗弧,与处于第一象限的 (RC) 复合元件的容抗半圆或容抗弧是不同的。

② 从式(3-144)还可以看出,在 $\omega \to 0$ 时,$Z \approx 0$;在 $\omega \to \infty$ 时,$Z \approx R$。故情况也正好同 RC 并联电路相反。RC 复合元件的阻抗半圆,其低频端与实轴的交点比高频端与实轴的交点离坐标原点远;而在 RL 复合元件的情况下,半圆低频端与实轴的交点,比高频端的交点离坐标原点近。

对于电阻 R_s 和 $R_p L_p$ 并联电路串联的复合元件 $R_s(R_p L_p)$,其半圆的方程为:

$$\left[Z' - \left(R_s + \frac{R_p}{2}\right)\right]^2 + Z''^2 = \left(\frac{R_p}{2}\right)^2 \qquad (3-151)$$

（5）复合的阻容并联电路

Nyquist 图能以半圆的形式形象地显示电路的各组成部分或电路所代表的实际过程的时

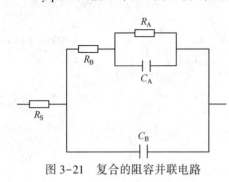

图 3-21　复合的阻容并联电路

间常数。如果电路中的两个组成部分或它所代表的两个过程的时间常数相差很大，在 Nyquist 图中就会在不同频区出现两个半径不同、圆心不同的半圆，它们可能是相切或相割的。现以复合的阻容并联电路和电容、电感并联电路为例予以说明。

复合的阻容并联电路如图 3-21 所示。

令 Z_F 表示由 C_A 和 R_A 并联后再与 R_B 串联组成的复合元件的阻抗，则：

$$Z_F = R_B + \frac{R_A}{1 + j\omega R_A C_A} \qquad (3-152)$$

整个电路总的阻抗 Z 为

$$Z = R_s + \frac{Z_F}{1 + j\omega Z_F C_B} \qquad (3-153)$$

将式（3-152）代入式（3-153），得：

$$Z = R_s + \frac{R_A + R_B + j\omega R_A R_B C_A}{1 + j\omega R_A(C_A + C_B) + j\omega R_B C_B + (j\omega)^2 R_A R_B C_A C_B} \qquad (3-154)$$

令 $\tau_A = R_A C_A$，$\tau_B = R_B C_B$，若 $C_A \gg C_B$，即 $R_A C_A \gg R_B C_B$，$\tau_A \gg \tau_B$，则式（3-154）可简化为：

$$Z = R_s + \frac{R_A + R_B + j\omega R_A R_B C_A}{1 + j\omega R_A C_A + (j\omega)^2 R_A R_B C_A C_B} \qquad (3-155)$$

在高频下，ω 很大，忽略不含 ω 的项，可得到：

$$Z_{高频} \approx R_s + \frac{R_B}{1 + j\omega R_B C_B} \qquad (3-156)$$

在低频下，ω 很小，忽略含 ω^2 的项，可得到：

$$Z_{低频} \approx R_s + R_B + \frac{R_A}{1 + j\omega R_A C_A} \qquad (3-157)$$

因此，在两个时间常数相差很大的情况下，复合的阻容并联电路的阻抗的 Nyquist 图由两个表示容抗的半圆组成：第一个半圆的圆心在 $\left(R_s + \dfrac{R_B}{2}, 0\right)$ 处，半径为 $\dfrac{R_B}{2}$；第二个半圆的圆心在 $\left(R_s + R_B + \dfrac{R_A}{2}, 0\right)$ 处，半径为 $\dfrac{R_A}{2}$，如图 3-22 所示。

（6）电容和电感并联的复合电路

电容和电感并联的复合电路如图 3-23 所示。

上述复合电路的总阻抗为：

$$Z = R_s + \frac{R_A(R_B + j\omega L)}{R_A + R_B + j\omega(L + R_A R_B C) - \omega^2 L R_A C} \qquad (3-158)$$

令 $\tau_A = R_A C$，$\tau_B = L/R_B$，若 $\tau_B \gg \tau_A$，上式可简化为：

$$Z = R_s + \frac{R_A(R_B + j\omega L)}{R_A + R_B + j\omega L - \omega^2 L R_A C} \qquad (3-159)$$

在高频条件下，ω 很大，忽略不含 ω 的项，得：

$$Z \approx R_{\mathrm{s}} + \frac{j\omega L R_{\mathrm{A}}}{j\omega L - \omega^2 L R_{\mathrm{A}} C} = R_{\mathrm{s}} + \frac{R_{\mathrm{A}}}{1 + j\omega R_{\mathrm{A}} C} \tag{3-160}$$

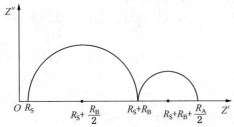

图 3-22　复合的阻容并联电路的 Nyquist 图

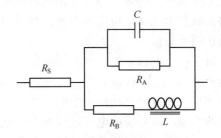

图 3-23　电容和电感并联的复合电路

其 Nyquist 图是在第一象限的半径为 $\dfrac{R_{\mathrm{A}}}{2}$ 的半圆,圆心坐标为 $\left(R_{\mathrm{s}} + \dfrac{R_{\mathrm{A}}}{2},\ 0 \right)$。

在低频下,ω 很小,忽略 ω^2 项,得:

$$Z - R_{\mathrm{s}} \approx \frac{R_{\mathrm{A}}(R_{\mathrm{A}} + R_{\mathrm{B}} + j\omega L) - R_{\mathrm{A}}^2}{R_{\mathrm{A}} + R_{\mathrm{B}} + j\omega L} \tag{3-161}$$

令 $Z - R_{\mathrm{s}}$ 的实部为 Z',虚部为 Z'',则:

$$Z' = R_{\mathrm{A}} - \frac{R_{\mathrm{A}}^2(R_{\mathrm{A}} + R_{\mathrm{B}})}{(R_{\mathrm{A}} + R_{\mathrm{B}})^2 + \omega^2 L^2} \tag{3-162}$$

$$Z'' = -\frac{\omega L R_{\mathrm{A}}^2}{(R_{\mathrm{A}} + R_{\mathrm{B}})^2 + \omega^2 L^2} \tag{3-163}$$

由以上两式得:

$$\omega = \frac{Z''}{Z' - R_{\mathrm{A}}} \cdot \frac{R_{\mathrm{A}} + R_{\mathrm{B}}}{L} \tag{3-164}$$

代入式(3-162)后经整理后可得:

$$(Z' - R_{\mathrm{A}})^2 + \frac{R_{\mathrm{A}}^2}{R_{\mathrm{A}} + R_{\mathrm{B}}}(Z' - R_{\mathrm{A}}) + Z''^2 = 0$$

在等式两端加上 $\dfrac{1}{4}\left(\dfrac{R_{\mathrm{A}}^2}{R_{\mathrm{A}} + R_{\mathrm{B}}} \right)^2$,上式可写成:

$$\left[Z' - \left(R_{\mathrm{A}} - \frac{R_{\mathrm{A}}^2}{2(R_{\mathrm{A}} + R_{\mathrm{B}})} \right) \right]^2 + Z''^2 = \left[\frac{R_{\mathrm{A}}^2}{2(R_{\mathrm{A}} + R_{\mathrm{B}})} \right]^2 \tag{3-165}$$

这是圆心在实轴上 $R_{\mathrm{A}} - \dfrac{R_{\mathrm{A}}^2}{2(R_{\mathrm{A}} + R_{\mathrm{B}})}$ 处,半径为 $\dfrac{R_{\mathrm{A}}^2}{2(R_{\mathrm{A}} + R_{\mathrm{B}})}$ 的半圆的方程式,但由于 $Z'' < 0$,故式(3-165)是第四象限的半圆方程式。复合电路的 Nyquist 图如图 3-24 所示。

本节讨论了两种含两个时间参数的复合电路中两个时间常数相差很大的情况。如果两个时间常数比较接近,则两个半圆弧不能完全分开,实际观察到的往往是这种情况。

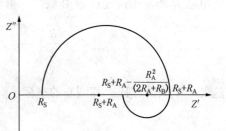

图 3-24　电阻、电容和电感并联
复合电路的 Nyquist 图

3.9.2 等效电路及电化学阻抗谱

（1）等效电路

迄今为止，等效电路方法仍然是电化学阻抗谱（EIS）的主要分析方法。这是因为由等效电路来联系电化学阻抗谱与电极过程动力学模型的方法比较具体直观，尤其是对简单的电化学阻抗谱的分析。

对于一个电极系统，在不同频率下施以小振幅正弦电信号并测量其响应，可将实测的结果画成 Bode 图或 Nyquist 图。如果能够另外用一些"电学元件"以及"电化学元件"构成的电路来模拟电极过程，使得这个电路的阻抗谱与实测的电极系统的电化学阻抗谱相同，就称这一电路为该电极系统或电极过程的等效电路，构成等效电路的元件被称作等效元件。

在一些简单的电化学阻抗谱的分析中，通常可以用一个电阻元件 R_s 来表示从参比电极的 Luggin 毛细管口到研究电极之间的溶液电阻，用一个电容元件 C_{dl} 代表电极与电解质两相之间的双电层电容，用一个电阻元件 R_t 代表电荷转移所遇到的阻力。这时，这些等效元件的物理意义是明确的。通过元件之间的串并联，还可以得到各种复合元件，有关一些复合元件的阻抗特性在上一节中已作了介绍。

在电化学中，还会遇到一种等效元件，它的导纳与阻抗可用下列两式来表示：

$$Y = Y_0 \omega^n \left(\cos \frac{n\pi}{2} + j\sin \frac{n\pi}{2} \right) \qquad (3-166)$$

$$Z = \frac{1}{Y_0} \omega^{-n} \left(\cos \frac{n\pi}{2} - j\sin \frac{n\pi}{2} \right) \qquad (3-167)$$

式中，$0<n<1$。这一等效元件的辐角为：

$$\theta = \frac{n\pi}{2} \qquad (3-168)$$

由于该等效元件的导纳和阻抗的数值均是角频率 ω 的函数，但它的辐角却与频率无关，故这种元件叫作常相位角元件（Constant Phase Angle Element，简写作 CPE），在等效电路中常用符号 Q 表示。

值得注意的是，等效元件 R、C、L 可以被看成是 CPE 元件的三种特殊情况：

$n=0$ 时，Y_0 相当于 $\frac{1}{R}$，Z 相当于 R

$n=1$ 时，Y_0 相当于 C，$Y=j\omega C$，$Z=-j\frac{1}{\omega C}$

$n=-1$ 时，Y_0 相当于 $\frac{1}{L}$，$Y=\frac{-j}{\omega L}$，$Z=j\omega L$

当电阻 R 和常相位元件 Q 并联时，可以证明其阻抗的实部和虚部之间有下列关系：

$$\left(Z' - \frac{R}{2} \right)^2 + \left(Z'' + \frac{R}{2}\text{ctg}\frac{n\pi}{2} \right)^2 = \left(\frac{R}{2} \cdot \frac{1}{\sin\frac{n\pi}{2}} \right)^2 \qquad (3-169)$$

这是一个圆的方程，其圆心的坐标是 $\left(\frac{R}{2}, -\frac{R}{2}\text{ctg}\frac{n\pi}{2} \right)$，半径为 $\frac{R}{2} \cdot \frac{1}{\sin\frac{n\pi}{2}}$。由于阻抗表达式为 $Z=Z'-jZ''$，故此曲线为第一象限上的一段圆弧，这段圆弧在 $\omega=\infty$ 时通过原点，在 $\omega=0$ 时与实轴相交于 $Z'=R$ 处，如图 3-25 所示。

对于 R 与 Q 串联的情况：

$$Z = R + \frac{\omega^{-n}}{Y_0}\cos\frac{n\pi}{2} - j\frac{\omega^{-n}}{Y_0}\sin\frac{n\pi}{2} \quad (3-170)$$

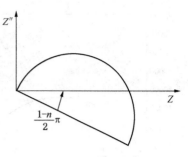

图 3-25 RQ 并联电路的
阻抗复平面图

在阻抗平面上会得到一条斜率为 $\mathrm{tg}\dfrac{n\pi}{2}$ 的直线，这条直线在 $\omega=\infty$ 时交 Z' 轴于 $Z'=R$ 处。

等效电路方法也存在一些缺陷。首先，在一些情况下，等效电路与阻抗谱图类型之间并不存在一一对应的关系，等效电路与电极反应的动力学模型之间一般来说也不存在一一对应的关系。其次，有些等效元件的物理意义不明确，而且有些复杂电极过程的电化学阻抗谱又无法只用前面提及的 4 种等效元件来描述。

（2）腐蚀体系的电化学阻抗[1,24]

在许多用来描述电化学界面的等效电路中，只有几个真正适用于处在（或接近）动态平衡的自由腐蚀界面，如图 3-26 所示。有关 $R_s(R_pC_p)$ 电路的阻抗表达式（3-139）和阻抗谱以及 R 与 Q 并联电路(RQ)的阻抗表达式（3-169）和阻抗谱均已在前面的章节中介绍过了。在图 3-26（a）的等效电路中，只是用常相位角元件 Q 代替了 $R_s(R_pC_p)$ 电路中的 C_p，或是在(RQ)并联电路上再串联一个电阻元件 R_s。图 3-26（a）的等效电路与下式相对应：

$$Z(\omega) = R_s + R_p/[1 + (j\omega R_pC_{dl})\beta] \quad (3-171)$$

它是可以用来描述金属/电解液界面的最简单的等效电路。对应于该等效电路的 EIS 模拟数据（$R_s=10\Omega$，$R_p=100\mathrm{k}\Omega$，而 Q 分解成 $C_{dl}=40\mu\mathrm{F}$ 和 $n=0.8$）的阻抗图谱如图 3-27 所示。

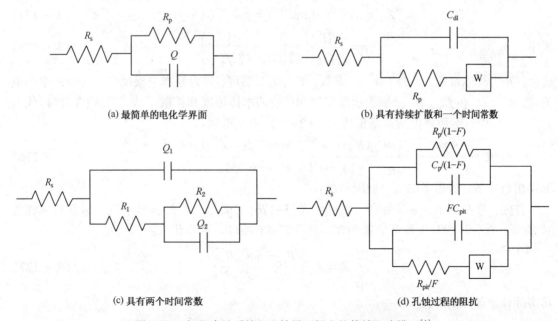

(a) 最简单的电化学界面

(b) 具有持续扩散和一个时间常数

(c) 具有两个时间常数

(d) 孔蚀过程的阻抗

图 3-26 解释腐蚀系统 EIS 结果而提出的等效电路模型[1]

图 3-26（b）的等效电路本质上和 Randles 等效电路一样，只不过图 3-26（b）中的 R_p 在 Randles 等效电路中是用电荷转移电阻 R_{ct} 表示。事实上，当只有电极电位 E（除温度、压力和反应物浓度外）是决定电极过程速度的唯一状态变量时，极化阻力 R_p 与电荷转移电阻 R_{ct} 是相等的。一个基本的电化学系统可以形象地用 Randles 等效电路来表示。等效电路由溶液

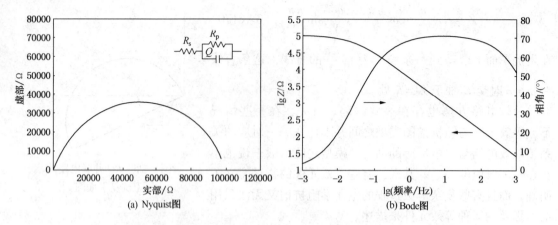

(a) Nyquist图   (b) Bode图

图 3-27　对应于图 3-26(a)的模拟数据的阻抗图

($R_s = 10\Omega$，$R_p = 100\text{k}\Omega$，而 Q 分解成 $C_{dl} = 40\mu\text{F}$ 和 $n = 0.8$)

电阻 R_s、双层电容 C_{dl}、电荷转移电阻 R_{ct} 和 Warburg 阻抗 Z_w 所组成。包括活化过程和传质过程的阻抗称为 Faraday 阻抗 Z_F，它由 R_{ct} 和 W 串联而成，因此等效电路的总阻抗 Z 为：

$$Z = R_s + \frac{1}{\dfrac{1}{Z_F} + j\omega C_{dl}} = R_s + \frac{Z_F}{1 + j\omega C_{dl}Z_F} \qquad (3-172)$$

式中　　$Z_F = Z_W + R_{ct}$ $\qquad\qquad\qquad\qquad\qquad\qquad\qquad (3-173)$

与传质过程有关的 Warburg 阻抗的实部和虚部是相同的，都与 $\omega^{-1/2}$ 成正比，可写成：

$$Z_W = \sigma\omega^{-1/2} - \sigma\omega^{-1/2}j = \sigma\omega^{-1/2}(1 - j) \qquad (3-174)$$

式中　　　　　　　$\sigma = \frac{RT}{\sqrt{2}\,n^2F^2}\left(\frac{1}{C_O^0\sqrt{D_O}} + \frac{1}{C_R^0\sqrt{D_R}}\right) \qquad (3-175)$

式中，R 为气体常数，F 为 Faraday 常数，T 为绝对温度，n 为基本电极反应 $O+ne=R$ 中的电子数，C_O^0、D_O 和 C_R^0、D_R 分别表示反应物和产物的本体浓度和扩散系数。将式(3-174)代入式(3-173)中，然后再把所得结果代入式(3-172)中，得到：

$$Z = R_s + \frac{R_{ct} + \sigma\omega^{-1/2} - j\left[\omega C_{dl}(R_{ct} + \sigma\omega^{-1/2})^2 + \sigma\omega^{-1/2}(\sigma\omega^{1/2}C_{dl} + 1)\right]}{(C_{dl}\sigma\omega^{1/2} + 1)^2 + \omega^2 C_{dl}^2(R_{ct} + \sigma\omega^{-1/2})^2} \qquad (3-176)$$

上式相当复杂，这里考虑两种极限情况：

首先，在高频下，ω 足够高，则可在式(3-176)右端第二项的分母中只保留常数项和含 ω^2 的项，在分子中只保留常数项和含 ω 的项，式(3-176)可简化为：

$$Z = R_s + \frac{R_{ct} - j\omega C_{dl}R_{ct}^2}{1 + \omega^2 C_{dl}^2 R_{ct}^2} \qquad (3-177)$$

其实部和虚部分别为：

$$Z' = R_s + \frac{R_{ct}}{1 + \omega^2 C_{dl}^2 R_{ct}^2} \qquad (3-178)$$

$$Z'' = \frac{\omega C_{dl}R_{ct}^2}{1 + \omega^2 C_{dl}^2 R_{ct}^2} \qquad (3-179)$$

从这一对方程式中消去 ω，可得：

$$\left(Z' - R_s - \frac{R_{ct}}{2}\right)^2 + Z''^2 = \left(\frac{R_{ct}}{2}\right)^2 \tag{3-180}$$

因此，在 Nyquist 图上为一半圆，圆心在实轴上，半圆和实轴在 $Z' = R_s$ 和 $Z' = R_s + R_{ct}$ 两点相交，半圆的直径为 R_{ct}。

其次，在低频极限下，$\omega \to 0$，式(3-176)的实部和虚部分别简化为：

$$Z' = R_s + R_{ct} + \sigma\omega^{-1/2} \tag{3-181}$$

$$Z'' = \sigma\omega^{-1/2} + 2\sigma^2 C_{dl} \tag{3-182}$$

从以上两式中消去 ω，可得：

$$Z'' = Z' - R_s - R_{ct} + 2\sigma^2 C_{dl} \tag{3-183}$$

根据式(3-183)，低频段的阻抗图在复数平面图中是一条斜率为 1 的直线，外推该直线与实轴相交于 $R_s + R_{ct} - 2\sigma^2 C_{dl}$。

实际系统为上述两种极限情况的综合，系统在全部频率范围内的 Nyquist 图如图 3-28 所示。根据该图的特征可以确定 R_s 和 R_{ct}。在得到 R_{ct} 后，可由半圆最高点处的频率 ω^*，根据下式求得 C_{dl}：

$$C_{dl} = \frac{1}{\omega^* R_{ct}} \tag{3-184}$$

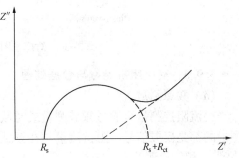

图 3-28 Randles 等效电路全频
范围内的 Nyquist 图

Randles 等效电路表征了最典型的电化学过程，对于没有吸附、没有成膜及其他固相过程的系统，均可应用。

为了描述含有两个时间常数的 EIS 结果，提出了如图 3-26(c)所示的第三种等效电路。对于在涂层下或结垢下的腐蚀、缓蚀体系，甚至局部腐蚀，经常遇到这种情况。图 3-26(c)中的电路元件的物理意义，会随所代表的系统不同而有所不同。关于具有两个时间常数的复合阻容电路的阻抗分析和 Nyquist 图已在 3.9.1 中作了介绍。图 3-29 是图 3-26(c)所示等效电路的阻抗图谱，该电路具有下列模拟数据：$R_s = 10\Omega$，$R_1 = 40k\Omega$，$Q_1 = 40\mu F$ 和指数 $n = 1$，$R_2 = 20k\Omega$，$Q_2 = 20\mu F$ 和指数 $n = 1$。

为了描述观察到局部腐蚀前后在金属表面上发生的情况，提出了如图 3-26(d)所示的

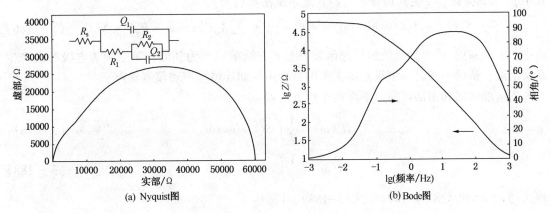

(a) Nyquist图   (b) Bode图

图 3-29 对应于图 1-38(c)等效电路的阻抗图

等效电路，该模型中的系数 F 被用于表示出现点蚀的表面与电极表面的面积比。图 3-30 是该等效电路的阻抗图谱，所取的模拟数据为：$R_s = 10\Omega$，$R_p = 20k\Omega$，$C_p = 40\mu F$，点蚀面积比系数 $F = 10^{-3}$，Warburg 指数 $n = 0.8$。

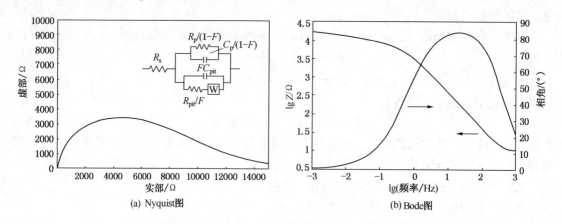

(a) Nyquist图　　　　　　　(b) Bode图

图 3-30　对应于图 1-38(d)等效电路的阻抗图谱

3.9.3　交流阻抗测量与数据处理

（1）频域测量

交流阻抗测量可通过频域测量或时域测量实现。数字计算机应用以前，在电化学实验中测量的都是模拟信号，阻抗测量是在频域中进行的。频域测量方法包括电桥法[25]、Lissajous 法[26]、相敏检测技术（PSD）[27,28]和自动频率响应分析技术[29]等。电桥法和 Lissajous 法是早期应用的方法。相敏检测技术和自动频率响应分析技术均属于交流阻抗的快速测量技术，都能分别测量电极阻抗的实数和虚数成分，其原理是基于信号的相关分析原理。现已发展了自动数字解调的频率响应分析技术，并已有商品化的仪器生产，如 EG&G Princeton Applied Research Corporation 出产的 1025 型频率响应检测仪 FRD。

图 3-31 是 FRD 的简单原理图。FRD 把被测信号同时与互相正交的两个同步参比信号并联。这两个同步的参比信号一个称为在相的，用正弦波来表示；另一个是正交的，用余弦波来表示。如被测信号为 $s(t)$，正弦波扰动信号为：

$$p(t) = p_0 \sin\omega t \qquad (3-185)$$

其中 p_0 为其振幅，ω 为其角频率。两者通过乘法器后为：

$$S(t) = p_0 \mid Z(\omega) \mid \sin[\omega t + \theta(\omega)] + \sum_m A_m \sin(m\omega t + \theta_m) + N(t) \qquad (3-186)$$

式中，$\mid Z(\omega) \mid e^{j\theta(\omega)}$ 为系统的传递函数。上式右端第一项为基波，第二项为电极可能产生高次谐波，最后一项是与电极系统无关的杂噪声，如环境噪声和仪器噪声。

阻抗的实部和虚部可通过下面两个积分获得：

$$H'(\omega) = \frac{1}{T}\int_0^T S(t)\sin\omega t \, dt \qquad (3-187)$$

$$H''(\omega) = \frac{1}{T}\int_0^T S(t)\cos\omega t \, dt \qquad (3-188)$$

将式(3-186)代入式(3-187)和式(3-188)，可得：

$$H'(\omega) = P \mid Z(\omega) \mid \int_0^T \sin[\omega t + \theta(\omega)]\sin\omega t \, dt +$$

$$\frac{1}{T}\int_0^T \sum_m A_m \sin(m\omega t + \theta_m)\sin\omega t dt +$$

$$\frac{1}{T}\int_0^T N(t)\sin\omega t dt \tag{3-189}$$

$$H''(\omega) = p\mid Z(\omega)\mid \int_0^T \sin[\omega t + \theta(\omega)\cos\omega t dt +$$

$$\frac{1}{T}\int_0^T \sum_m A_m \sin(m\omega t + \theta_m)\cos\omega t dt +$$

$$\frac{1}{T}\int_0^T N(t)\cos\omega t dt \tag{3-190}$$

如果噪声完全是随机的，则式(3-189)和式(3-190)的最后一项积分为零。对式(3-189)和式(3-190)中的高次谐波项，其积分可展开为：

$$\int_0^T \sin(m\omega t + \theta_m)\sin\omega t dt = \cos\theta_m \int_0^T \sin\omega t \sin m\omega t dt - \sin\theta_m \int_0^T \sin\omega t \cos m\omega t dt \tag{3-191}$$

$$\int_0^T \sin(m\omega t + \theta_m)\cos\omega t dt = \cos\theta_m \int_0^T \cos\omega t \sin m\omega t dt - \sin\theta_m \int_0^T \cos\omega t \cos m\omega t dt \tag{3-192}$$

只要使积分时间为 2π 的整数倍，可使式(3-191)和式(3-192)的谐波项恒等于零。这样，仪器便可有效地消除谐波。于是，从积分器中实部和虚部的输出为：

$$H'(\omega) = P\mid Z(\omega)\mid \cos[\theta(\omega)]$$

$$H''(\omega) = P\mid Z(\omega)\mid \sin[\theta(\omega)]$$

由此可得阻抗的实部和虚部。

（2）时域方法

时域方法就是分别测量电位 E 和电流 I 随时间变化的规律，然后再从时域转换成频域，从它们在频域的商求得阻抗。时域方法的优点是快捷和准确。由于现代计算机的发展，计算工作可以迅速完成。

由于电化学测量的都是模拟值，所以首先必须进行模/数转换。在完成转换以后，通过计算机接口把信息转入微机处理。现在通用的接口是 IEEE-488，又称万用接口（GPIB 即 General-Purpose Interface Bus）。可以把测量阻抗的恒电位仪/恒电流仪（如 EG& G PARC 出产的 273 型和 283 型）和 1025 型 FRD 通过万用接口直接接通微机。

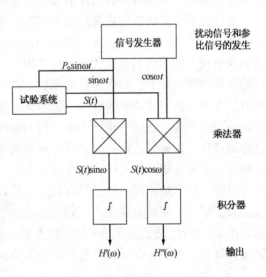

图 3-31　频率响应检测仪的简单原理

时频转换是两种常用的积分变换，即 Laplace 变换和 Fourier 变换，其中 Laplace 变换为：

$$F(s) = \int_0^\infty F(t)e^{-st}dt \tag{3-193}$$

式中　$s = \sigma + j\omega$ 是复数。Fourier 变换为：

$$F(j\omega) = \frac{1}{\sqrt{2\pi}}\int_{-\infty}^\infty F(t)e^{-j\omega t}dt \tag{3-194}$$

电位 $E(t)$ 和电流 $I(t)$ 经时频转换后分别成为 $E(j\omega)$ 和 $I(j\omega)$，其商

$$Z(j\omega) = \frac{E(j\omega)}{I(j\omega)}$$

就是交流阻抗。

从任意时域函数得到阻抗频率谱的整个过程分为两个步骤：首先是输入信号和响应信号在时间窗口的采样和记录，然后对它们进行积分变换并取商。对于 Fourier 变换，已经开发了两种计算程序：离散 Fourier 变换（DFT）和快速 Fourier 变换（FFT）。只需对离散数据进行采样，便可很快得到交流阻抗的频率谱。

目前国内流行的阻抗测量仪器为 273 型或 283 型恒电位仪/恒电流仪与 5210 型锁相放大器或 1025 型频率响应检测仪。恒电位仪/恒电流仪与锁相放大器或频率响应检测仪连接后，通过万用接口 GPIB 连通微机，用阻抗软件 M398 可以进行自动测量、自动记录、自动数据和图形显示、自动数据处理和作图。图形可选择 Bode 模图、Bode 相角图或 Nyquist 图来显示。为了将阻抗频谱与电极过程动力学联系起来，一般还要把系统的阻抗测量结果表示为等效电路，并求出各等效元件的参数。生产 283 型恒电位仪/恒电流仪和 1025 型频率响应检测仪的 EG&G 公司可提供相应的软件 EQUIVCRT，在上述仪器上可直接利用该软件进行等效电路和等效元件的求取。

（3）电化学阻抗谱的数据处理与解析[30]

阻抗数据处理和解析有两个含义。一个含义是，已经知道阻抗的等效电路，或是根据阻抗频谱和其他有关的电化学知识可以准确地推断出相应的等效电路。此时需要通过阻抗频谱曲线的拟合，求出等效电路中各等效元件的参数。一般将此过程称作阻抗数据处理。另一个含义是，不知道对应于测得的阻抗频谱的等效电路，因此要从测得的阻抗频谱求出最可能的等效电路并求出其中各等效元件的参数。这种阻抗数据处理，一般叫作阻抗数据的解析。

曲线拟合是阻抗数据处理的核心问题，绝大多数情况下都是应用非线性最小二乘法拟合（NLLS）。非线性最小二乘法拟合原则上同其他曲线拟合，都是先选定各待定参数的初始值。将初始值代入到曲线的方程式中，计算出与各个实验点相对应的计算值，以各实验点与其对应的计算值之差的平方和作为目标函数，然后通过求偏导的方法来求为使目标函数处于极小值时，各个参数应该调整的数值。但经调整后的参数往往并不是最佳的估计值，需要接着进行新一轮的计算。在这一轮计算中，用调整后的各参数值作为新的初始值，重复上述计算，这称为迭代。如果每迭代一次，目标函数就变小一次，一直到两次迭代所得的计算结果之间的差异小于事先规定的指标，拟合过程完毕。这样的拟合过程就叫作是收敛的。阻抗频谱的拟合过程虽同上述原理一样，但有两点是比较特殊的。首先，阻抗是一个矢量，故每一个实验点需要用两个变量来描述。例如在阻抗复平面上，就需要用实部和虚部两个变量来描述。如果用 G'_i 和 G''_i 分别表示第 i 个实验点的实部和虚部，用 g'_i 和 g''_i 表示相应这一实验点的阻抗计算值，则由 n 个实验点组成的一套数据的目标函数由实部和虚部两个差方和组成：

$$S = \sum_{i=1}^{n} (G'_i - g'_i)^2 + \sum_{i=1}^{n} (G''_i - g''_i)^2 \qquad (3-195)$$

相应地，在求对各个参数的偏导时，也要分别求出实数部分对参数的偏导和虚数部分对参数的偏导。其次是阻抗方程式中参数的个数比较多，因而参数初始值的选择对于拟合能否成功更为重要。为此，一般要采取一些拟合前的初步处理来取得较好的初始值。例如，如果阻抗频谱曲线表现出不止一个时间常数，就先用相当于其中一个时间常数的阻抗数据求出对这一频段的阻抗起主要作用的等效元件参数可能的数值；再用相当于另一时间常数的阻抗数据求出对其起主要作用的等效元件参数可能的数值，然后将这些初步求得的参数值作为初始值，开始整个曲线的拟合迭代过程。

对阻抗数据的解析来说，还要解决从阻抗频谱数据求出可能的等效电路的问题。

Boukamp 的 EQUIVCRT 软件[31,32]解决这一问题的办法是"支解"阻抗数据。先从阻抗频谱的一端，通常是高频端开始"支解"。如果认为有一个简单元件或复合元件串联在电路上，就在阻抗平面上减去这个简单元件或复合元件，并记下减去的简单元件或复合元件的参数值；如认为有一简单元件或复合元件并联在电路上，就在导纳平面上减去这个简单元件或复合元件，并记下减去的简单元件或复合元件的参数值。这样逐步支解，直到剩下的阻纳数据中看不到相应的简单元件或复合元件为止。在得出一个可能的等效电路后，可按电路描述码（Circuit Description Code，缩写为CDC）的规定对其分析，最里面的括号阶数最高，对奇数阶计算导纳，对偶数阶计算阻抗，从里往外逐阶计算：

$$G_{K-1} = G_{K-1}^* + G_K^{-1} \qquad (3-196)$$

式中，G_{K-1}^* 是在第 $K-1$ 阶复合元件中与第 K 阶复合元件并联（当 $K-1$ 为奇数时）或串联（当 $K-1$ 为偶数时）的组分的导纳或阻抗。

3.10 电化学噪声研究方法[33~35]

3.10.1 电化学噪声

电化学噪声（Electrochemical Noice，简称 EN）是指电化学动力系统演化过程中，其电学状态参量（如电极电位、外测电流密度等）的随机非平衡波动现象。这种波动现象提供了系统从量变到质变的、丰富的演化信息。鉴于电化学噪声研究方法的特点，自 1967 年首次提出电化学噪声的概念以来，人们对它的应用研究和理论研究就从未间断过。近年来由于用于电化学系统的仪器灵敏度的显著提高以及计算机在数据采集、信号处理与快速分析技术的巨大进步，电化学噪声技术已逐渐成为腐蚀研究的重要手段之一，并已成功地用于工业现场腐蚀监测。与许多传统的腐蚀试验方法和监测技术相比，电化学噪声技术具有许多明显的优点。首先，它是一种原位无损检测技术，在测量过程中无须对系统施加可能改变腐蚀过程的外界扰动；其次，它无须预先建立被测体系的电极过程模型；再者，它极为灵敏，可用于薄液膜条件下的腐蚀监测和低电导环境；最后，检测设备简单，且可以实现远距离监测。

根据所检测的电学信号的不同，可将电化学噪声分为电流噪声和电压噪声。

根据噪声的来源不同又可将其分为热噪声、散粒效应噪声和闪烁噪声。

（1）热噪声

热噪声是自由电子的随机热运动引起的，是最常见的一类噪声。电子的随机热运动造成一个大小和方向都不确定的随机电流，它们流过导体则产生随机的电压波动。但在没有外加电场的情况下，这些随机波动信号的净结果为零。实验与理论研究结果表明，电阻中热噪声电压的均方值 $E[V_N^2]$ 正比于其本身阻值（R）的大小及体系的绝对温度（T）：

$$E[V_N^2] = 4K_B TR\Delta v \qquad (3-197)$$

式中，V 是噪声电位值，Δv 是频带宽，K_B 是 Boltzmann 常数（$K_B = 1.38 \times 10^{-23} J \cdot K^{-1}$）。上式在直到 $10^{13} Hz$ 的频率范围内都有效，超过此频率范围后量子力学效应开始起作用，功率谱将按量子理论预测的规律衰减。

热噪声的谱功率密度一般很小。因此，在一般情况下，在电化学噪声的测量过程中，热噪声的影响可以忽略不计。热噪声值决定了待测体系的待测噪声的下限值，因此当后者小于检测电路的热噪声时，就必须采用前置信号放大器对被测信号进行放大处理。

（2）散粒效应噪声

散粒效应噪声又称为散弹噪声或颗粒噪声。在电化学研究中，当电流流过被测体系时，如果被测体系的局部平衡仍没有被破坏，此时被测体系的散粒效应噪声可以忽略不计。然而，在实际工作中，特别是当被测体系为腐蚀体系时，由于腐蚀电极存在着局部阴、阳极反应，整个腐蚀电极的 Gibbs 自由能 ΔG 为：

$$\Delta G = -(E_a + E_c)ZF = -E_{外测}ZF \tag{3-198}$$

式中，E_c 和 E_a 分别为局部阴、阳极的电阻电位，$E_{外测}$ 为被测电极的外测电极电位，Z 为局部阴、阳极反应所交换的电子数，F 为 Faraday 常数。所以，即使 $E_{外测}$ 或流过被测体系的电流很小甚至为零，腐蚀电极的散粒效应噪声也绝不能忽略不计。

散粒噪声类似于温控二极管中由阴极发射而达到阳极的电子在阳极所产生的噪声。从理论上可以证明该噪声符合下列公式：

$$E[I_N^2] = 2eI_0\Delta v \tag{3-199}$$

式中，e 为电子电荷（1.59×10^{-19}C），I_0 为平均电流。在电化学研究中，应该用 q 代替 e，而 q 是远大于电子电荷的电量。例如在电极腐蚀过程中，q 相当于一个点蚀的产生或单位钝化膜的破坏所消耗的电量。式（3-199）在频率小于 100MHz 的范围内成立。

热噪声和散粒噪声均为高斯型白噪声，它们主要影响频域谱中 SPD 曲线的水平部分。

（3）闪烁噪声

闪烁噪声又称为 $1/f^\alpha$ 噪声，α 一般为 1、2、4，也有取 6 或更大值的情况。与散粒噪声一样，它同样与流过被测体系的电流有关，与腐蚀电极的局部阴、阳极反应有关。所不同的是，引起散粒噪声的局部阴、阳极反应所产生的能量耗散掉了，且 $E_{外测}$ 表现为零或稳定值；而对应于闪烁噪声的 $E_{外测}$ 则表现为具有各种瞬态过程的变量。局部腐蚀（如点蚀）会显著地改变腐蚀电极上局部阳极反应的电阻值，从而导致 E_a 的剧烈变化。因此，当电极发生局部腐蚀时，如果在开路电位下测定腐蚀电极的电化学噪声，则电极电位会发生负移，之后伴随着电极局部腐蚀部位的修复而正移。如果在恒电位情况下测定，则会在电流-时间曲线上出现一个正的脉冲尖峰。

关于电化学体系中闪烁噪声的产生机理有很多假说，但迄今能为大多数人接受的只有"钝化膜破坏/修复"假说。该假说认为：钝化膜本身就是一种半导体，其中必然存在着位错、缺陷、晶体不均匀及其他一些与表面状态有关的不规则因素，从而导致通过这层膜的阳极腐蚀电流的随机非平衡波动，导致电化学体系中产生了类似半导体中的 $1/f^\alpha$ 噪声。

闪烁噪声主要影响频域谱中 SPD 曲线的高频（线性）倾斜部分。

3.10.2 电化学噪声的测定

电化学噪声的测定可以在恒电位极化或电极开路电位的情况下进行。当在开路电位下测定 EN 时，检测系统一般采用双电极体系，它又可以分为两种方式，即同种电极系统和异种电极系统：

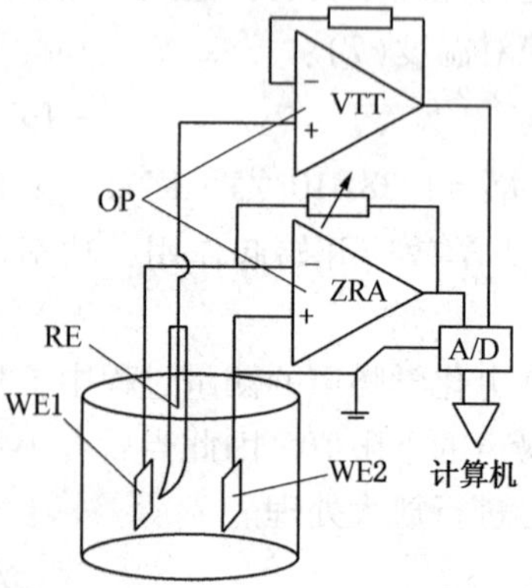

① 传统测试方法一般采用异种电极系统，即一个研究电极和一个参比电极。参比电极一般为饱和甘汞电极或 Pt 电极，也有采用其他形式的参比电极（如 Ag-AgCl 参比电极等）的。测量电化学噪声所用的参比电极除应满足一般参比电极的要求外，还要满足电阻小（以减少外界干扰）和噪声低等要求。

② 同种电极测试系统的研究电极与参比电极均用被研

图3-32　EN 测试装置示意图[35]

究的材料制成。研究表明，电极面积影响噪声电阻，采用具有不同研究面积的同种材料双电极系统有利于获取有关电极过程机理的信息。图3-32也是一种同种材料双电极系统，只是外加了一个参比电极(RE)。图中WE1和WE2为同种材料双电极，其中WE2接地，WE1连接运算放大器(OPAMP)的反相输入端，构成零阻电流计(ZRA)。RE连接运算放大器的同相输入端，构成电压变换器(VTT)。电流与电位信号经A/D转换后由计算机采集。由于EN信号较弱，所以一般采用高输入阻抗($>10^{12}\Omega$)和极低漂移($<10PA/$周)的仪用运算放大器进行信号放大，并且A/D转换器的精度最好为16~18bit。由于EN变化频率较低(一般在100Hz以下)，所以对采样速率要求不高。

当在恒电位极化的情况下测定EN时，一般采用三电极测试系统。图3-33是恒电位条件下测定EN的装置原理图。系统中选用低噪声恒电位仪。使用了双参比电极，其中之一用于电位控制，另外一个用于电位检测。采用双通道频谱分析仪存储和显示被测腐蚀体系电极电位和响应电流的自相关噪声谱，以及它们的互相关功率谱。通过电流互功率谱可以从电流响应信号中辨别出由电极

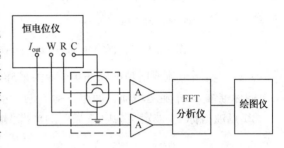

图3-33 恒电位极化条件下测定EN的装置

特征参数的随机波动所引起的噪声信号。这样有利于消除仪器的附加噪声。在上述系统中频谱分析仪是关键装置，它具备FFT的数学处理功能，能自动完成噪声时间谱、频率谱和功率密度谱的测量、显示和存储。

电化学噪声测试系统应置于屏蔽盒中，以减少外界干扰。应采用无信号漂移的低噪声前置放大器，特别是其本身的闪烁噪声应该很小，否则将极大程度地限制仪器在低频部分的分辨能力。

3.10.3 电化学噪声的解析

对于电化学噪声技术，比较困难的是图谱和数据的解析，这也是目前实验与理论研究最多的内容。数据解析的目标通常是区分不同的腐蚀类型、使噪声信号定量化和把大量的积累数据点处理成一种总结格式。

(1) 时域分析方法

时域分析包括在时域中的谱图分析和时域统计分析。

谱图分析主要是从EN中找出特征暂态峰，从而判断腐蚀发生的形式及程度。对于均匀腐蚀，电位和电流波动频率较高，曲线一般没有明显的暂态峰，近似于"白噪声"，一般为典型的高斯分布。而对于由局部腐蚀(如点蚀、缝隙腐蚀、应力腐蚀)等引起的电位—时间、电流—时间波动曲线则表现出明显的暂态峰特征和随机性，一般具有泊松分布特征[参见图3-34(a)]，这种暂态峰一般出现在局部腐蚀的诱导期。典型的暂态峰见图3-34(b)。

在电化学噪声的时域统计分析中，标准偏差(Standard Deviation)S、噪声电阻R_n和点蚀指标PI等是最常见的几个基本概念，经常被用于评价腐蚀类型和腐蚀速率。

① 标准偏差又分为电流和电位的标准偏差两种，它们分别与电极过程中电流或电位的瞬时(离散)值和平均值所构成的偏差成正比：

$$S = \sqrt{\sum_{i=1}^{n}\left[x_i - \sum_{i=1}^{n}x_i/n\right]^2/(n-1)} \qquad (3-200)$$

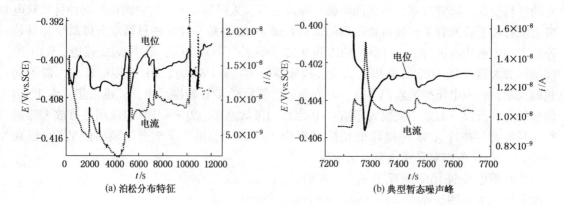

图 3-34　碳钢在 1.0mol/L Na$_2$CO$_3$+0.01mol/L NaCl 溶液中的噪声谱

式中，x_i 为实测电流或电位的瞬态值，n 为采样点数。一般认为随着腐蚀速率的增加，电流噪声的标准偏差 S_I 随之增加，而电位噪声的标准偏差 S_v 随之减少。

② 点蚀指标 PI 被定义为电流噪声的标准偏差 S_I 与电流的均方根 I_{RMS} 的比值：

$$PI = S_I/I_{RMS} \qquad (3-201)$$

$$I_{RMS} = \sqrt{\frac{1}{n}\sum_{i=1}^{n} I_i^2} \qquad (3-202)$$

一般认为 PI 取值接近 1.0 时，表明点蚀的产生；当 PI 值处于 0.1~1.0 之间时，预示着局部腐蚀的发生；PI 值接近于零则意味着电极表面发生均匀腐蚀或保持钝化状态。但也有一些作者认为 PI 值并不能反映局部腐蚀情况。

③ 噪声电阻 R_n 被定义为电位噪声与电流噪声的标准偏差的比值，即：

$$R_n = S_v/S_I \qquad (3-203)$$

噪声电阻的概念是 Eden D A 于 1986 年首先提出的，Chen J F 和 Bogaerts W F 等学者则根据 Butter-Volmer 方程从理论上证明了噪声电阻与线性极化阻力 R_p 的一致性。

④ 现已提出专门用于揭示信号的分形特征的一个非常有用的数学模型，相关技术被称为重定比例范围分析或 R/S 技术。Hurst E H 和后来的学者提出，时间序列的极差 $R_{(t,s)}$ 与标准偏差 $S_{(t,s)}$ 之间存在着下列关系：

$$R_{(t,s)}/S_{(t,s)} = S^H \quad 0 < H < 1 \qquad (3-204)$$

式中，下标 t 为选定的取样时间，s 为时间序列的随机步长，H 为 Hurst 指数。H 与闪烁噪声 $1/f^\alpha$ 的噪声指数 α 之间存在着 $\alpha = 2H+1$ 的函数关系；同时，H 的大小反映了时间序列变化的趋势。一般而言，当 $H > \frac{1}{2}$ 时，时间序列的变化具有持久性；而当 $H < \frac{1}{2}$ 时，时间序列的变化具有反持久性；当 $H = \frac{1}{2}$ 时，时间序列的变化表现为白噪声且增量是平稳的。

此外，噪声轨迹的局部分形 D 与 Hurst 指数 H 之间存在下列关系：

$$D = 2 - H \quad 0 < H < 1 \qquad (3-205)$$

式（3-205）使得通过简单计算 R/S 图的斜率以表征给定时间序列的分形大小成为可能。

⑤ 非对称度 S_K 和突出度 K_u。S_K 是信号分布对称性的一种量度，它的定义如下：

$$S_K = \frac{1}{(N-1)S^3}\sum_{i=1}^{n}(I_i - I_{mean})^3 \qquad (3-206)$$

S_K 指明了信号变化的方向及信号瞬变过程所跨越的时间长度。如果信号时间序列包含了一些变化快且变化幅值大的尖峰信号，则 S_K 的方向正好与信号尖峰的方向相反；如果信号峰的持续时间长，则信号的平均值朝着尖峰信号的大小方向移动，因此 S_K 值减小；$S_K = 0$，则表明信号时间序列在信号平均值周围对称分布。

突出度 K_u 可用下式表达：

$$K_u = \frac{1}{(N-1)S^4} \sum_{i=1}^{N} (I_i - I_{mean})^4 \qquad (3-207)$$

K_u 值给出了信号在平均值周围分布范围的宽窄，指明了信号峰的数目多少及瞬变信号变化的剧烈程度。$K_u > 0$ 表明信号时间序列是多峰分布的；$K_u \leq 0$ 则表明信号在平均值周围很窄的范围内分布；当时间序列服从 Gaussian 分布时，$K_u = 3$，如果 $K_u > 3$，则信号的分布峰比 Gaussian 分布峰尖窄，反之亦然。

在电化学噪声的时域分析中，除了上述方法外，应用较多的还有统计直方图。第一种统计直方图是以事件发生的强度为横坐标，以事件发生的次数为纵坐标所构成的直观分布图。实验表明，当腐蚀电极处于钝态时，统计直方图上只有一个正态（Gaussian）分布；而当电极发生点蚀时，该图上出现双峰分布。另一种是以事件发生的次数或事件发生过程的进行速度为纵坐标，以随机时间步长为横坐标所构成。该图能在某一给定的频率（如取样频率）将噪声的统计特性定量化。

（2）频域分析方法

分析电化学噪声数据的传统方法是通过某种时频转换技术将电流或电位随时间变化的规律（时域谱）转变为功率密度谱（PDS）曲线（频域谱），然后根据 PDS 曲线的水平部分高度（白噪声水平）、曲线转折点的频率（转折频率）、曲线倾斜部分的斜率和曲线没入基底水平的频率（截止频率）等 PDS 曲线的特征参数来表征噪声的特性，探寻电极过程的规律。PDS 作为研究平稳随机过程的一种重要工具，其函数形式为：

$$S(\omega) = \lim_{T \to \infty} \frac{1}{T} \left| \int_0^{+\infty} x(t) e^{-j\omega t} dt \right|^2 \qquad (3-208)$$

式中　$x(t)$——电位或电流的时域函数；

　　　T——测量周期；

　　　ω——角频率。

常见的时频转换技术有快速傅里叶变换（Fast Fourier Transform，FFT）、最大熵值法（Maximum Entropy Method，MEM）和小波变换（Wavelets Transform，WT）。

一些研究结果表明，MEM 频谱分析法相对于其他频谱分析法（如 FFT）具有下列优点：①对于某一特定的时间序列而言，MEM 在时间（空间）域上具有较高的分辨率；②MEM 特别适用于分析有限时间序列的特征，无须假定该时间序列是周期性的或有限时间序列之外的所有数据均为零。有些研究还发现，MEM 可以给出比 FFT 更为平滑的 PDS，但由于 MEM 的级数 m 需要人工给定，任意性较大，有时可能产生错误的结果；而对于非稳态体系，FFT 与 MEM 都可能产生错误的结果，此时采用窗口函数是十分必要的。

通过 FFT 和 MEM 转换得到的 PDS 的特征参数（白噪声水平、高频线性部分的斜率和截止频率），在一定程度上能较好地反映腐蚀电极的腐蚀情况。EN 是低频噪声，一般在 10Hz 以下 PDS 就已降到背景噪声水平。理论上讲，PDS 在极低频率应出现平台，然后随频率增加与频率的 $-\alpha$ 次方（f^α）呈线性关系，α 一般在 2~4 之间（参见图 3-35）。通过计算机模拟

EN 的 PDS 曲线发现，PDS 的形状、截止频率 f_c 和高频线性部分的斜率强烈依赖于暂态峰的形状、统计时间分布、幅值分布以及寿命等。

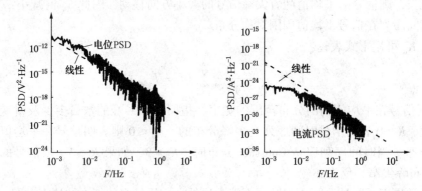

图 3-35 碳钢在 1.0mol/L Na$_2$CO$_3$+0.01mol/L NaCl 中的 PDS

如果暂态电流峰 $I(t)$ 为突发生长(上升段)，而消亡按指数衰减(下降段)，且假设暂态峰的发生服从泊松分布，即：

$$I(t) = 0, \ t < 0$$

$$I(t) = A\exp\left(-\frac{t}{\tau}\right), \ t \geq 0 \tag{3-209}$$

$$PDS = \frac{2S\lambda A^2\tau^2}{1 + \omega^2\tau^2} \tag{3-210}$$

式中　A——具有随机特征的暂态噪声幅值；

　　　S——电极面积；

　　　λ——单位面积的暂态峰次数；

　　　τ——暂态峰时间常数；

　　　ω——频率。

根据式(3-210)，当 $\omega \ll \tau$ 时，PDS 为与频率无关的平台，表现为"白噪声"，当 $\omega \gg \tau$ 时，PDS 为 f^{-2} 噪声。PDS 的特征频率 $f_c = 1/2\pi\tau$，与暂态峰寿命的倒数成正比。

当暂态电流峰的生长和消亡分别服从时间常数 τ_1、τ_2 的指数曲线时，则有：

$$PDS = \frac{2S\lambda \cdot A^2(\tau_1 + \tau_2)^2}{(1 + \omega^2\tau_1^2)(1 + \omega^2\tau_2^2)} \tag{3-211}$$

当频率 ω 极低时，PDS 仍为与频率无关的"白噪声"；频率较高时，PDS 的斜率为 4；当频率在 $1/\tau_1 \sim 1/\tau_2$ 时，其斜率小于 4，因而 PDS 曲线上出现两个不同的斜率。

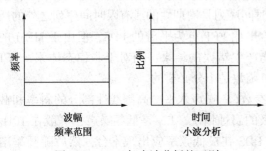

图 3-36　FFT 与小波分析的区别

其他波形的计算还表明，PDS 的斜率主要与暂态峰的形状有关，而与腐蚀类型无关。f_c 则主要与亚稳态点蚀的生长以及钝化时间常数 τ 有关，体系越耐点蚀，Cl$^-$ 浓度越低，则 τ 越大，f_c 越低。

小波分析采用可变尺寸的窗口技术(见图 3-36)，并按式(3-212)将原始信号分解为一系列不同时间偏移和不同尺度的原始小

波 ψ(基函数)的集。由于这些小波均具有不规则性和不均匀性、宽度有限且均值为零的特点，因此小波分析特别适用于分析大信号中的局部暂态特征，如信号中断点、高阶不连续性以及自我类似性。小波分析不需对 EN 作稳态假设，且同时具有时间分辨和频率分辨的特点，因而克服了 FFT 的某些缺点，在 EN 信号处理中表现出一定的优势。

$$C(S, P) = \int_{-\infty}^{\infty} f(t)\psi(S, P, t)\,\mathrm{d}t \qquad (3-212)$$

式中　C——小波系数；

　S，P——尺度与位置。

谱噪声电阻(Spectral Noise Impedance, R_{sn}^{0})是利用频域分析技术处理电化学噪声数据时引入的一个统计概念。它是对相同体系的电位和电流同时采样，经 FFT 变换成 PDS 后，得到噪声电阻谱：

$$R_{Sn(\omega)} = \left| \frac{E_{FFT}(\omega)}{I_{FFT}(\omega)} \right| = \left| \frac{E_{PDS}(\omega)}{I_{PDS}(\omega)} \right|^{1/2} \qquad (3-213)$$

并定义

$$R_{Sn}^{0} = \lim_{\omega \to 0} R_{Sn}(\omega) \qquad (3-214)$$

式中，$E_{PDS}(\omega)$，$I_{PDS}(\omega)$ 分别为相应频率下 PDS 的电位和电流。

通过与 EIS 测试结果比较发现，尽管谱噪声电阻 R_{Sn}^{0} 要小于由 EIS 得到的 R_p 值，但在 Bode 图上噪声电阻谱 $R_{Sn}(\omega)$ 与 EIS 谱有相同的斜率，并具有极好的一致性。但从噪声谱来看，要得到谱噪声电阻 R_{Sn}^{0}，EN 的测试时间并不少于 EIS，这在以前一直被认为是 EN 的优点之一。

第4章 常规实验室腐蚀试验方法

4.1 模拟浸泡试验[2,3,36~38]

这是一种广泛应用的水溶液挂片试验，方法简单。按照要求将金属材料制成试样，在实验室配制的溶液中或在取自现场的介质中浸泡一定时间，用选定的测定方法进行评定(其中用得最多的是表观检查、质量法和点蚀测量方法)。根据试样与溶液相对关系的不同，可分为全浸、半浸和间浸三种类型试验。它们的腐蚀机理、腐蚀形态和分布各不相同，因此所用的试验方法和装置也有所不同。

关于浸泡试验，美国材料试验协会和美国腐蚀工程师协会已经建立了相应的标准 ASTM G31 和 NACE TM-01-69，我国也已建立了全浸试验的标准方法 JB/T 7901—2001。

4.1.1 全浸试验

试样完全浸入溶液的浸泡试验称为全浸试验，此方法操作简便，重现性好。在实验室试验中，比较容易控制某些重要的影响因素。

为了正确地规划试验和解释试验结果，必须考虑下列因素的特殊影响:溶液成分、温度、充气状态、溶液体积、流速、试样表面状况、试样的浸泡方法、试验周期以及暴露后试样的清洗方法等。

全浸试验过程中溶液的蒸发损失可以采用恒定水平面装置控制或定时地添加溶液，使溶液的原始体积的波动不超过±1%。有时也采用回流冷凝器。为避免腐蚀产物积累影响腐蚀规律，一般将介质容量与试样表面积的比例控制在 $20\sim200mL/cm^2$。一般还要求在试验装置中只浸泡一种合金，以避免一种合金的腐蚀产物对另一种合金腐蚀规律的干扰。为了便于制作试样和提高试验的重现性及称重的灵敏度，往往采用平板试样。点蚀发生几率与试样面积有关，应严格规定试样的尺寸。试验容器可用敞口烧杯或密封烧瓶，应考虑配置充气或去气系统、温度测量与控制装置以及试样支架等。实验室中常利用水浴或油浴控制试验溶液的温度。在进行腐蚀试验时，除非有特别规定，不应对溶液充气。充气可以向试验溶液中鼓入空气，有时也可鼓入氧气或氧与惰性气体的混合气体。去气则是将惰性气体(如氩气、氮气等)鼓入溶液，驱除溶液中的溶解氧。为防止空气进入试验容器，可采用液体气封装置。在一般的实验室试验中，通常是不考虑流速的影响的。但为了提高重现性，对流速进行某些控制是必要的。在沸点温度下进行的试验，应注意缓慢加热并在容器底部铺一层玻璃(或陶瓷)碎片，以避免过度沸腾和气泡的冲击作用。对于在低于沸点温度下进行的试验，热对流是引起液体运动的唯一来源。对于高黏度的溶液，可外加搅拌。

试验所用的试样支架和容器在试验溶液中应呈惰性，保证自身不受腐蚀破坏也不污染试验溶液。试样支撑的方法随试样、装置不同而不同，图 4-1 给出了几种玻璃支架的示例。试样在介质

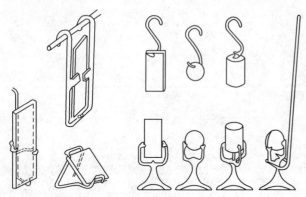

图 4-1 放置腐蚀试样用的玻璃支架

中有水平、倾斜和垂直三种放置方式(图4-2)。水平放置试样有时是有优点的，因为可以借助于水浸物镜用显微镜随时观察试样的表面状态，而无需取出试样。图4-2(b)、(c)是水平放置试样的两种方式，后者是将试样粘接在玻璃管或塑料管的底端，直接构成容器的底。在大气压力的水溶液中试验，务求使所有试样的供氧情况大体一样，因此需要注意试样的放置位置。对于对比实验，各试样浸泡深度务求一致，且在液面以下的最小深度应不低于20mm。图4-3是带有加热装置和回流冷凝器的全浸试验装置。图4-4是日本 JASO 7014 全浸腐蚀试验装置，该装置配有充气装置和回流冷凝器。

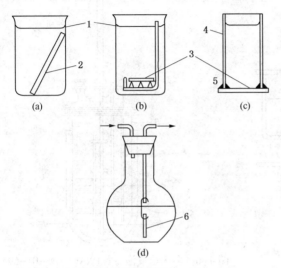

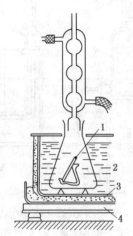

图4-3　带回流冷凝器的加温腐蚀试验装置
1—试样；2—恒温器；3—砂浴；4—加热板

图4-2　试样的放置方式
(a)倾斜放置；(b)、(c)水平放置；(d)垂直放置
1—烧杯；2、3、6—试样；4—玻璃管；5—粘接剂

4.1.2　半浸试验

半浸腐蚀试验也称为水线腐蚀试验。由于金属材料部分浸入溶液，气/液相交界的水线长期保持在金属表面的同一固定位置而造成严重的局部腐蚀破坏。在贮存液体的容器内壁及部分浸入海水的金属构件上，都会发生这种水线破坏。铝合金和某些其他金属往往在水线处发生浓差腐蚀，半浸试验条件为其提供了非常适宜的加速试验方法。

半浸试验方法的要求、条件的控制及试验装置与全浸试验基本相同。关键是如何提供合适的试样支撑方法，使水线部位保持在固定的位置上，保证液面上下的试样面积比恒定不变。采用自动恒定液面装置，可以显著提高试验结果的重现性。图4-5是恒定液面装置的示意图。活塞(8)如果处于关闭状态，空气就通过管(9)进入瓶内，借玻璃管(9)端部把瓶中的蒸馏水以恒定的压力供给一系列试验容器。补充是自动进行的，并且腐蚀试验容器的液面始终控制在管(9)端头的水平面上，液面波动的范围在±0.1mm。图4-6是美国腐蚀工程师协会(NACE)标准 TM-01-69 推荐的多用途浸泡试验装置，其中试样支架可同时或分别进行全浸、半浸及气相腐蚀试验。该装置留有备用接

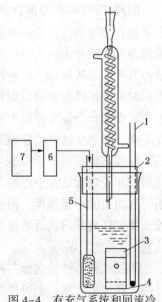

图4-4　有充气系统和回流冷凝器的 JASO 7041 全浸腐蚀试验装置
1—温度计；2—软木塞；3—试样；4—试样支架；5—通气管；6—流量计；7—干燥空气

口，可根据特殊要求装配其他附件。为避免在试样与支架的接触位置产生局部腐蚀，可将其接触位置置于溶液之外。当用力学性能变化来评定试验结果时，应把水线位置调整在拉伸试样的标距之内。

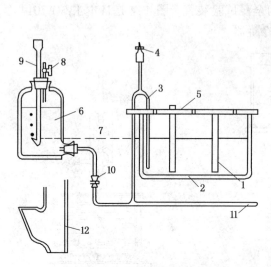

图 4-5　恒定液面装置

1—试样；2—试验容器；3—虹吸管；4、8、10—活塞；
5—盖；6—下口瓶；7—溶液水平面；9—玻璃管；
11—连到其他容器的管子；12—管端头

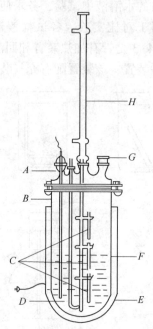

图 4-6　多用途浸泡装置（NACE TM-01-69）[36]

A—热电偶孔；B—烧瓶；C—试样；D—进气管；
E—加热套；F—液面；G—备用接口；H—回流冷凝器

4.1.3　间浸试验

间浸试验（间断浸泡试验）又称交替浸泡试验，意即金属试样交替地浸入液态腐蚀介质和暴露在空气中。这是一种模拟试验，也是一种加速试验。它可以模拟潮水涨落引起的潮差带腐蚀及波浪冲击；大气中经常遇到间断降雨、结露和干湿交替出现的状态以及化工设备中液面升降引起的腐蚀。这种间浸状态还为水溶液作用提供了加速腐蚀的条件，因为在大多数暴露时间中试样表面可以保持频繁更新的、几乎为氧所饱和的溶液薄膜；而且在干湿交替过程中，由于水分蒸发使得溶液中的腐蚀性组分浓缩；另外，试样表面完全干燥常常使腐蚀速度下降，可是腐蚀产物膜破裂则起相反的作用。

间浸试验结果与干湿变化的频率、环境的温度和湿度密切相关，所以须合理设计干湿变化周期并在连续试验中保持不变。同样应合理控制环境温度和湿度，以保证试样在大气暴露期间有恒定的干燥速度。根据不同的试验要求，有时在湿度相当高的密闭装置中进行间浸试验，使试样离开溶液后始终保持湿润状态；有时在空气中暴露时用干燥热风吹拂（或辐照加热），以加速干燥。

间浸试验条件的选择与所用试验装置的原理有关。为了实现干湿交替，可以交替地将试样浸入和提出溶液；也可使试样固定不动，而让溶液相对试样升降。通常移动试样比移动腐蚀介质更容易实现。浸入溶液与暴露在空气中的时间比例随具体试验的要求而定，一般为1:1~1:10，一次循环的总时间常为1~60min不等，有时可达24h。

图4-7为德国DVL升降试样的间浸试验装置。图4-8是转鼓型间浸试验装置，窄条试

样挂在连续转动的转鼓的周缘，可使其周期性地浸没在溶液中或暴露在空气中。通过调节腐蚀槽中介质的水平面，可以改变浸没时间。图 4-9 是移动腐蚀剂的间浸试验装置。空气泵启动时，空气压力将腐蚀剂由贮存器压入腐蚀容器；而当定时电钟切断泵的马达时，腐蚀剂又会在重力作用下回到贮存器中。毛细管分压器粗细适度，泵工作时足以防止过分耗费空气，泵停止工作后又足以使压力很快地降下来。每个歧管可连接一套试验容器。

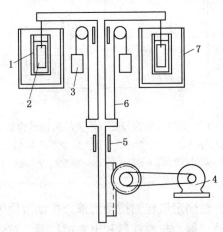

图 4-7　升降试样的间浸试验装置
1—容器；2—试样；3—平衡锤；4—电动机；
5—轴承；6—绳索；7—恒温器

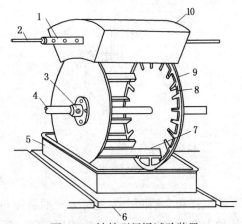

图 4-8　转鼓型间浸试验装置
1—枢轴；2—轴；3—固定螺母；4—驱动轴；5—腐蚀槽；6—可动平台；7—试样；8—辐射状沟槽；9—非金属圆盘；10—干燥箱

美国材料试验协会标准 G44 所规定的在 3.5%NaCl 溶液中的间浸试验条件已得到了广泛的承认。标准规定一小时为一个循环周期，其中包括在 3.5%NaCl 溶液中浸泡 10min 和在空气中暴露 50min，持续 24h/d。对于铝合金和钢铁合金，典型的试验时间为 10~90 天或更长的时间，这取决于材料耐海水腐蚀的性能。试验时空气温度保持在 27℃±1℃，相对湿度控制在 45%±6%。试验溶液的体积和试样表面积的比的推荐值为 320L/m²。这种间浸试验被认为是代表了某些自然条件(特别是海洋环境)的加速试验方法。

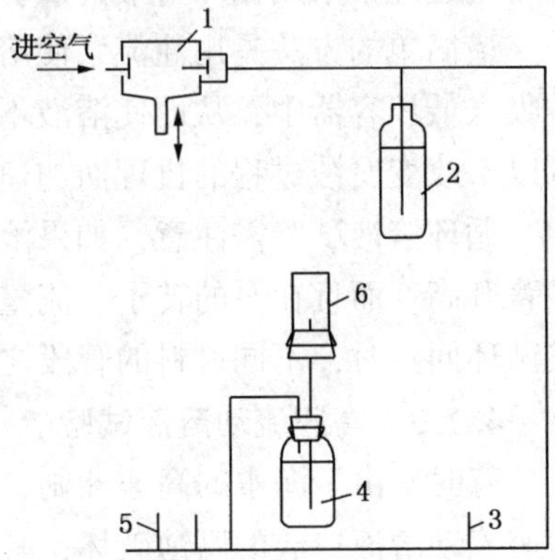

4.2　动态浸泡试验[2,39,40]

在强腐蚀体系中，由于腐蚀剂消耗过快或腐蚀产物积累过多；或者在缓慢腐蚀的体系中，由于一些重要的微量组分浓度发生变化；或者为了模拟实际情况，考察腐蚀介质和金属材料间相对运动及充气、去气等对腐蚀的影响，往往要求试验过程中不断更新溶液或使试样/溶液界面产生相对运动。为此发展了多种动态浸泡试验。

图 4-9　升降溶液的间浸试验装置
1—空气泵；2—压力调器；3—毛细管分压器；4—贮存器；5—歧管；6—腐蚀试验容器

4.2.1　一般流动溶液试验

图 4-10 为最简单的连续更新溶液的装置，它是利用水位差的原理使高位槽中的溶液连续而缓慢地流过试验容器，从而使试验溶液不断得到更新。由此还可以发展出各种改型装置，从而控制流速快慢、计量流速等。图 4-11 所示装置

通过泵和管道将一个大容量贮液槽和试验容器连接起来，调整阀的排液流量可使试样处于不断更新的新鲜溶液环境中。

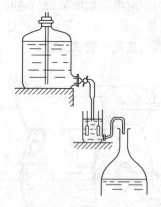

图4-10　利用水位差原理更新溶液
的腐蚀试验装置

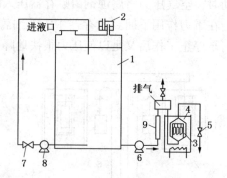

图4-11　控制排液流量更新溶液的腐蚀试验装置
1—试验液槽；2—空气调整装置；3—试样；4—恒温器；
5，7—流量调整阀；6—进水泵；8—搅拌泵；9—流量计

使试样和介质间产生相对运动的最简单的方法，是固定试样而搅动溶液。搅动溶液可采用各种类型的搅拌器，如叶轮式搅拌器、管式搅拌器、偏心轮搅拌器和电磁搅拌器。对溶液充气也是一种不用搅拌器或机械泵而使溶液运动的方法，这种充气搅拌措施还可达到对溶液充氧或除氧的目的。为了达到均匀搅拌和均匀充气（去气）的目的，可使用带有小孔的螺旋形玻璃导管或由烧结玻璃、烧结陶瓷制成的多孔过滤器，使气体成弥散状态通入溶液。

4.2.2　循环流动溶液试验

为了计量试样表面的溶液流速，往往把试样固定在管道中，或者直接用试验材料制成管路系统中的一段管子，利用泵使溶液在其中循环流过。当只能用有限量溶液进行较长时间试验时，也经常采用循环溶液的试验。

最简单的方法是用注流泵使溶液循环流动。注流泵在运行时，空气泡随同试验溶液一起被吸入低压容器中，从而使溶液不断充气。这种情况适用于中性或弱酸性敞开溶液体系，它可以不改变腐蚀过程的机理而加速腐蚀。

循环溶液试验需注意，如果溶液流速太大，可能会由于流体吸收了泵的搅动能而使液温显著升高；而且在泵的转子、流量阀及法兰处也容易产生空泡腐蚀。当用待试验材料管子构成循环回路时，不同材料的管段之间需绝缘隔开，这种管路系统也便于进行电化学测量。

4.2.3　高速流动溶液试验

有时，由于海水的高速冲刷，或金属结构件（如舰艇）在海水中高速运动，经常会遇到高速流动溶液造成的腐蚀破坏，其他腐蚀介质也有这种情况。高速转动金属试样的试验只能实现试样与溶液之间的高速相对运动，但其表面腐蚀形态甚至腐蚀机理都可能与纵向液流引起的结果不同。为直接研究高速流动溶液的腐蚀作用，可用图4-12中的试样支架，把试样放在一个固定尺寸的水道中并与喷嘴相连接。支架可用尼龙制造。用泵提供高压海水，试样表面的溶液流速最高可达145km/h。试验之后可通过表观检查和质量损失法评定结果，并可在同一流速下相对比较不同材料的耐蚀性。若在试样上钻一小孔，就能在孔的下游处产生空泡作用，从而使比较软的金属产生空泡破坏。因此这种方法可以用于定性比较材料的抗空泡腐蚀性能。另外，也可把若干个这样的装置平行地连接在同一歧管上进行对比试验。

如图4-12(b)所示，在一个歧管上组合安装一系列具有不同尺寸小孔的试验小室，歧管为各个试验小室提供相同的恒定压力，改变小孔直径可在试样表面获得各种不同的流速。这种高流速在整个试样表面基本上是均匀分布的，速度差异效应很小。

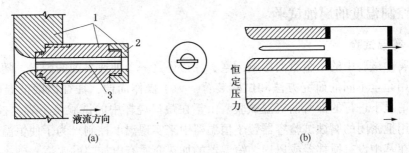

图4-12　高速流动溶液试验的试样和支架(a)及试验不同流速作用的机构(b)
1—尼龙；2—试样固定环；3—试样

由于不同试验方法产生的流速作用不同，不可能在腐蚀速度与溶液流速之间找到一种绝对的相互关系。为了评定具有一定流速的流体对材料的作用，试验应能再现或模拟实际的流动状态。因此，最可靠的还是实物试验，可将试验材料直接制成泵，管子或阀在实际生产系统中试验。但为了缩短试验周期、节约费用，往往首先进行模拟试验，为此发展了各种用途的模拟装置。

4.2.4　转动金属试样的试验

转动金属试样的试验使用紧凑而容易操作的装置，可以获得很高的相对速度，在有限的试验溶液中就可实现高流速试验。这种试验有两类装置试样的结构，其一是把试样安装在可以高速转动的圆盘周沿，图4-8为这种结构的一个例子；其二是旋转圆盘装置。所谓的旋转圆盘装置是指试样与驱动轴垂直配置，并与心轴作同心圆周运动的装置。根据转动轴和溶液液面的相对位置，两类装置试样的结构都可分为水平轴和垂直轴两种情况。

对于把试样安装在圆盘周沿的情况，水平轴转轮往往用于间浸试验，通过改变轴线与液面的距离调整大气暴露与浸入时间的比例；垂直轴转轮可用于间浸和全浸试验，由蜗轮蜗杆来调整干湿比。两者都通过改变转速来控制各个循环周期的总暴露时间。

对于旋转圆盘试样，借高速转动的心轴，可在圆盘端面距中心不同距离处得到不同的相对运动速度。改变旋转度和圆盘直径可在圆盘试样上建立一系列不同的圆周速度。因此圆盘的旋转角速度及圆盘直径对试验结果有显著影响。角速度可影响溶液在周向和径向的流动，而离心力则影响到腐蚀产物的状态。但是，腐蚀破坏与旋转半径和角速度所决定的运动速度之间并无简单的定量关系。使用相同尺寸的圆盘试样和同样的旋转速度可以相对比较金属材料的耐蚀性能，但要求试样足够大，以便能观察到临界速度范围。图4-13为一种实际使用的旋转圆盘试验装置。把经过仔细加

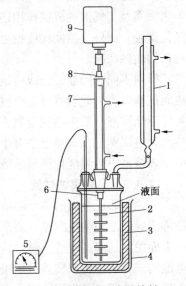

图4-13　酸溶液中的旋转圆盘试验装置
1—冷凝器；2—试样；3—加热套；4—不锈钢烧杯；5—液温高温计；6、8—聚四氟乙烯轴承；7—聚四氟乙烯冷凝器；9—电动机

工的腐蚀试片（63mm×12mm）安装在可高速运动的搅拌轴上，浸入试验溶液中。如果金属材料对速度是敏感的，则沿着试片长度方向可以清楚地看到分布不均匀的腐蚀破坏。

旋转圆盘法在研究电极过程动力学和腐蚀机理方面得到了广泛的应用。

4.3 控制温度的腐蚀试验

4.3.1 等温试验

温度是腐蚀试验中的一个重要影响因素，往往还是一个加速腐蚀的因素。随着实际要求不同，需采用完全不同的研究方法和试验装置。为了操作简便，往往以溶液温度为控制对象，在这种情况下进行的即所谓等温试验。由于在敞口烧杯中的试验是不容易控制温度的，因此往往采用把密闭的腐蚀试验容器置于恒温器中来实现温度控制。为了使恒温器中各处温度均匀，常在其中设有搅拌器或风扇。恒温器的加热介质有电加热的水浴、砂浴、蒸汽及空气，也可采用外套玻璃管的电阻丝直接加热腐蚀介质。

有时直接在沸腾溶液中进行腐蚀试验，这必须采用带有回流冷凝器的密闭容器，以保持溶液浓度不变。有人把沸腾溶液试验作为一种加速试验方法，但是因为腐蚀破坏的类型和规律以及各种金属/介质的腐蚀温度系数都是随温度而变化的，所以它只能用作初级分类试验。

4.3.2 传热面试验[3,41]

在锅炉与热交换器等装置的金属结构件中以及与其相邻的溶液之间总是存在着温度梯度的。在金属/溶液界面与本体溶液之间的温度梯度会产生溶液密度的差别，而在高温的金属侧所产生的气泡会引起溶液对流。因此，在这种情况下金属的腐蚀与等温试验时的不同，具有一些新的特点。当有气泡在金属壁上析出时，气泡和金属表面的溶液薄膜会使金属表面与冷的溶液本体隔开，致使金属表面温度显著升高，产生所谓的热壁腐蚀。由气泡引起的热壁腐蚀常常是严重的点腐蚀。即使没有气泡形成，只要有热流束从金属表面流向溶液，就会产生热壁腐蚀。气泡的机械作用还会使金属表面或钝化膜遭到冲击破坏。对流作用会强化氧去极化腐蚀。此外，温度梯度也可能使钝化膜或腐蚀产物膜中产生局部应变，从而影响到金属材料的腐蚀状况。

针对不同的用途，已成功地发展出一些传热面试验装置。图4-14是一种比较复杂的传热面试验装置。此装置可在全浸或半浸条件下，从金属表面向介质中传递热量，也可在半浸条件下从溶液介质传热到金属表面。此装置中还可设置不传热的气相和液相的控制试样。加热源为电烙铁。在试样上钻有小孔，可插入热电偶测量试样温度（假定金属内无温度梯度）。由插入溶液中的温度计测量溶液温度。

4.3.3 温差腐蚀试验

无论是邻近金属的各处溶液中存在的温度差异，还是金属沿表面方向存在的温度梯度，都可能导致温差电池腐蚀。通常，高温区是阳极，低温区是阴极，但也有时极性相反。当金属表面发生局部高速传热时，传热腐蚀将与温差腐蚀同时起作用。图4-15为一种模拟温差电池的试验装置，此装置可用于电化学测量。为减少腐蚀产物积累，可采用流动溶液；为防止形成氧化膜，可将溶液完全去气。为了保证试验过程中没有从试样向溶液的传热过程，试验装置由两个独立的回路组成。不同温度的两个电极室，溶液通过烧结玻璃膜实现电解接触，但溶液之间并不互混。

4.3.4 高温高压釜试验[2,42]

在锅炉和反应堆等工作设备中，经常遇到高温高压水或水蒸气的工作环境。在实验室中

78

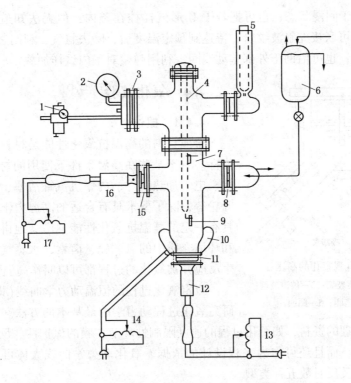

图 4-14　一种多用途的传热面腐蚀试验装置

1—空气调节器；2—环境压力；3—隔膜；4—温度井；5—汽阀；6—恒定水位的冷却水贮槽；7—气相控制试样；
8—冷却的热流试样；9—液相控制试样；10—加热罩；11—全浸的热流试样；12—电烙铁；13、14—自耦变压器；
15—界面热流试样；16—电烙铁；17—自耦变压器

为了模拟这种高温高压条件而设计了多种类型的高压釜，对高
压釜的基本要求是：密闭性好，不能渗漏液体和气体；高压釜
内壁因与试样处于同样的腐蚀环境中，因此必须耐腐蚀；应当
有足够的强度，承受长期的高压作用；为试验安全和满足多种
实验要求，应附设一些必要的装置，如温度和压力的控制装置，
安全装置和电化学测量接口等。

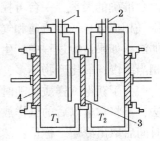

图 4-15　温差腐蚀
试验电解池[40]

1—辅助电极；2—鲁金毛细管；
3—多孔玻璃圆盘；4—软钢
工作电极

　　高压釜试验一般有静态试验和循环回路试验两种。前者以
其装置简单、操作方便而被广泛应用。但是，高压釜内壁和试
样都不可避免地会受到腐蚀，腐蚀产物污染了溶液往往会影响
试验结果。静态高压釜的环境控制也是困难的，腐蚀作用会消
耗溶液中的氧，某些腐蚀反应会释放出氢，因此溶液中的氢和
氧都是难以控制的。相反，循环回路的高压釜试验装置虽较复
杂，操作也比较困难，但是可以模拟循环流动的状态，通过净化系统可以控制溶液中的腐蚀
产物污染，然后再用高压泵把洁净溶液送回高压釜。通过循环系统及插入 pH 值监视仪和氧
分析仪，可以监控高压釜中的氢和氧。

　　为了观察和拍摄高温水腐蚀试验中试样的表面状态，可采用图 4-16 那样的高压釜。为
防止玻璃受高温水腐蚀，可采用透光性良好的石英玻璃并辅之以冷却技术，以便对试样进行
观察和照相。为考察应力腐蚀敏感性，有一种可倾斜的高压釜，试验时可周期性地倒转

180°，使试样处于间浸状态；也可把若干 U 形试样挂在釜内，但无法知道断裂时间，只能作对比试验；也可联接充氩波纹管，待达到预定温度后，除去氩气，利用釜内高压推动波纹管而对试样加载；也可借助于外部差动线圈，利用弹簧对釜内试样加载。

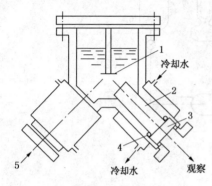

图 4-16　附有观察孔的高压釜
1—试样；2—石英玻璃；3—硬质玻璃；
4—PTFE 垫圈；5—照明

4.4　氧化试验[2,12,43]

4.4.1　概述

金属材料的高温抗氧化性能是材料的一项重要性能指标。对于某些在高温条件下使用的材料，如炉料、炉辊、电炉加热元件、内燃机汽缸活塞、燃气轮机叶片和叶轮等，除了要求具有合适的高温力学性能外，还要求具有一定的高温抗氧化性能。广义地讲，金属在高温下和环境介质中的氧、硫、卤素、水蒸气、二氧化碳等发生反应并被氧化的过程都可以叫作高温氧化。

测定氧化过程的恒温动力学曲线（即 Δm-t 曲线）是研究氧化过程动力学的最基本的方法。它不仅可以提供许多关于氧化机理的资料，如氧化过程的速度限制性环节、膜的保护性、反应的速度常数及过程的激活能等，而且还可作为工程设计的依据。氧化动力学曲线大体可分为直线、抛物线、立方、对数及反对数五种类型。

为研究高温氧化动力学和氧化机理、评定合金抗氧化性能或发展新型抗氧化合金，通常采用质量法、容量法、压力计法和电阻法等氧化试验方法。

4.4.2　质量法

质量法是最简单、最直接的测定氧化速度的方法。为进行氧化试验所需要的设备包括：一台准确的天平，一台可控制温度的加热炉以及气体控制装置。气体控制装置的作用在于控制气相成分、气相流速和气相分压。根据试验体系的不同，可分别采用质量损失法或质量增加法。如果试验过程中产生大量氧化物并且很容易剥落，应采用质量损失法；如果氧化过程相当缓慢，氧化产物不多，且难以从金属表面除去，应采用质量增加法。

为了获得试样质量随时间变化的曲线，可使用间断称量法或连续称量法。所谓间断称量法，是将称量以后的试样放入高温区（通常是在马弗炉中进行，见图 4-17）氧化，保持一定时间后取出冷却、称量；然后再放入炉内氧化，冷却，再称量。如此循环可测得不同时刻的试样质量变化。也可将若干试样同时置于同一高温条件下氧化，分别在不同的时间间隔取出、冷却、称量。这样，通过适当数量的试验数据就可以得到一条试样质量随时间变化的氧化曲线。间断称量法只能用一个试样得到一个数据，或者经过一次加热-冷却循环得到一个数据，而且操作繁复、耗用试样多；冷却过程中氧化膜开裂对下一次循环过程有很大影响。而连续称量的氧化试验法可以克服上述缺点。

所谓连续称量是用专门设计的可连续称量或连续指示质量变化的装置，在整个试验过程中连续不断地记录试样质量随时间的变化的方法。常用装置

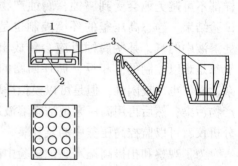

图 4-17　间断称量的高温氧化试验装置
1—马弗炉；2—坩埚架；3—坩埚；4—试样

有电子热天平、石英弹簧天平、钼丝弹簧天平和真空钨丝扭力微天平等。图4-18所示为一台高温氧化试验热天平，它可在一台可控制气氛的炉子中不必取出试样进行连续称量。此装置精度较高，可同时试验6个试样。为了研究氧化过程，使用了石英或钼丝弹簧天平，挂在弹簧上的试样氧化后使弹簧伸长，根据弹簧的伸长量就可得出相应的质量变化。例如用直径0.2mm的钼丝制成直径10mm、总共200圈的钼丝弹簧天平，称量载荷可达4g，测量精度为±0.0001g。为了研究氧化薄膜生长动力学，还发展出灵敏度更高的真空微天平。图4-19为一种真空钨丝扭力微天平的示意图。由熔融的透明石英棒加工成的天平骨架上，焊着一根直径为0.025mm的退火钨丝，作为天平横梁的石英棒就架在钨丝上，这样构成的全石英天平安置在全玻璃真空系统中。天平一端悬挂试样，另一端配以与试样同样质量的砝码。试验时先抽真空到$133×1.0^{-6}$Pa，用纯氢还原金属表面的初始氧化膜，然后在恒定温度下进行氧化试验。也可以充以其他气体进行气体腐蚀试验，试验压力可从很低的低压直到101325Pa。用微米尺和显微镜观察天平梁的位置变化。为避免干扰，天平不应暴露在电场、磁场或热场之中。因此，加热线圈应是无感应的。

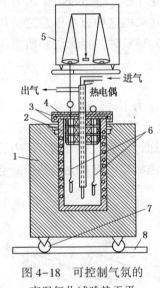

图4-18　可控制气氛的
高温氧化试验热天平

1—立式炉；2—陶瓷套管；3—轴承；4—炉盖；5—天平；6—铂丝；
7—滑轮；8—道轨

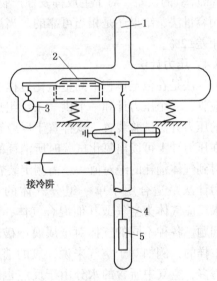

图4-19　真空微天平

1—直径25.4mm的玻璃管；2—钨丝；3—砝码；
4—石英管；5—试样

4.4.3　容量法

容量法是一种高温氧化试验方法，它是在恒定压力下测量因氧化而被消耗掉的氧的体积，图4-20是一种简化的用容量法研究高温氧化的装置。石英管(2)的一端连接磨口石英盖(3)，安装在石英盖上的细石英管(4)用作试样支架，且从一端装入热电偶(5)。量气管(9)用于测量氧化过程中吸收的气体体积的。调整漏斗(11)的高度可使量气管中的液面重新达到它的初始水平。量气管中的液体应该具有很低的蒸气压，并和试验气体不起作用。若试验气体溶于这种液体，则应在气体入口(6)事先用试验气体使液体饱和。填有玻璃棉的管(7)置于管(9)和管(2)之间。安放试样(8)的全部空间在试验前必须充满试验气体，升高漏

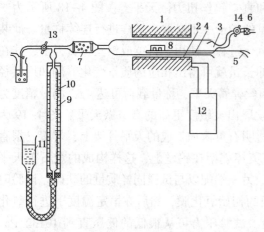

图 4-20 用容量法研究高温氧化的装置

1—加热炉；2—石英管；3—石英盖；4—支架；5—热电偶；6—气体入口；7—玻璃棉；8—试样；9—量气管；10—标尺；11—漏斗；12—变压器；13，14—活阀

斗尽量提高量气管中的液面，几乎充满上端的球泡，以逐出量气管中所有的空气。然后连续通以试验气体，把量气管中的液面降到零点位置。调节变压器（12）使加热炉（1）的温度升到所需温度。关掉活阀（14）和（13）。由标尺（10）读取量气管的读数。这种方法试验装置比较简单，但在组装和操作时须特别小心，尤其是在研究薄膜生长时。

大多数容量法试验是在 13332~93324Pa 的纯氧中进行。容量法的灵敏度比重量法大得多，这种方法在相当低的压力下是特别灵敏的，甚至一点点氧化也会导致压力显著变化。采用这种方法，可由一个试样获得完整的氧化-时间曲线。主要的误差来源是温度变化，系统温度变化 1℃，在 26664Pa 压力下将引起约 0.01mmol 氧的误差。对于生成挥发性产物的体系，不宜采用这种方法。总之，如果很仔细地使用容量法，结果还是相当可靠的。当温度控制在 ±0.25℃ 时，容量法和质量损失法的结果只相差 ±2%。

4.4.4 压力计法

压力计法是在恒定体积下测量氧化过程中反应室内的压力下降。试验装置基本上由一个加热反应管、一个压力计和一个供气系统组成。此方法由于简单而用得比较普遍。图 4-21 为简化的压力计法试验装置。试样置于反应管中，反应管通过三通活塞分别与压力计和大气相通。在压力计上可读出氧化试验时所消耗的氧。旋转三通活塞可以补充消耗掉的空气。如果需要得到气体消耗的绝对值，还需测定装置的容积。

压力计法最适合用于单一组分气体的氧化试验，如果反应气体为空气或其他混合气体，就会出现一些问题。各种不同的气体对金属腐蚀破坏的速度是不一样的，例如对于空气来说，氧的消耗往往比氮快得多，空气中所含的水分由于反应也改变它的浓度。即使时时补充新鲜空气，试验管中仍会出现氮的富集。为了减小这种作用，装置的容积与反应消耗的气体体积之比应当很大，可这又会降低这种方法的灵敏度。

即使使用单组分试验气体，由于反应室和压力计处于不同温度之下，或者由于试验压力很低（如小于 133Pa），为准确测量压力仍需对这些因素进行

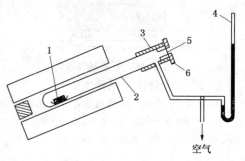

图 4-21 压力计法研究高温氧化的试验装置

1—试样；2—反应管；3—黄铜套环；4—压力计；5—玻璃窗；6—黄铜塞

校正。反应区的温度必须严格保持恒定，任何温度变化都会显著改变反应管中的压力。金属试样的表面必须完全洁净，因为任何表面玷污物的挥发都会影响试验结果。凡试验过程中会发生二次气体反应的体系都不能应用此法。如钢-氧体系，800℃ 以上钢将会发生脱碳，有 CO 气体产生。如果试样中可能有溶解气体存在，则应事先进行处理除气。

如果考虑了上述这些限制和预防措施，压力计法与质量法相比还是有许多优点的，例如可以连续读数，装置简单和很灵敏等。图 4-21 的装置还可作各种改进，如在低于 1333Pa 压力下试验时，应将压力计置于恒温浴中，以减少温度波动的影响等。

4.4.5 电阻法

在某些情况下，也可用金属丝的电阻变化来测量由于氧化引起的金属横截面积的减小。只有在电阻的增加完全是由于横截面积的减少引起的情况下，这种方法才是有效的。因此，要求材料的电阻在高温氧化状态下不会由于热处理而变化，以区别氧化对横截面积的影响。此外，要求合金的组分不会产生选择性氧化，以免由于合金组分比例发生改变引起电阻变化的影响。

图 4-22 为用电阻法研究高温氧化的装置。试样是一个螺旋金属丝，作为反应器的石英管放在加热炉中。金属丝的两端通过磨口石英盖上的两个小孔引出，而用耐温粘接剂密封之。分别通过上下两个活塞引入和排出气体。试验时可关掉活塞(恒定体积)，或在缓慢气流中进行。因为试样的电阻不仅受氧化的影响，而且受电阻率温度系数的影响，试验应当按下列方式进行：在室温下先测定未氧化试样的电阻，然后把试样加热到规定的温度氧化，保持一定时间后冷却到室温，再一次测量试样的电阻。接着再升高温度继续下一个阶段的氧化，冷却到室温再测量电阻，如此循环直至试验结束。取单位时间内相对氧化前初始电阻的变化就可测定氧化速度，根据各个实验点作出氧化-时间曲线。

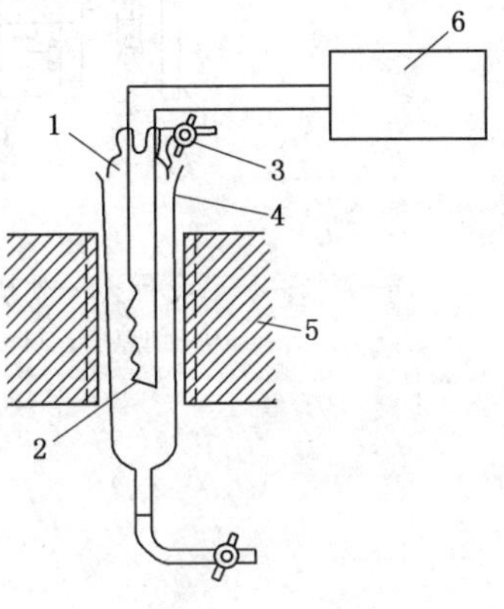

图 4-22　电阻法研究
高温氧化的装置

1—石英盖；2—试样；3—活塞；
4—石英管；5—炉子；6—电桥

4.4.6 水蒸气氧化试验

奥氏体不锈钢因过热水蒸气引起的氧化，主要是针对火力发电用锅炉过热器和原子能发电用材料在使用时所出现的问题而提出的。随着锅炉的发展，火力发电锅炉用的过热器管或再热器管上使用的不锈钢所承受的蒸汽温度，最高可达 571℃。金属的温度还要比之高 30~50℃。不锈钢管被高温水蒸气氧化，内壁生成具有双层结构的氧化皮。氧化皮生长到某个厚度，其外层发生剥离。剥离的氧化皮堆积在管道的 U 形部位，成为启动时过热喷泄事故的原因。

通常水蒸气氧化试验用的不锈钢为 10mm×30mm×2mm 的长条形试样，经 1000℃/15min 退火，以调整其晶粒度，然后酸洗供试验使用。

图 4-23 为实验室水蒸气氧化试验装置。试验炉为 ϕ110mm×1000mm 的镍铬丝炉。为了使温度均匀性好，在炉内插入 ϕ90mm×450mm 的钢管作为试验室。管内吊以试样，两端密封使其保持在所定温度。管中间 250mm 的范围内，可调节温度使其保持在 600℃±5℃。

水槽中的水通以纯氩气脱氧，可使水中溶解氧降低到 0.1μL/L 以下。脱气后的水保存在贮水槽中，从管道流入烧瓶进行加热，加热沸腾后的水蒸气经过预热室流入试验室，最后在冷凝器中被冷却凝结。

通常试验是在 600~650℃ 范围内进行，试验时间为 500~2000h。试验后的试样在 NaOH+KMnO$_4$ 溶液中去除氧化皮后，测定其质量损失。此外，也可用金相显微镜观察试样断面，用电子探针分析氧化皮的成分。

氧化皮的剥离试验可用图 4-24 所示的装置来进行。竖插在电炉中的不锈钢管试样，因加热，冷却的温度变化而剥落下来的氧化皮，可在下面的玻璃容器中观察到。其他，如水蒸气发生部分的装置，同图4-23。

为了使实验室试验所选定的钢材实用化，可将其制成实物大小的钢管试样，将其插到实际锅炉的部分区域中进行现场试验，以评价材料的使用可能性。

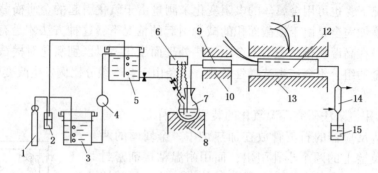

图4-23　水蒸气氧化试验装置

1—氩气；2—苯三酚；3—水槽；4—泵；5—贮水槽；6—水位调节器；7—蒸汽发生器；8、10—加热炉；
9—预热室；11—热电偶；12—试验室；13—加热炉；14—冷凝器；15—水封

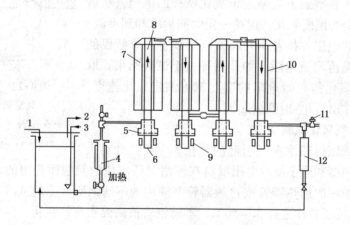

图4-24　氧化皮剥离试验装置

1—至给水泵；2—气体出口；3—氩气；4—蒸发器；5—接头；6—玻璃容器；7—加热炉；8—试验用钢管；
9—带式加热器；10—热电偶；11—放气阀；12—冷凝器

4.5　燃气腐蚀试验

4.5.1　概述

煤、重油等燃料燃烧后所产生的热气体混合物，以及悬浮于热气流中的灰分，对金属材料具有不同程度的腐蚀，一般统称为燃气腐蚀。燃气腐蚀通常又分为高温腐蚀(熔融腐蚀)和低温腐蚀(露点腐蚀)两类。

低温腐蚀(露点腐蚀)是燃料中的硫通过燃烧生成 SO_2，其中一部分进而被氧化成 SO_3，SO_3 与气体中的水蒸气结合生成 H_2SO_4 并在低温部位凝聚，加剧了腐蚀。由于这种腐蚀发生在硫酸露点温度以下，所以也称为硫酸露点腐蚀。露点温度可高达 $150\sim170℃$。

当燃气中含有 V_2O_5、Na_2SO_4、K_2SO_4 等一些灰分时，它们可能沉积在金属表面生成各种低熔点物质，在高温下以熔融状态存在并破坏金属的保护膜而造成腐蚀，这种腐蚀称为燃气高温腐蚀或热腐蚀。钒蚀和碱性硫酸盐熔融腐蚀是热腐蚀的两种形式。钒蚀主要发生在烧含钒油的热装置内，钒在石油中以有机物"卟啉"的形式存在，经燃烧后转变为 V_2O_5。它的熔点只有 $670℃$，所以在较低温度下就以熔融相存在。它是酸性氧化物，可以破坏金属氧化膜，在金属/氧化物的界面上生成钒的低价氧化物。而这种低价氧化物，被空气中的氧再次氧化成高价氧化物 V_2O_5，这种高价氧化物的气体或液体再次转移到金属表面，继续对金属腐蚀。如果环境中有碱金属或硫存在，则腐蚀更为加速，这是因为 V_2O_5 与 Na_2O、Na_2SO_4 形成低熔点的共晶和复合氧化物的缘故。

当燃气中含有 SO_2 时，某些金属氧化物(如 Fe_2O_3 或 NiO)可作为触媒使其氧化成 SO_3。SO_3 进一步与金属氧化物化合成硫酸盐，并与烟灰中的 K_2SO_4 起反应生成低熔点复盐，如 $K_3Fe(SO_4)_3$(在 $600\sim700℃$ 温度范围内存在)，它穿过腐蚀产物层，到达金属表面，与金属反应生成硫化物与氧化物，从而引起碱性硫酸盐熔融腐蚀，即通常所谓的热腐蚀。

4.5.2 硫酸露点腐蚀试验

(1) 硫酸浸泡试验

从现象上看，硫酸露点腐蚀是由于生成的硫酸使钢产生腐蚀。按理说，可由硫酸的气液平衡图出发，找出相应的温度、浓度进行浸泡试验，对材料的耐蚀性进行评价。但是这种方法的试验结果和锅炉现场试验结果的对应性并不好。其原因是，在锅炉低温部位凝聚的硫酸量与金属表面积相比是很小的(称为比液量小)，作为腐蚀产物的硫酸铁很容易在金属表面沉积；燃烧产物堆积在金属表面上也对腐蚀性有一定影响。现已确定，金属表面的堆积物中，未燃烧的碳是主要成分，而在硫酸浸泡试验中是没有这些情况的。

节油器钢管表面燃烧和腐蚀的堆积物质分析表明，外层为易剥离的黑色沉淀物，主要成分是未燃烧的碳，混有少量 $Fe(\text{II})$ 和 $Fe(\text{III})$ 的硫酸盐；内层为白色的腐蚀产物，主要是 $FeSO_4\cdot H_2O$ 和 $Fe_2(SO_4)_3$ 的混合物。而钢在硫酸浸泡试验中得到的腐蚀产物是 $FeSO_4\cdot H_2O$，并无碳和 $Fe_2(SO_4)_3$，因此试验结果不相对应是正常的。以上情况促使人们提出了新的试验方法。

(2) 硫酸−活性炭试验

与现场试验相关性较好的硫酸露点腐蚀试验装置如图 4-25 所示。将预先制备好的试样

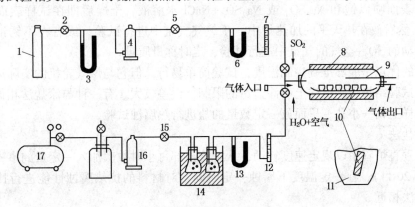

图 4-25 硫酸露点腐蚀试验装置

1—液态 SO_2；2、5、15—针阀；3、6、13—水银压力计；4、16—硅胶；

7、12—流量计；8—加热炉；9—热电偶；10—试样；11—H_2SO_4+活性

炭混合物；14—恒温槽；17—空气压缩机

浸入硫酸与活性炭的糊状混合物中，于加热炉中在 SO_2+H_2O+ 空气的气流下进行试验。用市售粉末活性炭与各种浓度的硫酸混合，其比例为 1g 活性炭比 3.3mL 硫酸，以模拟实际炉中的比例。送入反应室的气体流量控制在 1000mL/min，其中 SO_2 含量为 3%，而水分与空气的比例根据坩埚混合物中的硫酸浓度进行调整。在规定温度下反应 24h，用质量法评定腐蚀试验结果。

试验结果表明，浓度为 80% 或 85% 的硫酸与活性炭混合（按上述固定比例）得到的结果与现场试验相关性很好。例如，在实验室中用 $80\%H_2SO_4+C$ 混合料，于金属表面温度为 110℃ 试验 24h 的结果相当于实际锅炉金属表面温度为 70~110℃ 燃烧 4008h 的结果；在实验室中用 $85\%H_2SO_4+C$ 混合料，于金属表面温度为 110℃ 试验 24h 的结果相当于实际锅炉表面温度为 120~160℃ 燃烧 4008h 的结果。上述结果证明基于活性炭催化作用的机理而设计的实验装置和方法模拟了实际情况，因此相关性很好，并且也可看作为硫酸露点腐蚀的加速试验方法。

4.5.3 碱性硫酸盐熔融腐蚀试验[12,44,45]

含盐海洋空气和燃料中的硫反应，在金属表面形成一层硫酸盐膜（主要是 Na_2SO_4），往往是造成燃气轮机叶片或其他部件损坏的原因。关于碱性硫酸盐熔融腐蚀的试验方法很多，简述有如下几种：

（1）坩埚法

在坩埚中放入一定比例的 Na_2SO_4+NaCl 或其他组成的混合盐，NaCl 含量通常在 0.1%~25% 之间。按全浸或半浸状态放入试样，于空气中在规定温度下加热一定时间。在试验前应仔细清洗试样和称量，试验后电解去除氧化皮，测定质量损失及腐蚀深度，并进行金相检查等。

坩埚法的优点是：①设备简单，试验成本低；②可准确控制温度；③在一个加热炉中可同时放若干个坩埚进行试验。它的缺点是，与燃气轮机的实际运行条件相差太多（如燃气组成、流速和环境压力等）。由于坩埚中过量熔融盐很容易把腐蚀产物溶解掉，所以试验条件显得过于苛刻。此外用这种方法难以比较相近的合金的优劣。

（2）涂盐法

在试样表面喷以饱和 Na_2SO_4 或 Na_2SO_4+NaCl 水溶液，干燥后即在试样表面沉积一层 Na_2SO_4 膜，然后放在热天平的加热炉中，于氧气气氛中进行试验。或者在不锈钢管中加热试样，在流动的 SO_2+ 空气的气氛中进行试验，定时称量质量。

涂盐法的优点是能够准确控制温度，试验简单易行。但它与燃气轮机的实际运行条件仍相差很远。试验结果受到试样上所涂盐量的限制，误差较大。有一种与涂盐法相似的试验方法，是在试样上钻一小孔，里面放一定数量的盐进行热腐蚀试验。

（3）淋盐法

试样在垂直炉管中以规定速度转动，从炉管顶部每小时数次加入一定量的事先配制好的混合盐（16~20 目），在一定温度下腐蚀一定时间，对材料的抗热腐蚀性能进行比较。这种方法与坩埚法相近。

（4）连续供盐凝聚法

电炉分段加热，在莫莱石炉管中放入盛有 Na_2SO_4 的容器和试样，容器和试样分别置于不同的温度区。为了使 Na_2SO_4 能凝聚沉淀在试样上，容器中的熔盐温度应高于试样温度，例如前者约为 1050℃，后者约为 950℃。在炉管一端通入 1 个大气压的氧气，流速约为

235L/min，可在试样上不断地凝聚沉积出 Na_2SO_4 盐膜。

这种方法虽然与燃气轮机的实际运行有很大差别，但也有一些优点：①温度控制严格；②适于研究大剂量 Na_2SO_4 沉积时的热腐蚀情况；③便于研究硫酸盐的存在状态对合金热腐蚀行为的影响。

（5）盐膜热震法

试样固定在耐热合金支架上（图4-26），按照规定的时间程序，由电动机带动试样支架使试样下行至压缩空气喷嘴处，通过程序控制喷出压缩空气使试样冷却到200℃左右（为此可调整压缩空气压力和喷吹时间），然后试样支架再下行直至试样完全浸入含75% Na_2SO_4 + 25%NaCl 沸腾溶液的烧杯中，在溶液中停留2s使试样表面附着一层液膜。然后电动机逆转，将试样提升出液面，试样上的余热使水蒸发而留下一薄层均匀的盐膜。带盐膜的试样继续提升至加热炉高温区进行热腐蚀试验（如1h）。然后再按照上述程序将试样下行至压缩空气喷嘴处，等等，如此循环往复，以达到加速热腐蚀历程的目的。对不同镍基合金试验的结果表明，其优劣顺序与现场结果一致。

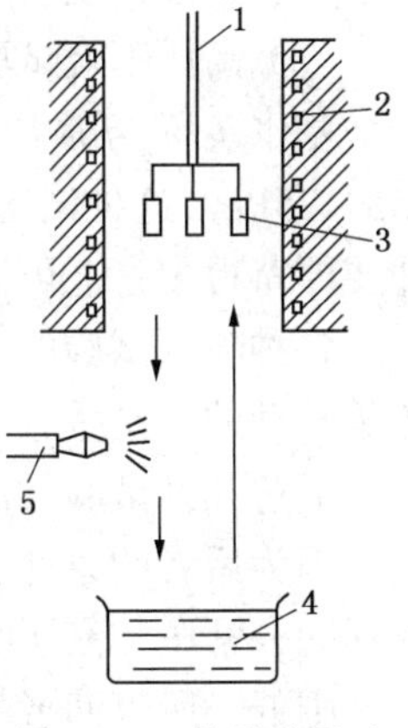

图 4-26　盐膜热震法
装置示意图

1—试样支架；2—加热炉；
3—试样；4—沸腾溶液
（75% Na_2SO_4 + 25%NaCl）；
5—压缩空气喷嘴

（6）电化学试验法

在坩埚中配入 Li-Na-K 的硫酸盐，控制恒定的温度使盐熔化，通过一定比例的 O_2+SO_2 混合气体，吹到熔盐表面。插入铂参比电极，铂坩埚本身作为辅助电极，对试样进行腐蚀电位测定和极化测量，进而可确定腐蚀电流。测量数据的重现性较好。

（7）常压喷嘴试验

为了估计合金材料的使用寿命，需要能够再现发动机环境的试验装置，此即通常所谓的单管燃烧装置。这是一种以液体燃料或天然气作为燃料，把燃气流直接喷射到试样上的喷烧试验，燃气流的速度一般在100m/s左右。图4-27是一种常压喷烧试验装置的示意图。典型的操作过程是，把燃料定量送入燃烧喷嘴，经雾化喷出，在陶瓷燃烧室中燃烧；海水或其他盐溶液也定量送入另一喷嘴，经雾化喷入燃烧区域。海水、空气和燃气在燃烧室中混合。在转动台上放置若干试样（可直接模拟叶片形状），以一定转速旋转，并暴露在燃烧过程的产物中。试验温度由燃烧气体的热量和缠绕的电阻丝提供的补充热量来保证。试验后测定质

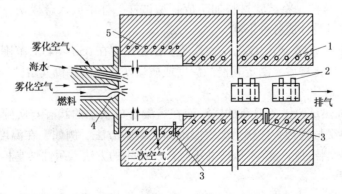

图 4-27　常压喷烧试验装置（单管器）示意图

1—主加热器；2—试样；3—热电偶；4—单管头；5—二次空气加热器

量损失、腐蚀深度，并进行金相检查。

（8）高压喷烧试验

基本装置与常压喷烧试验的相同，燃气流速在一个马赫数左右，压力在303975～2533125Pa。这种试验的特点是：①与实际燃气轮机热交换的相近；②比常压喷烧试验的条件要严苛得多；③可以研究迅速加热和冷却时的热冲击对腐蚀的影响。

各种喷烧试验的差别主要在于燃料的选择、硫的产生方法、试样的暴露方法（是静止的还是转动的，是垂直的还是45°倾斜的）以及气流速度、喷燃室压力和温度等。

上述几种试验方法都可用于筛选材料和研究腐蚀机理，而要估计使用寿命则需用喷烧试验，因为后者的条件更接近燃气轮机的实际情况，但这种模拟试验的费用很高。由于试验参数不同，常压和高压喷烧试验的结果是不同的。坩埚法中盐的活度比喷烧试验的高，而氧的活度则低，所以两者的试验结果也不同。由于二者作用机理不同，如单纯追求加大盐浓度来缩短试验时间，不一定能反映实际情况。

4.5.4 钒腐蚀试验方法

（1）钒腐蚀的实验室加速试验方法

关于钒腐蚀的实验室加速试验方法，主要有合成灰涂敷试验、合成灰浸泡试验、杯型试验、交替浸泡试验、浸泡断裂试验、氧消耗量测定试验、电化学试验等方法。但以上试验方法均不能很好地重现实际情况，一般只能用于材料的相互比较。最终的评价还得在实际装置上进行试验。

① 合成灰涂敷试验：该法是先设定重油燃烧时所生成的灰分的成分，然后将 V_2O_5 用水和丙酮之类的有机试剂进行调和，把混合物涂敷在试样上，用电炉进行高温加热。也可以再混入 MoO_3、Bi_2O_3，WO_3 和 Na_2SO_4 等物质进行试验。

加热一般在大气中进行，但也有的在氧气中或空气+水蒸气+S+O$_2$ 的介质中进行。最后根据质量法来评价材料的耐蚀性。

② 合成灰埋置试验：该法是将试样放在二氧化硅制的坩埚中，加入 V_2O_5 或 V_2O_5+Na_2SO_4 的混合灰，然后在高温下加热。试样可全埋或半埋，对于后者可以看到试样界面区的剧烈腐蚀。

耐蚀性可用去除氧化皮后的质量损失或试样厚度的减少及外观变化等方法来评价。去除氧化皮的溶液有 HCl+HF、HNO_3+HF、熔融苛性钠、$NaOH$+1%$KMnO_4$ 溶液等。

③ 杯型试验：该法是将试验材料加工成杯型试样，杯中放入合成灰，然后在高温下进行加热。杯型试样可设计成各种形状。

合成灰的成分有 V_2O_5 或 V_2O_5+Na_2SO_4 等。试验温度在650～843℃范围内。

杯型试样去除氧化皮后，测定其侵蚀深度或质量变化，以评价其耐蚀性。同时还可用显微镜进行观察。

④ 交替浸泡加热试验：考虑到试样浸泡在熔融合成灰中的状态与实际条件不同，所以将浸泡和大气加热交替进行，这就是交替浸泡加热试验方法。例如，在温度为925℃时每隔15mim浸泡和加热交替进行一次。该法并不是广泛使用的方法。耐蚀性是根据去除氧化皮后的质量变化来评定。

⑤ 浸泡断裂试验：该法是将大气中蠕变断裂试验装置加以改进，试验介质为合成灰，在全浸状态下进行试验。试验的结果与大气中的蠕变断裂相比较，若断裂寿命缩短，则认为是合成灰腐蚀影响所致。此外，也有的是将合成灰在水中调制成糊状涂敷在蠕变断裂试样

上，然后加热进行试验。

耐蚀性是用空气中和在灰分中的蠕变断裂寿命之比来评价。

⑥ 氧消耗量的测定试验：考虑到灰分腐蚀有加速氧化现象，所以该法通过测定密闭容器中氧的消耗量来评价腐蚀性。试样置于电炉中的石英管里，并与合成灰反应，氧的消耗量可由其体积的变化来测定。

⑦ 电化学试验：该法是将试样浸泡在熔融合成灰中，以测定合金的电位-电流曲线来评价其耐蚀性。此外，也采用在试样浸泡时通以阳极电流来加速腐蚀的方法。还有的是测定合成灰的电导率，以研究其与腐蚀的关系。

（2）燃烧装置试验

该法不用合成灰与合金接触，而是在实验室将油燃烧，试样放在油中来进行试验的方法。这是模拟实际情况的试验法，具有可任意改变各种影响因素的优点。

（3）实际装置试验

在实验室试验中要对耐蚀性做正确的评价是困难的，所以要在实际装置中进行试验，以便对实验室的结果加以确认。这种方法可正确地把握现象，以评价耐蚀材料的优劣和确定防蚀方法。但该法只是一种综合评价方法，不能具体地分析每个重要影响因素的作用。

虽然随着装置的大型化，试验费用也要提高，但最终还得采用这种方法来评价材料的耐蚀性。

第5章　局部腐蚀试验方法

局部腐蚀通常较全面腐蚀危害更大，而且在腐蚀失效事故中所占比例很大。局部腐蚀的预测、检查、监控和防止比全面腐蚀复杂得多，其中某些类型的局部腐蚀的机理尚无定论，试验方法也未标准化。局部腐蚀研究近年来一直非常活跃。

5.1　点蚀试验

5.1.1　点蚀研究目的及试验方法分类

点蚀(又称孔蚀)是一种典型的局部腐蚀形态，具有较大的隐蔽性和破坏性。点蚀的发生和分布具有随机性，这给评定点蚀敏感性的试验带来很大困难。

点蚀研究具有重大的理论和应用价值。从应用角度出发，点蚀研究的目的是：

① 评定材料发生点蚀的倾向；

② 判断已发生点蚀的设备的剩余使用寿命；

③ 了解各种因素，例如介质、温度、材料的表面状态、组织结构、加工工艺等，对发生点蚀的影响；

④ 发展新的耐点蚀材料；

⑤ 寻求防止点蚀的途径。

从理论角度讲，点蚀研究的目的在于搞清点蚀发生和发展的机制。

点蚀敏感性的试验评定方法可分为化学浸泡、电化学测试和现场试验三类。

5.1.2　点蚀的化学浸泡试验方法[2,3,38,46~48]

点蚀的化学浸泡试验方法是指材料在自然状态下受到化学介质的作用而诱发点蚀的实验室试验方法。

（1）三氯化铁试验法

三氯化铁试验法用于检验不锈钢及含铬的镍基合金在氧化性的氯化物介质中的耐点蚀性能；也可以用来研究合金元素、热处理和表面状态等对上述合金耐点蚀性能的影响。本方法已列入美国 ASTM 标准和日本的 JIS 标准，我国也制定了相应的标准 GB/T 17897—2016。表5-1 对以上三个国家的标准要点进行了综合比较。

表 5-1　三氯化铁点蚀试验法主要技术条件的比较

序　号	技术条件	GB/T 17897—2016	ASTM G48—11	JIS G0578—2000
1	试验溶液	6%FeCl$_3$+0.16% HCl	6%FeCl$_3$	6%FeCl$_3$+0.16% HCl
2	试验温度	35℃±1℃，50℃±1℃	22℃±2℃，50℃±2℃	35℃+1℃，50℃±1℃
3	试验时间	24h	72h	24h
4	试样 （1）尺寸 （2）研磨	10cm^2 以上 240 号砂纸	50mm×25mm 120 号砂纸	10cm^2 以上 320 号砂纸
5	1cm^2 试样对应的溶液量	≥20mL	≥20mL	≥20mL
6	试样位置	水　平	倾　斜	水　平
7	耐点蚀性能判据	腐蚀率	腐蚀率，蚀孔特征数据	腐蚀率

（2）用于点蚀浸泡试验的其他溶液

除了三氯化铁标准试验溶液外，点蚀浸泡试验有时也采用其他溶液。作为试验溶液首先要求其中含有侵蚀性的阴离子（如氯离子），以使钝化膜局部活化；此外还应含有促进点蚀稳定发展的氧化剂，以其高氧化还原电位促使材料发生点蚀。

氯离子是最常用的侵蚀性阴离子，在试验溶液中氯离子的浓度要超过诱发点蚀所需的最低临界浓度。对于某些铁基合金，诱发点蚀所需 Cl^- 的最低浓度如表 5-2 所示。

点蚀浸泡试验溶液中的氧化剂通常具有较高的氧化还原电位，常见的氧化剂有 Fe^{3+}、Cu^{2+}、Hg^{2+}、MnO_4^-、H_2O_2 等。选用不同的氧化剂时，试验溶液将具有不同的氧化还原电位，因此应谨慎选择氧化剂的种类和含量。当材料表面的某些部位局部活化发生点蚀时，这些位置成为局部阳极，金属发生活性溶解；此时材料大部分表面仍处于钝态，成为局部腐蚀电池的阴极，在其表面发生氧化剂的还原反应。

综上所述，点蚀浸泡试验溶液一般都是含有氧化剂的氯化物溶液。溶液既可以是单组分的（如标准三氯化铁溶液），也可以是双组分的。化学浸泡试验的溶液种类很多，采用的氧化剂也不同，表 5-3 列出了一些主要溶液。

表 5-2　诱发点蚀所需 Cl^- 的最低浓度

合　　金	诱发点蚀所需最低 Cl^- 浓度/（mol/L）	合　　金	诱发点蚀所需最低 Cl^- 浓度/（mol/L）
Fe	0.0003	Fe-24.5Cr	1.0
Fe-5.6Cr	0.017	Fe-29.4Cr	1.0
Fe-11.6Cr	0.069	Fe-18.6Cr-9.9Ni	0.1
Fe-20Cr	0.1		

表 5-3　实验室点蚀浸泡试验的溶液

序　号	试　验　溶　液	温度/℃	时间/h
1	10%FeCl$_3$·6H$_2$O	50	
2	50g/L FeCl$_3$+0.05mol/L HCl	50	48
3	100g FeCl$_3$·6H$_2$O+900mL H$_2$O	22 或 50	72
4	0.33mol/L FeCl$_3$+0.05mol/L HCl	25	
5	108g/L FeCl$_3$·6H$_2$O，用 HCl 调 pH 值至 0.9		
6	10.8%FeCl$_3$·6H$_2$O 在 0.05mol/L HCl 中的溶液	20	4
7	10g FeCl$_3$·6H$_2$O+5g NaCl+2.5mL 浓 HCl+200mL H$_2$O	室　温	5min
8	10g FeCl$_3$·6H$_2$O+4.5mL 浓 HCl 用水稀释至 1L	35	2
9	1mol/L NaCl+0.5mol/L K$_3$Fe(CN)$_6$	25/50	6
10	2%FeNH$_4$(SO$_4$)$_2$·12H$_2$O+3%NH$_4$Cl	30	1
11	2%NaCl+2%KMnO$_4$	90	
12	6.1%NaOCl+3.5%NaCl		
13	4%NaCl+0.15%H$_2$O$_2$	40	25

（3）点蚀的检查和评定

在已发生点蚀破坏的金属表面上，通常希望确定点蚀的严重程度如何，包括有无点蚀发生，点蚀的形状、尺寸、分布密度及点蚀深度等。有时还希望进行一定程度的定量评定，了解点蚀发生的几率、发展速度和零部件的剩余寿命。有时还要据此对不同腐蚀体系耐点蚀性能作出定性或定量的比较。因此，须根据试验目的和实验室现有条件选择和采用适当的评定方法。美国 ASTM G46 标准给出了点蚀的鉴别与检查的方法以及点蚀的评定方法，现就其简要内容介绍如下。

① 点蚀的鉴别与检查

（a）表观检查：首先用肉眼和低倍显微镜对被腐蚀的金属表面进行表观检查。通常对被腐蚀表面照相，并测定点蚀的尺寸、形状和密度。

为确定点蚀平均密度，可在低放大倍数（例如 20 倍）下数出试样表面上的蚀孔数。操作中，可用带网格的透明纸覆盖金属表面，分别数出每一格中的蚀孔数，直至数完整个表面。

由于蚀孔的内腔可能向表面下掘进发展，因此有时还需截取点蚀部位的试样横截面，以确定蚀孔的真实形状和深度。

ASTM G46 标准中对点蚀的密度、大小及深度进行了分级，给出了标准样图（图 5-1），并对蚀孔的断面形状进行了分类（图 5-2）。

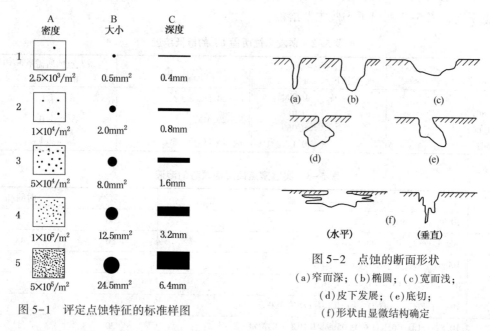

图 5-1　评定点蚀特征的标准样图

图 5-2　点蚀的断面形状

（a）窄而深；（b）椭圆；（c）宽而浅；
（d）皮下发展；（e）底切；
（f）形状由显微结构确定

（b）金相检查：金相检查可以用来确定点蚀是否和显微构造有关，同时可以用来确定腐蚀形成的孔洞是点蚀还是其他腐蚀（如晶间腐蚀或脱成分选择性腐蚀）所造成的后果。

（c）无损检验：有许多非破坏性的检测技术可用于探测金属表面或内部的裂纹、裂隙等。这些方法有时也来确定金属表面点蚀的位置、形状和大小。常用的一些方法有：射线照相法、电磁法、声学方法和渗透法。这些方法用于鉴别点蚀并不是很有效的，它们一般鉴别不出微小的蚀孔，也无法区分是点蚀还是其他的表面缺陷。

② 点蚀程度的测量

（a）质量损失测量：只有当金属腐蚀很轻微而点蚀很严重时，才可用质量损失测量结果来确定点蚀程度。否则，在总的金属损失中点蚀所占的份额很小，因而无法根据质量损失确定点蚀破坏程度。但是，在任何情况下都不能忽视质量损失。例如对于实验室试验，质量损失结合表观检查可以确定材料的相对耐点蚀性能。

（b）点蚀深度测量：用点蚀深度来表征点蚀程度通常优于质量损失法。测定实际点蚀深度的方法有：断面金相法、机械切削法、微米规或深度计探测以及非破坏性的显微镜探测技术等。

③ 点蚀的评定方法

现有多种方法用于定量描述点蚀破坏的严重程度。这些方法包括标准样图法、最大点蚀深度法、统计分析方法和机械性能损失法等。事实上，常常发现仅仅采用其中某一种方法是不够充分的，所以在实际评定时，往往采用两种以上的方法。

（a）标准样图：根据类似图5-1所给出的标准样图，可以按照点蚀的分布密度、尺寸和深度对点蚀进行分类评级。此外，还有其他各种类型的标准样图，用于对点蚀进行分级评定。这些标准样图对于点蚀试验结果的记录、贮存、交流和相互比较是很有用的。但是，对所有的蚀孔进行测量是很耗费时间的，也是不值得的。因为最大值（如点蚀深度）常常比平均值更为重要。

（b）最大点蚀深度：最大点蚀深度往往比全部蚀孔的平均深度更为重要。实际测量时，往往选取一特定面积，测量足够多的蚀孔，以确定最大点蚀深度以及10个最深孔的平均点蚀深度。

点蚀程度也可用点蚀系数来表示：

$$点蚀系数 = \frac{最大腐蚀深度}{平均腐蚀深度}$$

式中，平均腐蚀深度根据腐蚀质量损失计算得到。当点蚀或均匀腐蚀很轻微时，不宜使用点蚀系数，否则点蚀系数可能为零或无穷大。

（c）统计分析方法：统计分析方法可用于评价点蚀数据。

金属表面上发生点蚀的概率与金属的点蚀敏感性、溶液的侵蚀性、试样的面积以及试验时间等因素有关。将一批平行试样（或将一试样表面等分成若干区域）在某一特定条件下进行试验，发生点蚀的概率 $P(\%)$ 可表达如下：

$$P = (N_p/N) \times 100\% \tag{5-1}$$

式中　N_p——发生点蚀的试样（或区域）数；

　　　N——试样总数（或区域总数）。

点蚀深度与蚀孔数目之间的关系一般遵循高斯分布规律，如图5-3所示。出现指定深度的蚀孔的概率与试样面积的关系如图5-4所示。试样面积越大，出现较深蚀孔的概率也越大。因此，不宜用小试样上测出的最大点蚀深度来推断大设备的使用寿命。

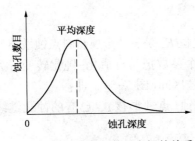

图5-3　蚀孔深度与数目之间的关系

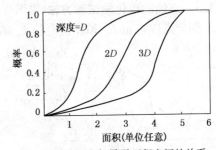

图5-4　蚀孔深度与暴露面积之间的关系

现已有许多方法表示点蚀深度和暴露面积（或时间）的关系，例如 Scott 等发现暴露在土壤中的管线的最大点蚀深度 D 和管线暴露面积 A 之间存在下述关系：

$$D = bA^a \tag{5-2}$$

式中 a 和 b 均为大于零的常数。

Godarb 等发现，铝合金在各种水中的最大点蚀深度 D 与暴露时间 t 之间的关系为：

$$D = Kt^{\frac{1}{3}} \tag{5-3}$$

式中，K 是与水及合金成分有关的常数。

极值概率方法已被成功地用于判断最大点蚀深度，通过检查小部分金属面积上的点蚀深度就可以推算出大面积金属材料上的最大点蚀深度。这种方法最初是由 Gumble 提出的，以后 Aziz 通过把数据画在极值概率纸上使其便于应用。首先测定若干个已发生点蚀的相同试样的最大孔深，或从大型金属构件上测量若干相等面积上的最大点蚀深度，然后按由小到大递增顺序依次排列这些最大点蚀深度数据。每个排列位置都有相应的作图位置，各作图位置可按下式确定：

$$作图位置(概率) = M/(n+1) \tag{5-4}$$

式中，M 为试样(或面积)的最大点蚀深度的排列位置编码，n 为平行试样总数。例如，在 10 个平行试样中，其最大点蚀深度占排列位置第二名次的作图位置是 $2/(10+1) = 0.1818$，其余类推。在以作图位置为纵坐标，最大点蚀深度为横坐标的极值概率纸上作图，若得到一条直线，表示极值统计方法可用。极值概率图右侧纵坐标为重复次数，即为了找到某特定深度的点蚀所必须有的重复试样数，或必须进行的考察数目。将图上直线外延，可用来确定产生指定最大点蚀深度的概率；或者用来确定为得到指定点蚀深度而必须进行的考察数目；或者从局部面积测量的点蚀深度推算大型构件上可能有的最大点蚀深度。

(d) 机械性能的损失：如果点蚀居主导地位，而且点蚀密度比较高的话，用机械性能的变化评价点蚀程度更为有利。其中典型的机械性能包括抗拉强度、延伸率、疲劳强度、耐冲击性能和爆裂压力。

应该强调的是，为了比较腐蚀前后机械性能的变化，除了暴露试样以外，还应备有非暴露试样。各种试样之间应尽可能具有重现性，因此必须考虑边角效应、轧制方向和表面状况等因素。暴露试验后，分别测定暴露试样和非暴露试样的有关机械性能，它们之间的差别就归因于腐蚀造成的破坏。

上述某些方法更适于评定其他形式的局部腐蚀，如晶间腐蚀或应力腐蚀，因此必须考虑到它们的局限性。点蚀的随机性以及它们在试样表面上的位置也会影响试验结果。此外，某些场合下，由于点蚀所引起的机械性能变化太小，以致不能得到有意义的结果。而最困难的问题之一是难以区分点蚀和其他形式的局部腐蚀所产生的影响。

5.1.3　点蚀的电化学试验方法[49~51]

(1) 测定点蚀电位 E_b 和保护电位 E_p 的方法

点蚀电位 E_b 和保护电位 E_p 是表征金属材料点蚀敏感性的两个基本电化学参数。这两个参数把具有活化-钝化转变行为的阳极极化曲线划分为三个电位区间(图5-5)，即：

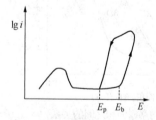

图 5-5　具有活化-钝化转变行为的金属的典型阳极极化曲线和点蚀特征电位

$E > E_b$，将形成新的点蚀(点蚀形核)，已有的蚀孔继续扩展长大；

$E_b > E > E_p$，不会形成新的蚀孔，但原有的点蚀将继续扩展长大；

$E \leqslant E_p$，原有蚀孔全部钝化而不再发展，也不会形成新的点蚀。

测量点蚀电位 E_b 和保护电位 E_p 的方法很多，按其控制参数和操作特点可归纳如下。

① 控制电位法

（a）阳极极化曲线法：通过恒电位仪控制试样的电位，使之按照规定的程序从自然腐蚀电位 E_k 向正向极化，相应记录 E-$\lg i$ 阳极极化曲线。将阳极极化曲线上在析氧电位以下由于点蚀而使电流急剧连续上升的电位定义为点蚀电位 E_b。若该点不明显，取电流密度为 $10\mu A/cm^2$ 或 $100\mu A/cm^2$ 所对应点的电位，分别记作 E_{b10} 或 E_{b100}，保护电位 E_p 可用环形极化曲线法测定。即在测定点蚀电位时，当阳极电流密度达到某一规定值（例如 $1mA/cm^2$）时，使电位向负方向变化，直至逆向极化曲线与正向极化曲线相交（或使电流密度下降至零）。一般可将逆向极化曲线与正向极化曲线在钝化区的交点所对应的电位定义为保护电位 E_p。根据电位改变速度不同，阳极极化曲线法又可分为稳态法、准稳态法、连续扫描动电位法和快速扫描动电位法。

我国已制定了测定不锈钢点蚀电位的标准 GB/T 17899—1999，相应的美国、日本标准是 ASTM G 61—86(2018) 和 JISG 0577—2018。这些标准全都是采用连续扫描动电位法测定极化曲线的。表 5-4 将几个标准的主要技术条件作了比较。

表 5-4　有关国家的电化学点蚀试验方法的主要技术条件比较

序号	技术条件	GB/T 17899—1999	JIS G 0577—2018	ASTM G 61—86(2018)
1	试验溶液	3.5%NaCl	3.5%NaCl	3.56%NaCl
2	试验温度	30℃±1℃	30℃±1℃	25℃±1℃
3	试　样	涂覆型和嵌埋型，硝酸预钝化	涂覆型和嵌埋型，硝酸预钝化	圆片，聚四氟乙烯压合装配支架
4	试样初磨	湿磨到 600 号砂纸	磨到 JISR6252 或 6253 的 600 号砂纸	湿磨到 600 号砂纸
5	试样终磨	—	JISR 6252 或 6253 的 800 号砂纸	—
6	扫描速度	20mV/min	20mV/min	10mV/min
7	耐点蚀性能判据	E_b，E_{b10}，E_{b100}	V'_{c10} 或 V'_{c100}	电流快速增加的电位

点蚀电位测定中的关键问题之一是应设法避免缝隙腐蚀的干扰。缝隙腐蚀的发生常使测得的点蚀电位值偏低。为避免缝隙腐蚀，日本标准推荐采用热硝酸钝化试样表面的方法（即将试样在 50℃ 的 20%~30%HNO_3 中浸泡 1h 以上）。钝化处理后，用适当涂料涂封非工作面，仅留出约 11mm×11mm 的钝化过的表面，再在此表面上仔细打磨出 10mm×10mm 的工作面，然后立即进行测定。而美国标准推荐使用聚四氟乙烯压合装配支架。

电位扫描速度对点蚀特征电位的测定有比较大的影响。一般来说，扫描速度高时，测得的 E_b 值偏正。Leckie 曾研究了扫描速度对 304 不锈钢/0.1mol/L NaCl 体系的 E_b 值的影响（图 5-6），由图可以看出随扫描速度增加，测出的 E_b 值增高。这是因为金属材料发生点蚀需要有一个孕育期，电位越正，形成点蚀的孕育期就越短。当电位变化很快时，即使达到真实点蚀电位也观察不到点蚀的发生，而测到的点蚀电位已超越真实点蚀电位一定的数值。但是，有时也会出现相反的情况。对有的体系，电位变化速度越高，测得的 E_b 反而更负。对这种情况的解释是，金属

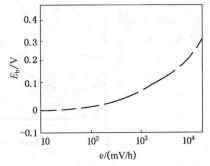

图 5-6　电位扫描速度与 E_b 的关系

材料在钝化区中产生钝化膜并随电位正移而继续生长增厚。膜/溶液界面上的相界电位差及钝化膜的增厚控制了溶液与膜之间的反应。钝化膜的生长增厚总是力图保持相界电位差相对稳定，并在新的电位下达到新的平衡，从而稳定界面反应。稳定的钝化膜增强了金属抗点蚀能力。如果电位正移速度太快，使相界电位差的增大速度比钝化膜的增厚更快，当相界电位差超越一定数值时，就会使钝化膜击穿。因此，电位变化速度越快，就越早地使钝化膜破裂，实验测定的点蚀电位 E_b 也就越负。同样，对于不同的体系，随着电位扫描速度增大，保护电位 E_p 也会变得更正(如不锈钢)或更负(如铝)。对于许多点蚀体系，在阳极极化曲线上表现出滞后环，$\Delta E = E_b - E_p$ 通常随电位变化速度降低而减小。对于铝和铝合金只有一个确定的特征点蚀电位，即使使用稳态法也没有观测到滞后环，所以它们的 $E_b = E_p$。

在测定保护电位 E_p 时，逆转电位扫描方向的回扫点所对应的电流密度和所测 E_p 值有关。通常回扫点电流密度越大，E_p 值越负。

鉴于扫描速度和回扫电流对点蚀特征电位测定的影响，当为了相对比较金属材料耐点蚀性能而测定点蚀特征电位时，应注意采用相同的测量规范。

P. E. Morris 等提出快速扫描动电位法，通过显著提高扫描速度以缩短试验时间、防止缝隙腐蚀对点蚀测量可能产生的干扰，从而可以准确地测定具有重现性的点蚀电位 E_b。这种技术有可能通过一次阳极极化而同时检测到点蚀和缝隙腐蚀的响应。

（b）恒定电位法：恒定电位法是将试样固定在确定电位下，测定相应的电流密度-时间曲线，并由多个电位下的试样的电流密度-时间曲线确定点蚀特征电位的方法。由于每条曲线都须使用一个新试样，所以为完成点蚀特征电位的测量需要多个试样。

测定点蚀电位 E_b 的方法是，在 E_b 附近选择不同的电位值，测定各恒定电位下的电流密度-时间曲线，如图 5-7(a) 所示。当 $E < E_b$ 时，电流密度将随时间下降，此时金属表面为钝态；而当 $E \geq E_b$ 时，金属产生点蚀，电流密度随时间上升。所以将电流密度不随时间变化或略为下降的最高电位定为点蚀电位 E_b。此法所得结果比较可靠，但耗时费工，尚未列入标准方法。

为测定保护电位 E_p，须先将试样在高于 E_b 的电位下进行活化处理，然后在各个规定的恒定电位下测量电流密度随时间的变化，每条曲线也须使用一个新试样。由于 $E \geq E_p$ 时，已存在的蚀孔继续扩展生长，所以电流密度随时间继续上升，而 $E < E_p$ 时，已有蚀孔也将钝化，电流密度将随时间减小，如图 5-7(b) 所示。由此可根据该原则确定 E_p 值。

（c）恒电位区段法[52]（双电路法）：恒电位区段法是 1968 年由 de Waard 等首先提出的一种测定点蚀电位 E_b 的试验方法。这种方法采用由恒电位仪和直流稳压电源构成的两个回

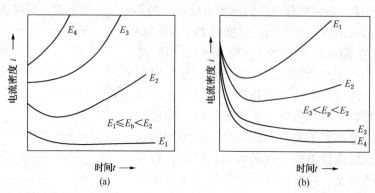

图 5-7　恒定电位法测定(a)点蚀电位 E_b 和(b)保护电位 E_p

路，使丝状试样两端产生一个线性电位梯度，同时使试样上各点的电位都保持恒定不变。试验根据点蚀的观察确定E_b，能够在同一试样上同时确定不同电位下的点蚀行为。该法具有方法简单、结果可靠等优点。

② 控制电流法

（a）阳极极化曲线法：类似于控制电位法中的阳极极化曲线法，也可以通过控制电流测定阳极极化曲线的方法来测定点蚀电位E_b和保护电位E_p。按照电流改变速度不同，控制电流阳极极化曲线法可分为连续扫描动电流法、准稳态法和稳态法。

连续扫描动电流法是以某个规定的速度连续改变试样上通过的电流，从低电流密度开始正向连续扫描，记录电极电位随电流密度的变化，得到如图5-8的阳极极化曲线。从$E-i$曲线上最高的电位值可以得到E_b，而基本不变的电位值则相应于E_p。采用连续扫描动电流法时，测定的E_p和E_b都随电流扫描速度增大而升高。对于铝和铝合金来说，Aasmund Broli等人发现：当电流扫描速度$\leqslant 10^{-2}\text{mA/min}$时，曲线上不出现极大值（$E_b$）；当电流变化速度低到接近准稳态时，测试结果重现性较好，所测得的E_b和E_p值与电位扫描方法得到的值很相似。

准稳态法是以某个规定的速度步阶式地改变试样的电流，在每个电流步阶处都停留相同的时间后测量相应的电位，由此作出阳极极化曲线。

稳态法是以步阶形式改变试样的电流，在每个给定的电流下保持足够长的时间，直至建立起稳定的电位，由此得到的阳极极化曲线如图5-9所示。在这种$E-\lg i$曲线上相应C点的电位处，电流密度显著增大而电位并无显著改变，因此C点对应的电位应是E_b。如果从D点逆转电流变化方向，将可在E点得到较为准确的E_p。

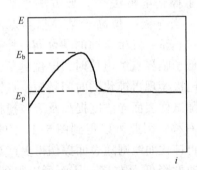

图5-8　由连续扫描动电流法测得
阳极极化曲线确定E_b和E_p

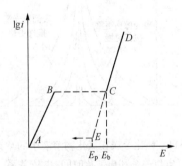

图5-9　由恒电流稳态阳极极化
曲线确定点蚀特征电位

（b）恒定电流法：在点蚀研究中也经常应用恒定电流法。在恒定电流下，测定电位响应随时间的变化曲线，有可能得到点蚀特征电位E_b和E_p。

当施加的恒定电流密度大于临界钝化电流密度（$i>i_{pp}$），在极化初期，电位可达到一个相当高的电位值E_b，然后逐渐降到某个稳定的电位值E_p（图5-10a）。$E-t$曲线上的第一个最大值E_b往往要比E_p正很多，甚至比真实的点蚀电位也高得多。这个最大电位值通常出现在极化的最初几秒钟，如不用示波器往往测量不到这一最大值。$E-t$曲线上这种最大值（E_b）的出现是由于钝化和点蚀形核这两个过程竞争的结果。当$i>i_{pp}$时，由于钝化使最初电位迅速上升，但是在很高的正电位下，点蚀形核又使电位下降至某个稳定值E_p。给定电流密度越大，所测定的E_b值越正。因此用这种方法测定的E_b值必然是外加电流的函数。如果所加

的电流 $i<i_{pp}$，则得到的 $E-t$ 曲线无电位峰值出现，曲线随时间下降并稳定在某个值(图 5-10b)。因此不能测出 E_b 值，只能测得 E_p 值。

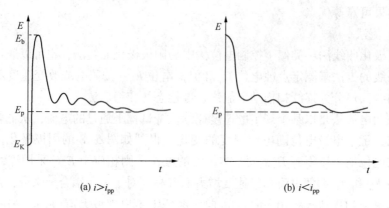

(a) $i>i_{pp}$　　　　　　　　(b) $i<i_{pp}$

图 5-10　在恒定电流下的电位响应-时间曲线

在恒定电流密度下测量 $E-t$ 曲线，能简单迅速地测定 E_p 值。但是，有时由于电位周期性振荡而无法确定 E_p 值。当溶液中阻蚀性离子与侵蚀性离子的浓度比足够高，但尚未高到足以完全抑制点蚀时，就会出现电位振荡现象。

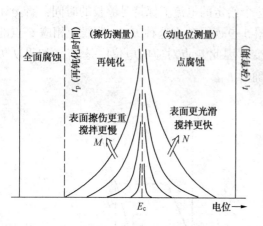

图 5-11　钝化金属在氯化物溶液中的孕育期-
电位关系和再钝化时间-电位关系

（2）擦伤电极法

为了能正确而又可重现地测定点蚀敏感性，往往希望能避免表面状态、孕育期以及电位扫描速度的影响。为此，Pessall 等在 1971 年提出了擦伤电极法[53]。此方法是基于这样的观念：当电极电位高于某一临界点蚀电位时，电位越正，发生点蚀的孕育期越短；当电极电位低于临界点蚀电位时，电位越负，受到擦伤的电极实现再钝化的时间越短。点蚀孕育期曲线随试样表面光洁度提高及溶液搅拌速度提高而右移，因此可以得到图 5-11 中的 N 组曲线，再钝化曲线则随表面擦伤得更严重及溶液搅拌速度降低而左移，从而可以得到图 5-11 中的 M 组曲线。这两组曲线限定了一个独特的 E_c 值，Pessall 等将其称为临界点蚀电位 E_c，而不是点蚀电位 E_b 和保护电位 E_p 两个特征电位。这个 E_c 值将再钝化倾向和点蚀倾向严格地区分开来。

擦伤电极测量技术的基本操作为：在 E_b 值以下选定试验电位值，各试验电位一般间隔 $5\sim50mV$。用恒电位仪把试样的电位控制在各选定的电位值处，然后用金刚石在恒定载荷下轻轻地擦伤试样表面，暴露出新鲜的活性金属，同时自动记录电流-时间曲线。当所控制的电位低于临界点蚀电位 E_c 时，试样擦痕处将再次钝化。图 5-12 是具有这种再钝化行为的电极的一条典型的电流-时间曲线。在表面擦伤后电流首先急剧增大，这是暴露出活性表面的缘故，大电流持续一段时间后，电流又突然下降，这是表面迅速再钝化的结果，随后伴随着钝化膜增厚和生长完全，电流几乎呈指数衰减而最后趋于某一稳定值。依次在递增的选定电位下重复上述操作，直至在某个选定电位下表面擦伤后电流不再随时间下降，或超过某个指定时间（如 1h）仍未再钝化，这时试样表面产生稳定的点蚀。取擦痕能够再钝化的最高电位为临界点蚀电位 E_c。

（3）小孔发展速率（PPR）-电位曲线法[54]

Syrett B. C. 认为环形极化和擦伤法都有某些缺点，并首先提出小孔发展速率-电位曲线法。试验使用的材料为高强度、亚稳态奥氏体不锈钢（3Mo TRIP），试验介质为含 $O_2/N_2/CO_2$ 混合气体的生理盐水，恒温 37.0℃±0.5℃。试验前样品在试验溶液中自然浸泡 1h，然后作如图 5-13 所示的阳极电位循环试验。

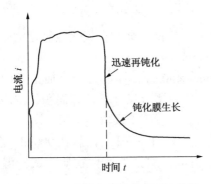

图 5-12 试样表面擦伤后再钝化的
典型电流-时间曲线

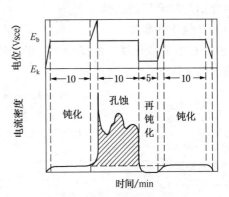

图 5-13 PPR 方法的电位-时间与
电流-时间循环示意图

① 以 36V/h 的速度从自然腐蚀电位 E_k 扫描到 E_b 和 E_p 之间的一个预选电位（图中为 0.25V），并在此电位维持 10min，记录相应的电流密度。由于预选电位值低于 E_b，故样品处于钝态，所记录的电流密度即为钝态下的均匀腐蚀速率；

② 继续扫描到电位超过 E_b 值，直至达到一预定的电流密度（$10mA/cm^2$）；

③ 迅速将电位降到 0.25V，在此电位下停留 10min。因为在低于 E_b 的电位没有新的点蚀产生，原有的点蚀继续发展，所以在此电位下记录的电流密度是均匀腐蚀和小孔成长速率之和；

④ 将电位降到初始自然腐蚀电位 E_k（$E_k < E_p$），使小孔再钝化，在此电位维持 5min；

⑤ 重复步骤①，保证钝态条件下电流值没有明显的变化，这也说明经过步骤④小孔停止了生长；

⑥ 再次把电位降到 E_k。

从 10min 小孔成长期所记录下来的总电流值减去均匀腐蚀的电流值，就得到纯属小孔发展的电流值（图中影线区）。将图形积分便可求得 10min 内的平均小孔腐蚀电流，然后利用显微检测方法测定实际的总面积，则真实的小孔发展速率可由小孔发展的平均电流除以小孔面积求得。

5.1.4 点蚀现场试验

将试片在实际使用介质中进行试验，可测定表面发生点蚀的几率，并可测定点蚀速度。其方法是：在试验过程的不同时间取出一批试样，以这批试样中最深的点蚀深度对时间作图，并通过数学分析找出它们之间的关系式，以比较金属蚀孔发展的速度。为使结果可靠，试样的面积应尽可能大一些，每次取出的试样也尽可能多一些。

有许多无损检测技术常常在现场使用，这些方法主要是用于探测金属表面或内部的裂纹等缺陷，有时也用来确定点蚀的位置、形状和大小。这些方法一般鉴别不出微小的蚀孔，也无法区分是点蚀还是其他的表面缺陷。当需要有关点蚀的更详尽的资料时，需用其他的检测方法相配合。

5.2 缝隙腐蚀试验

5.2.1 浸泡试验法

实验室浸泡试验和电化学试验是研究缝隙腐蚀的重要方法。对于浸泡试验法，人造缝隙的设计型式很多，采用的腐蚀介质也有多种，一般以腐蚀质量损失或腐蚀深度评定试验结果。现介绍几种常用的试验方法。

（1）三氯化铁实验[55]

ASTM G48 三氯化铁标准试验方法用于确定不锈钢、铬镍合金等在氧化性氯化物介质中的耐缝隙腐蚀性能。

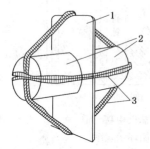

图5-14　ASTM 三氯化铁缝隙腐蚀试验试样组装示意图
1—试样；2—聚四氟乙烯圆柱；
3—低硫橡胶带

试样的标准尺寸为 25mm×50mm，厚度自选。加工后的试样表面用水砂纸研磨至 120#，然后测量尺寸、计算面积、洗净、干燥，称量质量（准确至 0.001g）后置于干燥器中备用。

试验溶液是将 100g 试剂纯 $FeCl_3 \cdot 6H_2O$ 溶解在 900mL 蒸馏水中，配制成约 6% 的 $FeCl_3$ 溶液，滤去不溶性物质。试验温度为 22℃±2℃ 或 50℃+2℃。

如图 5-14 所示，试样两侧用两个聚四氟乙烯圆柱夹紧，并用低硫（S 含量≤0.02）橡胶带十字形地捆好。φ12.7mm×12.7mm 的聚四氟乙烯圆柱顶部加工有宽、深均为 1.6mm 的十字形沟槽，防止橡胶带滑动。在 φ38mm×300mm 的试管中注入配制好的 $FeCl_3$ 溶液 150mL，盖上橡皮塞后放入恒温槽中。橡皮塞中插有 φ6.4mm×102mm 的玻璃管，作排气管和冷凝器用。溶液达到规定温度后，取下塞子并将试管倾斜 45°，使试样滑入试管底部，盖上塞子并放还恒温槽中。试验周期为 72h，根据合金的耐蚀性和试验意图，也可延长或缩短。试验后取出试样，用水冲洗并用尼龙刷刷去腐蚀产物。洗净的试样浸入丙酮或甲醇中，取出后干燥、称量质量（准确至 0.001g）。

试验后检查橡胶带、聚四氟乙烯圆柱与试样构成的六处缝隙中的腐蚀情况。可通过目检、对表面腐蚀状况拍照和称量质量结果评定合金耐缝隙腐蚀性能。也可以进一步测定缝隙腐蚀深度。

（2）缝隙腐蚀的加速试验方法

试样如图 5-15 所示，其他试样也可用。试验溶液为 3%NaCl+0.05mol/L Na_2SO_4+活性炭（人造海水与活性炭的体积比是 5：4，活性炭粒度为 100 目）。试验温度为 30℃或 60℃。

试验容器为带有回流冷凝器的广口瓶，将试样放入瓶中，然后注入混有活性炭的试验溶液，液面须超过试样。在瓶侧或冷凝器上端插入玻璃管，玻璃管前端装有

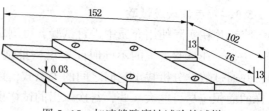

图5-15　加速缝隙腐蚀试验的试样

多孔膜,其引出端与氧气管接通。将准备好的广口瓶置于恒温槽中,按规定温度保持恒温。试验过程中连续通入氧气。试验开始后每隔一定时间取出试样观察,直到出现腐蚀痕迹为止。

由于活性炭吸收氧的能力很高,缝隙外的金属表面与活性炭接触为富氧区,从而更增大了缝隙内外的氧浓差,加速了缝隙内金属的腐蚀。

(3)多缝隙腐蚀试验[56,57]

缝隙腐蚀试验结果的分散度较大,其原因之一是试验时不能重现缝隙的几何形状。为此Anderson设计了一种多缝隙试样,从而可以在统计学的基础上评定材料对缝隙腐蚀的相对敏感性。多缝隙腐蚀试样如图5-16所示,板状试样两侧分别有一个非金属槽形螺母通过其中心的非金属螺栓与试样相接触。槽形螺母开槽20条,因此每一个突出的齿状部分即与试样构成了一个缝隙,一片试样两侧总共有40个缝隙;若平行试验取三个试样,则有120个缝隙可供试验后观测。根据试样上发生缝隙腐蚀的数目和深度,绘制在算术概率坐标上(ASTM G16),可确定和比较不同合金发生缝隙腐蚀的概率以及腐蚀达到某个给定深度的概率,以此评定材料对缝隙腐蚀的相对敏感性。

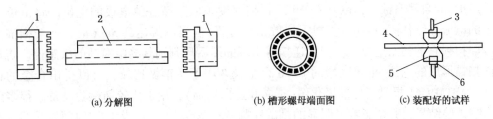

(a) 分解图　　　　　　　　　(b) 槽形螺母端面图　　　　　　(c) 装配好的试样

图5-16　多缝隙试样示意图

1—螺母;2—具有外螺纹的空心轴;3—支撑棒;4—试样;5—螺母;6—轴

缝隙内外的面积比对结果有很大的影响,缝隙外部面积增大,平均腐蚀量随之增加。本方法可用作现场浸泡试验方法。

(4)MTI试验[58]

美国化学工业的材料技术学会(MTI)试验方法MTI-2来源于ASTM G48。为确定在氧化性氯化物环境中合金对缝隙腐蚀的相对耐蚀性,也采用6%的$FeCl_3$溶液。在MTI方法中,利用两个锯齿形的聚四氟乙烯(PTFE)垫圈形成缝隙,其中每个垫圈有12个齿,即可能发生腐蚀的接触位置。试样两侧的垫圈以0.28N·m的转矩将其上紧。在0~100℃范围内,以每个周期升高2.5℃的步阶升高$FeCl_3$的温度,并找出在24h的试验周期中在深度方向发生腐蚀(<0.025mm)的温度,即为临界缝隙腐蚀温度。除了指出缝隙腐蚀发生的最低温度外,还应给出发生这种程度的腐蚀的位置数。具有标准表面光洁度(80#砂纸湿磨或120#砂纸干磨)的材料的实验结果可以与推荐的316不锈钢及C-276合金对照物进行比较。

MTI-4方法提出了缝隙腐蚀临界氯离子浓度的概念。其试样、缝隙组装方法和评定技术均与MTI-2方法相同。试验溶液为中性NaCl溶液,其浓度范围为0.1%~3.0%。将上述范围分作八个步阶,依次增加Cl^-浓度,以得到在室温(20~24℃)下产生缝隙腐蚀的最低(临界)Cl^-浓度。试验周期推荐为1000h,对比试样为304和316不锈钢。

上述两种方法仅涉及缝隙腐蚀发生的难易,但对其发展不具有指导意义。现已被用作筛选试验方法,并用于发展新合金等用途。

(5)其他试验方法

用不同的方式构成人造缝隙,便可对所研究的材料进行简单的浸泡试验。ASTM G78给出了用于板材试验的多种缝隙形成方式。另外一些方式可能更适合于一些其他形式的产品，如管材，例如，可以利用不同直径、不同厚度的环形材料得到不同几何尺寸的缝隙。类似的，也可以用非金属管接头或尼龙压合接头评价管材。这种组合可以重现管-管板组合的深度和松紧程度，但不能反映不同金属材料之间反应的电化学本质。其他一些组合方式可能反映O形环或密封垫圈的几何因素，但不可能考虑到管道系统的全部的动力冲击作用。

5.2.2 测定缝隙腐蚀敏感性的电化学方法[38]

电化学测试方法是以某些电化学参数作为判据，来比较金属材料对缝隙腐蚀的相对敏感性。一般说来，电化学测试方法可缩短缝隙腐蚀的诱导期而达到加速腐蚀试验的目的。

电化学测试法所得结果，虽与现场挂片或浸泡法的结果有一定对应性，但其重现性以及方法的适应范围等还需进一步核实。

（1）ASTM标准试验方法[49]

ASTM G61主要用于铁基、镍基或钴基合金。利用聚四氟乙烯-碳氟化合物垫圈/支架装置在直径为16mm的电极上形成缝隙。试验介质为除气的3.5%NaCl溶液，电极为极化池的阳极。经1h的自然腐蚀后，以0.6V/h的扫描速度正向升高缝隙电极的电位。将电位变化和测定的电流连续作图（或用计算机采集数据和分析）。当电流达到5mA时，逆转扫描方向并连续回扫到它的初始电位。可根据逆扫时出现的滞后环判别其缝隙腐蚀的敏感性。将正向和逆向扫描形成的电位-电流区域同C276合金及304不锈钢做比较，可以得出合金的相对耐蚀性。ASTM G61提供了标准极化图（正向和逆向扫描），用于比较和检验设备。很多因素可能影响试验结果，其中影响最明显的是试样制备和暴露之间的实际间隔时间以及组装电极支架的松紧程度。如果采用某些非标准方法（例如电极组装方法或扫描速度不同），可能会显著影响测量响应。

在ASTM G61循环极化试验和海水中的实际浸泡试验之间，存在着某种对应关系。在多数情况下，循环极化试验能够区分高合金耐蚀材料（如高钼的镍基合金625和C276）和合金含量较低的材料（如300系列不锈钢）。

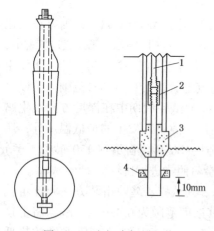

图5-17　电极支架的组装

1—电极连杆；2—连接器；
3—PTFE压合垫圈；4—PTFE环

另一种方法（ASTM F746）用于测定外科植入金属材料耐点蚀和缝隙腐蚀的能力，并可用作相对比较材料耐局部腐蚀性能的筛选试验方法[59]。该试验方法的实施要点如下：

柱状工作电极直径为6.35mm±0.03mm，浸入溶液中的长度为20.00mm±1.00mm，在电极表面装上一个具有锥度的聚四氟乙烯环，构成缝隙。环的几何尺寸为：外径12.70mm±0.05mm，厚度3.18mm±0.20mm，锥形内径（5.97±0.05～6.73±0.05）mm。环的下端面与试样底部的距离控制为10mm±2mm。电极支架组装如图5-17所示。

将9g试剂纯NaCl溶于蒸馏水中，配制成1000mL溶液。移500mL上述溶液于极化池中，并将其控制在37℃±1℃。

将组装好的工作电极浸入极化池后，立即连续记录其腐蚀电位（相对饱和甘汞电极），持续1h。最初测到的电位称为初始腐蚀电位，1h后的电位称为最终腐蚀电位E_1。

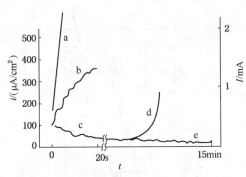

图 5-18 局部腐蚀的激励
a—电流密度迅速超出 $500\mu A/cm^2$，立即将电位转到预选电位；b—电流密度随时间增加，但未超过 $500\mu A/cm^2$，20s 以后将电位转到预选电位；c—20s 内未能发生局部腐蚀，时间延长到 15min；d—20s 后发生了局部腐蚀，将电位转到预选电位；e—经过 15min 仍不产生局部腐蚀，终止试验

静置 1h 后，将试样恒电位极化到 +0.8V（SCE），以促进其发生点蚀（或缝隙腐蚀）。如果发生了上述局部腐蚀，则有比较大的极化电流，且呈上升的趋势。根据不同的情况，决定在此电位停留的时间（参见图 5-18）。如在该电位下不能激发局部腐蚀，则极化电流将很小或随时间迅速降低。如果经过 15min 仍不发生局部腐蚀，即可终止试验，并可以认为该材料在试验环境中有非常高的耐局部腐蚀性能。

激发步骤后，尽可能快地将电位降到某一预先选定的电位。通常第一预选电位为 E_1，以后依次升高 0.05V。如果在预选电位下合金对点蚀（或缝隙腐蚀）敏感，则极化电流将保持相对比较高的数值，而且将随时间浮动或升高（图 5-19a）。如果发生点蚀（或缝隙腐蚀）的区域在预选电位下发生了再钝化，极化电流将迅速下降到零或很小的值（图 5-19b）。在后一种情况下，重复到 +0.8V（SCE）的激发步骤，然后将电位置于第二预选电位，如此等等，以便最终确定点蚀（或缝隙腐蚀）的临界电位。所谓临界电位是指激发步骤后，发生点蚀（或缝隙腐蚀）的表面发生再钝化的最高预选电位。

（2）其他恒电位和动电位极化试验方法

恒电位试验类似于 MTI 方法，它是根据临界缝隙腐蚀温度来鉴别合金的耐缝隙腐蚀能力的[60]。试验在中性 NaCl 溶液和合成海水中，在恒定的外加电位［如 +600mV（SCE）］下进行。如果在给定的时间内（如 15~20min）极化电流达不到特定的临界电流水平，则设备将依照程序自动地将溶液温度升高 5℃。

动电位极化试验方法采用无缝隙的电极，试验介质是腐蚀性依次增高的一系列模拟缝隙溶液。这种方法已被用于相对比较合金的耐蚀性，其判据与阳极峰值电流密度有关[61]。有关的数据已被用于建立数学模型，以此鉴别能够造成钝态破坏的局部环境，确定导致其发展的条件。另外，以阳极峰值电流密度的对数对 pH 值作图，可以用以说明某些铸造合金防止局部腐蚀扩展的能力。根据 $\lg i/pH$ 图的斜率，可以相对比较合金局部腐蚀的扩展行为（图 5-20）。

（3）远距离缝隙装置试验[62]

在远距离缝隙装置试验中，一个小的缝隙部件（阳极）和一个较大的部件（阴极）是分离的，但彼此处于电连接状态。二者均暴露在本体介质环境中。用零阻电流计监测两个部件间流过的电流。这项技术能够相当准确地区分缝隙腐蚀开始发生和随后扩展的时间。业已证明这种方法可以用于天然海水和其他氯化物环境。

与其他试验方法不同，这种方法能够区分缝隙腐蚀的始发阶段和扩展阶段。对始发时间归一化处理的腐蚀电流图概括总结了上述能力。结果在两个方面表现出很好的重现性：一旦缝隙腐蚀开始，电流升高；电流的大小和总电荷反映了扩展总量，它正比于缝隙腐蚀的质量损失。

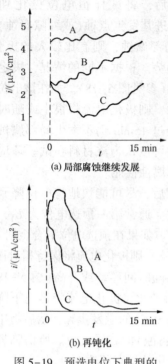

(a) 局部腐蚀继续发展

(b) 再钝化

图 5-19　预选电位下典型的
电流-时间曲线

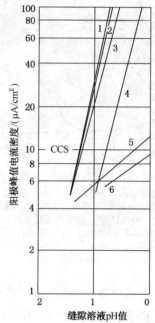

图 5-20　阳极峰值电流密度-模拟缝隙 pH 图
以 $10\mu A/cm^2$ 作判据，可用此图确定
临界缝隙溶液（CCS）的 pH 值
1—CF-8M；2—CN-7MS；3—CN-7M；
4—IN-862；5—625 合金；6—CW-12M-2

5.3　电偶腐蚀试验[38]

在电解质溶液中不同金属偶接后发生电偶腐蚀的可能性、腐蚀速度、极性、影响因素和控制因素，以及防护措施的有效性等，可通过实验室浸泡试验和电化学测定来评定。但是为了得到正确可靠的结果，往往同时采用几种方法，此外，在实验室中由于很难模拟电偶腐蚀的诸多影响因素，因此实验室的电偶腐蚀试验结果至多是半定量的，用于实际构件时须格外慎重。

5.3.1　实物部件试验

为事先确定电偶腐蚀作用的程度，实物部件试验是一项特别有用的方法，实际体系的选材，首先考虑的问题往往不是电偶的匹配关系。对于一些复杂的部件（如泵和阀），往往使用多种不同的材料制造，它们的几何形状也很难模拟。对于更为复杂的一些情况，如果采用简单的实验室试验，甚至连哪些材料由于电偶作用将加速腐蚀这些基本问题都不可能说清楚。因此实物部件试验成为预测复杂体系材料性能的最好方法。

进行实物部件试验要注意使材料和部件的运行状况，以及环境因素等与实际使用状况类似，同时还要注意试验部件和系统中其他部分之间的关系。

实物部件试验的主要优点是易于解释试验结果。缺点是费用较高。此外，为了在有限的时间内得出结果，需要极为灵敏的手段测定腐蚀破坏程度。

5.3.2　模拟试验方法

材料的几何布置不同会改变材料间溶液的电阻，从而影响材料的电偶腐蚀行为。利用有限元、边界元和有限差分等方法，可以用计算机模拟几何因素的影响。最好的计算机模型可用来解有关腐蚀材料周围的电解质的拉普拉斯方程，并将所述材料的极化行为作为金属/电解质界面的边界条件。其分析方法类似于热流分析，以电位代替温度，电流代替热通量，而以极化边界条件代替了与温度有关的非线性对流通量。

这种模拟所需的数据包括有关几何尺寸、电解质的电导和所涉及材料的极化特征的数据。其程序是将电位和电流密度作为位置的函数，反之又可将它们和腐蚀速率联系起来。但是非线性边界条件使这种计算机模拟难以执行，除非使用具有足够计算能力的大型计算机。计算机模拟为评价几何因素的影响提供了一个极好的工具，但物理比例模拟暴露试验似乎更令人满意。

为了准确地预测几何因素的作用，要求物理比例模拟方法能够模拟溶液电阻的作用以及极化阻力和溶液电阻的相互作用。当溶液电阻是重要的影响因素时，最好的比例模拟方法是按比例改变溶液的电导。在这种暴露试验中，模型尺寸相对原始部件减小某一倍数。为保持恰当的电位、电流分布，电解质的电导也应该减小相同的倍数。对于涂层，其电导也应按比例改变。例如一个在电导率为 $4 \times 10^2 S/m$ 的海水中工作的热交换器，将比例为 1/10 的模型置于电导率为 40S/m 的稀释海水中。在这种情况下，对于模型和整体规模的热交换器，所观察到的电位和电流分布将是相同的。对于物理比例模拟方法，可以利用一支可移动的参比电极测量电位分布。此外，可以测量不同位置的腐蚀深度；如果模型设计允许，还可以测量结构不同部分的电流和某些模拟部件的质量损失。

物理比例模拟试验较整体部件试验的费用便宜。但是，由于研究体系中材料的极化阻力常常是溶液电导的函数，从而影响了电导调节比例的不精确。因此，改变溶液的电导可能会显著地影响极化阻力，造成模拟试验结果不准确。

5.3.3 实验室试验

实验室试验包括电化学试验和试样暴露试验两类。电化学方法主要用于预测电偶腐蚀行为。

（1）电化学试验方法

① 电位测量。这里所说的电位测量包括电偶对中各个金属本身的自然腐蚀电位测量、偶对金属的电位差测量和金属偶接后的电偶电位测量。

电位测量是研究电偶腐蚀的重要手段，测试简单易行。不同金属在接近实际使用介质条件下所测得的稳定开路电位的高低，标志着它们在该特定环境下相对的热力学稳定性。因此，可根据开路电位的测量结果，预测不同金属偶接后的电偶效应。这对于工程中选用异金属结构时如何避免电偶腐蚀有一定的参考价值。在某些情况下，按金属在特定介质中稳定电极电位排列的电偶序中两种金属之间间隔远近可以大致表征电偶效应的相对大小。

需要特别注意的是，电位测量结果以及电偶序并没有反映金属的极化特征，所以并不能直接由此得到电偶腐蚀速度。此外，电极电位往往是随时间变化的，因此金属在电偶序中的位置也可能随时间而变化。

② 极化测量。根据混合电位理论，极化曲线可用来预测两种金属偶接后各自的腐蚀速度。

首先分别测出各偶对金属在实际介质中单独存在时的阳极极化曲线和开路电位，然后再测出这两种金属按实际几何形状和面积比例偶接后的混合电位 E_g。这一电位与上述两条阳极极化曲线相交所对应的电流密度，即为金属偶接后新的腐蚀速度，据此可预测这两种金

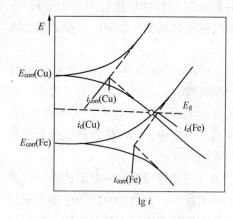

图 5-21 用极化曲线预测电偶
腐蚀行为的示意图

在偶接后腐蚀速度的变化。图 5-21 为碳钢和铜偶合体系的极化曲线。由两种金属单独存在时的极化曲线可以确定它们的腐蚀电位和腐蚀电流密度分别为 $E_{corr}(Cu)$、$E_{corr}(Fe)$ 和 $i_{corr}(Cu)$、$i_{corr}(Fe)$。由极化曲线可以确定偶接后的电偶电位 E_g，两种金属阳极极化曲线分支在相应电位 E_g 所对应的电流密度 $i_c(Cu)$、$i_c(Fe)$，即为两种金属偶接后的腐蚀速度。由图可以看出，由于电偶作用，铜的腐蚀速度已由 $i_{corr}(Cu)$ 降低到 $i_c(Cu)$，而碳钢的腐蚀速度则从 $i_{corr}(Fe)$ 增加到 $i_c(Fe)$。

极化测量在电偶腐蚀中的另一个重要应用是判断局部腐蚀。例如点蚀电位 E_b 和保护电位 E_p，把不锈钢在氯化物介质中的阳极极化曲线分为三个区。当不锈钢与另一种金属在氯化物介质中组成电偶时，电偶电位 E_g 可能处于其中某一个区域中，据此可以判断其局部腐蚀行为。

③ 电偶电流测量。两种金属 M_1、M_2 在电解质溶液中偶接后，便有电流从一种金属流向另一种金属，称为电偶电流。电偶电流 I_g 或电偶电流密度 i_g 在衡量电偶腐蚀的严重程度及其随时间的变化规律、最佳偶对的选择以及评价保护措施的有效性等方面都是极为有用的。而且可以通过分析计算来处理电偶电流与偶对中阳极的腐蚀速度之间的关系。连续地测量电偶电流随时间的变化可以提供电偶腐蚀程度及其变化的信息，也可指示可能发生的极性变化等。

电偶电流是电偶对中阴阳极之间的短路电流，故电偶电流测量的基础是零电阻电流表技术。下面介绍几种典型的电偶电流测试方法。

（a）基本零阻电流计方法：早期零阻电流计线路如图 5-22（a）所示。异种金属 M_1 和 M_2 所构成的电偶电池与外电路电池 B 反接。在测定电偶电流 I_g 时，合上开关 S，调节可变电阻 R_x，使检流计 G 指示为零，则流过电流计 A 的电流即为电偶电流 I_g。

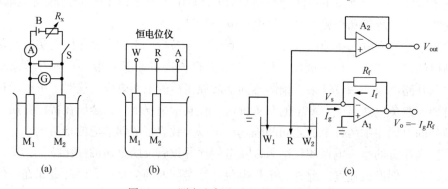

图 5-22　测定电偶电流的装置原理图
（a）手动零阻电流计；（b）用恒电位仪测电偶电流；（c）利用运算放大器测电偶电流

（b）恒电位仪测电偶电流：电偶电池的一个电极接恒电位仪的工作电极端（W），另一个电极接参比电极端（R）和辅助电极端（A），如图 5-22（b）所示。将恒电位仪的给定电位调在零，开机后即可以从恒电位仪电流计上读出电偶电流值。

（c）利用运算放大器监测电偶电流及电位：Lauer 和 Mansfeld 提出用运算放大器直接测

量电偶电流及电位,其工作原理图如图5-22(c)所示。目前大部分商品化的电偶腐蚀计都是以此电路为基础制成的。

(2)试样暴露试验

浸泡试验是常用的电偶腐蚀试验方法之一。将两种不同金属按实际的面积比例制成一定的形状的试样,紧固在一起,构成一组电偶对试样。将上述电偶对试样暴露于腐蚀介质中进行腐蚀试验,并将试验结果与在相同介质条件下未经偶接的这两种金属的腐蚀试验结果相比较,以判断电偶效应。根据试验的目的和要求,采用质量损失测量,电阻测量和表观检查等方法,对比上述两组试验结果。

至今尚没有浸泡条件下电偶腐蚀试验的标准方法,部分原因是因为所研究的体系、所需要的信息以及模拟使用条件的程度等都经常发生变化。但 ASTM G71 给出了在电解质溶液中进行电偶腐蚀试验和评价其结果的一般指导原则[63]。

电偶浸泡试验技术关键要注意试样的设计与组配。图 5-23 是一种典型的电偶腐蚀试验的试样,用带有螺纹的棒实现组装和电联接。为避免试样接触面上发生缝隙腐蚀,可采用图 5-24(a)所示的电偶试样。上述设计适用于高电导率的介质。图 5-24(b)将两种金属制成圆柱状试样,端面心部以螺纹连接,中间根据需要隔有直径大小不同的绝缘垫片,以改变偶合金属间电解质通路的长短。

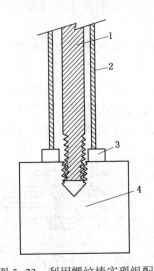

图 5-23　利用螺纹棒实现组配和
电联接的电偶腐蚀试样
1—不锈钢棒；2—玻璃管；3—垫圈；4—试样

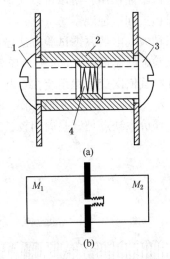

图 5-24　浸泡试验电偶试样的组装
1—甲金属；2—聚四氟乙烯管；3—乙金属；4—弹簧

5.3.4　大气暴露试验

大气中的电偶腐蚀试验在实验技术上要比溶液中的试验容易一些。因为在大气条件下,作为电解质的水膜具有相当高的电阻,这就限制了相对面积比的作用。即使是最不相容的金属,电偶作用也仅限于偶对接触线附近的 5~6mm 处。

现已建立了一些大气电偶腐蚀试验的标准。其中之一是国际标准组织(ISO)标准方法[64]。将板状的阳极、阴极材料用螺栓联接(图5-25)。经过一定时间的暴露,用质量损失和抗拉强度的降低程度评价阳极材料。这种试验比较容易实现,但要能够获得板状的试验材料,并要求事先知道哪一种材料是阳极性的。其缺点是需要较长的时间才能得出试验结果。

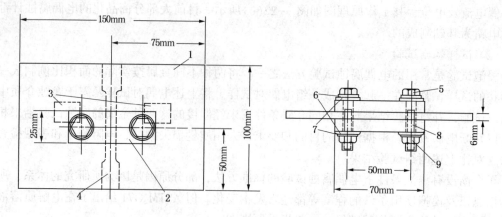

图 5-25   ISO 大气电偶腐蚀标准方法的试样

1—阳极板；2—阴极板；3—微断面；4—拉伸试样；5—螺栓；6—垫圈；7—绝缘垫圈；8—绝缘套管；9—螺帽

　　另一种常用的大气电偶腐蚀试验方法，有时也被称作 CLIMAT 试验[65,66]。在这种试验中，丝状的阳极材料缠绕在阴极材料制成的螺杆上，定位螺钉保证了电偶对的良好接触(图 5-26)。腐蚀性介质通过毛细作用进入螺纹沟槽，而金属丝具有很高的面积/质量比，有助于加速电偶腐蚀作用，所以可以快速灵敏地评定阳极金属丝的电偶腐蚀。结果分析通常限于腐蚀质量损失和点蚀观察。

　　第三种大气电偶腐蚀试验方法已纳入 ASTM 标准，被称为大气电偶腐蚀的垫圈试验[67]。将两种试验金属制成四片(每种金属各两片)尺寸逐渐减小的、中间开孔的圆盘状试样，然后用螺栓将其依次交替地组装在一起，形成一个塔形组合(图 5-27)。这种试验的周期通常为 1~20 天，用质量损失评价结果。该方法的优点是，事先无须区分阴、阳极材料，试样易于组装和评价。缺点是试验周期较长，无法得到有关腐蚀形貌或机械性能降级方面的信息。

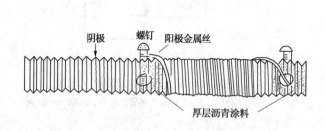

图 5-26   CLIMAT 大气电偶腐蚀试样

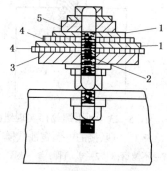

图 5-27   大气电偶腐蚀垫圈试验的试样

1—金属 A；2—胶木套管；3—胶木垫圈；
4—金属 B；5—胶木垫圈

5.4   晶间腐蚀试验方法[2,68~70]

　　晶间腐蚀是金属材料在特定的腐蚀介质中沿晶界发生腐蚀，而使材料性能降低的现象。不锈钢、铝及铝合金、铜合金和镍合金都会发生晶间腐蚀。

　　晶间腐蚀试验方法一般可分为三类：

　　① 现场挂片试验：这种方法的优点是符合实际情况，缺点是试验周期太长；

② 实验室模拟试验：这种方法的缺点是很难完全模拟使用环境，而且试验周期也往往很长；

③ 实验室加速试验：这类方法通过选择适当的侵蚀剂和侵蚀条件对晶界区进行加速选择性腐蚀，主要用于工业生产的质量控制和筛选材料，一般在较短的时间内可确定材料的晶间腐蚀敏感性。

从原理上看，各种试验方法都是通过选择适当的侵蚀剂和侵蚀条件加速对晶界区的腐蚀。通常可以采用化学浸泡和电化学方法实现。此外，为了研究晶间腐蚀的机理往往需要采用多种手段，发展新的试验方法。

5.4.1 评定晶间腐蚀倾向的化学浸泡方法[71~75]

（1）不锈钢和镍基合金的晶间腐蚀试验方法

奥氏体不锈钢、铁素体不锈钢以及某些含铬或铬和钼的镍基合金是广泛用于苛刻腐蚀环境的结构材料。这些材料在一定条件下会发生敏化，造成晶间腐蚀。关于这些合金的晶间腐蚀试验方法，许多国家均已标准化，如美国就有 ASTM A262（用于可锻和铸造奥氏体不锈钢）、ASTM G28（用于 Ni-Cr 和 Ni-Cr-Mo 合金）和 ASTM A763（用于铁素体不锈钢）。我国的 GB/T 4334—2020 对不锈钢晶间腐蚀试验的多种方法进行了详细规定。在 ASTM A262 中，除方法 A 属于电化学方法外，其他方法均属于化学浸泡方法。表 5-5 给出了 ASTM A262 的主要技术条件，并与我国标准 GB 4334—2020 做了比较。表 5-6 给出了 ASTM A763 的技术条件，其中只有方法 W 属于电化学方法。表 5-7 给出了 ASTM G28 的主要技术条件。现就其中主要试验方法的原理和特点介绍如下：

表 5-5　奥氏体不锈钢晶间腐蚀试验方法（ASTM A262，GB 4334—2020）

试验方法	标准编号	溶液组成	温度/℃	时间/h	适用范围	评价方法
50%硫酸-硫酸铁法	ASTM A262 方法 B	236mL H_2SO_4+400mL 蒸馏水+25g $Fe_2(SO_4)_3$	沸腾	120	碳化铬	质量损失/腐蚀速率
	GB/T 4334—2020 方法 B	236mL H_2SO_4+400mL 蒸馏水+25g $Fe_2(SO_4)_3$	沸腾	120	碳化铬	质量损失/腐蚀速率
沸腾硝酸法	ASTM A262 方法 C	65%±0.2% HNO_3	沸腾	48×5	碳化铬和σ相	质量损失/腐蚀速率
	GB/T 4334—2020 方法 C	65%±0.2% HNO_3	沸腾	48×5	碳化铬和σ相	质量损失/腐蚀速率
硝酸-氟化物法	ASTM A262 方法 D（已取消）	10%NHO_3+3% HF	70±0.5	2×2	316、316L、317 和 317L 不锈钢中的碳化铬	未知试样与固溶处理试样的腐蚀速度比
	GB 4334.4	10% HNO_3+3% HF	70±0.5	2×2	316、316L、317 和 317L 不锈钢中的碳化铬	未知试样与固溶处理试样的腐蚀速度比
铜-硫酸铜-16%硫酸法	ASTM A262 方法 E	100mL H_2SO_4+100g $CuSO_4$+蒸馏水稀释 1000mL+铜屑	沸腾	15	碳化铬	弯曲以后检查裂纹
	GB/T 4334—2020 方法 E	100mL H_2SO_4+100g $CuSO_4$+蒸馏水稀释 1000mL+铜屑	沸腾	20	碳化铬	弯曲以后检查裂纹
铜-硫酸铜-35%硫酸法	ASTM A262 方法 F	236mL H_2SO_4+400mL 蒸馏水+75g $CuSO_4 \cdot 5H_2O$	沸腾	120	铸造 316 和 316L 不锈钢中的碳化铬	质量损失/腐蚀速率
	GB/T 4334—2020 方法 F	250mL H_2SO_4+750mL 蒸馏水+110g $CuSO_4 \cdot 5H_2O$	沸腾	20	铸造 316 和 316L 不锈钢中的碳化铬	质量损失/腐蚀速率
40%硫酸-硫酸铁法	GB/T 4334—2020 方法 G	280mL H_2SO_4+720mL 蒸馏水+25g $Fe_2(SO_4)_3$	沸腾	120	碳化铬	质量损失/腐蚀速率

表 5-6　检测铁素体不锈钢晶间腐蚀敏感性的试验方法（ASTM A763）

试验方法	温 度	试验时间/h	适用范围	评价方法
X 法： $Fe_2(SO_4)_3$+50%H_2SO_4	沸 腾	24~120	17%~29%Cr	质量损失 17%~26%Cr，显微镜检查 29%Cr
Y 法： $Cu+CuSO_4$+50% H_2SO_4	沸 腾	96~120	25%~29%Cr	质量损失 26%Cr，显微镜检查 29%Cr
Z 法： $Cu+6\%CuSO_4+16\% H_2SO_4$	沸 腾	24	17%~18%Cr	检查弯曲试验的裂纹

表 5-7　检查某些镍基合金晶间腐蚀敏感性的标准试验方法（ASTM G28）

试验方法	温 度	试验时间/h	应用范围	评价方法
方法 A $Fe_2(SO_4)_3$+50% H_2SO_4	沸 腾	24~120	碳化物和金属间化合物①	质量损失/腐蚀速率和/或显微镜检查
方法 B 23% H_2SO_4+1.2% HCl+ 1%$FeCl_3$+1% $CuCl_2$	沸 腾	24	碳化物和金属间化合物 合金 C-276，C-22，59②	质量损失/腐蚀速率和/或显微镜检查

① 适用于 Hastelloy C-4、C-276、20cb-3、600、625、800、825、Hastelloy C-22、VDM59、G、G-3、G-30 和 AL-6XN 等合金。

② 适用于 C-276，Hastelloy C-22 和 VDM59 等合金。

众所周知，引起晶间腐蚀的首要前提是，晶界相对晶粒在成分、组织和结构上存在差异，构成了多电极体系。而检验晶间腐蚀敏感性的各种试验方法从本质上来说，就是要创造条件，使材料的腐蚀电位处于某一特定的电位区间，在该电位区间内敏化的晶界发生择优腐蚀。图 5-28 为晶间腐蚀试验方法的电化学原理图。图中示出了 Fe-18Cr-10Ni 和 Fe-10Cr-10Ni 两种均相合金在热还原性酸中的阳极极化曲线，前者代表 304 型奥氏体不锈钢的本体晶粒成分，低 Cr 合金则代表晶界贫铬区的组成。从图中还可以看到，各种化学浸泡试验的溶液使材料处于特定的腐蚀电位范围内，故常将它们视为"化学恒电位计"。在这些特定的电位范围内，低铬合金（对应于晶界贫铬区）相对于高铬合金（对应于晶粒内部）具有高得多的腐蚀速度，从而导致晶界的择优腐蚀。

酸性硫酸铁法是由 Streicher 在 1958 年首先提出的，我国在 1984 年正式将其列入国家标准。它是一种以 $Fe_2(SO_4)_3$ 为钝化剂，以 H_2SO_4 为去钝化剂的双试剂试验方法。试样在试验中的腐蚀电位是基于反应：

$$Fe^{2+} \rightleftharpoons Fe^{3+} + e$$

建立的。在腐蚀电位下，可以使试样中晶界处的贫铬区和某些合金中的 σ 相发生选择性腐蚀。基于此，可以用它检验非稳定化奥氏体不锈钢（如 304、304L、316、316L、317、317L、CF-3、CF-8）由碳化铬析出而引起的晶间腐蚀和稳定化不锈钢（如 321、CF-3M、CF-8M）由碳化铬和 σ 相所引起的晶间腐蚀，但不能检验含钼奥氏体

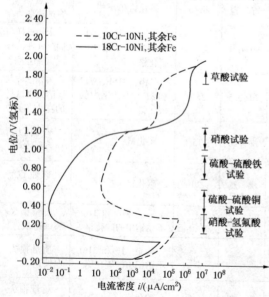

图 5-28　晶间腐蚀试验方法的电化学原理

不锈钢 316、316L、317、317L 由 σ 相所引起的晶间腐蚀。本方法也可用于检测铁素体和双相不锈钢的贫铬敏化作用，特别适于评定高铬不锈钢（如 Cr26 铁素体不锈钢），此时它比 65% HNO_3 法更敏感。但此方法对铁素体不锈钢因晶界析出 σ 相而引起的晶间腐蚀倾向却不敏感。此外，该法还可用来检验耐酸钢（如 Carpenter 20cb-3）和耐蚀合金（如 Ni 基 Inconel 合金及 Hastelloy 合金）因晶界贫铬、贫钼或析出 σ 相而引起的晶间腐蚀倾向。此法对晶界区因贫铬、贫钼或析出 σ 相（指稳定化不锈钢、耐酸钢和耐蚀合金中的）而引起的晶间腐蚀倾向，在检测灵敏度方面并不亚于 65% HNO_3 法，而且试验时间可缩短一半。但是，在试验过程中必须保证 Fe^{3+} 有足够的含量，否则会导致严重的全面腐蚀。

沸腾硝酸试验是 Huey 于 1930 年最先提出的，以后 Truman 和 Streicher 等详细地研究了试验条件变化的影响。此法在美国应用最广。它要求在 65% 的沸腾 HNO_3 中进行五个周期（48h/周期）的试验，每经一个周期试验后均要更新试验溶液，最终以试样的质量损失来评定试验结果，在某些情况下辅以肉眼或显微观察晶粒脱落的情况。试样在该试验介质中腐蚀电位是基于以下的氧化-还原反应建立的：

$$3H^+ + NO_3^- + 2e = HNO_2 + H_2O$$

沸腾硝酸试验条件严苛，试验溶液不仅侵蚀贫铬区、σ 相、TiC 和 $Cr_{23}C_6$ 等碳化物，甚至非金属夹杂物等亦有择优腐蚀倾向，如果它们在晶界呈连续网状分布时，也会表现出晶间腐蚀倾向。这种方法对于用于检测在硝酸或其他强氧化性酸溶液中使用的合金的晶间腐蚀倾向，是一种较好的方法。本试验方法中，HNO_3 的浓度对晶间腐蚀试验结果有很大的影响，因此在配制溶液时要严格控制浓度。此外，沸腾硝酸试验虽然对材料的晶间腐蚀倾向是敏感的，但是也常伴有较严重的全面腐蚀，特别是当溶液中因试样腐蚀而存在过量的 Cr^{6+} 时，还会加快腐蚀。这是因为反应 $Cr^{6+} + 3e = Cr^{3+}$ 比上面所述的 HNO_3 的还原反应以及 H^+ 的还原反应更容易进行，从而会使不锈钢的腐蚀电位进一步向更正的电位方向变化，使腐蚀速度加快。所以应用此法时，不能将同一钢种的两个试样，更不能将耐蚀性不同的钢种置于同一试验容器中进行试验；此外，还需有足够的溶液量和及时更新溶液。

1958 年 Warren 首先建议采用 10% HNO_3 + 3% HF 溶液作为评定含钼奥氏体不锈钢晶间腐蚀敏感性的定量试验方法。1984 年，我国正式将 HNO_3 + HF 试验方法纳入国家标准。本方法适用于检验含钼奥氏体不锈钢由于晶界贫铬所引起的晶间腐蚀倾向。试验时的温度要求是 70℃±0.5℃，以 2h 为一个周期，共两个周期，试验结果根据质量损失评定。不锈钢在这种试验溶液中的腐蚀率很高，晶粒母体略呈钝态而激烈侵蚀晶界。由于试验溶液中没有确定的氧化还原体系限定试样的电位，所以试样的腐蚀电位和腐蚀速度都因合金成分和试验批次不同而显著变化。为此必须采用一个经实验室退火的、对晶间腐蚀不敏感的材料作为基准试样。本方法的试验溶液含有氢氟酸，因此不能使用常规的硬质玻璃容器，而需采用特制的聚乙烯塑料容器；此外，还由于氢氟酸存在公害问题，所以这种方法实际上并未广泛应用过。1993 年 ASTM A262 标准中已取消了这种方法。

酸性硫酸铜溶液试验是应用最早的晶间腐蚀试验方法。1926 年由 Hatfield 首先采用，1930 年 Strauss 对其进行了改进，以后又经多次改进而成为 ASTM 标准试验方法。该方法是一种以 $CuSO_4$ 为钝化剂，H_2SO_4 为腐蚀剂的双试剂法。不锈钢在 H_2SO_4-$CuSO_4$ 溶液中的初始腐蚀电位大约在 $700 \sim 800mV$（SHE），不锈钢处于钝化状态；但随着不锈钢的缓慢腐蚀，随着下列反应的进行，不锈钢的腐蚀电位降至 $Cu^{2+}/Cu^+/Cu$ 的平衡电位（约 350mV，SHE）：

$$2Cu^{2+} + Fe \longrightarrow Fe^{2+} + 2Cu^+$$

或
$$Cu^{2+}+Fe^{2+}\longrightarrow Fe^{3+}+Cu^+$$

在该电位下，正常成分的晶粒表面处于钝化状态，而贫铬的晶界处于活化状态，晶界发生强烈的腐蚀。由于上述反应是缓慢的，所以对于含碳量较低的不锈钢，其晶间腐蚀敏感性要较长的时间才能检验出来。1955 年 Rocha 为了加速试验提出在 $H_2SO_4+CuSO_4$ 溶液中添加铜屑，反应 $Cu^{2+}+Cu\longrightarrow 2Cu^+$ 很快达到 $Cu^{2+}/Cu^+/Cu$ 的平衡电位，不锈钢与铜屑直接接触，其电位迅速从约 700mV 降至 350mV，进入发生晶间腐蚀的电位区间。加入铜屑的酸性硫酸铜试验条件更为严苛，试验灵敏度提高，并大大缩短了试验时间。由于这种方法能够比较迅速地检测晶间腐蚀敏感性，试验条件稳定而且易于控制，目前已被许多国家采用。本方法在 ASTM 标准中有两种形式。在 ASTM A262 方法 E 中，6% $CuSO_4$－16% H_2SO_4 试验被指定用于奥氏体不锈钢，经 24h 试验后的结果评定是通过对弯曲试样的裂纹的检查。在 ASTM A763 方法 Z 中，同样的试验方法被指定用于某些铁素体不锈钢。ASTM A262 方法 F 和 ASTM A 763 方法 Y 采用了浓度 50% 的 H_2SO_4，试验时间为 120h。前者适用于铸造 316 和 316L 奥氏体不锈钢；后者适用于含铬量较高(25%～29%)的铁素体不锈钢。由于高浓度硫酸增高了敏化试样的侵蚀速率，可能造成部分晶粒脱落，所以除了通过弯曲检查裂纹和进行显微检查外，还可以以质量损失作为定量评价方法。

为了将耐蚀材料同敏化材料区分开来，实际工作中往往需要有某些定量验收标准。但标准试验方法往往不给出定量判定数据。美国能源部和杜邦公司(Du Pont Company)制定了有关不锈钢和镍基合金的评定试验方法和验收标准，可供参考。

（2）铝合金的晶间腐蚀试验方法

含镁 3% 以上的应变硬化 5000 系列铝合金，在某些加工条件下或经历 175℃ 左右的高温后，会产生晶间腐蚀敏感性。这是由于 Mg_2Al_3 相在晶界连续析出的缘故。Mg_2Al_3 是阳极相，在大多数腐蚀环境中都会优先腐蚀。ASTM 标准 G67 提供了一种定量评定上述合金晶间腐蚀敏感性的方法。将试样浸泡在 30℃ 的浓 HNO_3 中 24h，然后根据单位面积的质量损失评定晶间腐蚀敏感性。当第二相沿晶界呈连续网状沉积时，晶界的优先腐蚀造成晶粒脱落，从而质量损失可达 25～75mg/cm^2；面耐蚀材料的质量损失仅为 1～15mg/cm^2。

ASTM 标准 G 110 给出了通过在氯化钠和过氧化氢溶液中浸泡评价可热处理铝合金耐晶间腐性能的标准试验方法。

（3）其他合金的晶间腐蚀试验

除不锈钢和铝合金以外的其他合金虽然也在某种程度上出现晶间腐蚀，但很少发生与此相关的破坏，因此在实践中通常并非那么重要。尽管没有相应的标准方法，但某些介质常被用来评定镁、铜、铅、锌合金的晶间腐蚀敏感性(表 5-8)。在这些试验中是否发生晶间腐蚀不一定能反映材料在其他腐蚀环境中的行为。

表 5-8　检验晶间腐蚀敏感性的介质

合　　金	介　　质	浓　　度	温度/℃
镁合金	NaCl+HCl		室温
铜合金	NaCl+H_2SO_4 或 NaCl+HNO_4	NaCl：酸＝1：0.3	40～50
铅合金	乙酸或盐酸		室温
锌合金	潮湿空气	相对湿度 100%	95

112

5.4.2　晶间腐蚀的电化学试验方法

（1）不锈钢 10%草酸电解浸蚀试验方法[71,72]

Streicher 在 1953 年发展的草酸电解浸蚀方法，已被用作检查由碳化铬沉淀引起的晶间腐蚀敏感性的预备性筛选试验，并已被分别纳入 ASTM A262 方法 A 和 ASTM A763 方法 W 中，用于检验奥氏体不锈钢和稳定化(Ti，Cb)的铁素体不锈钢因碳化铬沉淀引起的晶间腐蚀敏感性。此法不能检验 σ 相引起的晶间腐蚀敏感性。我国也已将这种方法正式纳入国家标准 GB 4334—2020。

10%草酸电解浸蚀试验的溶液是将 100g 草酸溶于 900mL 蒸馏水中配制而成的，将试样置于室温溶液中，在 1A/cm² 电流密度下阳极电解 1.5min（装置如图 5-29 所示）。然后在 150~500 倍金相显微镜下检查经电解浸蚀后的试样表面，并根据晶界破坏程度确定材料是否需要用另一种标准化学浸泡试验方法进行再试验。国家标准将浸蚀后晶界形态和组织结构分为七类，可据此确定材料是否没有晶间腐蚀敏感性，或需要进一步用其他标准试验方法再检验（参见表 5-9）。如果试样表面呈"台阶"结构，晶界无腐蚀沟槽，就可确定该材料无晶间腐蚀敏感性，"台阶"结构被认为是由于不同晶面溶解速度不同造成的［图 5-30（a）］；如果试样表面呈"沟槽"结构［晶粒被连续的腐蚀沟槽所包围，图 5-30（b）］或"混合"结构［台阶结构与不连续腐蚀沟槽并存，图 5-30（c）］，则应选择另外一

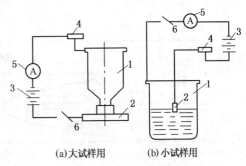

（a）大试样用　（b）小试样用

图 5-29　草酸法电解浸蚀装置

1—不锈钢容器；2—试样；3—直流电源；
4—变阻器；5—电流表；6—开关

种适当的标准试验方法进一步检查材料的晶间腐蚀敏感性。草酸电解浸蚀试验的工作电位在 2.00V(SHE)以上，在这样高的电位下，晶界的碳化铬溶解速度至少比晶粒母体快一个数量级。因此如果碳化铬在晶界是连续分布的，就会观察到"沟槽"结构；如果碳化铬在晶界的存在是不连续的，就可观察到"混合"结构。草酸电解浸蚀试验能快速筛选通过优质材料，从而减少一部分繁杂耗时的检验工作。

表 5-9　10%草酸电解浸蚀试验与其他化学试验方法之间的关系

草酸试验结果		锻造、轧制试样					铸造、焊接试样				
类别编号	试样表面显微组织类型	50%硫酸-硫酸铁法硫酸-硫酸铜-铜屑法	65%的沸腾硝酸法	铜-硫酸铜-16%硫酸法	铜-硫酸铜-35%硫酸法	40%硫酸-硫酸铁法	50%硫酸-硫酸铁法	65%的沸腾硝酸法	铜-硫酸铜-16%硫酸法	铜-硫酸铜-35%硫酸法	40%硫酸-硫酸铁法
Ⅰ	阶梯状组织	×	×			×					
Ⅱ	混合型组织	×	×			×					
Ⅲ	沟状组织	○	○			○					
Ⅳ	游离铁素体组织	×	×	×	×	×	○	×	×	×	×
Ⅴ	连续的沟状组织	○	○	○	○	○	○	○	○	○	○
Ⅵ	凹坑组织 I	×	×	×	×	×	×	×	×	×	×
Ⅶ	凹坑组织 Ⅱ	×	×	×	×	×	○	×	×	×	×

注：×—表示不必做其他方法的试验；

○—表示要做其他方法的试验；

— —表示没有这种组织。

(a)台阶结构

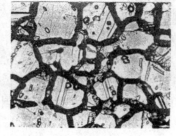
(b)沟槽结构

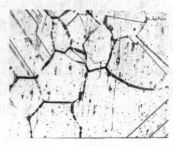
(c)混合结构

图 5-30　草酸电解浸蚀试验的典型结构

10%草酸，1A/cm²，1.5min(500×)

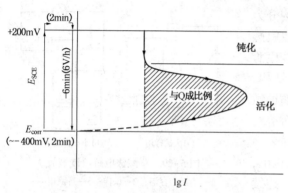

图 5-31　304 到 304L 不锈钢的电化学动
电位再活化(SL-EPR)方法的示意图

（2）电化学动电位再活化法（EPR 法）[76]

EPR 是一种非破坏性的实验室试验方法，已作为标准收入 ASTM G108。

① 单环 EPR 试验（SL-EPR）。将仔细抛光的 304 或 304L 不锈钢由它的腐蚀电位[大约 -400mV(SCE)]正向极化到 +200mV(SCE)的钝化电位，然后逆向再活化至腐蚀电位，电位扫描速度 6V/h（图 5-31）。扫描过程中测定通过的总电荷（曲线下面积，单位 C）。试验所用的辅助电极是石墨棒电极，电解质溶液为 0.5mol/L H_2SO_4+0.01mol/L KSCN，温度控制在 30℃±1℃，溶液必须是新制备的。计算每平方厘米晶界面积的电量：

$$P_a = \frac{Q}{GBA} \tag{5-5}$$

式中，$GBA = A_s[5.09544\times10^{-3}\exp(0.34696X)]$，$A_s$ 为试样面积，X 是根据 ASTM E112 标准确定的 ASTM 晶粒尺寸。

为了进行比较，将来自 EPR、酸性硫酸铁试验和草酸电解浸蚀试验的数据一起画在双对数坐标图上，图中还包括 EPR 结构中有关点蚀的信息（图 5-32）。该图中画出了 P_a = 0.10C/cm² 和 P_a = 2.0C/cm² 两条直线，后一条直线以下基本上涵盖了草酸电解浸蚀试验的"台阶"结构的范围，但 P_a >0.10C/cm² 就意味着显微结构中存在某些随机点蚀。由该图可以看出，草酸电解浸蚀试验的"台阶"结构与"混合"结构所对应 P_a 值有部分重叠，"混合"结构对应的 P_a 值的下限大约是 0.4C/cm²。因此，当 P_a 值处于 0.4~2.0C/cm² 范围内时就要观察 EPR 试验后试样的显微结构，确定究竟是台阶结构中的点蚀还是轻度敏化造成的。图中"混合"结构和"沟槽"结构的 P_a 值也有重叠，其原因也是点蚀。图 5-32 的曲线可以被分为三个区域：

（a）P_a = 0.01~5.0C/cm²。这是草酸电解浸蚀试验的"台阶"和"混合"结构的范围。在这个范围内，酸性硫酸铁试验中的腐蚀速度基本无变化，因为此时并无晶粒脱落，因此热酸试验是不灵敏的。在这个范围内，EPR 试验可以为敏化提供一种灵敏的测量方法。

114

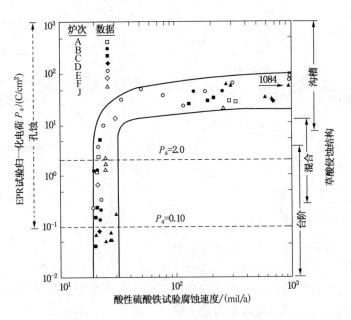

图 5-32　304 和 304L 不锈钢的 SL-EPR、草酸电解浸蚀和

酸性硫酸铁试验之间的关系

（1mil＝25.4×10⁻⁶m）

（b）P_a＝5.0～20C/cm²。存在一个转变区，在这个区域内当 P_a 值增加时，酸性硫酸铁试验中的腐蚀速度增加（"混合"和"沟槽"结构的重叠落在这个范围内）。

（c）P_a＞20C/cm² 时，EPR 试验几乎达到饱和，即尽管酸性硫酸铁试验中腐蚀速度增加，但 P_a 的值基本不增加。

② 双环 EPR 法（DL-EPR）。DL-EPR 方法中试样的极化方式不同于 SL-EPR 法：样品以 6V/h 的扫描速度从腐蚀电位［约-400mV（SCE）］极化到+300mV（SCE），一旦达到这个电位则扫描方向反转，以相同的速度降低到腐蚀电位（参见图 5-33）。分别测定阳极化环和再活化环的最大电流 I_a 及 I_r，并以比值 I_r：I_a 作为敏化的量度。

图 5-33、图 5-34 给出了 DL-EPR 方法、酸性硫酸铁法和草酸电解浸蚀法得到数据之间的相关关系。可以看出电流比 I_r/I_a 对检测未敏化的材料和区分轻度敏化的程度是非常灵敏的。电流比在 0.0001～0.001 范围内时，对应着草酸电解浸蚀试验的"台阶"结构；电流比在 0.001～0.05 范围内时，对应着"混合"结构。酸性硫酸铁试验得到的腐蚀速度无法将轻度敏化予以区分。但是，对于具有"沟槽"结构的严重敏化的材料，电流比对于区分中度和高度敏化变得不那么有效，此时 DL-EPR 方法的电流比在 0.05～0.30 范围内，而酸性硫酸铁试验给出的腐蚀速度却在很宽的范围内变化。

与 SL-EPR 方法相比，对于 DL-EPR 方法的每一个电流比的数值，其所对应的草酸电解浸蚀结构均没有重叠。这表明非金属夹杂物并不影响 DL-EPR 的电流比数值，因此试验过后无须检查显微结构。DL-EPR 方法对试样表面光洁度的要求明显低于 SL-EPR 方法。此外，DL-EPR 方法的重现性好，对于扫描速度、溶液组成的变化也不那么敏感。它为检测相对轻度的敏化提供了一种定量的、非破坏性的方法。

5.4.3　其他检验与评定方法

在前述的化学浸泡或电化学试验之后，为判断晶间腐蚀敏感性，有时还需辅以其他一些

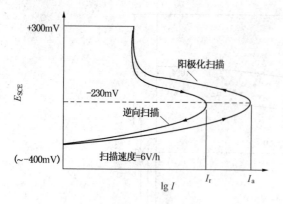

图 5-33　DL-EPR 试验方法示意图

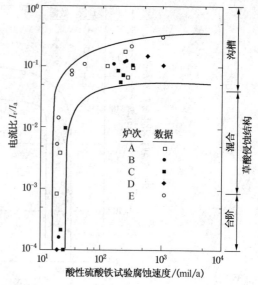

图 5-34　304 不锈钢 DL-EPR 试验与酸性
硫酸铁及草酸电解浸蚀试验的相关性

（1mil = 25.4×10^{-6}m）

物理检验和评定。有的情况下，为评定交货状态的材料或产品有无晶间腐蚀敏感性，或确认处于运动状态的或遭破坏的设备有无晶间腐蚀敏感性，也可直接采用一些物理检验方法。常用的一些方法有：

①弯曲法；②金相法；③声响法；④电阻法；⑤强度法；⑥超声波法；⑦涡流法；⑧液渗法；⑨内摩擦力法；⑩微观分析。

5.5　应力腐蚀开裂试验方法[2,38,77,78]

5.5.1　概述

所有的应力腐蚀开裂试验的最终目的都是测定合金在特定应用环境中的抗应力腐蚀开裂的性能。SCC 试验的具体目的通常有如下几点：

① 在一定腐蚀介质中，以一定应力水平或一定的归一化应力比(σ_i/σ_s)来比较各种材料的抗 SCC 能力(选材)；

② 测定材料在一定腐蚀环境中不发生 SCC 的临界应力 σ_{SCC} 或临界应力场强度因子 $K_{I\,SCC}$ (提供材料抗 SCC 性能指标)；

③ 测定材料在一定介质和一定应力(或应力场强度因子)下的 SCC 裂纹扩展速率 $\left(\dfrac{da}{dt}\right)_{SCC}$ (提供构件安全运行的参数)；

④ 测定 SCC 系统发生 SCC 的电位范围或加缓蚀剂的效果检验；

⑤ 当实际运行构件发生 SCC 时，进行实验室模拟试验(或重演性试验)，以探讨构件 SCC 的真正原因；

⑥ 在建立新的 SCC 试验方法时，必须与原有的试验方法作对比，以确定新方法的可靠性；

⑦ 在特定情况下研究 SCC 的机理。

SCC 试验是根据 SCC 的特征和试验目的而设计的。鉴于材料、介质、应力状态和试验目的多样性，现已发展了多种 SCC 试验方法。概括起来，按照试验地点和环境性质可将试验方法分为现场试验、实验室模拟试验和实验室加速试验；按照加载方式的不同，可将其分为恒负荷试验、恒变形试验、断裂力学试验和慢应变速率试验。根据材料的种类及实际运行

116

构件的形状，可分别采用光滑试样、带缺口试样或预制裂纹的试样进行 SCC 试验。不同的试样类型、加载系统及环境系统的组合，构成了众多的试验方法。

发展和使用恰当的应力腐蚀标准是极为重要的。许多国家和组织均致力于标准化的工作，建立了各种有关 SCC 的标准试验方法。早在 20 世纪 60 年代，ASTM 即已开始从事这方面的工作，并于 1972 年发表了第一个有关 SCC 的标准(ASTM G30)。从那时起，先后就应力腐蚀的试样、环境、合金和分类等发布了 14 个标准。

除 ASTM 标准外，还有美国腐蚀工程师协会 SCC 试验方法的标准，如 NACE TM-01-77 就是关于金属在常温下抗硫化物 SCC 性能的试验方法，此方法已被公认为用于含硫气田中金属构件安全可靠性的评定标准。世界各国也常根据本国的具体情况制定出自己的 SCC 标准，如德国工业标准 DIN 50908—1993 是关于轻合金的 SCC 试验标准。日本腐蚀防蚀协会第一专门委员会不锈钢在高温水中 SCC 分会，制定出不锈钢在高温水中 SCC 的试验方法。还有一些试验方法，虽然还未正式列为标准，但也在一定范围内得到应用，如日本的冷轧不锈钢板的沸腾 NaCl 水溶液 SCC 试验方法等。

实验室的 SCC 试验一般是加速试验，为了缩短时间必须引入加速因素，其主要途径有：

① 增加介质的腐蚀性(如改变浓度、温度、pH 值等)；

② 强化试验的加载应力(如采用缺口试样、预制裂纹试样、慢应变速率拉伸等)；

③ 利用电化学极化方法加速 SCC。

5.5.2 应力腐蚀试验的试样

应力腐蚀试验的试样一般可分为三类，即光滑试样、带缺口试样和预制裂纹试样。可根据试验目的、试验材料的种类及实际运行构件的形状等，选择某种形式的试样进行试验。

(1) 光滑试样

光滑试样是在传统力学试验中常用的试样，也是 SCC 试验中用得最多的试样类型。鉴于不同的试验目的、试验材料和加载方法，由此发展出各种类型的光滑试样。应力腐蚀试验有时对试样的表面光洁度有一定要求，有时可采用原始产品表面状态。

应力腐蚀试验中静止加载的光滑试样可以分成三大类，即弹性应变试样、塑性应变试样和残余应力试样。下面分类介绍其中一些常用的试样。

① 弹性应变试样。为了控制通过变形加载所施加的表面拉伸应力，应变通常限定在试验材料的弹性范围，然后通过测量应变和弹性模量可以计算施加应力的大小。在恒载荷加载的情况下，通常是直接测定载荷，并根据试样的几何条件和加载方法利用适当的公式计算应力。为施加载荷和监测载荷可能出现的变化，可使用测力传感器或校正弹簧。

(a) 弯梁试样。这种方法可以用于任何金属的试样，外加应力应低于材料的弹性极限，其外加应力可精确计算或测定(ASTM G39)。弯梁试样通常是在恒应变条件下试验，但恒载荷条件也可用。在上述两种条件下，当裂纹发生时，试样曲率的局部变化会导致裂纹扩展过程中应力和应变的改变。因此"试验应力"是试验开始时(即发生 SCC 前)的最高表面拉伸应力。图 5-35 给出了一些弯梁试样的几何条件和加载系统，图 5-36 给出了恒载荷加载的弯梁试样。

两点弯梁试样[图 5-35(a)]制备简单，但应力计算较复杂，可采用以下公式计算最大拉应力 σ：

$$L = \frac{KtE}{\sigma}\sin^{-1}\left(\frac{H\sigma}{KtE}\right) \tag{5-6}$$

式中 L——试样长度，m；

H——两支点间距离；

t——试样厚度，m；

E——弹性模量，N/m^2；

K——常数（= 1.280）。

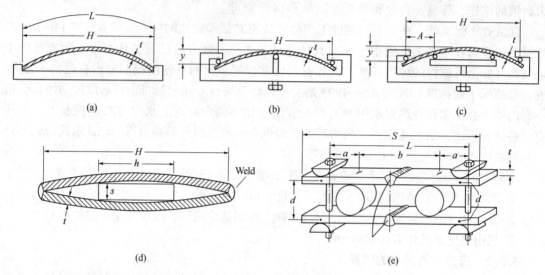

图 5-35 恒应变加载的弯梁试样

（a）两点加载试样；（b）三点加载试样；（c）四点加载试样；（d）焊接双弯梁试样；（e）螺栓加载双弯梁试样

三点弯梁试样[图 5-35（b）]也是常用的试样，它比较简单，特别适用于厚而坚硬的材料。试样外侧凸面最高点存在最大纵向拉应力，拉应力沿试样长度方向由外弦顶点（中部）向两端逐渐降低，至外侧支点降为零。试样外表面中心部位的最大弹性拉应力可按下式计算：

$$\sigma_{\max} = \frac{6Ety}{H^2} \tag{5-7}$$

式中 $\sigma_{\max}$——最大应力值，MPa；

E——材料的弹性模量，MPa；

t——试样厚度，mm；

y——试样最大挠度，mm；

H——两外支点间的距离。

这种方法的缺点是，在进行腐蚀试验时存在局部最高应力的中心支点处可能发生缝隙腐蚀或点蚀，这种局部腐蚀可能对试样形成阴极保护，阻止本来可能产生的裂纹形成或引起氢脆。

图 5-36（a）是恒载荷加载的三点弯梁试样。对于长度为 L，宽度为 b，厚度为 t 的矩形弯梁，在三点加载情况下，其外侧表面中部受有最大拉伸应力，并可按下式计算：

$$\sigma_{\max} = \frac{3PL}{2bt^2} \tag{5-8}$$

式中 P——所加载荷。

四点弯梁试样[图 5-35（c）]的最大应力是在两个内支点之间，在此区域内应力是均匀

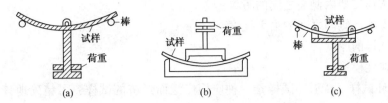

图 5-36 恒载荷的三支点试样(a)和四支点试样(b、c)

的。从内支点到外支点应力线性降低，直至为零。从下式可以计算两内支点之间试样外表面所承受的最大弹性拉应力：

$$\sigma_{max} = \frac{12Ety}{3H^2 - 4A^2} \tag{5-9}$$

式中 A——内外支点间的距离，mm；

其他符号的物理意义同(5-7)式。

图 5-36(b)、(c)是恒载荷加载的四点弯梁试样，其最大应力可按下式计算：

$$\sigma_{max} = \frac{3PA}{bt^2} \tag{5-10}$$

式中 A——内、外支点间的距离。

图 5-35(d)是焊接双弯梁试样。在两片扁平带材之间衬一垫块，使两带材相向弯曲，直至两端相接触。通过焊接两端固定试样位置，也可以用螺栓固定。在双弯梁试样中，最大应力在与垫块相接触的两个支点之间，在此区域内应力是均匀的。从垫块的接触点到试样端点，应力线性下降至零。双弯梁试样外侧表面中部的最大弹性拉应力可用下式计算：

$$\sigma_{max} = \frac{3Ets}{H^2\left(1 - \dfrac{h}{H}\right)\left(1 + \dfrac{2h}{H}\right)} \tag{5-11}$$

式中 s——垫块的厚度，mm；

h——垫块的长度，mm。

图 5-35(e)是螺栓加载的双梁试样。为了得到想要的拉伸应力所需的梁的挠度可以用以下公式计算：

$$\Delta d = 2fa/3Et(3L - 4a) \tag{5-12}$$

式中 Δd——挠度，in；

f——标称应力，b/in²；

E——弹性模量，b/in²。

这种试样是用螺栓紧固梁的端部施加应力。

恒矩梁试样如图 5-37 所示。当试样以图示方法弯曲时，从试样一端到另一端之间存在着一个恒定的力矩，在沿试样的长度方向上产生相同的应力。试样的宽度和厚度的比值小于 4，因此双轴应力可以忽略。这种试样的优点是，材料比较大的面积处于均匀的应力作用之下。试样凸面上的弹性应力可按下式计算：

$$\sigma = \frac{4Ety}{H^2} \tag{5-13}$$

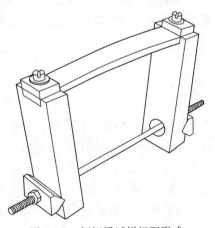

图 5-37 恒矩梁试样组配形式

119

式中　H——试样支架内侧面之间的距离；

$\quad\quad y$——支架内侧面之间的最大挠度；

$\quad\quad t$——试样的厚度；

$\quad\quad E$——弹性模量。

（b）C形环试样。C形环试样是一种应用广泛而经济的试样，可精确地计算加载应力，在 ASTM G38 中已将此法标准化。

C形环是一种恒变形试样，通过紧固一个位于环直径中心线上的螺栓而在环外表面造成拉伸应力（图5-38a）；也可以扩张C形环在内表面造成拉伸应力（图5-38b）；也有在试样顶端开有缺口以造成应力集中的方法（图5-38c）。采用经过校准的弹簧在螺栓上加载，为恒负荷试样（图5-38d）。

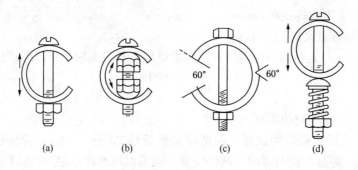

图 5-38　C形环试样

(a)恒变形，外表面拉伸应力；(b)恒变形，内表面拉伸应力；(c)恒变形缺口试样；(d)恒载荷

C形环试样尺寸小，加载应力方法简单，可暴露于几乎任何一种腐蚀性环境中。它可以定量测定各种合金的应力腐蚀断裂敏感性，特别适用于管材和棒材的横向试验及各种材料（如厚板）的短-横向试验。

C形环的尺寸可在很宽的范围内变动，但不推荐使用外径小于16mm的C形环，因尺寸过小不便加工，而且测应力不准确。在C形环试样中主要关心的是周向应力，但它是不均匀的，从栓孔处为零沿环形弧线直至弧线中点逐步增大到最大应力。此外，沿厚度方向和宽度方向都存在着应力变化。

最准确的加载应力方法是：把电应变片贴在周向和横向的拉伸表面上，紧固螺栓直到应变片指示达到所需应力为止。周向应力（σ_c）和横向应力（σ_t）可按下式计算：

$$\sigma_c = \frac{E}{1-\nu^2}(\varepsilon_c + \nu\varepsilon_t) \quad\quad\quad (5-14)$$

$$\sigma_t = \frac{E}{1-\nu^2}(\varepsilon_t + \nu\varepsilon_c) \quad\quad\quad (5-15)$$

式中　ν——泊松系数；

$\quad\quad \varepsilon_c$——周向应变；

$\quad\quad \varepsilon_t$——切向应变；

$\quad\quad E$——弹性模量。

为达到所需加载的应力，也可用如下公式计算C形环受力后的最终外径（OD_f）

$$OD_f = OD - \Delta \quad\quad\quad (5-16)$$

$$\Delta = \sigma \pi d^2 / 4Etz \qquad\qquad (5-17)$$

式中 OD——受力前的 C 形环外径，mm；

OD_f——受应力的 C 形环最终外径，mm；

σ——外加应力（在比例极限以内，MPa）；

Δ——外加应力导致的 OD 变化，mm；

d——平均直径（$OD-t$），mm；

t——壁厚，mm；

E——弹性模量，MPa；

z——校正系数（为环 d/t 的函数）。

应该指出的是，对于缺口试样，在缺口根部的环向应力大于标称应力，一般可望达到塑性应变范围。可以通过在缺口根部测量环的外径并考虑特定缺口的应力集中系数来估算其标称应力。

（c）O 形环试样。"O"形环试样是一种模拟承受箍形应力的特定用途的 SCC 试样。把一个大于环的内径的填充塞子压入环中，使环试样表面承受均匀的拉伸应力，根据所需应力预先确定塞子的直径。为保证从环的中心线到边部的环形应力的均匀性，环的宽度不应超过其壁厚的 4 倍。拉应力沿环的厚度方向变化，在其内表面达到最高。对一个 O 形环加载应力所需的干扰可用下式计算：

$$I = \frac{F(OD)^2}{E(ID)} \qquad\qquad (5-18)$$

式中 I——O 形环和填充塞之间的干扰（有关直径）；

E——弹性模量；

ID——内径；

OD——外径；

F——外表面所需的环向应力。

图 5-39 是 O 形环 SCC 试样的组配图。

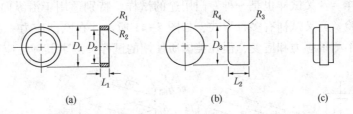

图 5-39 O 形环 SCC 试样(a)，加载塞(b)，O 形环和加载塞组配图(c)

（d）拉伸试样。直接拉伸试样是最通用的 SCC 试样之一，已纳入 ASTM G49 标准。当进行单轴拉伸加载时，其应力图谱是简单而均匀的，而且外加应力的大小可以精确确定。利用恒载荷、恒应变或增载荷、增应变设备，可对试样定量加载应力。试样的种类和尺寸、加载应力的方法和应力水平等都具有灵活性。试样的尺寸主要取决于被试验的产品，可以在很宽的范围内变化。小横截面的试样得到了广泛的应用，它们对 SCC 的发生有较大的敏感性，能比较快地得到试验结果，试验比较方便。但小试样加工比较困难，试验结果更容易受非轴向载荷、蚀孔等外来因素所造成的应力集中的影响。因此，除了试验丝状产品，不推荐使用标距小于 10mm、直径小于 3mm 的试样。拉伸试样所受应力范围很宽，既可引起弹性应变，又可引起塑性应变。因为要求应力基本上是单轴的，所以在制备加载应力的支架时，应注意防止或尽可能减小弯曲或扭转应力。

提供恒载荷的最简单的办法是将一个重物挂在试样一端，这种方法对丝状试样特别有用。但是对于大断面试样，类似蠕变试验机中使用的那种杠杆系统是较实用的[图5-40(a)]。也可以利用一个校准的弹簧实现恒载荷加载[图5-40(b)]。用于校准拉伸试验机的测力环已被用于SCC试验，它为施加轴向载荷提供了一种简单、紧凑、易于操作的装置[图3-40(c)]。通过旋紧螺母施加载荷，通过测量环的直径的变化确定载荷的大小。

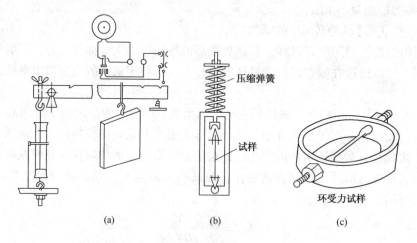

图5-40　恒载荷SCC试验的加载系统
(a)杠杆加载；(b)弹簧加载；(c)拉伸环加载

恒应变SCC试验在低柔量拉伸试验机上完成，试样被加载到所需的应力水平并将移动梁锁定。其他一些加载应力的支架通常用于小截面试样的试验。对于不包含测量载荷装置的支架，可通过测量应变确定应力水平。当试验应力低于材料的弹性极限时，平均线性应力(σ)与平均线性应变(ε)成正比，即$\sigma/\varepsilon=E$，式中E为弹性模量。

(e)音叉试样。音叉试样也是一种专门用途的试样，特别适用于沿纵向或长-横向取样的薄板材料的试验。音叉试样有多种形式，如图5-41所示。在欧洲应力一直加载到产生塑性变形，通常并不测量应力和应变，但在美国所使用的试样要测定其弹性应变和塑性应变。

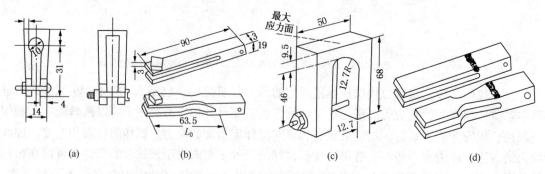

图5-41　音叉试样

音叉试样的加载是通过合拢叉柄，然后用柄端螺栓对其再次施加应变。音叉试样的闭合量由式(5-19)确定，该式是由置于校准试样的叉柄底部的应变片所给出的数据推导出来的：

122

$$S = A\Delta t \tag{5-19}$$

式中　S——在两个叉柄的外侧纤维组织上的最大拉伸应力；

　　　A——校正常数；

　　　Δ——柄端的总闭合量；

　　　t——柄的厚度。

对于直柄音叉，最大应力在柄底部的一个小范围内。当两叉具有颈缩区时，最大应力在此收缩区内。

② 塑性应变试样。许多加速 SCC 试验采用塑性变形的试样，因为其制造和使用既简单又经济。对于在所有环境中自加载应力（固定挠度）试样的多次重复试验，采用这种试样是方便的。由于它们包含大量的弹性和塑性应变，所以能提供光滑试样所能得到的最苛刻的试验条件。

这种试样通常用于筛选试验，用以检测一种合金在不同环境中、在给定环境中具有不同金相条件的合金以及在相同环境中不同合金之间在耐 SCC 性能方面的差别。

U 形弯曲试样是将矩形试样沿确定的半径弯曲大约 180°，并在试验过程中保持这种变形条件。ASTM G30 已将 U 形弯曲列入标准方法。有时弯曲通常是指超过材料弹性极限的弯曲。图 5-42 为典型的 U 形弯曲试样和加载方法。表 5-10 给出了典型 U 形弯曲试样的几何尺寸。

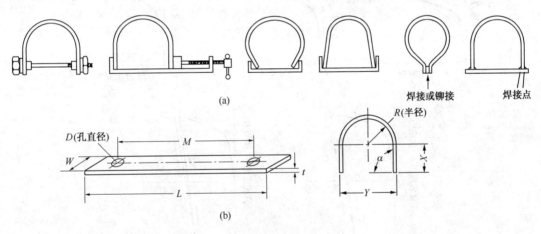

图 5-42　典型的 U 形弯曲试样加载方法（a）和尺寸（b）

表 5-10　典型 U 形弯曲试样的几何尺寸　　　　　　　　　　　mm

序　号	L	M	W	t	D	X	Y	R
A	80	50	20	2.5	10	32	14	5
B	100	90	9	3.0	7	25	38	16
C	120	90	20	1.5	8	35	35	16
D	130	100	15	3.0	6	45	32	13
E	150	140	15	0.8	3	61	20	9
F	310	250	25	13.0	13	105	90	32
G	510	460	25	6.5	13	136	165	76

U 形弯曲试样的周向应力分布是不均匀的，计算实际应力值是很困难的。对于 U 形弯曲试样，当其厚度 t 比弯曲半径 R 小时，弯曲外表面上的总应变 ε 可从下式近似计算：

$$\varepsilon = \frac{t}{2R} \tag{5-20}$$

为了确定应力，需要利用应力-应变曲线的知识。图 5-43 为加载应力的 U 形弯曲试样外侧纤维可能存在的应力-应变关系，实际情况与所用的加载方式有关。通常加载应力可以一步完成或两步完成。一步加载法是将试样一次性弯曲成所需形状并保持这一形状。利用一步加载可以达到两种应力状态，如图 5-43(b) 和 (c) 所示。在图 (c) 中，加载之后由于允许 U 形试样臂轻微反弹，所以一些弹性应变被松弛。两步加载法首先是将试样大体弯成 U 形，并在第二步外加试验应力以前将弹性变形完全松弛掉；然后再外加试验应变，所加应变可以是预成型时的拉伸弹性变形的一部分(0~100%，图 5-43d)，也可以附加塑性变形(图 5-43e)。在图 5-43(d) 的 ONM 区，试样的凸面受有拉应力，而凹面受有压应力。在 MP 区，情况相反，凸面受压应力，而凹面受拉应力。由于图 5-43(d) 中曲线 MN 的斜率很陡，所以通常很难重复施加一个恒定的应变，使它等于总的弹性预应变的一部分，因此试样表面可能会处于压应力状态。图 5-43(b) 和 (e) 由于可以施加较高的应力，所以推荐使用其应力条件。这样，试验前所施加的最终应变由塑性变形和弹性变形所组成。为达到(b) 和 (e) 所示的条件，在试样达到最终的塑性变形以后应避免试样臂的反弹。

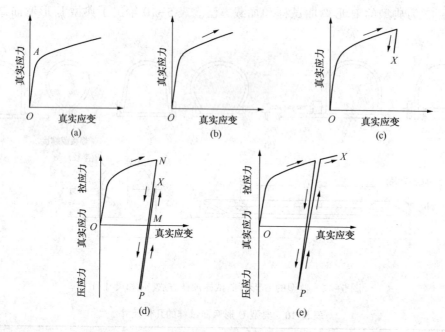

图 5-43 加载应力的 U 形弯曲试样的真实应力-应变关系

③ 残余应力试样。大多数工业中的 SCC 问题与热处理、加工和焊接等过程在金属中造成的残余应力有关。因此，在评定在特定结构和特定环境中材料的 SCC 性能时，模拟预期服役条件的残余应力试样是有用的。

(a) 塑性变形试样。在室温下包括局部塑性变形的一些加工过程(如成形、调直和模锻)所造成的残余应力可能超过材料的弹性极限。塑性变形试样可以是杯突试样、偏斜挤压试样、经冷加工的管节、具有剪切边、冲压孔或钢印的板材等。这类试样通常是定性的，不能确切知道应力的大小。

(b) 焊接试样。焊缝附近发展的残余应力常常是服役中的 SCC 的起源。在单一焊缝附近的纵向应力似乎没有在塑性变形的焊件中出现的应力那样大，因为焊接金属中的应力受到热金属(冷却时会收缩)屈服强度的限制。但是当两个或更多的焊件组合成一个比较复杂的结构时会出现高应力。例如通过角焊将 Al-Zn-Mg 合金板组合在一起时，残余拉伸应力垂直于焊缝，作用在合金板的短-横向上。

为了考察焊接后残余应力的影响，采用了各种预制焊缝的试样，图 5-44 给出了一些典型的焊接试样。

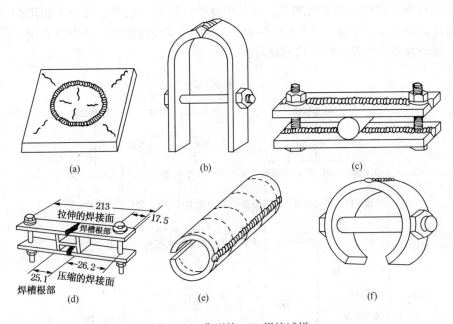

图 5-44　典型的 SCC 焊接试样

（2）缺口试样

缺口试样是模拟金属材料中宏观裂纹和各种加工缺口效应以考察材料 SCC 敏感性的专门试样。使用缺口效应有以下优点：①缩短孕育期，加速 SCC 进程；②使 SCC 限定于缺口区域；③改善测量数据的重现性；④便于测量某些参数，如裂纹扩展速率。但在加工制作试样

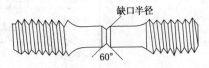

图 5-45　带缺口的拉伸试样

时，要求缺口的几何形状和尺寸严格统一，以保证受力条件一致。图 5-38(c)曾给出了带缺口的 C 形环试样的图示，图 5-45 为带缺口的拉伸试样。

（3）预制裂纹试样[79,80]

预裂纹 SCC 试样是预开机械缺口并经疲劳处理产生裂纹的试样，通过 SCC 试验和断裂力学分析，测试结果可用于工程设计、安全评定和寿命估计。这种基于断裂力学的预制裂纹试样，由于显著地缩短了孕育期而加速 SCC 破坏，测试时间短；数据比较集中；便于研究裂纹扩展动力学过程。预裂纹 SCC 试样种类很多，如图 5-46 所示。采用预裂纹试样，把线弹性断裂力学应用于 SCC 试验，可以确定金属材料在特定介质中的临界应力场强度因子 K_{ISCC} 和裂纹扩展速率 da/dt，确定构件中可允许的最大缺陷尺寸。

材料中一条裂纹尖端附近的应力场强度可用参数 K 表征，称为应力场强度因子。当试样厚度足以保持裂纹尖端处的最大约束时，张开型裂纹的应力场强度因子 K_I 与外加应力和

裂纹尺寸的平方根之乘积成正比。当裂纹尺寸保持不变时,K_I随外加应力增加而增大。在无侵蚀性环境的情况下,达到某个足够高的K_I值就会使材料发生快速的失稳断裂,这个K_I值就称为该材料的平面应变断裂韧性,以K_{IC}表示。当材料和裂纹置于侵蚀性环境中时,随外加应力增加,K_I也会增大,达到某个足够高的K_I值时就会使裂纹缓慢扩展;然后保持载荷恒定,K_I将随着裂纹的扩展而继续增大。加载应力的预裂纹试样在特定的化学和电化学介质中,在规定截止时间裂纹并无亚临界扩展的最大应力场强度因子称为临界应力场强度因子K_{ISCC}。

预裂纹的 SCC 试样可用砝码加载,也可用螺栓或楔的自加载。按照 K 值随裂纹扩展的变化关系可将预裂纹试样分为三类(图 5-46),即随裂纹长度增加可分为增 K 型、降 K 型和恒 K 型,这与加载方法及试件几何形状有关。

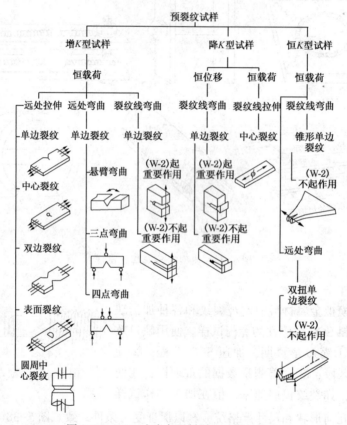

图 5-46 SCC 试验中预制裂纹试样的种类

① 恒载荷增 K 型试样 目前测量 K_{ISCC} 最简单、最常用的是悬臂梁弯曲试验。试样为悬臂梁弯曲预裂纹试样,属于恒载荷增 K 型。试验装置如图 5-47 所示,样品一端固定在立柱上,另一端固定在引伸臂上,悬臂端部有加载荷的装置,试样裂纹周围为所试验的腐蚀介质。裂纹尖端的应力场强度因子 K_I 可用下式计算:

$$K_I = \frac{M}{BW\sqrt{W}}F\left(\frac{a}{W}\right) \tag{5-21}$$

其中

$$F\left(\frac{a}{W}\right) = 4.12\sqrt{\left(1-\frac{a}{W}\right)^{-3}-\left(1-\frac{a}{W}\right)^{3}} \tag{5-22}$$

式中　a——预制裂纹长度,mm;

B——试样厚度，mm；

W——试样高度，mm；

M——弯曲力矩($L \times P$)加力臂的分布力矩之和；

L——加载点与试样中心裂纹的距离，mm；

P——载荷，kgf。

可从专用数据表查得对应不同 $\frac{a}{W}$ 的 $F\left(\dfrac{a}{W}\right)$ 值。

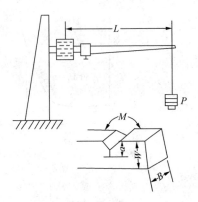

图 5-47　恒载荷增 K 试样和
悬臂梁装置

试验时逐渐增加砝码重量直至试样瞬时断裂，由上述公式可算出材料的断裂韧性 K_{Ic}(它可能和空气中测得的 K_{Ic} 略有不同)。在 K_{It}-t_t(断裂时间)图上可定出 C_0 点(图 1-48)。用另一个试样，减小砝码所加载荷，使 $K_{I1} < K_{Ic}$(如 $K_{I1} = 0.7K_{Ic}$)，保持载荷直至试样断裂。记下断裂时间 t_1，从而可在图 5-48 上定出 C_1 点。再用其他试样逐渐减小 K_{Ii}(减小砝码)，测出不同 K_{Ii} 下所对应的断裂时间 t_2、t_3……，从而可定出 C_2、C_3……点等，把 C_1、C_2、C_3……连成一条曲线，曲线变水平后所对应的应力场强度因子就是 K_{ISCC}。实际测试时要人为地规定一个截止时间(对超高强钢，一般为 100～300h)，超过这个截止时间不断裂的最大 K_I 就是 K_{ISCC}。

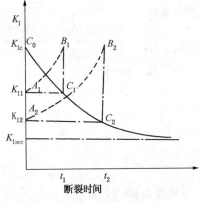

图 5-48　瞬时 K_I-时间曲线(虚线)和
K_{Ii}-断裂时间 t_i 曲线(实线)

用悬臂梁弯曲法也可同时测出 $\dfrac{da}{dt}$-K_I 曲线。在加载点安装差动变压器，它可测出加载点的位移 δ。随着腐蚀时间 t 的增长，裂纹 a 变大，从而使加载点位移 δ 增大。试验时，对于恒定的外力(弯矩 M 恒定)，可测出 δ-t 曲线[如图 5-49(a)为 $M = M_2$ 时的曲线]。预先用已知裂纹长度的一组试样进行标定，可获得 δ-a 曲线。为此先用一组不同裂纹长度的试样在不同弯矩下测出加载点位移，如图 5-49(b)所示。由此图可作出不同 M 值下的 δ-a 曲线，如图 5-49(c)所示。由图 5-49(a)和(c)可获得图 5-49(d)所示的 a-t 曲线(如 A_3 点坐标为 δ_3，t_3，在图 5-49(c)上可查出与 δ_3 相对应的 a_3，由 a_3、t_3 可在 a-t 图上定出相应的 a_3 点)。在 a-t 曲线上选不同的 a_i 值，作切线可求出 $(da/dt)_i$。同时把此点的 a_i 值代入相应的公式，就可求出相应的 $K_I(a_i)$ 值。用 $(da/dt)_i$ 和 $K_I(a_i)$ 作图，就可获得图 5-49(e)所示的 da/dt-K_I 曲线。

② 恒位移降 K 型试样　最常用的是改进后的楔形张开加载(改进的 WOL)试样及双悬臂梁(DCB)试样，这两种试样都是通过裂纹张开到一定位移达到加载的目的。

改进的 WOL 型试样是从 WOL 型紧凑拉伸试样演变而来的(图 5-50)。它用螺钉和垫块加载，其 K_I 表达式如下：

$$K_I = \frac{P}{\sqrt{BB_N W}} F\left(\frac{a}{W}\right) \qquad (5-23)$$

$$F\left(\frac{a}{W}\right) = 30.96\left(\frac{a}{W}\right)^{\frac{1}{2}} - 195.8\left(\frac{a}{W}\right)^{\frac{3}{2}} + 730.6\left(\frac{a}{W}\right)^{\frac{5}{2}} - 1186.3\left(\frac{a}{W}\right)^{\frac{7}{2}} + 754.6\left(\frac{a}{W}\right)^{\frac{9}{2}}$$
$$(5-24)$$

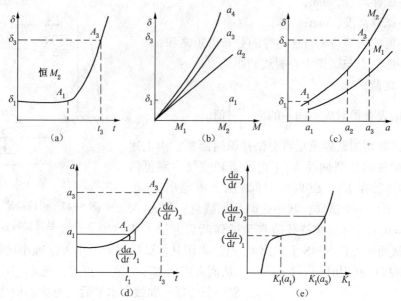

图 5-49 获得 $\dfrac{\mathrm{d}a}{\mathrm{d}t}$ - K_{I} 曲线的方法的示意图

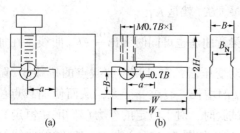

图 5-50 改进后的 WOL 试样

$B = 1$；$W = 2.55$；$H = 1.24$；$W_1 = 3.20$；

$H/W = 0.486$；$B_{\mathrm{N}} = 0.90$；孔直径为 0.7B

式中 P——载荷，N；

　　　B——试样厚度，mm；

　　　B_{N}——开侧槽后的有效厚度，mm；

　　　W——试样宽度，mm；

　　　a——裂纹长度，mm；

$F\left(\dfrac{a}{W}\right)$——裂纹形状函数。

其中，a 和 W 都从加载轴线起算。

双悬臂梁试样是用两个螺钉对拧加载的（图 5-51），K_{I} 表达式如下式所示：

$$K_{\mathrm{I}} = \frac{E\delta h\left[3h(a+0.6h)^2 + h^3\right]^{\frac{1}{2}}}{4\left[(a+0.6h)^3 + h^2 a\right]}\sqrt{\frac{B}{B_{\mathrm{N}}}} \qquad (5-25)$$

式中 δ——加载后加载轴线处的总位移，mm；

　　　h——试样半高度，mm；

　　　B——试样厚度，mm；

　　　B_{N}——开槽后的有效厚度，mm；

　　　a——从加载轴线起算的裂纹长度，mm；

　　　E——弹性模量，MPa。

恒位移试样测定 K_{ISCC} 和 $\dfrac{\mathrm{d}a}{\mathrm{d}t}$ 的原理是这样的：恒位移试样

用螺钉加载后，在试验过程中位移基本保持恒定，当裂纹扩展时，裂纹长度 a 增大，使 K_{I} 增大；但随着裂纹扩展，螺钉力松弛，P 下降，使得 K_{I} 下降。对于恒位移试样，P 下降对 K_{I}

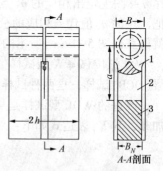

图 5-51 DCB 试样

1—预制疲劳裂纹；2—SCC；

3—机械开裂

的影响大于 a 增大的影响，故随着裂纹扩展，裂纹前端的 K_I 不断下降。当 K_I 下降到等于材料在特定环境下的应力腐蚀临界应力场强度因子 K_{ISCC} 时，裂纹就将停止扩展（一般认为，当腐蚀扩展速率 $\dfrac{da}{dt} \leqslant 10^{-8}$ cm/s 这个下限时，就认为裂纹扩展已停止），这就是说，恒位移试样止裂时的应力场强度因子就是 K_{ISCC}。

将恒位移试样放在介质中，按照预先规定的时间间隔测出裂纹的长度，从而得出 a-t 曲线，按相应的裂纹长度值求出该点的裂纹扩展速率（da/dt）及相应的应力场强度因子 K_{Ii}，从而得到 da/dt-K_{Ii} 关系曲线。

恒位移试样的优点如下：

（a）由于用螺钉自行加载，因而不需要复杂设备，而且可在实际的腐蚀介质中作试验，从而可获得实际使用条件下的应力腐蚀数据；

（b）用一个试样就可获得 K_{ISCC} 和 da/dt 的数据；

（c）由于这类试样主要用于观察裂纹扩展和止裂，故对预制裂纹的要求可较宽。

恒位移试样的最大问题是应力腐蚀裂纹有时会分叉，从而使试验失效。防止分叉的办法是加工侧槽，加载要小，使 $K_I < 1.4K_{ISCC}$（但这样难于测出 da/dt，只能测 K_{ISCC}）。事实上即使对超高强度钢，也不见得裂纹就一定会分叉。

值得注意的是，恒位移试样在裂纹扩展后，卸载时的位移 V_i^* 不等于加载时的位移 V_0。由于腐蚀和应力时效的作用，一般是 V^* 小于 V_0，且 V^* 随着裂纹的扩展而变小。这是由于随裂纹的扩展，裂纹上下两面分开，卸载时不能密合的缘故。所以应该用柔度曲线对卸载后的试样进行标定，最后确定 K_{ISCC}。

③ 恒载荷恒 K 型试样　在预制裂纹的试样中还有一种恒 K_I 试样，这种试样是在研究裂纹亚临界扩展的动力学时，为了精确测定 $\dfrac{da}{dt}$ 对 K_I 的依赖关系，随着裂纹扩展 K_I 保持恒定的试样。其试样的 K_I 表达式如下：

$$K_I = \frac{2P}{\sqrt{BB_N}}\left[\frac{3a^2}{h^3} + \frac{1}{h}\right] \tag{5-26}$$

式中　P——载荷，kN；

B——试样厚度，mm；

B_N——有效试样厚度，mm；

a——预制裂纹长度，mm；

h——对应于起始裂纹顶点处试样的半边高度，mm。

当 $\dfrac{3a^2}{h^3} + \dfrac{1}{h} = m$（常数）时，在恒应力作用下，$K_I$ 是恒定的，和裂纹长度无关。选择不同的 m 值，可设计不同的试样。图 5-52 是 $m=4$ 的恒 K_I 试样。但这种试样的外形轮廓是曲线，加工困难。图 5-53 为一种直线棱边的恒 K_I 型试样，其 $\dfrac{K_I B \sqrt{W}}{P}$ 随参数 tg2α、$\dfrac{W}{e}$、$\dfrac{W}{H_p}$ 的变化而变化。当上述参数在某些范围内取值时，可将 $\dfrac{K_I B \sqrt{W}}{P}$ 看作常数。

5.5.3　SCC 试验的加载方式

在 SCC 试验中，加载方式和试样选型之间存在着相互依存、交叉渗透的关系。应根据试验目的选择合适的试样类型和加载方式，实现对试样的加载。加载方式通常可以分为恒载荷、恒变形和慢应变速率加载等三种方式。

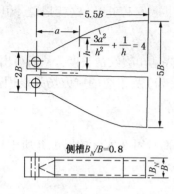

侧槽 $B_N/B=0.8$

图 5-52　曲线棱边的恒 K_I 型试样

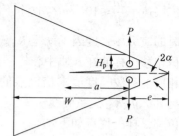

图 5-53　直线棱边的恒 K_I 型试样

P—对试样所施加的载荷；e、W—三角试样宽度被加载轴线所分割的两个长度（mm）；H_p—裂纹面在加载中线上的单边高度（mm）；α—三角试样锥角的 $\frac{1}{4}$（度）

（1）恒载荷加载方式

利用砝码、力矩、弹簧等对试样施加一定的载荷进行 SCC 试验，此系恒载荷加载方式。这种加载应力的方式往往用于模拟工程构件可能受到的工作应力和加工应力。可采用直接拉伸加载，如在一端固定的试样上直接悬挂砝码，也可采用杠杆系统加载［图 5-40（a）］。这种方式始终具有恒定的外加载荷。为简化装置可采用一个经标定的弹簧对试样加载［图 5-40（b）］；也可采用拉伸环加载［图 5-40（c）］，这是一种简单、紧凑且容易操作的恒载荷系统。

还可以对弯梁试样实现恒载荷加载，如三点加载［图 5-36（a）］和四点加载［图 5-36（b）、（c）］。此外，也可以用悬臂梁加载（图 5-47）等。

恒载荷 SCC 试验虽然外加载荷是恒定的，但试样在暴露过程中由于腐蚀和产生裂纹使其横截面积不断减小，从而使断裂面上的有效应力不断增加。与恒变形试验相比，必然导致试样过早断裂。恒载荷试验条件更为严苛，试样寿命更短，SCC 的临界应力更低。

（2）恒变形加载方式

通过直接拉伸或弯曲使试样变形而产生拉应力，利用具有足够刚性的框架维持这种变形或者直接采用加力框架，以保证试样变形恒定，此为恒变形加载方式。这种加载应力的方式往往用于模拟工程构件中的加工制造应力状态。图 5-35、图 5-38（a）~（c）、图 5-41、图 5-42 中的试样类型及恒变形加载的预制裂纹试样等均属于这种加载方式。

恒变形加载 SCC 试验以其装置简单、紧凑、操作方便而获广泛应用，不仅可用于实验室试验，也可用于现场试验，而且可以在有限空间内试验多组试样。

恒变形 SCC 试验过程中，当裂纹产生后还会引起应力松弛（下降），这是因为应力在裂尖高度集中，使裂纹张开，而且有一部分外加弹性应变转变成了塑性应变。应力松弛使裂纹的发展放慢或终止，因此可能观察不到试样完全断裂的现象，只能借助微观金相检查分析裂纹的生成。此外，为确定裂纹最初出现的时间，经常需要中断试验，取出试样观察。

（3）慢应变速率加载方式

慢应变速率法（SSRT）是 1961 年 Nikoforova 提出方案后，由 Parkins 学派和 Scully 等作为实验室试验方法而建立起来的，1977 年统一命名为 SSRT。

慢应变速率试验方法是以一个恒定不变的或相当缓慢的应变速率对置于腐蚀环境中的试

样施加应力，通过强化应变状态来加速应力腐蚀的发生和发展过程。SSRT 方法提供了在传统应力腐蚀试验不能迅速激发 SCC 的环境里确定延性材料 SCC 敏感性的快速试验方法，它能使任何试样在很短的时间内发生断裂，因此是一种相当苛刻的加速试验方法。

SSRT 的提出者认为：在发生 SCC 的体系中，应力的作用是为了促进应变速度，真正控制 SCC 裂纹发生和扩展的参数是应变速率而不是应力本身。事实上，在恒载荷和恒变形试验中以及在实际发生 SCC 的设备部件中，裂纹扩展的同时也或多或少地伴有缓慢的动态应变。应变速率取决于初始应力值和控制蠕变的各冶金参量。电子金相研究表明，SCC 是通过外加应力所产生的滑移台阶上的择优腐蚀产生的，某一体系的 SCC 只能在某一应变速率范围内才能显示出来。

慢应变速率试验中最重要的变量是应变速率的大小。一些典型的合金/环境体系的临界应变速率的范围为 $10^{-5} \sim 10^{-7} \mathrm{s}^{-1}$，但对于具体的体系尚需确定其最苛刻的应变速率。

对于给定体系，能够促进 SCC 的最快应变速率与应力腐蚀开裂速率有关。一般说，应力腐蚀开裂速率越慢，所需的应变速率也就越低。表 5-11 列出了可以促进某些体系 SCC 的应变速率。

表 5-11　促进不同体系 SCC 的临界应变速率

体　　系	应变速率/s^{-1}	体　　系	应变速率/s^{-1}
铝合金，氯化物溶液	10^{-4} 和 10^{-7}	不锈钢，氯化物溶液	10^{-6}
铜合金，含氨和硝酸盐溶液	10^{-6}	不锈钢，高温溶液	10^{-7}
钢，碳酸盐、氢氧化物或硝酸盐溶液和液氨	10^{-6}	钛合金，氯化物溶液	10^{-5}
镁合金，铬酸盐/氯化物溶液	10^{-5}		

除了进行专门的研究，通常推荐使用标准的拉伸试样（ASTM E8），其标距长度、半径等都作了具体的规定。对于光滑试样，试验开始时的应变速率是确定的。但是裂纹一旦产生、生长，应变便会集中在裂纹尖端附近，而无法知道有效应变速率。

也可以使用缺口试样或预裂纹试样，它们可以把开裂限制在一定的位置上。

由于 SSRT 方法本身就具有加速作用，所以对试验介质一般要求不特别苛刻，可以采用实际应用的介质。在动态加载的情况下，一般不超过 2~3 天即可把试样拉断。有时也可采用经典 SCC 试验所用的介质。

最常用的加载方式是采用单轴拉伸方法。这种加载方法，是在拉伸机上将试样的卡头以一定位移速度（0.01~2.00mm/h）移动，使试样发生慢应变，其应变速率在 $10^{-3} \sim 10^{-7} \mathrm{s}^{-1}$ 左右变化，直至把试样拉断。试验装置一般是特制的，也可以在近代的万能试验机上进行。图 5-54 是一种单轴拉伸 SSRT 试验机。

对一台 SSRT 所用的单轴向拉伸试验机的要求是：①在试样所承受的载荷下，设备有足够的刚度，不致变形；②能提供可重现的恒应变速率，范围约为 $10^{-4} \sim 10^{-8} \mathrm{s}^{-1}$；③备有能维持试验条件的试验容器及其他控制和记录的仪器、仪表。

试验过程中试样的卡头以一定的位移速度移动，试样即以慢恒速（$\Delta L/\Delta t$）拉伸。因为拉伸机各部分的刚度比试样高得多，所以试样伸长 ΔL 可用卡头的相应位移来代替。按照下列定义：

$$\varepsilon = \frac{\Delta L}{L_0} \tag{5-27}$$

$$\dot{\varepsilon} = \frac{\Delta L}{L_0} \frac{1}{\Delta t} = \frac{1}{L_0} \frac{\Delta L}{\Delta t} \tag{5-28}$$

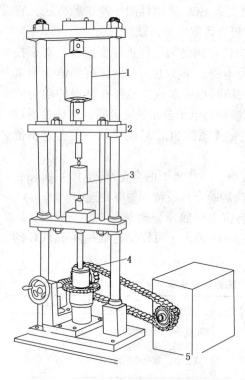

图 5-54　典型的慢应变速率试验装置
1—测力传感器；2—移动式支架；
3—腐蚀电解池和试样；4—蜗轮
牵引装置；5—恒速源

式中　ε——工程应变；

　　　L_0——试样标距长度；

　　　$\dot{\varepsilon}$——应变速率；

　　$\Delta L/\Delta t$——卡头位移速度。

当卡头移动速度保持恒定时，可认为试样的应变速率保持不变。但严格地说，试样的应变速率应该是 $\dfrac{1}{L}\dfrac{\Delta L}{\Delta t}$，$L$ 为瞬时标距长度。事实上，在试验过程中 L 是一个变量，所以试样的应变速率在整个试验过程中并不是恒定的量，而是变量。特别是对韧性金属拉伸时，一旦出现颈缩，则在颈缩区的实际应变率可能会增加一个数量级。这就有可能使试样的应变速率进入或者偏离临界应变速率范围。预制裂纹试样裂纹尖端的塑性区尺寸如果保持相同，则应变速率也保持在一恒定值。因此，用预制裂纹试样做慢应变速率试验要比采用普通的光滑试样更为合适、方便。

除了常用的单轴拉伸试验机外，还可以使用悬臂梁式慢应变速率设施。即在悬臂梁试样上接个延伸臂，以恒速下降。虽然试样切口根部或裂纹尖端的应变速率计算起来比较复杂，但用这种方法确定开裂速度、临界应变率和缓蚀效应等，与单轴拉伸方法相当一致。

5.5.4　SCC 试验环境

应力腐蚀现象的一个特点是，特定的金属材料对环境中某种特定的化学因素十分敏感。在 SCC 试验中一些主要的环境因素包括水溶液中阴、阳离子的性质和浓度、温度、pH 值、电极电位以及气体混合物中各种物质的性质和分压等。这些环境变量可以单独地或共同地影响控制环境开裂的电化学过程的热力学和动力学。

应力腐蚀试验环境可分为两大类，即实际服役环境和实验室环境。

现场 SCC 试验是把加载应力的试样或构件置于实际使用的环境介质中进行 SCC 试验。典型的现场试验的例子有：在海水中浸泡、在海洋大气、工业大气和化工厂流体中暴露等。

在接近实际服役条件的模拟介质中进行实验室模拟试验，通常可以获得比较可靠的结果。但应注意试验应在能够精确再现服役环境的条件下进行，对试验的细节也应给予充分的关注，否则甚至可能得出相反的结果。例如，为了考察盛装 N_2O_4 的 Ti-6Al-4V 压力罐的耐应力腐蚀性能，曾进行了实验室模拟试验。实验结果表明，该钛合金与 N_2O_4 有令人满意的相容性，并没有出现应力腐蚀。但实际压力罐却迅速发生了 SCC 而失效。以后的分析表明，实验室模拟试验的 N_2O_4 中含有少量水和 NO（杂质），它们足以抑制 Ti-6Al-4V 在 N_2O_4 中的 SCC。

在实验研究中广泛地使用了在受控实验室环境中的加速试验方法，其试验介质不一定与实际服役环境一模一样。但是，信赖不应建立在这种试验结果的基础之上，除非它们与应际服役经验或某些现场试验结果之间具有相关性。理想的情况下，实验室试验短期暴露的结果应能可靠预示在实际环境条件下一种合金在长期服役期间的 SCC 行为。为满足上述要求，应根据预期的服役条件精心选择实验条件。但是，对一种合金可以得到可靠结果的加速试验介质，用于其他合金就可能得不到可靠的结果，即便两种合金的基本金属是相同的。因此，在开发和使用标准试验介质时应谨慎。

目前，针对各种金属材料的 SCC 试验提出了一系列相应的腐蚀介质，其中一些已经标准化，还有一些被限制在有限范围内使用。下面给出几种已经标准化的试验介质：

① 连多硫酸溶液　用于测定不锈钢或 Ni-Cr-Fe 合金在该环境中对沿晶 SCC 的相对敏感性。已纳入 ASTM G35 标准。

② 沸腾 $MgCl_2$ 溶液　这是一种检测不锈钢及有关合金的 SCC 敏感性的标准试验溶液（ASTM G36）。鉴于氯化镁具有吸湿性，有时被记作 42% 或 45% $MgCl_2$ 溶液；但标准规定了该试验溶液的沸点温度为 155.0℃±1.0℃，以规范溶液成分和侵蚀性。

③ Mattson 溶液　pH=7.2 的 Mattson 溶液是评定 Cu-Zn 合金对 SCC 敏感性的一种标准溶液（ASTM G37）。这种溶液含 Cu^{2+} 0.05mol/L，NH_4^+ 1.0mol/L，pH=7.2。

④ 在 3.5% NaCl 溶液中的间浸试验　主要用于试验铝合金和铁基合金的 SCC 敏感性，可用于选材、质量控制和发展新合金等。试验溶液的 pH 值控制在 6.4~7.2 的范围内。加载应力的试样在试验溶液中浸泡 10min，接着在溶液上方的空气中暴露 50min，每个循环 1h，连续往复循环直至试样断裂或达到规定的试验周期。此方法已被纳入 ASTM G44 标准。

⑤ 热盐环境　这是一种检测钛合金氢脆和 SCC 敏感性的试验方法。热盐试验首先用喷涂的方法在加载应力的试样（通常为 C 形环和弯梁试样）表面覆盖一层 NaCl 盐膜，然后将涂盐试样暴露于高温下。通常是根据合金的力学性能和预计的使用条件来确定暴露温度（常用范围为 230~540℃）和应力水平，而暴露时间随合金、应力、温度和选择的破坏判据而定。此方法已被纳入 ASTM G41 标准。

将确定的试验介质作用于试样的方式有：全浸、间浸、喷雾和灯芯虹吸法等。

5.5.5　试验与评定

（1）SCC 试验

如前所述，试样选型、加载方式和腐蚀介质是 SCC 试验的三个基本要素。为进行 SCC 试验，除需有相应的加载机构或应力腐蚀试验机外，在大多数情况下还需有盛装腐蚀介质和暴露试样的试验池。试验池的结构取决于试验目的、介质的种类和状态、加载方式以及所需控制和测量的参数等。图 5-55 给出了一个进行恒载荷拉伸 SCC 试验的试验容器，其中辅助设施包括用于加热的电热丝、用于测温的温度计以及为防止水分蒸发、溶液浓度改变的回流冷凝器。若 SCC 发生在构件的传热面处，就需设计一个可实现传热作用的试验池。在进行 SCC 试验时，往往需要进行电化学控制和电化学测量，因此在试验池的设计上要做相应的考虑和安排。

试样的表面状态对 SCC 的初始过程有显著影响。为

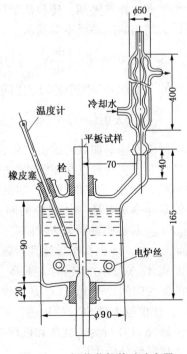

图 5-55　恒载荷拉伸试验容器

提高试验结果的重现性和可比性，通常情况下在试验进行前应对试样表面进行预处理，处理方法包括研磨、化学抛光和电化学抛光。无论选择何种预处理方法，都不应引起材料表面的组织变化或造成残余应力，也不应产生选择性腐蚀或沉积残留物，还应注意防止产生氢并渗入金属。

在开始 SCC 试验时，加载和注入腐蚀介质的时间顺序有可能影响试验结果。若在注入腐蚀介质之前已对试样加载一段时间，预先的蠕变作用可显著影响 SCC 过程和断裂时间；反之，若试样加载之前已暴露于腐蚀介质中较长时间，则预先的腐蚀过程也会影响 SCC 试验的结果。

在设计 SCC 试验时，选择恰当的试验周期也是至关重要的。试验周期应该足够长，以保证完成全部 SCC 过程；但又不能过长，以避免介质的腐蚀作用干扰 SCC 过程及 SCC 结果的判断。

（2）SCC 试验结果评定

评定材料的 SCC 敏感性的判据主要有：

① 试样的断裂寿命 t_F。这是指试样在给定应力水平下从试验开始至断裂的时间（即在不同 σ_i 下的 t_F）。

② 应力-寿命曲线（σ_i-t_F 曲线或 K_{1i}-t_F 曲线）。将不同应力值（σ_i 或 K_{1i}）对相应的断裂时间（寿命）作图（图 5-56），由所得曲线可确定给定应力水平下试样的寿命。

③ SCC 临界应力（σ_{SCC}）或临界应力场强度因子（K_{ISCC}）。这是应力-寿命曲线（图 5-56）上平行于时间轴的一段所对应的应力，低于这个临界应力试样不会发生 SCC，这就是 SCC 的临界应力 σ_{SCC} 或临界应力场强度因子 K_{ISCC}。

④ 裂纹扩展速率 $\left(\dfrac{da}{dt}\Big|_{SCC}\right)$。利用光滑试样测定裂纹扩展速率的方法，是以从试样暴露在环境中开始，到产生一定长度的裂纹为止的总时间除裂纹的长度来计算。这段时间不仅包括裂纹亚临界扩展期，还包括孕育期和快断期，而且一般孕育期的时间都比较长。因此，这样计算得出的速率就不够精确，也不能区分三个不同阶段的速度。

⑤ 裂纹扩展速率 $\left(\dfrac{da}{dt}\Big|_{SCC}\right)$ 与应力场强度因子（K_1）的关系（图 5-49e）。

⑥ SCC 机理研究中各因素之间的关系（如屈服强度 σ_s-σ_{SCC} 或 σ_s-K_{ISCC}，SCC 发生的电位范围 E_{SCC}，$\dfrac{da}{dt}$ 与声发射信号的关系，合金的显微组织与裂纹扩展及裂纹扩展速率之间的关系等）。

慢应变速率加载的试验结果通常与在不发生应力腐蚀的环境（如油或空气）中的试验结果进行对比，后者也在相同的温度和应变速率下进行试验。应力腐蚀作用可反映在慢应变速率加载的应力-应变曲线上。如图 5-57 所示，当腐蚀体系对 SCC 敏感时，应表现为：①试样的延伸率 δ 下降；②试样的断面收缩率 ψ 下降；③最大应力 σ_{max} 下降，可用最大应力 $\sigma_{max}/\sigma_{0max}$ 和敏感性指数 I 来评定，其中 $I=(\sigma_{0max}-\sigma_{max})/\sigma_{0max}$；④应变量的比，也即 $\varepsilon_{SCC}/\varepsilon_0$ 或 $\varepsilon_{\sigma_{max}}/\varepsilon_{\sigma_{0max}}$。也有按敏感性指数 I 来评定的，$I=(\varepsilon_{\sigma_{0max}}-\varepsilon_{\sigma_{max}})/\varepsilon_{\sigma_{0max}}$；⑤应力-应变曲线下的面积 A，对 SCC 敏感时 A 下降。可用面积比 A_{SCC}/A_0 来表示 SCC 的敏感性；⑥归一化处理后的断裂时间比率 t_e/t_0（t_e 是在腐蚀介质中的拉断时间，t_0 是在油或惰性气氛中的拉断时间），比值越小对 SCC 越敏感。

研究 SCC 行为、规律和机理时，还经常辅以金相观察、断口分析和扫描电镜观察等多种现代研究分析手段。

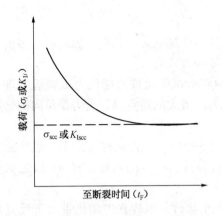

图 5-56 σ_i(或 K_{1i}) $-t_F$ 关系曲线

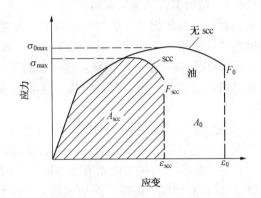

图 5-57 用 SSRT 试验评定 SCC 敏感性

5.6 腐蚀疲劳试验[80,81]

5.6.1 腐蚀疲劳试验目的

腐蚀疲劳试验目的有如下几方面：

① 测定材料在给定环境下的腐蚀疲劳寿命曲线（S–N 曲线）；

② 测定材料在给定环境下的条件腐蚀疲劳临界应力场强度因子范围 ΔK_{th}，或条件临界腐蚀疲劳极限应力（σ_e）；

③ 测定材料在给定环境、给定应力范围（ΔK）下裂纹扩展速率 $\dfrac{da}{dN}$或$\dfrac{da}{dN}$-ΔK 曲线；

④ 研究缓蚀剂或其他防护效果；

⑤ 各种腐蚀疲劳试验方法比较；

⑥ 研究影响腐蚀疲劳裂纹扩展各因素的作用及腐蚀疲劳断裂机理。

腐蚀疲劳试验中重要的因子是：交变应力的大小（σ_{max}、σ_{min}、$\Delta\sigma$ 或 $K_{1\,max}$、$K_{1\,min}$、ΔK）、平均应力的大小（$\overline{\sigma}$ 或 $\overline{K}$）、波形、交变应力的频率（f）、材料的机械性能（σ_s、σ_b、δ、ψ、α_k 等）。因为影响材料腐蚀疲劳开裂的因素很多，即使模拟实际构件运行的情况，也很难控制试验条件与实际运行状态相同。因此，目前尚未建立适合各种情况的标准腐蚀疲劳试验方法。

5.6.2 腐蚀疲劳试验的分类

常用的腐蚀疲劳试验方法是在腐蚀环境中进行疲劳试验。实验室腐蚀疲劳试验可以分为两类：即循环失效（诱发裂纹）试验及裂纹扩展试验。

在循环失效试验中，试样或部件承受交变载荷的作用，并达到诱发腐蚀疲劳裂纹（CFC）和使其长大到足以导致失效的应力循环数。通常采用光滑试样和带缺口的试样获取试验数据。试验中总循环周数的大部分用于诱发裂纹。尽管采用小试样不能精确地得出大部件的疲劳寿命，但却可以提供材料固有的疲劳裂纹发生的有关数据。在工程设计上，这些数据可用于制定防止疲劳失效的标准。但是，这类试验方法难以区分 CFC 起始寿命和扩展寿命。

裂纹扩展试验利用断裂力学方法确定在交变载荷下预制裂纹的裂纹扩展速率。材料中的预裂纹能减少（以至忽略）疲劳寿命中诱发裂纹的孕育期。

以上两类方法都很重要。但是，在薄断面部件的疲劳失效过程中，裂纹初始发生部分似乎更重要；而对于厚断面的部件，裂纹扩展似乎居支配地位。

5.6.3 腐蚀疲劳试验的加载方法

腐蚀疲劳试验的加载方法，一般说来与普通疲劳试验的加载方法相同，因而在很多情况下腐蚀疲劳试验可在普通疲劳试验机上进行。具体的加载方式有：

① 单轴拉压或拉拉反复加载：这种加载是在拉伸疲劳试验机或万能拉力试验机上进行的。试样可以是棒状，也可以是板状，但都是轴向受力。最大的特点是，受力是单向的，重复性强。

② 反复弯曲加载：平板试样采用悬臂弯曲加载（图5-58），矩形试样可采用三点弯曲或四点弯曲的方法加载。其中以四点弯曲加载（图5-59）为佳，一方面可使试样 AB 段之间受力均匀且为纯弯曲，另一方面留有加腐蚀介质的空间。

③ 旋转弯曲加载：旋转弯曲加载适用于棒状试样或丝材。试样在电动机带动下反复旋转弯曲，图5-60为丝材腐蚀疲劳试验装置。

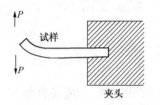

图 5-58 平板反复
弯曲加载

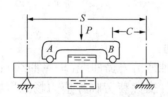

图 5-59 四点反复弯曲加载

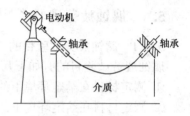

图 5-60 回转弯曲腐蚀
疲劳试验装置

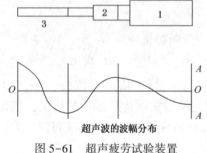

图 5-61 超声疲劳试验装置

1—换能器；2—操纵杆；3—试样

④ 扭转弯曲加载：这种加载是在扭转疲劳试验机上进行的，适用于棒状试样。受力状态最为复杂。

⑤ 应用电子计算机复合加载：许多实际构件，受力往往是多种、复合的，无论是载荷的最大值还是频率都随实际工况变化而变化。可把实际工况下的载荷谱经过处理变成程序输入计算机，用计算机控制试样的载荷。

⑥ 超声疲劳试验：这是一种把电能变成声能，又把声能转换为机械能，产生反复应变的疲劳试验方法。其特点是频率高（$f>2\text{kHz}$），因此试验的时间很短。试样应变的程度决定于超声波换能器的功率与频率及试样的固有频率，超声换能器的功率则由频率振荡器和功率放大器所提供（见图5-61、图5-62）。

5.6.4 腐蚀介质的引入方法

腐蚀疲劳试验时，腐蚀介质的引入有多种方法。

① 浸泡法。把整个试样浸泡在腐蚀槽中（如图5-60）。试验过程中试样表面始终与溶液接触。超声疲劳试验时，只要把试样空的一头插入溶液即可。

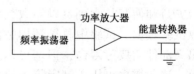

图 5-62 换能器框图

② 捆扎法。用棉花、布或其他纤维包扎在试样表面上，保持棉花、布或纤维与腐蚀介质接触而使试样表面与介质接触。试验中须注意缝隙腐蚀的影响。

③ 灯芯法。用一玻璃棒或塑料棒与试样保持一定的距离，使腐蚀溶液依靠其表面张力与旋转的试样保持接触（图5-63）。

④ 液滴法。在反复加载的试样上方装一滴管，使腐蚀溶液以一定的时间间隔滴在试样的表面上。液滴法适用于卧式腐蚀疲劳试验机。

⑤ 喷雾法。为了模拟海洋大气或在雾状环境中工作的构件的状态，有时也采用喷雾装置把溶液喷到试样上去。

在选择加载方法和介质引入方法时，应根据试验目的和试验对象，使其尽可能与实际工况相接近，以使试验结果更有参考价值。

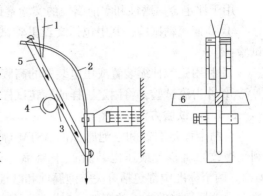

图 5-63　灯芯法腐蚀疲劳试验装置
1—喂管；2—塑料弓；3—腐蚀介质；
4—旋转试样；5—圆棒灯芯；6—试样

5.6.5　评定方法

腐蚀疲劳试验结果常用疲劳的寿命曲线（S-N曲线）来表示，其中 S 为应力，N 是试样断裂时的周次（见图 5-64）。将在腐蚀介质中得到的 S-N 曲线与在空气中的 S-N 曲线对比，可以看出腐蚀介质的作用。但 S-N 曲线不能用来估计实际构件的寿命，因为其寿命与腐蚀疲劳裂纹的扩展速率 $\dfrac{\mathrm{d}a}{\mathrm{d}N}$ 有关，而 $\dfrac{\mathrm{d}a}{\mathrm{d}N}$ 又取决于 ΔK 的大小。因此为估计构件寿命应作出 ΔK_I-$\dfrac{\mathrm{d}a}{\mathrm{d}N}$ 曲线（图 5-65）。在可能的情况下，求出 $\dfrac{\mathrm{d}a}{\mathrm{d}N}=f(K)$ 的关系式，并得出临界应力场强度范围因子 ΔK_th。不同的试验目的，则需从腐蚀疲劳试验的数据中整理出所需的参数。试验结果以报告形式写出，并应包括试验条件，如试样的形状和尺寸、载荷谱、频率、介质浓度，温度、pH 值及加液方式等。

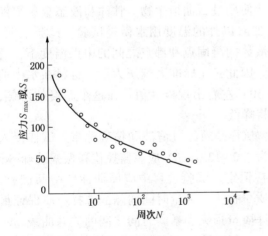

图 5-64　腐蚀疲劳开裂的 S-N 曲线

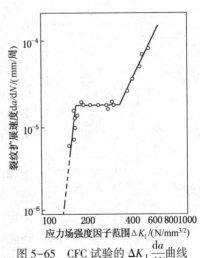

图 5-65　CFC 试验的 ΔK_I $\dfrac{\mathrm{d}a}{\mathrm{d}N}$ 曲线

5.7　磨蚀和空泡腐蚀试验方法[38]

磨蚀和空泡腐蚀是与机械作用有关的材料破坏形式。磨蚀是由于材料表面和流体间的机械作用而造成的材料从固体表面的逐渐丧失。空泡腐蚀是由于在邻近金属表面的液体中蒸气泡的形成和破灭而引起的。

用于评定金属磨蚀和空泡腐蚀的实验室试验方法包括：

① 高速流动试验，其中包括文丘里管试验、转盘试验以及将试样置于喉管部位的管道试验；

② 利用磁致伸缩装置或压电装置的高频振荡试验；

③ 冲击流试验，将固定试样或旋转试样暴露于高速射流或飞沫冲击之下。

5.7.1 试验方法

有两个评定磨蚀和空泡腐蚀的 ASTM 标准试验方法。ASTM G32 是一种振荡试验方法，利用磁致伸缩装置或压电装置产生频率为 20kHz 的振荡。另一个标准试验方法是 ASTM G73。两个标准中都包括有关空泡腐蚀和磨蚀术语的定义以及有关试样制备、试验条件和方法以及数据解释等方面的资料。在上述两种情况下，试验装置都要经过校准，而且需要利用参考材料来比较材料的相对耐蚀性。

（1）ASTM G32 标准试验方法

该方法的原理是，在高频振荡的试样表面上会产生空泡并破灭。它被用来评定不同材料对空泡腐蚀的相对耐蚀性。

标准规定试样为直径 15.9mm±0.05mm 的盘状试样，其厚度不小于 3.2mm。

试样部分浸入试验溶液，试验装置（图 5-66）使其产生轴向振荡，这可以通过磁致伸缩或压电传感器来实现。传感器利用振荡器或放大器驱动。传感器振动频率为 20kHz。试验装置中还应包括测定传感器位移幅值和控制试验温度的装置。

标准试验液体是满足 ASTM D1193 标准的蒸馏水，其温度保持在 22℃±1℃。试验液体上方的空气压力控制在(96±12)kPa。试验中振幅的峰-峰值为 0.05mm±5%。

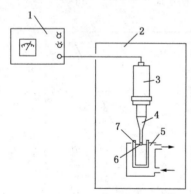

图 5-66　振动磨蚀/空泡腐蚀
试验装置

1—电源；2—隔音外壳；3—传感器；
4—集音器；5—冷却槽；6—试样；7—烧杯

采用不同于上述的试验液体、温度和压力，会引起试验条件的变化，在报告试验结果时必须加以说明。除水以外，还曾使用过石油衍生物、甘油和液态金属等液体；也曾在 22℃ 以外的温度用水做过试验。试验表明，大约在试验液体的凝固点和沸点之间的中点温度下，磨蚀速度最大。因此，在标准大气压力下，材料在水中的磨蚀速度在 50℃ 左右出现极大值。在这个温度的两侧，磨蚀速度都将降低。

试验前，试样必须经过清洗和精确称重。试样浸入液体的深度为 3.2~12.7mm。应该监控位移振幅的峰-峰值，使其保持恒定。试验过程中应周期性地中断试验，测定试样的质量损失。测量时间间隔的选择，应保证最终能作出累计质量损失和暴露时间之间的关系曲线。对于不同的材料，每次测量的间隔时间不同；较软的材料（如铝合金）可每 15min 检测一次；但对较硬的材料（如 Stellite 6B 合金），其时间间隔可达 8~10h。试验持续的时间至少应使磨蚀速度达到极大值并开始减小。

试验结束后，计算试样全部试验表面的平均磨蚀深度，并在报告中给出每个试样的累计质量损失-暴露时间和累计平均侵蚀深度-暴露时间的关系曲线。

为了便于比较不同的材料，常将试验材料的耐磨蚀性能同标准参考材料作比较，并将结果用一个归一化的数据表示。参考材料包括铝合金 1100-0、市售退火纯镍（如镍 270）以及硬度为 150~175HV 的 316 不锈钢。

（2）ASTM G73 标准试验方法

ASTM 标准 G73 提供了进行液滴冲击试验的指导原则。液滴冲击试验除了用于评定材料的耐蚀性，还可用于评定液体冲击作用造成的橱窗材料光学性能的降低和涂层的破坏。

被液体冲击的金属试样表面可以是曲面（翼面或柱状面），也可以是平面。试样如事先要经过机械加工，应注意避免表面的加工硬化。表面光洁度均方根值应控制在 0.4~2.6μm 范围内。如果采用其他的表面研磨制度，应在报告中注明。

ASTM 标准 G73 主要针对转盘型磨蚀试验装置。试样附在旋转圆盘或旋转臂上，其旋转轨道内有一个或多个液体喷嘴或喷雾器，造成试样和微小液滴的不连续撞击。不同试验装置的周向运动速度不同，通常的速度范围为 50~1000m/s。图 5-67 给出了两种不同的旋转试验装置。

微小液滴的直径在 0.1~5.0mm 的范围内变动，可利用喷嘴、振动式空心针产生，也可将水直接注在旋转圆盘的表面上。应控制液滴直径及单位时间内冲击试样的液体体积的变化范围不超过 10%。

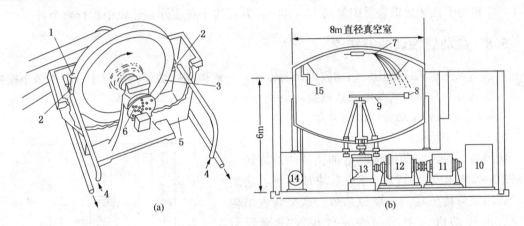

图 5-67　液滴冲击试验装置

(a)旋转圆盘；(b)旋转臂磨蚀/空泡腐蚀试验装置

1、8—试样；2—水喷嘴；3—直径305mm 的圆盘；4—入水口；5—外壳；6—音轮；7—降雨喷嘴；
9—叶片；10—起动器；11—电动机；12—离合器；13—齿轮箱；14—真空泵；15—喷砂嘴

对于不同的材料，其试验方法会有不同程度的改变。标准中给出了结构材料和涂层的试验方法，有关的材料包括金属、工程塑料、复合材料，带有陶瓷或金属涂层的金属、弹性涂层、橱窗材料及表面的透明薄膜涂层。

ASTM 标准 G73 较详细地介绍了计算和表示不同材料相对耐磨蚀能力的几种方法，可分别根据失效时间、全部材料损失、磨损速度−时间关系、孕育期和最大磨蚀速率等评定材料的耐蚀性。不同材料的试验结果可通过与指定参考材料作直接比较，或与标准化的参考标度作间接比较而归一化。

（3）其他试验方法

还有许多其他方法可用于实验室评定空泡腐蚀和磨蚀。其中多数是上述试验方法的改型，利用旋转圆盘，振荡装置或文丘里管使流体达到所需的速度。此外可以使用液体喷枪将短而分散的液块喷到试样上，造成空泡腐蚀或磨蚀。

5.7.2 试验数据的相关性

（1）不同试验方法的相关性 研究表明，由不同的试验方法（即高速流，振荡和冲击试验）和试验参数（振荡频率，试样的形状和尺寸）所产生的磨蚀强度存在相当大的差别。但是，试验材料的相对排列顺序一般还是一致的。当用归一化耐磨蚀性能（NER）表示材料的耐磨蚀性能时，由不同试验方法和不同实验室所得到的试验结果便可以直接进行比较，而且相当一致。所谓 NER 是试验材料的磨蚀速率同标准材料磨蚀速率的比值。

（2）实验室结果和实际使用的相关性 无法根据实验室结果定量表示实际使用中的磨蚀速率。但已发展了一些方法，可以在控制操作的条件下鉴别使用中的磨蚀强度。这些方法包括：

① 将铝条贴附到水轮机的叶片上，用应变仪测量实验室和实际使用装置的相对磨蚀强度。

② 利用某种放射性涂料，得出运行的涡轮机的磨蚀强度和磨蚀速率的指数间的相互关系。

利用后一种方法已经建立了相对耐蚀性换算关系。按这种关系，在实验室振荡装置中暴露 1~2h 相当于在文丘里装置中暴露 16~100h，并相当于在实际涡轮机中运行数个月。

5.8 微动腐蚀试验方法[81]

目前尚无标准的或通用的微动腐蚀试验方法。一般微动腐蚀试验装置中，产生微小振幅相对运动的方法有机械式及电磁式两类。

5.8.1 机械式微动腐蚀试验装置

（1）利用曲柄机构产生摆动

此类装置通过曲柄机构使主轴获得往返旋转运动（图 5-68）。载荷通过杠杆及重块加到环、块之间，利用载荷传感器测定摩擦系数。这类装置结构简单，但传动机构中的一些零件也往往遭到微动腐蚀。

（2）靠偏心重块的离心力产生振荡

电动机通过驱动轴使偏心重块旋转（图 5-69），由偏心重块产生的离心力使试样-滚柱轴承受到振荡。其振荡频率通过电动机转速来控制。用两只定

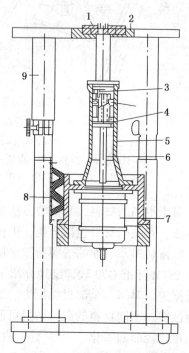

图 5-69 滚动轴承微动腐蚀试验设备

1—试验轴承；2—振荡元件；3—偏心重块；
4—传输轴承；5—空心轴；6—驱动轴；
7—电动机；8—振荡元件；9—支架

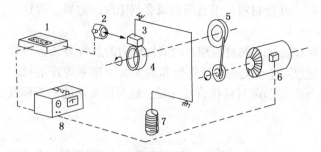

图 5-68 曲柄机构微动腐蚀试验装置

1—记录仪；2—载荷传感器；3—块；4—环；
5—曲柄传动；6—电动机；7—重块；8—控制器

位销插入保持器中，使受试轴承保持在固定的相对位置。

5.8.2　电磁式微动腐蚀试验装置

利用一台电磁振荡发生器来产生往复运动，最常用的是电磁振动台。

图5-70是一台高温微动腐蚀试验装置。试样的载荷大小，通过调整倾斜机械的拉杆螺栓、使振荡发生器上仰或下倾来加以控制，并由贴在传动杆上的应变片来测定。另外还贴有测量摩擦力的应变片。为了冷却传动杆，在它中间通冷却水。此外还装有电容传感器、热电偶及加速度计来测量振幅及温度。

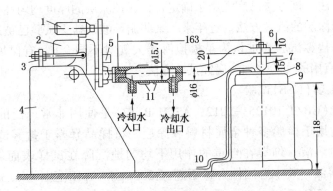

图5-70　高温微动腐蚀试验装置

1—电容传感器；2—振荡发生器；3—倾斜机构；4—支座；5—加速度计；6—传动杆；

7—上试样；8—下试样；9—下试样座；10—热电偶；11—应变片

图5-71也是一台高温微动腐蚀试验装置。下试样的直径为6.35mm，端面磨平，与上试样的轴线垂直。上试样的直径也是6.35mm，长44.5mm，下端是锥形，最下端加工成圆柱状凸台，直径0.76mm，高0.25mm。上试样夹在不锈钢及聚甲醛制成的夹头中，借聚甲醛推杆和两片铍铜与振荡器相连接。铍铜有足够的刚性传递振荡，并有足够挠性使上试样在垂直方向作有限位移。由于夹头重量较大，因此用尼龙绳把部件往上吊起，以减轻重量。振幅和频率是可调的，靠装在推杆上的线性差动变压器来监测。

微动腐蚀可用质量法评定，也可用表面轮廓仪记录及测量其腐蚀凹痕的尺寸。

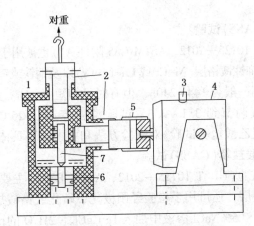

图5-71　电磁式微动腐蚀试验装置

1—有机玻璃室；2—薄壁橡胶管；3—振荡器激振输入端；

4—振荡器；5—铍铜片；6—下试样；7—上试样

第6章　加速腐蚀试验方法

6.1　盐雾试验

盐雾试验是评定金属材料的耐蚀性以及涂层(无机涂层、有机涂层)对基体金属的保护程度的加速试验方法,该方法已广泛用于确定各种保护涂层的厚度均匀性和孔隙度,作为评定批量产品或筛选涂层的试验方法。近年来,某些循环酸性盐雾试验已被用来检验铝合金的剥落腐蚀敏感性。盐雾试验亦被认为是模拟海洋大气对不同金属(有保护涂层或无保护涂层)的作用的、最有用的实验室加速腐蚀试验方法。

6.1.1　中性盐雾(NSS)试验

中性盐雾试验(GB/T 10125—2012,ASTM B117)是使用非常广泛的一种人工加速腐蚀的试验方法,适用于检验多种金属材料和涂层。将样品暴露于盐雾试验箱中,试验时喷入经雾化的试验溶液,细雾在自重的作用下均匀地沉降在试样表面。试验溶液为5%NaCl(质量分数)溶液,其中总固体含量不超过200μg/g,pH范围为6.5~7.2。试验时盐雾箱内温度恒定在25℃±2℃。

试样放入盐雾箱时,应使受检验的主要表面与垂直方向成15°~25°角。试样间的距离应使盐雾能自由沉降在所有试样上,且试样表面的盐水溶液不应滴在任何其他试样上。试样彼此互不接触,也不得和其他金属或吸水的材料接触。

喷雾量的大小和均匀性,由喷嘴的位置和角度来控制,并通过盐雾收集器收集的盐水量来判断。一般规定喷雾48h,在80cm² 水平面积上,每小时平均收集1~2mL的盐水,收集到的氯化钠浓度应在5%±1%范围内。

由于产品和涂层的种类不同,试验总时间可在8~3000h的范围中选定。过去试验以喷雾8h、停喷16h为一周期,现在普遍采用国家标准规定的48h连续喷雾方式。国家标准GB/T 10125—2012《金属覆盖层中性盐雾试验》中详细规定了中性盐雾试验的要求和方法,应严格按标准进行试验。

6.1.2　乙酸盐雾(AASS)试验

乙酸盐雾试验(GB/T 10125—2012,ASTM G85 附件 A1)也被用于检验无机和有机涂层,但特别适用于研究和检验装饰性镀铬层(Ni-Cr 或 Cu-Ni-Cr)以及钢铁或锌压铸件表面的镉镀层。

乙酸盐雾试验的周期一般为144~240h,但有时可缩短为16h。试验溶液为在5%NaCl溶液中加入乙酸,将pH值调节到3.1~3.3。试验温度控制在25℃±2℃。国家标准GB/T 10125—2012《金属覆盖层乙酸盐雾试验》对试验方法和要求作了具体的规定。

6.1.3　铜加速的乙酸盐雾(CASS)试验

铜加速的乙酸盐雾试验(GB/T 10125—2012,ASTM B368)主要用来快速检验钢铁和锌压铸件表面的装饰性镀铬层,还可用于检验经阳极化、磷化或铬酸盐等表面处理的铝。试验周期为6~720h。按照每3.8L5%NaCl溶液中加入1g CuCl₂·2H₂O 的比例配制溶液,然后用乙酸将pH值调节到3.1~3.3。CASS试验温度控制在49℃±1℃。

6.1.4　其他标准试验方法

为了在更接近某种特殊用途的条件下进行试验,发展了许多新的盐雾试验方法。这些方法包括循环酸化盐雾试验(ASTM G85,附件 A2)、酸化合成海水盐雾试验(ASTM G85,附件 A3;以前的 G43 方法)和盐/二氧化硫喷雾试验(ASTM G85,附件 A4)。循环酸化盐雾试验和酸化合成海水盐雾试验主要用于各种铝合金生产中的热处理制度的控制,防止剥落腐蚀。盐/二氧化硫喷雾试验主要用于检验各种铝合金和一系列有色材料、钢铁材料及涂层在含 SO_2 的盐雾气氛中的耐剥落腐蚀性能。

6.1.5 盐雾箱的结构

用得最多的盐雾箱是顶部开口型的,其体积不小于 $0.4m^3$。盐雾箱应该足够大,以便同时试验足够多的工件。盐雾箱的壳体通常是衬塑料的钢板,有时也可采用塑料。盐雾箱由下列主要部件构成:

① 具有自动水平控制的空气饱和塔;

② 具有自动水平控制的盐溶液储槽;

③ 塑料喷嘴,喷嘴在喷雾塔中受到适当的阻挡,以便使盐雾均匀地降落到试样上;

④ 试样支架;

⑤ 盐雾箱加热装置;

⑥ 空气饱和塔的控温装置。

6.2 控制湿度的试验[2]

控制湿度的试验经常被用于评价材料的耐蚀性或残留污染物的影响。ASTM 标准中所包括的控制湿度的试验如表 6-1 所示。其中 ASTM C739 和 D1611 分别用来评价绝缘材料和皮革的耐蚀性,而 B732 和 E937 则是分别评价焊接熔剂和消防喷雾的腐蚀性的。电子工业部门也用控制湿度试验评价残留污染物的作用和油、缓蚀剂对抑制腐蚀的效能(ASTM D 1748)。

表 6-1 已被 ASTM 标准化的控制湿度试验

代　号	名　称
B380	用 Corrodkote 方法对腐蚀性电沉积层进行腐蚀试验的方法
B732	评价铜管焊接熔剂腐蚀性的试验方法
C739	纤维素纤维(木基)松散填充热绝缘件规范
D1611	与金属接触的皮革造成的腐蚀的试验方法
D1743	润滑油脂的防腐蚀性能的试验方法
D1748	在湿热箱中金属防腐剂防锈性能的试验方法
D2247	在 100%相对湿度下检验涂层耐水性的实践
D2649	固体膜润滑剂的腐蚀特性的试验方法
D4585	通过控制冷凝过程检验涂层耐水性的实践
E937	用于结构件的喷淋耐火材料对钢的腐蚀的试验方法
F1110	三明治腐蚀试验的试验方法
G53	用于暴露非金属材料的光和水暴露装置(荧光紫外-冷凝型)的操作实践
G60	进行循环湿热试验的方法

在基本控制湿度的试验的基础上,有时在被试验的材料的表面上施涂某些化学物质,用于某些特定的用途。例如 Corrodkote 方法就是先在电沉积层上涂敷腐蚀膏泥,然后再将试样暴露在湿热箱中。有许多组织和公司的腐蚀标准把在湿热箱中暴露作为试验方法的一个组成部分。

具有冷凝作用的湿度试验不同于恒湿度试验,前者对试样表面具有清洗作用。一般说,这种试验的苛刻程度要比在 100%湿度下进行的试验低一些,因为一些污染物会从试样表面被冲洗掉。但是在不存在污染物的情况下可能会出现相反的情况，因为会使表面始终处于湿润。这种试验对有机涂层具有浸出作用，造成涂层降级，因此经常用于评价有机涂层，有时还加上紫外光照射(ASTM G53)。

循环湿热试验用以模拟热带的高温高湿环境。这种试验通过温度和湿度循环控制冷凝和干燥的周期，它还能通过一个部分封闭的容器为湿气提供"呼吸"作用。循环湿热试验通常用于电子行业。当把循环湿热试验与腐蚀性浸渍结合起来时，可用于模拟汽车环境，这种方法已被标准化(ASTM G60)。

控制湿度的试验通常是在可以控制温度和湿度的湿热箱中进行。用于材料试验的湿热箱可控制温度 0~65℃，湿度从 20% 到 100% 变化。湿热箱控制湿度是通过使回流空气通过水、泡罩塔、沸腾的水或超声水槽上方并根据内置的湿泡响应实现的。湿热箱还具有加热、冷却装置，程序控制器可维持试验条件恒定或在不同的试验条件间进行循环。

在实验室中有时可以用简单的方法控制温度和湿度恒定，例如可以把盛有水溶液的干燥器或其他容器置于实验室的烘箱中。这种方法虽然非常简单，但应注意避免悬浮物或飞溅物对试样的污染以及气相中的氧或其他还原性物质的消耗减少。

6.3　腐蚀性气体试验[2]

腐蚀性气体试验把控制湿度试验与引入一定量的腐蚀性气体相结合，以模拟较严苛的腐蚀环境。ASTM B735 和 B799 分别采用硝酸或亚硫酸/二氧化硫蒸气检测贵金属镀层的孔隙度。在 ASTM B765 和一些文献中还给出了其他一些检测孔隙度的方法。这些试验使用了较高浓度的腐蚀性气体，因为试验设计者并不准备利用这些试验预测镀层在真实使用环境中的性能，而仅仅是为了测量镀层中孔隙的数量。这类试验的优点是试验周期短，因此用于产品质量控制是有用的。

进行潮湿二氧化硫试验的意图在于产生类似于在工业环境中发生的腐蚀形态。在 40℃、相对湿度为 100% 的条件下，将试样在 SO_2 浓度分别为 0.06%(体积)和 0.6%(体积)的条件下进行循环暴露。这种试验方法被用于检测防护涂层中的孔洞或其他薄弱位置，但其试验结果并不能反映试验材料在所有环境中的耐蚀性。欧洲开发的这类试验使用了高浓度的 SO_2，这种试验条件对某些金属和合金(如铜和锌)可能腐蚀性过强。

最复杂的气体试验是流动混合气体(FMG)试验(ASTM B827)。在这种试验中，10 亿分之几的污染物，如氯、硫化氢和二氧化氮，被引入控制温度和湿度的试验箱。这种试验还有一些其他的变化形式，试验中引入其他的污染成分(如二氧化硫、氯化氢等)。对于这类试验注意补充空气使污染物水平保持恒定是重要的。流动混合气体试验广泛用于电子工业，因为有相当多的数据表明，这种试验和实际服役在腐蚀机理方面存在相关性。可以通过调整气体浓度以模拟各种真实外部环境。对于大多数腐蚀机理，试验的加速倍数在 100~150 之间。试验箱的监控可根据标准进行。试验中需使用铜和银控制试样，以确保暴露期间能维持正确的条件。

腐蚀性气体试验有时可在实验室内用比较简单的装置进行。一种小容量的试验方法是将试样暴露在冷凝的含硫气氛中，这种方法称为 C. R. L. 烧杯法或 C. R. L. 二氧化硫法。试验时将 300mL 含有 SO_2 的溶液放在 3L 的烧杯中加热，温度用恒温调节器控制。每只烧杯用塑料盖很好地密封，冷凝管置于每只烧杯的上部，试样用玻璃支架悬挂在烧杯的上半部。溶液中的 SO_2 含量没有明确规定，但以 0.3% 较为合适。这种方法比较简单，对钢铁上的有机涂层及金属镀层的试验结果与城市及工业气氛中的腐蚀结果有较好的相关性。纯SO_2的水溶液对铝很少腐蚀，可改用0.85%SO_2和0.01%盐酸的水溶液进行试验。

对于镀锌件还可用一种手工操作方法进行循环试验：试样悬挂于盛放热水的衬铅的试验箱内，空气温度保持55℃，然后将94%空气、5%CO_2和1%SO_2的混合气体通过热水表面，使混合气体温热并饱和水分后与试样接触5~10h，而后用水清洗1~2h，移去箱盖让试样干燥18h或12h。这种方法与城市及工业气氛中的现场结果之间有一定的联系。

6.4 电解加速腐蚀试验[12]

6.4.1 电解腐蚀试验（EC试验）

电解腐蚀试验主要用于钢铁件和锌压铸件上的Cu-Ni-Cr或Ni-Cr镀层的加速腐蚀试验，它具有快速、准确的特点。其原理是使镀层上的不连续处（裂纹，孔隙等）暴露出的镍层在电解液中发生阳极溶解，从而得到铬镀层的腐蚀状态。

试样用氧化镁浆液揩擦及温水冲洗后，放入表6-2的A或B溶液中，其中A溶液适用于基体为锌压铸件与钢铁件的试样，B溶液用于基体为钢铁件的试样。用恒电位仪将试样电位控制在+0.3V(SCE)，对试样进行阳极电解。先连续电解60s±2s，停止2min，以此作为一个周期。具体试验周期数依试验目的而定。试验结果表明，循环两次（即恒电位电解2min）的作用相当于汽车有关零件在美国底特律市使用一年。

表6-2 *EC*试验溶液A、B及指示剂C、D的组成

溶液及指示剂的组成	浓 度			
	A	B	C	D
$NaNO_3$/(g/L)	10	10	—	—
NaCl/(g/L)	1.3	1.0	—	—
HNO_3(浓)/(mL/L)	5	5	—	—
1,10-盐酸菲绕啉/(g/L)	—	1.0	—	—
KSCN/(g/L)	—	—	3	3
冰乙酸/(mL/L)	—	—	2	2
喹啉/(mL/L)	—	—	8	—
H_2O_2(30%)/(mL/L)	—	—	—	3

腐蚀程度可用光学显微镜测定蚀坑的直径与深度，或用指示剂方法检查镀层的穿透深度得出。指示剂的选择应根据基体金属而定：如果是钢，则可用表6-2中的B溶液检验是否有Fe^{2+}存在。另一种方法是将试样从试验溶液中取出，放入指示剂中，锌压铸件用指示剂C，钢件用指示剂D。指示剂与基体金属作用，在钢的蚀坑中呈现红色，在锌的蚀坑中产生白色沉淀。采用这种方法对镀层进行检验，较CASS试验更快，重现性也要更好一些。其缺点是部件必须制成标准化的试样表面。

我国已建立了相应的试验标准：GB 6466—2008《电沉积铬层电解腐蚀试验》，规定了电解腐蚀试验的要求和方法。

6.4.2 阳极氧化铝的腐蚀试验方法

（1）阳极氧化铝的FACT试验

FACT试验是对汽车工业中阳极氧化铝的一种快速定性测试。试样作为电解池的阴极，铂丝作阳极，电解池是一个内径为6.35mm的玻璃管，管端用橡皮垫圈密封，试样在溶液中暴露面积的直径为3.18mm，如图6-1(a)。电解质为5%NaCl（质量分数）溶液，内含$CuCl_2$

（1g/3.8L），用乙酸调整 pH 值至 3.1。装置线路示意图见图 6-1（b）。

试样通过电阻器施加高达 34V 的电压，在表面局部缺陷处发生阴极反应，产生氢氧化钠，使阳极氧化膜溶解。结果电池的电流增加，有效电阻下降。FACT 值是将 3min 内通过电池的电压积分获得。FACT 值的范围相当小，从无膜、封闭不好的膜到质量尚可的膜，其FACT 值分别为 60V·s、650V·s 及 750V·s。因此用这种方法测定膜是否完好，并不太可靠。但 FACT 值与膜的质量之间确有一定联系，对于厚膜或封闭质量好的膜，其 FACT 值也高。它与实际使用结果也有某些对应关系，因而已广泛用于定性测定。这种试验方法的其他缺点是试验温度对结果有较大的影响，温度越高，FACT 值越低；且被测定的部位很小，要检查试样整个表面的质量有困难。

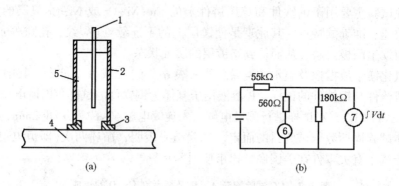

图 6-1　FACT 试验的电解池（a）及线路（b）
1—铂丝；2—玻璃管；3—橡皮垫；4—试样；5—电解质；6—电解池；7—电压积分器

（2）阳极氧化膜的阴极破坏试验

阴极破坏试验也是用于阳极氧化膜的一种较新的快速测定方法，曾建议用于汽车工业中铝阳极氧化膜的质量定性检验。试验时将试样放入 pH 值为 3.5 的 5%NaCl（质量分数）溶液中，用恒电位仪将试样电位控制在−1.6V（SCE），历时 3min。膜上任何薄弱处都会产生局部高阴极电流密度，膜色变白并发生点蚀。

评定方法是将上述试样冲洗、干燥，然后统计破坏点密度。质量好的膜，点密度为 1~5点/dm²；刚好合格的为 25~50 点/dm²；而未封闭的膜，可达几千个点/dm²。

（3）阳极穿透试验法[82,83]

阳极穿透试验法通过在金属/电解质界面间施加一个电位加速铝的阳极氧化壁垒层的破坏，实现表面的电化学活化，并根据流过试样的总电量评价阳极氧化膜的耐蚀性。图 6-2是阳极穿透法所用的电解池和夹紧装置的示意图。电解池是一个无底的空心塑料圆筒，试样可置于空心圆筒和基座之间，构成电解池的底。一个 O 形橡胶圈与一个夹具对电解池起密封作用，防止溶液渗漏。电解池采用经典的三电极系统，经氧化的铝试片为工作电极，辅助（对）电极为 304 不锈钢，饱和甘汞电极用作参比电极，被置于 Luggin 毛细管中。试验所用的电解液为硼酸和 NaCl 溶液，用 NaOH 将 pH 值调整为 10.5。在 25℃ 下，对试样外加600mV（SCE）的电位，恒电位保持一定时间。对于表征经阳极氧化的铝的穿透破坏，恒电位下保持 7min 是合适的；但对于保护性较差的氧化层（如经化学氧化得到的氧化层），可适当缩短氧化时间。在外加电位期间监测流过试样的电流，把电流数据积分作为评价阳极氧化壁垒层破坏的定量参数。也可以把阳极电流看作金属溶解或腐蚀的电流，并用 Faraday 定律将其转换成腐蚀速率：

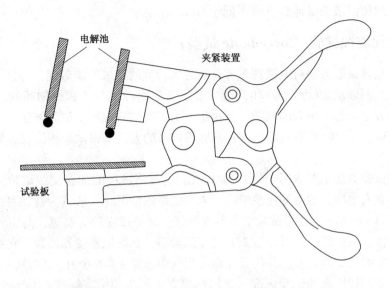

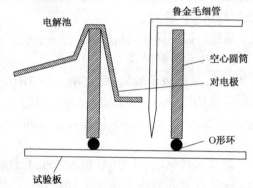

图 6-2 阳极穿透试验电解池和夹紧装置

$$v = \frac{1.1 i_k M}{d} \qquad (6-1)$$

式中　v——腐蚀速率，$\mu m/a$；

　　　i_k——腐蚀电流密度，$\mu A/cm^2$；

　　　M——被氧化元素的摩尔质量，g/mol（对铝合金是 $26.98g/mol$）；

　　　d——被氧化元素的密度，g/cm^3（对铝是 $2.699g/cm^3$）。

大量试验结果表明，由阳极穿透技术所得出的结果与传统的盐雾试验结果以及工艺控制参数之间存在一定的相关关系：

① 测得的腐蚀速率低于 $2.5\mu m/a$ 的试件，将能通过盐雾试验。

② 如果腐蚀速率在 $2.5\sim15\mu m/a$ 之间，说明阳极氧化工艺正在恶化，须提出警示并采取矫正措施。在这种条件下处理得到的试样可通过盐雾试验的 90%。

③ 当腐蚀速率超过 $15\mu m/a$ 时，要求立刻采取工艺矫正措施；如果腐蚀速率超过 $25\mu m/a$，工件应重新处理；腐蚀速率在 $15\sim25\mu m/a$ 之间时，根据用途决定是否要重新进行处理。

④ 封闭时间最佳化：对新鲜去离子水来说，最佳的封闭时间是 $8min$；而对已放置一个月的封闭溶液来说，封闭时间可能要延长到 $15min$。

⑤ 封闭溶液温度的最佳化：如发现封闭溶液温度较低，生产的试件腐蚀速率较高时，

应修正规范，封闭溶液的最低温度应不低于90℃。

6.5　膏泥腐蚀试验(Corrodkote 试验)

鉴于中性盐雾试验方法对电镀汽车零件在各实验室的结果不能重现，并且与实际使用性能也没有联系，所以从 20 世纪 60 年代起发展了膏泥腐蚀试验法和铜加速的乙酸盐雾试验法。上述两种方法取得了很大的成功。据报道，为了发展膏泥腐蚀试验方法，美国电镀协会(AES)曾分别试验了 130 种不同的配方并与底特律市的大气暴露试验相比较，然后才确定正式的使用配方。

膏泥腐蚀试验方法主要适用于铬、铜/镍/铬和镍/铬镀层的加速腐蚀试验。可模拟汽车上的电镀件经含有尘埃，盐类等泥浆喷溅后未经洗涤的情况。一般认为膏泥腐蚀试验方法具有下列优点：对 Cu-Ni-Cr 镀层试验结果重现性好，试验过程较为快速，与室外大气试验亦有良好的相关性。装饰性镀铬层经过 20h 膏泥试验后，其腐蚀程度和外貌与在室外工业大气条件下暴露一年的情况颇相似，并相当在海洋大气中暴露 8~10 个月。ASTM B380 已正式将其列入装饰性多层镀铬腐蚀试验标准。我国已建立了相应的国家标准 GB 6465—2008《金属和其他无机覆盖层腐蚀膏腐蚀试验(CORR 试验)》。

膏泥中含有铜盐和三价铁盐。铜盐对镀层具有强烈的腐蚀性，会引起剥落、裂纹和点蚀等；三价铁盐也有较强的腐蚀性，能产生应力腐蚀等。

膏泥可在玻璃杯中配制，将 0.035g 试剂级硝酸铜[$Cu(NO_3)_2 \cdot 3H_2O$]、0.165g 试剂级三氯化铁($FeCl_3 \cdot 6H_2O$)和 1g 试剂级氯比铵(NH_4Cl)中加入 50mL 蒸馏水，然后拌入水洗过的陶瓷级高岭土，随即用玻璃棒充分搅拌，静止 2min，使高岭土饱和。膏泥在使用前需再次充分搅拌。

膏泥的另一种配制方法是：称 2.5g $Cu(NO_3)_2 \cdot 3H_2O$ 倒入 500mL 量瓶中，用蒸馏水溶解并稀释至刻度；再将 2.5g $FeCl_3 \cdot 6H_2O$ 放在另一个 500mL 的量瓶中，用蒸馏水溶解并稀释至刻度；称 50g NH_4Cl，也用蒸馏水在第三只 500mL 的量瓶中溶解后稀释至刻度。然后取出 7mL $Cu(NO_3)_2 \cdot 3H_2O$、33mL $FeCl_3 \cdot 6H_2O$ 和 10mL NH_4Cl 溶液，放入同一玻璃杯中，加入 30g 高岭土拌匀。$FeCl_3 \cdot 6H_2O$ 溶液要放在阴暗处，保存期应不超过两周。

试验前用乙醇、乙醚、丙酮等溶剂清洗金属(或金属镀层)试样，然后用干净刷子沿圆周的方向将膏泥涂在试样上，将表面完全覆盖住。然后按一个方向用刷子轻轻刷过，使膏泥表面光滑。涂过膏泥的试样，放在室温及相对湿度低于 50% 的空气中干燥 1h，然后放入潮湿箱内进行试验。试样与试样应互不接触，已涂膏的试样表面与试样架也不要接触。

潮湿箱内的温度为 38℃，相对湿度为 80%~90%，试样表面不要发生冷凝。箱内可装置风扇，以保持温度和湿度均匀。

试验持续时间以 16h 作为一个周期。所谓持续时间是指潮湿箱关闭时的连续操作时间。一般短暂的中断，如放入或取出试样的时间不计在内。试验周期的多少视实际需要而定，但每一周期都应涂新鲜膏泥。

试验结束后，将试样从潮湿箱内取出，用水冲洗，用粗布将膏泥全部抹去，再用硅藻土等软磨料将试样表面的粘着物擦去，这样可能会将腐蚀产物擦掉。此时可根据盐雾试验法在盐雾箱中暴露 4h；或在 38℃、相对湿度 100% 的潮湿箱内暴露 24h，使锈蚀重新出现。

上述程序完毕，立即小心地检验试样的腐蚀程度或测定其他腐蚀破坏。

第7章 自然环境中的腐蚀试验

7.1 大气暴露试验

材料在大气环境中的腐蚀速率是试验材料、地点、气候条件、环境中的污染物和一些其他因素的函数。为了理解大气环境特性和将不同试验的结果进行比较,应监测相关环境参量并对不同地方的相对腐蚀性进行评价。

不仅室外大气可以引起材料的腐蚀,某些环境中的室内大气也可造成材料的腐蚀。

室外大气暴露试验具有多种用途,例如评价新的合金在不同大气条件下的性能、检验金属和非金属涂层的性能、确定某些部件在大气环境中的性能和使用寿命。在某些情况下,大气暴露试验还被用于评价大气的腐蚀性,这类信息对选择用于特定地点的涂层或其他腐蚀防护体系是十分有帮助的。

大气暴露试验有静态、加速试验两类。静态试验是最常用的大气暴露试验方法,它是将暴晒架和试样支撑装置安装在固定位置,试样在固定地点暴露预定的周期。加速试验是指为加速获得金属-合金材料、金属覆盖层和转化膜等材料在大气环境下的腐蚀性能数据,而在静态户外暴晒架上安装喷淋系统,对试样进行周期性喷淋试验,喷淋溶液一般为纯净水或雨水模拟液。

大气暴露试验所需获取数据或信息是由试验目的决定的。例如,试验的目的可能是评价材料的耐全面腐蚀、点蚀、电偶腐蚀性能;评价涂层抗阳光辐射和变色性能;也可能是评价强度损失或其他物理性能的变化。暴露试验所需获取的信息必须在试验的规划阶段确定。

7.1.1 试验场点选择

大气暴露腐蚀试验(静态)的试验站应建立在有代表性的地区,如农村、城市、工业区、湿热地区、滨海或内陆地区等,以适应大气腐蚀规律的复杂性。应当测量和记录试验站所在地的气象和环境因素,如温度、降水日数、降水量、风向、风速、日照时数以及大气中的污染成分(如 SO_2、H_2S、NO_2、煤屑、盐粒、灰尘等)。为了对材料的耐蚀性作出可靠的判断,应在尽可能多的、环境条件各异的试验站同时进行试验评定。

7.1.2 控制材料

为了确定环境对所评价的材料的降级的影响,大气暴露试验通常要进行数月,甚至数年。因此,选择标准的或参考的材料(控制试样或材料)是很重要的,它们将和感兴趣的材料、合金或涂层一起进行暴露试验。控制材料在暴露环境中的先验行为已被记录在案,它们对于相互比较和监测试验地点腐蚀性的变化是很有帮助的。例如,国际标准化组织推荐低碳低铜钢、工业纯铝、工业纯锌和工业纯铜作为控制材料。

平行试样的数目取决于暴露周期和计划取样的数目。对于目检,通常每种环境有两个试样就足够了。

7.1.3 大气暴露试验的试样

中国国家标准化管理委员会(SAC)、美国材料试验协会(ASTM)和国际标准化组织(ISO)有关标准试样设计的准则归纳于表 7-1 中。暴露试验前试样的清理以及试验后试样的清洗和评价方法可参照 SAC、ASTM、NACE 和 ISO 给出的指南(见表 7-2)。

表 7-1 大气腐蚀试验试样设计的建议

试样类型	典型尺寸	标准
平板试样	100mm×150mm 适宜厚度 1~3mm 带有金属覆盖层的试样表面积应大于 50cm²(5cm×10cm)	GB 14165
应力腐蚀试样 U 形弯曲 弯梁 C 形环 直接拉伸 焊接试样	3mm×15mm×130mm×32mm 直径 3 点：1mm×5mm×65mm 跨距 2 点：15~25mm 宽×110~255mm 长×0.80~1.80mm 厚×175~255mm 跨距 12mm 宽×25mm 直径 试样尺寸主要取决于试验产品的尺寸 试样的厚度和尺寸应代表实际结构件	ASTM G30 ASTM G39 GB/T 15970.2 ASTM G38 ASTM G49 ASTM G58
电偶腐蚀试样 盘状试样 板状试样 敞开螺旋 （金属丝）	36mm 直径×1.6mm，33.5mm 直径×1.6mm， 30mm 直径×1.6mm，25mm 直径×1.6mm 90mm×150mm×2mm，70mm×25mm×2mm， 45mm×90mm×2mm，25mm×70mm×2mm 直径 2~3mm，长 1000mm 的金属丝 卷绕成螺旋，并用尼龙或金属支架固定	ASTM G149 ISO/TC 156/WG3/N11 ISO/DP 9226

表 7-2 大气暴露试验准则

方法或准则	协会或组织			
	SAC	ASTM	NACE	ISO
金属大气试验的标准实践		G50		DP8565(a)
金属和合金 大气腐蚀试验 现场试验的一般要求	GB/T 14165			
金属和合金的腐蚀 钢铁户外大气加速腐蚀试验	GB/T 25843			
金属和合金的腐蚀 户外周期喷淋暴露试验方法	GB/T 25417			
金属和合金的腐蚀 大气腐蚀性第 1 部分：分类测定和评估	GB/T 19292.1			
金属和合金的腐蚀 大气腐蚀性第 2 部分：腐蚀等级的指导值	GB/T 19292.2			
金属和合金的腐蚀 大气腐蚀性第 3 部分：影响大气腐蚀性环境参数的测量	GB/T 19292.3			
金属和合金的腐蚀 大气腐蚀性第 4 部分：用于评估腐蚀性的标准试样的腐蚀速率的测定	GB/T 19292.4			
金属和合金的腐蚀 双金属室外暴露腐蚀试验	GB/T 19747			
记录带有金属涂层的钢试样的大气腐蚀		G33	RP-02-81	
经大气暴露的电沉积板的评价		B537		
腐蚀试验样品的制备、清洗和评价的标准实践		G1		
有关腐蚀和腐蚀试验的术语的标准定义		G15		
应用统计学分析腐蚀数据的标准实践		G16		
检查和评价点蚀的标准实践		G46		
制作和使用 U 形弯曲腐蚀试验样品的标准实践		G30		
金属和合金的腐蚀——在室外暴露腐蚀试验中测定双金属腐蚀				ISO 7441—1984
大气腐蚀性的分类				DP 9223
金属和合金的腐蚀——腐蚀性大气分类标准指南				DP 9224
金属和合金的腐蚀——大气的侵蚀性：污染数据的测量方法		G91		DP 9225
腐蚀速度的测定方法				DP 9226

需要有适当的方法来区分试样：对于较耐蚀的材料，可以在样品上打上编号；对于不太耐蚀的材料，可根据样板在试样的一定部位上钻孔或在边棱上开缺口；也可以使用塑料标签，用非金属丝将其拴在试样或支架上，根据实际情况绘图表示试样在暴晒架上的具体位置也是一种办法，在编号或标签失落的情况下可根据试样所在位置区分试样。

7.1.4 暴晒架与暴露试验

(1) 室外暴露试验

试样通常是置于暴晒架上。暴晒架可由低合金钢、不锈钢或合金钢管等材料制成，对于低合金钢等耐蚀性较差的材料可涂漆加以保护(图7-1)。架子距地面高度大于0.75m。在北半球，架的正面朝南；在南半球，架的正面朝北。GB/T 14165 建议，架面与水平面的夹角为45°。ASTM标准G50建议，架面与水平面的夹角为30°(欧洲规定为45°)。如果需要最大限度地暴露在阳光下，则架面与水平面的夹角应相当于试验站所在地的地球纬度。暴晒架应设在完全敞开的地方，以便试样能充分受到大气条件的侵袭；暴晒架应与周围的建筑物、树木相隔一定的距离，以避免阴影投射的影响。

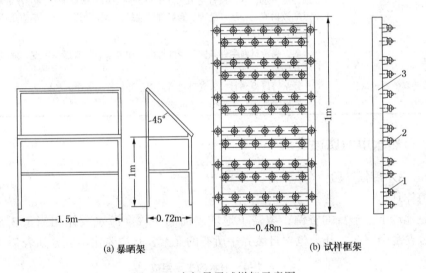

图7-1 大气暴露试样架示意图

1—磁绝缘子；2—螺钉；3—30mm×30mm×4mm 金属角形框架

暴晒架上配制由陶瓷(或塑料)绝缘子分隔的框架，其上安置试样。绝缘子的作用是保证试样与暴晒架以及试样与试样之间的电绝缘。

(2) 百叶箱试验

在百叶箱试验中，试样不受日晒雨淋，但百叶箱内部空气与外部大气相通。

标准百叶箱体积约为1m³，呈双层百叶式，并有防水檐。百叶箱内壁安有孔径为0.3mm的耐蚀网帘，箱内基座上设有水槽，其大小为 68.5mm×830mm×1300mm。水池上方设有试验架，其位置应使试样下端距水面100mm。试样架间相距100mm。板状试样倾斜放置，与垂线夹角15°，箱体应位于室外暴晒场附近，正面向南放置。

(3) 库内试验

试样置于试验库内进行储存试验。试验库内的空气与外部空气不流通，不受阳光照射和雨、雪、风的侵袭。库内不设加温调湿通风装置，一般为水泥地面。由于温度、湿度与室外有差别，因此须备有自动记录温度和湿度的仪器。试验可用实物试件，也可用专门制备的试样，放置方式无特殊要求，板状试样可垂直悬挂，外形复杂的零件可按序摆在木制试样架上。

7.1.5 试验结果的评价

在大气暴露试验之后，有许多技术可以用于评价和解释试验结果（表7-3）。大气腐蚀试验中最重要的步骤是记录试验结果和观察结果，并将其编制成文本，以便将来参考和使用。报告应说明试验目的、暴露试验的详细情况以及最终的结论。

表7-3 大气腐蚀试样的评价技术

技　术	价　值
摄影	试样清洗前后的照片可以给出在特定大气环境中材料性能的永久记录
腐蚀产物分析和表面沉积物	在取样时，大气腐蚀试样的表面上通常有腐蚀产物和空气中的沉积物。这增加了许多有关材料行为的信息
质量损失	对于均匀腐蚀，这种方法简单易行，而且可以转换给出腐蚀速度
点蚀和局部腐蚀	可以得到材料对局部腐蚀敏感性的信息。点蚀程度常以平均点蚀深度或最大点蚀深度表示，它们通常是用深度千分尺或微调显微镜测定的。在可能的情况下，点蚀数据应进行统计处理。当局部腐蚀是主要腐蚀形态时，不应用质量损失数据计算腐蚀速度
锈或锈蚀	数据揭示材料生锈倾向和锈蚀程度。如果原始外观保持不变，通过清洗方法可将其确定
拉伸试验和其他物理试验	经常可以得到有关大气对材料强度、开裂行为等影响的信息
外观	环境对外观、色泽保持等的影响

7.2 自然水中的腐蚀试验

7.2.1 海水腐蚀试验[2,12,39,84]

（1）海洋环境

海水是地球上最丰富的资源，覆盖了地球表面的71%。海水大体相当于3.5%NaCl溶液，但成分要复杂得多，几乎包含自然界中所有的元素，其主要化学成分如表7-4所示。

表7-4 海水的主要组成

组　分	浓度/（g/kg 海水）	组　分	浓度/（g/kg 海水）	组　分	浓度/（g/kg 海水）
Cl^-	19.353	Mg^{2+}	1.294	HCO_3^-	0.142
Na^+	10.76	Ca^{2+}	0.413	Br^-	0.067
SO_4^{2-}	2.712	K^+	0.387	Sr^{2+}	0.008

海洋环境可划分为：海洋大气区、飞溅区、潮汐区、全浸区及海泥区。根据海水深度的不同，全浸区又可分为浅水、大陆架和深海区。

海洋大气中含有细小的海盐颗粒，海盐粒子会加速金属的腐蚀。

飞溅区提供了一个充气海水环境，暴露于此区的金属表面处于潮湿、充气状态，无海生物附着。飞溅区的条件对许多金属是有害的，它们在这个区段的腐蚀速度高于任何其他海洋环境。飞溅区环境对防护涂层（如涂料）也是破坏性的。可生成钝化膜的合金（如不锈钢和钛合金）在这种充气良好的环境中有良好的耐蚀性。

在潮汐区，由于海水涨落，金属交替浸入海水或处于飞溅区环境。在浸入海水的情况下，金属处于充气良好的海水中，而且会发生海生物附着。海生物附着形成的连续覆盖层对一些金属(如钢铁)具有一定的保护作用，但会加速不锈钢等材料的局部腐蚀。对于连续结构，处于本区的材料和水线以下的材料构成氧浓差电池，本区材料受到阴极保护。

对于全浸区的浅海环境，海水通常为氧所饱和，会出现海生物附着。海水温度取决于季节和特定的地理位置，除了两极地区，其温度明显高于深海环境。在大陆架，海水中氧含量有所降低，温度较低，生物沾污大大减少。随深度增加，金属的腐蚀减轻。在深海区，海水中的氧含量和 pH 值开始时随深度的增加而降低，但达到一定深度后又再次增加。在本区内，水流速低，水温接近 0℃。由于缺乏阳光照射，海生物丧失了生长繁殖的条件，因此不存在海生物附着的问题。

海泥区是一个缺氧的环境，其中细菌的活动可产生 NH_3、H_2S 和 CH_4 等气体，硫化物可腐蚀钢和铜合金等金属。但钢在这种环境中的腐蚀速率通常低于海水环境，主要原因是氧含量低。

海水环境具有高度变化的性质。全世界的海水在化学成分、氧含量、温度、盐度、pH 值和生物活性等方面均可能存在差异，而且可能在较宽的范围内变化。即便是在特定的地点，环境条件仍可能发生改变。季节的变化可导致温度、溶解氧含量、海生物附着的类型及程度的变化。额尔尼诺现象会使海水非周期性地变暖，也会在很大范围内影响海水环境。海藻自然增殖引起的"红潮"，会使海水中的含氧量显著减少。一些临时性人为因素(如石油、化学品和污水泄漏)也会对局部环境造成影响。由于腐蚀试验结果与暴露的金属材料和整个暴露期间的实际环境条件有关，而海水环境又具有复杂多变、在实验室内不能复制的独特性，因此很多情况下需进行现场试验和实物试验。

(2) 在表层海水中的暴露试验

在表层海水中的暴露试验已被标准化，如已被纳入 GB/T 5776 和 ASTM G52 标准。与深海试验不同，标准方法所涉及的是通常在海湾、海港、海峡等处所见到的那样天然表层海水。方法包括全浸、潮汐区和飞溅区的暴露试验。海洋大气试验可在海洋大气暴露试验站进行，其细节可参见 7.1。

标准试验方法被推荐用于评价暴露在静止海水或局部潮水流动条件下材料的腐蚀行为和结污行为。方法未涉及材料在高速海水和被输送海水中的行为，但某些部分可能适用于在不断提供新鲜表层海水的罐槽中的试验，有些部分可能适用于深海试验。

标准试验的周期有时由试验目的决定，但通常要求暴露时间不少于 6 个月或 1 年，以尽可能减少由于季节或地理位置变化而引起的环境变化的影响。合适的取样周期为半年、1年、2 年、5 年、10 年和 20 年。当不了解一种合金的耐蚀性时，采用较短的试验时间可能是合适的，计算得出的腐蚀速率可用来估计较合适的暴露周期。

当试验材料为板材时，GB/T 5776 推荐的试样标称尺寸为 100mm×200mm 或 300mm。对于一些有特殊要求的试验，也可以采用较大(或较小)的试样。为评价材料的电偶腐蚀行为，可参照 GB/T 15748、ASTM G82 和 ASTM G71 标准构建电偶对和进行暴露试验。ASTM G78 可用于评价铁基、镍基不锈合金在海水中的缝隙腐蚀行为。静止加载应力的试样，如 U 形弯曲试样、C 形环试样和弯梁试样(可分别参见 ASTM G30、ASTM G38 和 G39)，适于在海水中进行原位 SCC 试验。此外，可用 ASTM G58 所介绍的焊接试样评价焊件的耐 SCC 性能。畸形试样(如螺栓、螺母、管子等)、实际部件和装置等也可进行试验。对于涂装试样的海水试验则应注意：①试样必须无孔；②试样基材的棱角须磨圆，必要时可增加此处的涂层厚度；③涂装基材表面须经喷砂处理；④每个试样只能试验一种涂料。

试样的总数量取决于试验的时间和中途取样的次数。为了得到可靠的结果，应有足够数量的平行试样，以便在每个暴露周期回收。对于每个暴露周期，一般有三个平行试样就可满足需要。考虑到海水环境的多变性，试验中应包括一定数量的控制试样，控制试样材料在海水中的耐蚀性或抗污性应该是人们所熟知的。

海水腐蚀试验的试样制备可参照 ASTM G1 进行。为了对大量的试样进行识别，这里需强调一下试样的标识方法。可在试样边棱部位预制切口、钻孔或打印数码以作标记，也可牢固挂上用耐蚀材料制作的标牌。对所有试样必须按统一的规则作出标记。

试验地点应选在能够代表试验材料可能使用的天然海水环境的地方。该地点应有清洁的、未被污染的海水，并具有进行飞溅区、潮汐区和全浸区试验的设施。海水腐蚀试验通常可在专门的试验站进行，这种试验站往往建在受到良好保护的海湾中。例如根据我国各海域的海洋环境特点，目前已在黄海、东海和南海建立了青岛、舟山、厦门和榆林实海暴露试验站。在试验站，应定期观察和记录有关海水的一些关键参数，如水温、盐度、电导、pH 值、氧含量和流速等。如果要了解试验地点的海水质量，还可定期地测定氨、硫化氢和二氧化碳的含量。

制作放置试样的试验框架的材料除钢铁之外，也可以用 Ni-Cu 400 合金，它在海水中有卓越的性能，但不推荐用于支撑铝试样。带涂层的铝合金框架（6061-T6 或 5086-H32）的使用效果也是令人满意的。还可以使用由增强塑料或经过处理的木材制成的非金属框架。在框架上试样之间以及试样与框架之间必须绝缘，为此可用陶瓷、塑料等非金属材料绝缘子将其隔离与绝缘。用于紧固绝缘子的螺栓与框架材料应该是匹配的，避免产生电偶腐蚀。还应该考虑到，对于某些敏感材料（如不锈钢和铝合金），试样与其固定装置的接触区可能发生缝隙腐蚀。在可能出现大范围结污的海域进行试验时，往往更愿意使用试样表面暴露的框架，而不是吊篮型的框架，对于后者试样表面间的空间会被结污生物完全堵塞，妨碍海水在试样间流动。海水腐蚀试验中还应注意避免铜对铝合金试样或框架的加速腐蚀作用。当海水中铜离子的浓度超过 0.03mg/L 时，就可能出现这种情况。许多因素可能导致海水中铜浓度的升高，如附近铜合金试样的腐蚀、防污涂料的溶出或海水被污染等。如果铜沉积在铝合金表面，便会形成 Cu-Al 电偶，使铝合金发生局部点蚀。

当试样在框架上布置完毕后，应制备并保存试样位置图，以便在试验结束时能正确鉴别试样。在暴露试验前对组装好试验框架进行拍照也是很有用的。

暴露试验开始时，应用耐海水和紫外光的绳索（如尼龙、聚酯或聚丙烯绳索）将框架悬挂到预定位置，应避免使用钢丝绳。框架中试样的主平面应垂直于水流方向，并尽量避免泥沙和有机物残渣在试样表面沉积。在浅海试验中，牵引绳索可能由于海生物附着造成质量增加而伸长，从而使框架与海床接触，应注意避免出现这种情况。如果打算按周期取样，那么最好将不同周期的试样分别布置在不同的框架上，以避免取样时对其他周期试样表面的附着生物和腐蚀产物的干扰。

为进行试样评价，可在计划周期结束时或其他的合适时间取出试样，用塑料或木质刮刀清除掉试样表面附着的海生物，参照 ASTM G1 标准去除腐蚀产物并清洗试样，然后按所需精度再次称量试样。有时可能需要将腐蚀产物保存下来，以便进行实验室评价。试样清洗前后的照片通常是有价值的资料。从暴露前后试样的质量可确定每个试样的质量损失，并可将其转换成腐蚀速度，也可给出单位面积上的质量损失随暴露时间变化的曲线。当发生局部腐蚀（如点蚀或缝隙腐蚀）时，可通过测定暴露前后的力学性能的变化来评定。测量腐蚀破坏深度也是很重要的。评定试样过程中，还应该注意辨别其他的腐蚀形态，如应力腐蚀和脱成分腐蚀。为了试验材料的抗污能力，可对暴露前后的试样质量进行比较，取样和称量质量之间的时间间隔应保持一致。如果有可能，区分所附着的海生物的种类可能是有益的。为了确定试验材料抗结污性能的相对级别，应考虑将高度敏感(如有机玻璃、聚氯乙烯、石板)的控制试样和高度稳定(如 VNS C12200、C70600、C71500)的控制试样同时进行暴露。

需要注意的是，在不同深度暴露的小尺寸的孤立试样，其腐蚀行为与连续延伸、通过整个深度范围的长尺试样在对应深度处的腐蚀行为会有明显的不同，因为后者包括了充气差异电池和其他可能存在的浓差电池的作用。例如暴露于潮汐区的孤立钢试样，其腐蚀速度要比同种材料的长尺试样在同一位置的腐蚀速度快 10 倍。因此，在必要的情况下可进行长尺暴露试验，或将处于不同深度的孤立试样通过电连接进行试验。

(3) 深海试验

为确定与深度有关的环境变量对材料行为的影响，可进行深海试验。为了确定环境变化所造成的影响，应该选择环境有显著变化的试验地点。为了将深海试验结果和在表面海水中的试验结果进行比较，经常使用平行试样在深海和表面海水中进行试验。

深海腐蚀试验试样的结构和制备类似于表面海水暴露试验。大型的多框架组件可同时放置多种试样，试验框架组件的设计取决于所选择的配置和回收方法。在深海试验中，海生物结污要比近表面海水中少很多，所以可以使用篮式框架。为避免试样的腐蚀产物污染其他试样，可对试样进行分组，把类似的试样单独 放在一个框架上。应特别注意试样的垂直位置，例如铝合金试样应放在铜合金试样的上方，避免铜的腐蚀产物污染铝合金试样。为便于按不同时间周期取样，可采用平行框架组件。也可以设计这样一种框架组件，利用远程操作的传输装置或潜艇可以单独移动框架，甚至试样。涂装的碳钢、5083 和 5086 铝合金以及强化塑料的试验框架和框架组件现已被成功地用于深海试验。在将组装好的框架运往试验地点的过程中，为防止试样腐蚀，小型框架可放在甲板以下运输，大型框架可用塑料薄膜覆盖。

进行深海试验的花费是很高的，放置和回收深海试样需要许多海洋工程学科(如导航、船舶驾驶、吊装、海洋学、地质工学等)的协调配合，而且需要制订周密的计划。

(4) 在流动海水中的腐蚀试验

材料在流动海水中的腐蚀试验可以在海水中进行现场和实物试验。对于材料在高流速海水中的腐蚀试验，目前多采用动态海港挂片试验，即定期将试样从浮筏中取出，装在甩水机中在海水中高速转动一段时间，然后再放回浮筏中去。更有将试样做成船型以模拟船只航行与停泊的情况。还可以将材料制成小型或原有尺寸的系统，进行非标准的速度试验，例如利用泵入的海水评价冷凝管和管路系统。

材料在流动海水中耐磨蚀、空泡腐蚀和冲击腐蚀的试验可以在海洋中进行，但通常是将海水泵入罐槽，使流动的海水流过固定的试样。在有的流槽中，海水的流速可高达 2m/s，更高流速下的试验基本是在连续或间断更新的海水中进行的实验室试验。ASTM G32 和 G73 分别是在更新海水中进行空泡腐蚀和冲击腐蚀试验的标准方法。此外还开发了旋转圆盘试验以及在非常高或极高流速下的试验。

7.2.2 淡水腐蚀试验

淡水(如河川和湖泊等)的现场腐蚀试验基本上与海水腐蚀相同，可采用一般试样，也可采用考察缝隙腐蚀、接触腐蚀或应力腐蚀的专门试样，且可直接实物试验。淡水腐蚀试验可在专门试验站进行，也可依傍水闸或桥梁设点挂片。为进行不同部位的暴露试验，可设置专用试验支架(图 7-2)。因为河流和湖泊的河床较浅，一般只考察水线、全浸及河床底部

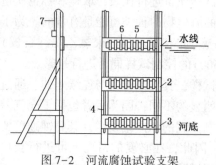

图 7-2 河流腐蚀试验支架

1—水面腐蚀；2—水中腐蚀；3—河底腐蚀；
4—框架导轨；5—框架；6—试片；7—牵引缆绳

三个区域的腐蚀行为。所以对试样、框架、操作及试验记录和评定的要求均与海水腐蚀试验相同。

7.3 土壤腐蚀试验

土壤腐蚀试验通常有两个目的，一是确定金属材料在指定土壤或一组类似的土壤中的耐蚀性；二是确定一系列不同土壤对指定金属或一组金属的腐蚀性。

在进行现场腐蚀试验前，应预先对土壤的腐蚀作用有一初步估计；在分析现场试验结果时，也应以土壤的特性为基础。因此，应该调查和了解与土壤腐蚀性有关的因素，它们通常包括：①埋置试验点的水文地质数据和气象数据；②土壤的理化性质，如电阻率、pH 值、含水率、含气率、氧化还原电位、有机质含量、含盐总量、氯离子含量及微生物的状态等；③土壤类别。

在进行土壤腐蚀试验时，还必须考虑到腐蚀微电池和宏电池在性质上的差别。小的埋地金属构件主要受微电池作用的影响，此时土壤腐蚀性并不取决于它的电阻，而是取决于金属的阴极极化率和/或阳极极化率。但是对于延伸相当距离（或深度）的大型埋地金属结构，由于充气差异电池和其他不均匀电池的作用，在金属表面形成了宏电池腐蚀，土壤的电阻率将对此起决定性的作用。因此，从若干小试验片获得的土壤腐蚀试验结果并不能完全表征大构件的情况。在土壤埋置试验中一般包括小试片试验和长尺试件试验。

7.3.1 土壤埋置试验

土壤埋置试验通常由下列步骤组成：

① 明确试验目的；

② 根据所需要得到的信息确定腐蚀测量方法；

③ 按所需信息设计试样；

④ 选择一种试样识别体系；

⑤ 埋设试样；

⑥ 进行相关的测试；

⑦ 取样；

⑧ 在实验室进行最后的清洗和评价。

在试验过程中的每个阶段坚持做好永久性的记录是至关重要的。

一般来说，金属在未经人类活动扰动的土壤中的腐蚀速度是很低的，而且与土壤的特征无关，但在被扰动的土壤中其腐蚀受土壤环境的强烈影响。虽然土壤的特征参数可在某种程度上说明土壤的腐蚀性，但比较可靠的方法还是进行土壤埋置试验。

通常腐蚀工程师希望得到有关金属在土壤中的腐蚀速度的数据。但是，对于用于容器或管道的材料，点蚀生长速率可能更为重要；对于承受应力的金属和合金，应力腐蚀和氢脆可能成为主要的失效模式。因此试验方法的选择以及试样的设计都是依据试验目的和所需数据的类型决定的。例如，为了研究管道在土壤中的腐蚀，试样就应选用管材。为了避免内壁腐蚀的彩响，除了要在管内壁涂防锈漆外，还应严密封闭管端。研究槽形容器的土壤腐蚀时，一般使用板材制备试样。对于焊接件，则应选用焊接试样。如果有异金属接触，则需制备电偶试样。对于应力腐蚀或氢脆研究，可能需要加载应力的 U 形弯曲或 C 形环试样。如果在埋置期间要进行电化学测量，应用绝缘导线与试样连接，并引伸到地表。当评价涂层的作用或研究应力腐蚀行为时，除涂装的样品或加载应力的样品外，还应有参考试样，它们分别是不加涂层或不加载应力的试样。

　　埋设试样通常是在待考察的土壤中挖一条足够长的沟，其深度相当于实用状态，将按要求制备的试样放置在各规定的水平深度处，然后按技术要求将土回填。试样间的距离取决于试样的大小和土壤的电阻率，要求一个试样的腐蚀产物和腐蚀电流不会影响到另一个试样的腐蚀过程，一般认为试样间隔距离至少应是其直径(或宽度)的两倍。为考察腐蚀规律随时间的变化，应当埋置足够多的试样，以便按计划分期分批地取出试样。取样周期相同的试样应作为一组集中埋设。为方便取样，可用小直径(3mm)的尼龙绳将同一组试样拴在一起。这样，取样时发现了一个试样便可沿绳子的方向找到其他的试样。为获得可靠的数据，应在同一位置的相同试验条件下埋置一定数量的平行试样，通常为 3~12 个。土壤埋置试验的总周期以及两次取样间的时间间隔取决于试验目的和性质。对于钢铁试样通常每隔 1~2 年取样一次，总持续时间为 15~20 年，甚至更长。为了正确区分试样，在埋置试验前应对试样做好识别标记。一般采用在试样上打印标记或开缺口的方式；为防止严重的腐蚀损毁标记，有时可在试样上拴上塑料标签作为辅助标记。试样埋置后，可用木桩标出试样的埋设位置，一般将木桩放在一组试样的端点位置，而且可以把连接试样的尼龙绳拴在木桩上。在不能使用木桩的地方，可以用略低于地面的金属桩标出试样的位置，用金属探测器可以发现它们所处的位置。在完成试样埋置后，应画出能区分所有试样准确位置的区域分布图。

　　土壤埋置试验的结果评价一般是在达到规定的时间周期后从土壤中取出试样进行综合评价。但有时也可在埋置过程中实施实时原位测量。例如在现场可利用极化阻力技术测定试样的瞬时腐蚀速度。还可用牺牲阳极向氢脆试样提供阴极电流，并监测两个电极间流过的电流和偶对相对于参比电极的电位。在加载应力的环上附上一个中空的拉伸试样(图 7-3)，监测应变或环的直径的变化，可以得到失效时间的数据。转动加载螺母将应力施加到拉伸试样上，从而使应力环发生弹性变形。然后将加载的拉伸试样埋置在土壤中，而应力环则置于地面上。这种方法可以提供失效的数据，对失效表面的检查还能进一步提供有关失效的信息。

　　埋置试验达到规定的周期时，就可以取回试样。取样时，表面土壤可用动力机械挖掘，但靠近试样几厘米以内的土壤则应小心地用铲子去除，避免损坏试样或遗失识别标志。取样过程中，可粗略地观察试样和拍照，并应做好记录。最后将试样取回，在实验室中对试样进行认真的检查、处理和评价。对于发生全面腐蚀的试样，可通过称量、计算质量损失，计算得出平均腐蚀速度。而对于点蚀试样，则应测定点蚀分布、最大点蚀深度，并计算最大点

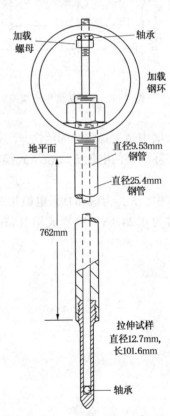

图 7-3　用于研究金属在土壤中应力腐蚀和氢脆的表面监测环——加载中空试样

157

蚀生长速率。至于其他类型的局部腐蚀，可根据相关试验方法予以评价。

7.3.2 土壤特征参数的测量

影响土壤腐蚀性的因素很多，如土壤电阻率、土壤的氧化还原电位、土壤的 pH 值、土壤的含水率、土壤的含盐量、土壤的透气性和土壤的温度等。但表征这些影响的特征参数与土壤的腐蚀性之间并没有简单的对应关系，故一些学者将这些参数进行加权处理，力求得到一个综合的评价指标。由于特征参数及相应的测量方法很多，本节择其主要的予以简述。

（1）土壤电阻率的原位测量

以土壤电阻率来划分土壤的腐蚀性是各国常用的方法，这对大多数情况是适用的，但有些场合违反这一规律。

常用的土壤电阻率测试方法有四极法和双极法两种，目前国内基本上都采用四极法。四极法操作简单，不需要挖掘土方，但在地下金属构筑物较多的地方误差较大。双极法在地下金属构筑物较多的地方，测试准确度高于四极法。但土方工作量大，必须挖掘与测深同等深度的探坑，而且在一般情况下的测试准确度比四极法低。

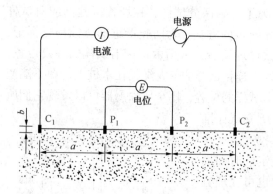

图 7-4 四极法测量土壤电阻率的原理图

图 7-4 是四极法的原理图。测量时要求四个探针呈一字形分布，间距（a）相等，探针插入土壤的深度为 $1/20a$，在 C_1、C_2 两极间通过电流 I，同时测定 P_1、P_2 两极间的电压 V，电阻 $R = V/I$，然后由下式计算出电阻率：

$$\rho = 2\pi a R = 2\pi a V/I \qquad (7-1)$$

上述公式是根据半球状电极导出的，因而为了使测量误差不超过 5%，电极的插入深度应小于 $a/5$，而电极直径必须小于 $a/25$。

（2）土壤氧化还原电位的测量

测定土壤的氧化还原电位，有助于判别土壤中微生物腐蚀的活性。用铂及饱和甘汞电极构成现场探测氧化还原电位的探针，将现场实际测得的电位 $E_{实测}$ 按下式换算成 pH=7 的氢标氧化还原电位 $E_h(V_{SHE})$：

$$E_h = E_{实测} + E_{SCE} + 0.059(pH_{实测} - 7) \qquad (7-2)$$

式中，E_{SCE} 为饱和甘汞电极相对于标准氢电极的电位，随实际测量时的温度略有变化，25℃ 时为 0.2476V。换算成相当 pH=7 时的 E_h 是为了统一便于进行相对比较。

第8章 微区腐蚀试验方法

近年来，国际上腐蚀研究的主要趋势之一是：现代物理微观理论与实验技术的深度融合，产生了系列化的新的微观表征技术，包括各种现代微区电化学测试分析设备、原子尺度上的先进的材料微观分析与观察设备、现代物理学的物相表征技术和先进的环境因素测量装备。一系列新的实验方法与技术的建立，不仅有效促进了材料腐蚀基础理论和机理研究，还促使以耐蚀材料为代表的防护技术的发展。目前微区腐蚀电化学技术可以实现在空气中或在溶液中对材料的局部电化学信息进行测量。在空气中对材料微区电化学性能进行测试的主要技术有：扫描开尔文探针(SKP)、扫描开尔文探针力显微镜(SKPFM)和电流敏感度原子力显微镜(CSAFM)；而在溶液中可以对腐蚀萌生及发展过程电化学信息进行监测的技术有：扫描振动电极(SVET)、电化学原子力显微镜(EC-AFM)、扫描电化学显微镜(SECM)和局部交流阻抗测试(LEIS)。随着腐蚀研究向微纳米尺度的推进，腐蚀形貌的观测对设备提出了较高的要求，而场发射扫描电子显微镜(FE-SEM)、扫描电子显微镜(SEM)、透射电子显微镜(TEM)、投射显微镜(TEM)和聚焦离子束技术(FIB)等为代表的技术可以对腐蚀萌生过程中材料表面的腐蚀形貌进行原位/非原位和破坏性/非破坏性的观测。以上技术可以在微纳米尺度对材料的局部 Volta 电势差、导电性能和腐蚀萌生过程中的局部电势、电流和阻抗等微区腐蚀电化学信息进行原位观测，还可对腐蚀萌生初期的各类腐蚀形貌进行解剖分析，以满足在微纳米尺度对腐蚀萌生过程中化学-电化学相互作用机制研究的需要。

8.1 扫描开尔文探针(SKP)试验

8.1.1 试验原理

开尔文探针是一种无接触、无破坏性的仪器，可以用于测量金属表面与试样探针之间的功函差。该技术通过一个震动电容探针来工作，通过调节一个外加的前级电压可以测量出样品表面和扫面探针的参比针尖之间的功函数，进而推算出试样表面不同区域的电势差异。扫描开尔文探针测量技术可以原位非接触性检测金属表面的伏打电位分布，及时发现体系界面的微小变化，为了解金属的腐蚀状态提供丰富的信息。

当两种金属探针和试样接触时，假设两种金属中电子的势能相等，Fermi 能级不同，电子将由功函数较低的金属向功函数较高的金属材料迁移，并在两种材料间形成电势差[85]，该电势差可由式(8-1)计算，如图 8-1 所示。

$$e(\psi^{样品}-\psi^{探针})=e\Delta\psi^{探针}_{样品}=\Phi^{探针}-\Phi^{样品} \tag{8-1}$$

式中，e 为电子，ψ 是伏打电势，表示将电子转移到金属表面所需要的能量；Φ 为材料的功函数，表示电子克服原子核的束缚，从材料表面逸出所需要的最小能量。

SKP 技术是用一个振动电容探针，在半接触工作模式下采用二次扫描技术测量样品表面形貌和表面电势差信息，其原理如图 8-2 所示[86]。开尔文探针由一个金属电极组成，在试样表面附近和探针用金属线连接，可在探针和试样之间形成一个电容。第一次扫描时，在外界激励下探针产生周期性共振，并以半接触的模式对试样表面形貌进行测量，并储存相关的电信号；第二次扫描时，以第一次测量储存的形貌信号为基础，将探针提升至距离试样表面 5~100nm 的距离处，沿第一次测量轨迹对试样的表面电势进行测量，此时探针在给定频率的交流电压驱动下产生振荡。当针尖以非接触模式在样品表面上方扫过时，由于针尖费米能级 E_{probe} 与样品表面费米能级 $E_{样品}$ 不同，针尖和微悬臂会受到力的作用产生周期振动，这个作用力一般含有频率 (ω) 的零次项、一次项和二次项。系统通过调整施加到针尖上的直流电压 V_b，使得含 ω 一次项作用力的部分(该作用力与探针和样品微区的电子功函数差成正比)恒等于零来测量样品微区与探针之间的电子功函数差，即为表面电势测量中采用的补偿归零技术。探针和试样间组成平板电容器，其电容值为：

$$C = \varepsilon \varepsilon_0 \frac{A}{d + \Delta d \sin(\omega t)} \tag{8-2}$$

式中，ε 为电介质的介电常数，ε_0 为电场常数，d 为探针与工作电极之间的稳定距离，Δd 为振动电极的振动幅度，ω 为振动频率，A 为参比电极探头面积。

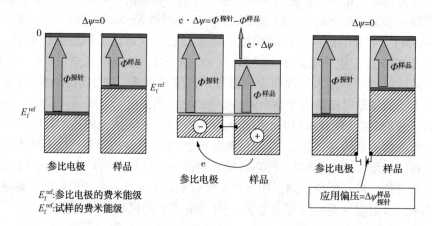

图 8-1　探针测试材料表面电势的机理图[86]

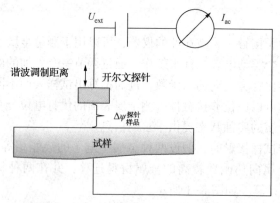

图 8-2　SKP 技术试验原理图，由金属参比电极构成的
开尔文探针和金属试样通过导线连接，在探针和试样间形成电容[86]

当参比电极(探针)在工作电极(试样)表面振动时，电容随时间的周期变化产生位移电流 i，$i = \frac{dQ}{dt}$，其中，Q 为两电极表面产生的电荷量，$Q = \Delta\psi_{样品}^{探针} \cdot C$，根据参比电极和工作电极间的电位差和两者间的电容按照下式求出参比电极在振动过程中的位移电流 i。

$$i = \Delta\psi_{样品}^{探针} \cdot \frac{dc}{dt} \tag{8-3}$$

160

当在回路外添加一个外加电压 U_{ext} 时，输出电流值将变为 $i = (\Delta\psi_{样品}^{探针} - U_{ext}) \cdot \dfrac{dc}{dt}$。当输出电流为 0 时，$\Delta\psi_{样品}^{探针} = U_{ext}$，可根据此时的外加电压 U_{ext} 数值求出探针和试样之间的表面电势差 $\Delta\psi_{样品}^{探针}$。

8.1.2　设备构成

SKP 技术的设备构成如下：

① 锁相放大器；

② 差分电位计；

③ 振动驱动器；

④ 探针；

⑤ 试样台；

⑥ 防震台。

8.1.3　测试方法

利用 SKP 技术测试金属间的表面电势差异的具体实施步骤如下：

① 制备式样，将式样表面打磨至表面粗糙度 $R_a \leqslant 0.2$，并进行抛光，直至试样表面无划痕。

② 试样表面油脂可以利用丙酮在超声波下清洗试样表面。采用无水乙醇脱水，建议在烘箱中 60℃烘干或用吹风机吹干。

③ 如果需要对试样中某些特定的区域进行测试，可以采用显微硬度计等技术在试样表面制作标记，以便试验过程中查找。

④ 安装探针，调试设备，确保设备可以稳定运行。

⑤ 将试样固定在载物台上，利用设备自带的光镜系统对试样表面标记位置进行寻找、对焦、定位。

⑥ 调整探针位置，将探针移至目标区域上方 5~100nm 高度处。然后选择扫描区域（面积一般为 0~1mm² ）和扫描频率对目标区域进行扫描测量。

⑦ 测试过程要保持观察，如果出现大面积跳帧、失帧情况，应及时停止测量，检查探针的状态后进行测量。如果必要可以更换至另一目标区域进行测量，重复上述步骤④⑤。

⑧ 保存实验结果，利用软件提取试验数据，并进行分析。

8.1.4　测试的局限性

在进行 SKP 试验时应当注意以下问题：

① 探针尺寸和目标物尺寸的适配问题，当采用 15μm 的开尔文探针对钢中 1~2μm 夹杂物进行测量时，可能会产生较大的误差。

② 应明确空气中 SKP 探针测试出两种金属材料的电势差，是从热力学角度阐述不同金属材料的热力学差异，并用以判断其在腐蚀过程中可能的阴阳极分布或腐蚀的容易程度，但在实际情况下应考虑动力学影响作用，如 SKP 试验测得 Fe 和 Nb 组成的腐蚀电偶中 Fe 比 Nb 具有更负的表面电势，一般认为在 Fe 和 Nb 组成的腐蚀电偶中 Fe 应该作为稳定的阴极相，而 Nb 应该为活性较高的阳极相。事实上，在酸性环境下，Fe 确实发生了溶解，而 Nb 得到了保护；相反在碱性溶液环境下，由于 Fe 表面生成致密的钝化膜，得到了保护，而 Nb 发生了溶解[86]。

③ SKP 技术是用以对不同金属材料表面电势差的测量，应当谨慎对待 SKP 技术在金属表面各类绝缘相或半导体相锈层表面的测量结果。

8.2 扫描开尔文探针力显微镜(SKPFM)试验

8.2.1 试验原理

SKPFM 是一种建立在原子力显微镜(AFM)系统上一种测试技术,可以通过测量探针和试样间的接触电势差(contact potential difference,CPD),在高分率 SKPFM 系统下,CPD 和探针-试样间短程力有密切关系。探针和试样间的 CPD 可以按式(8-4)进行定义。

$$V_{CPD} = \frac{\phi_{tip} - \phi_{sample}}{-e} \tag{8-4}$$

式中,ϕ_{tip} 和 ϕ_{sample} 分别是探针和样品的功函数,e 为电子。

AFM 是一种可用来研究包括绝缘体在内的固体材料表面结构的分析技术。它主要由带针尖的微悬臂、微悬臂运动检测装置、监控其运动的反馈回路、使样品进行扫描的压电陶瓷扫描器件、计算机控制的图像采集、显示及处理等系统组成。AFM 测试过程中分为接触、轻敲和非接触三种模式。在接触模式下,探针和试样间的排斥力使得探针的悬臂发生偏转。悬臂偏转后,其挠度被实时检测,并将其作为信号进行记录。在轻敲模式或非接触模式下,探针悬臂以其谐振频率发生震荡。探针和试样间距离的变化,会导致探针和试样间作用力的改变,并导致悬臂振动的振幅(轻敲模式)或谐振频率(非接触模式)的变化。振幅或频率的变化被以反馈信号的方式记录,用以表示试样表面的形貌。轻敲模式和非接触模式也被分别称为振幅调制模式(amplitude modulation,AF)和频率调制模式(frequency modulation,FM)[87]。

由于探针和试样费米能级的不同,当 AFM 探针靠近试样时,在两者之间产生静电力。探针和试样的功函数不同时,两者之间的能级图如图 8-3(a)所示。当探针和试样之间存在一定距离,且没有发生电连接时,两者的真空能级相等,费米能级不同,如图 8-3(a)所示。当探针和试样间的距离足够近时,可以发生电子隧穿,电子可以在探针和试样间流动,最终使两者达到费米能级相同的稳定状态,如图 8-3(b)所示。此时针尖和试样表面存有电荷,探针和试样的费米能级相同,而真空能级不同,并在针尖和试样间形成一个接触表面电势差(V_{CPD}),最终在针尖和试样间接触区域形成一个静电力。若在探针和试样间施加一个和 V_{CPD} 大小相等、方向相反的外置电压 V_{DC},可以消除探针和试样接触区域表面的电荷。当 V_{DC} 可以抵消由于探针和试样间功函数差异诱发的电流时,V_{DC} 的数值即等于探针和试样间的 V_{CPD},当探针的功函数已知时,即可求出试样的功函数[88]。

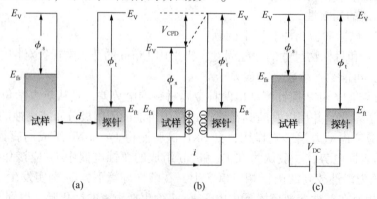

图 8-3 探针和试样功函数不同时,探针和试样间的三种电子能级状态[87]

E_V—真空能级;E_{fs}—试样的费米能级;E_{ft}—探针的费米能级;ϕ_s—试样的表面功函数;

ϕ_t—探针的表面功函数;V_{CPD}—探针和试样的接触电势差

SKPFM 技术是在 AFM 的 AF 或 FM 模式下，将试样接地，对探针或试样施加一个交流电位 V_{ac} 和一个直流电压 V_{dc} 的外部偏置电压 V_{DC}。V_{ac} 可以促使在 AFM 针尖和试样间形成一个周期性震荡的电场力，通过补偿电位 V_{dc} 来平衡由探针和试样 CPD 差异引发的电场力，从而得到探针和样品间的接触电势差 V_{CPD}。探针和试样间的电场力 F_{es} 可以由下式求出：

$$F_{es}(z) = -\frac{1}{2} \Delta V^2 \frac{dC(z)}{dz} \tag{8-5}$$

$$\Delta V = V_{tip} \pm V_{CPD} = (V_{dc} \pm V_{CPD}) + V_{ac} \sin(\omega t) \tag{8-6}$$

式中，z 代表垂直于试样方向，V_{CPD} 为探针和试样间的接触电势差，V_{dc} 是外部偏置交流电压，V_{ac} 是外部偏置直流电压，外部偏置电压 $V_{DC} = V_{ac}\sin(\omega t) + V_{dc}$，$\Delta V$ 为 V_{CPD} 和外置电压之间的差值，dC/dz 是针尖和试样表面的电容梯度。式中的"±"分别表示外置电压施加在试样（+）或针尖上（−）。

① 在振幅调制模式下，针尖和样品在频率为 ω 时的电场力可表示为：

$$F_{es-\omega} = -\frac{dC}{dz}(V_{dc} \pm V_{CPD}) V_{ac} \sin(\omega t) \tag{8-7}$$

在 AFM 中直接检测探针的振幅并通过反馈调节 V_{dc}，使 $F_{es-\omega}$ 等于零。此时，由于阻尼的作用，探针在 ω 下的振幅趋于零，此时 $V_{dc} = V_{CPD}$。

② 在频率调制模式下，探针的运动可表示为：

$$Z(t) = A\sin\left\{\int_0^t [\omega_0 + M\sin(\omega\tau)] d\tau\right\}$$

$$= A\sin\left[\omega_0 t - \frac{M}{\omega}\cos(\omega t)\right] \tag{8-8}$$

$$M = \frac{\omega_0}{2K} \cdot \frac{d^2C}{dZ^2}(V_{dc} - V_{CPD}) V_{ac} \tag{8-9}$$

式中，A 为探针的原有振幅，ω_0 为探针的固有频率，K 为探针的固有弹性系数。

当 $M \ll \omega$ 时，式（8-8）可以简化为：

$$F = \frac{dE}{dz} = \frac{iZ}{2\pi k (x^2 + y^2 + z^2)^{1.5}} \tag{8-10}$$

式（8-10）表明，受交流电频率调制的影响，探针会在多个频率下振动，当在 $\omega_0 \pm \omega$ 频率下探针的振幅等于零，则 M 等于零，此时 $V_{dc} = V_{CPD}$。

8.2.2 设备构成

SKPFM 技术的设备构成如下：

① 减震台；
② 屏蔽箱；
③ 原子力显微镜系统；
④ 与原子力显微镜系统相配套的数据分析软件。

8.2.3 测试方法

利用 SKPFM 技术测试金属间的表面电势差异的具体实施步骤如下：

① 制备试样，将试样表面打磨至表面粗糙度 $R_a \leq 0.2$，并进行抛光，直至试样表面无划痕。

② 可以利用丙酮在超声波下清洗试样表面以除掉试样表面油脂。采用无水乙醇脱水，建议在烘箱中 60℃烘干或用吹风机吹干。

③ 如果需要对试样中某些特定的区域进行测试，可以采用显微硬度计等技术在试样表面制作标记，以便试验过程中查找。

④ 在原子力显微镜中选择表面电势测量模块，并选择相匹配的探针。

⑤ 将试样固定在载物台上，利用设备自带的光镜系统对试样表面标记位置进行寻找、对焦、定位。

⑥ 调整探针位置，将探针移至目标区域上方。然后选择较大的扫描面积(如 40μm×40μm)、较快的扫描频率(如 1Hz)和较低的分辨率(如 256×256 像素)进行粗扫，对目标区域进行精确定位。

⑦ 确定目标位置后，将目标位置移至中心，选择合适的测量面积、低扫描频率(如 0.1~0.25Hz)、高分辨率(如 512×512 像素或 1024×1024 像素)进行扫描。

⑧ 测试过程要保持观察，如果出现大面积跳帧、失帧情况，应及时停止测量，检查探针的状态后进行测量，如果必要可以更换至另一目标区域进行测量，重复步骤⑤~⑦的操作即可。

⑨ 保存试验图像。用配套的分析软件，对试验结果进行分析测量。

8.2.4 测试的局限性

在进行 SKP 试验时应当注意以下问题：

① 应明确和 SKP 探针技术相似，空气中 SKPFM 测试出两种金属材料的接触电势差，是从热力学角度阐述不同金属材料的热力学差异，并用以判断其在腐蚀过程中可能的阴阳极分布或腐蚀的容易程度，但在实际情况下应考虑动力学影响作用。

② 空气中 SKPFM 测试出的接触电势差，并不能总是和不同金属在腐蚀过程中的阴阳极分布呈现出完美对应关系[89]。

③ SKPFM 的基本原理是针对不同金属材料间的电势差进行测量，当测试绝缘体时，应注意测试结果并不能反映材料自身的电化学信息，更多的是环境中的沉积电荷，无法用以判断腐蚀电偶的存在性[90]。

8.3 电流敏感度原子力显微镜(CSAFM)试验

CSAFM 是另一种建立在 AFM 系统上的技术，可以通过接触模式，测量探针和试样之间的局部电流。试样中由于不同物相导电性能的不同，在相同的外加偏置电压下，电流可相差多个数量级，在腐蚀研究过程中可以用此判断材料的导电性能差异。CSAFM 技术，可以弥补 SKPFM 结果在判断腐蚀电偶存在性时的不足。导电 AFM(CSAFM)是另一种 STM/AFM 混合模式，基本上是在传统的接触模式 AFM 中使用导电的 AFM 针尖连接到电流前置放大器，使用悬臂梁(正常)偏转作为反馈信号来调节针尖-样品的距离。当在导电针尖尖端和导电样品之间施加偏压时，便能获得一个相应的电流信号。针尖-样品间的电流是一个附加的独立信号，可以对样品的导电和绝缘区域进行电导率的探测和绘图。这使得 CSAFM 对于研究电导率不均匀的样品特别有用[91]。见图 8-4。

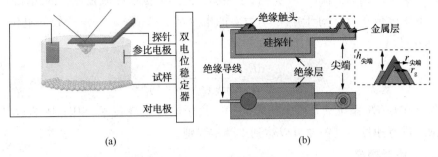

图 8-4 CSAFM 测试原理

8.4 扫描振动电极(SVET)试验

8.4.1 试验原理

在材料腐蚀发生的过程中可以通过对局部腐蚀电流的测量和表征进一步来研究腐蚀的发展情况。扫描振动电极技术(SVET)是使用扫描振动探针在不接触样品表面的情况下,测量局部腐蚀电流随位置的变化的一种先进技术。试样在溶液的腐蚀过程中,电解质溶液中的金属材料由于表面存在局部阴阳极,在电解液中形成离子电流,从而形成表面电位差,通过欧姆定律计算进而将其转化为离子电流密度。在腐蚀过程中可以用该离子电流密度表征局部腐蚀电流密度。

扫描振动电极(SVET)技术是使用扫描振动探针(SVP)在不接触待测样品表面的情况下,测量局部(电流,电位)随远离被测电极表面位置的变化,检定样品在液下局部腐蚀电位的一种先进技术。测量原理如图 8-5 所示,电解质溶液中的金属材料由于表面存在局部阴阳极在电解液中形成离子电流,从而形成表面电位差。通过测量表面电位梯度和离子电流,探测金属的局部腐蚀性能。SVP 系统具有高灵敏度、非破坏性、可进行电化学活性测量的特点。它可进行线或面扫描、局部腐蚀(如点蚀和应力腐蚀的产生、发展等)、表面涂层及缓蚀剂的评价等方面的研究。假设电解液浓度均匀且为电中性,反应电流密度 i 可由式(8-11)求得:

$$i = \frac{\Delta E}{R_\Omega + R_a + R_c} \tag{8-11}$$

式中,ΔE 为阴极电位差,R_Ω 为电解液电阻,R_a 和 R_c 分别为阳极和阴极反应电阻。

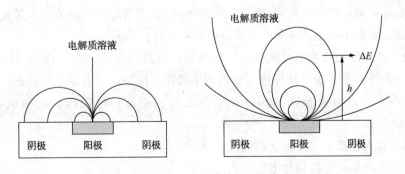

图 8-5 SVET 测量原理

振动电极探测到的交流电压与平行于振动方向的电位梯度成正比，因此探测电压与振动方向的电流密度成正比。对于电导率为 k 的电介质，位置 (x, y, z) 处的电位梯度可由式 $(8-12)$ 求出[92]：

$$F = \frac{dE}{dz} = \frac{i_z}{2\pi k \left(x^2 + y^2 + z^2\right)^{1.5}}$$

（8-12）

此外，在 SVET 系统的基础上衍生的扫描离子电极选择技术（SIET 技术）可以在溶液中对离子浓度进行测量，其精度可以达到皮摩尔级别。

8.4.2 设备构成

SVET 技术的设备构成如下：

① 减震台；

② 屏蔽箱；

③ 锁相放大器；

④ 恒电位仪；

⑤ 三维微控制器；

⑥ SVET 探针；

⑦ 电解液槽；

⑧ 水平试样台；

⑨ 与系统相配套的数据分析软件。

8.4.3 测试方法

利用 SVET 技术测试金属间的局部腐蚀电流差异的具体实施步骤如下：

① 制备试样，将试样表面打磨至表面粗糙度 $R_a \leqslant 0.2$，并进行抛光，直至试样表面无划痕。

② 可以利用丙酮在超声波下清洗试样表面以除掉试样表面油脂。采用无水乙醇脱水，建议在烘箱中 60℃烘干或用吹风机吹干。

③ 对试验所用溶液的电阻率进行测量。

④ 调试试验设备，检查试验设备的运行情况。确认设备各种信号正常后，安装探针。

⑤ 安装试样。将试样放在可盛放溶液并能淹没试样的容器中，对试样的平整度进行调整，利用调平仪使试样整个表面处于一个水平面。针对活性材料体系，为防止材料活性较大，其他非目标区域腐蚀较快对目标区域的影响，可以用熔融的石蜡或者胶带覆盖在试样表面非测试区域，留取 $1 \sim 9\mu m^2$ 的窗口。窗口边缘要笔直，无毛刺。

⑥ 利用设备自带光镜系统对试样的目标测量区域进行定位，对试样不同位置进行对焦后利用试样台自带调平系统对试样进行精确调平操作，保证试样表面水平状态。

⑦ 利用系统的定焦系统调整探针和试样之间的距离，将探针移动至试样表面上方 $100\mu m$ 左右处。

⑧ 将溶液导入容器中，并保证溶液可以淹没试样。

⑨ 将系统中的参比电极和对电极放入溶液中。

⑩ 设定探针测量范围、测量时间间隔、测量步长和总测量时间等参数。并记录数据。

⑪ 利用设备自带的分析软件，对测量结果进行分析。

8.4.4 测试的局限性

在进行 SVET 试验时应当注意以下问题：

① 探针和试样间的距离对探针接受离子的能力有显著的影响，选择试样的探针和试样间的距离是保证试验成功的关键因素，一般距离选择为 100μm。

② 测量面积和测量步长的选择要合理，所选面积越大，步长越短，则单次扫描时间越长。为保证所测结果的时间统一性，应合理选择测试面积和步长。

8.5 电化学原子力显微镜(EC-AFM)试验

电化学原子力显微镜(EC-AFM)是将电化学分析技术和原子力显微镜技术交叉融合的一种新的纳米测试平台，在纳米尺度研究电极界面化学反应，可以提供外加电位下溶液中的样品表面信息，如形貌、表面化学和电化学反应等。EC-AFM 是将 AFM 系统和电化学工作站等电化学系统相连，在特制的电解池内，插入参比电极(如 AgCl 电极)和对电极(如 Pt-Ir 电极)，并以固定在电解池底部的试样为工作电极，进行测量。AFM 系统采用接触模式在溶液中对试样表面的形貌进行成像。

EC-AFM 系统主要由 AFM 系统和电化学工作站等电化学测试系统构成。可以在利用循环伏安法和脉冲伏安法等电化学方法研究电极表面电化学过程的同时研究电极表面形态的变化过程。

EC-AFM 系统的主要设备有减震台、屏蔽箱、原子力显微镜系统、电解池、电化学工作站和与原子力显微镜系统相配套的数据分析软件等。

由于测试过程在溶液中进行，应注意采用透明电介质，以保证试样表面形貌测量过程的精确性。

8.6 扫描电化学显微镜(SECM)试验

扫描电化学显微镜由 A J Brad 等[93]在扫描隧道显微镜的原理上结合超微电极(半径为 1~25μm)在电化学研究中的特点，发展起来的一种扫描探针显微技术。可以在溶液体系中对研究系统进行实时、现场和三维空间观测，不但可以测量探头和基底之间的异相反应动力学过程及本体溶液中的均相反应动力学过程，还可以通过反馈电信号描绘基底的表面形貌，研究腐蚀和晶体溶解等复杂过程。

SECM 测试过程中，当微探针在非常靠近基底电极表面扫描时，其电流具有反馈的特性，并直接与溶液组分、探针与基地表面距离、基底电极表面特性密切相关。根据试验的不同，SECM 有反馈模式(feedback)、收集模式(generation/collection)、渗透试验(penetration)、离子转移反馈模式(iron transfer)、平衡扰动模式(equilibrium perturbation)和电位检测模式(potentiometric detection)[94](见图 8-6)。

8.6.1 反馈模式

由于反馈模式的通用性，其已成为最常用的 SECM 试验模式。在该模式下，将探针逐渐靠近基底时，当在针尖施加足够正的电压时，溶液中的还原型介质(R)在针尖顶端发生氧化反应，并生成氧化型物质 O[94]。

$$R - ne^- \longrightarrow O \tag{8-13}$$

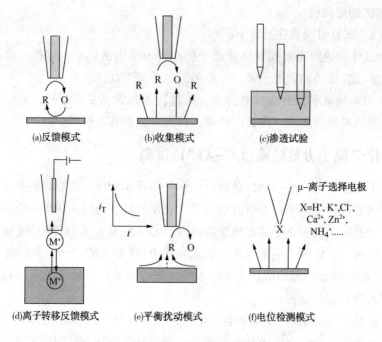

图 8-6 SECM 的几种试验模式

此反应由 R 向超微电极的扩散速率控制。如图 8-7(a)所示,当探针和基底之间的距离足够远时(一般大于几个探针半径即可),稳态电流可由下式求出,

$$i_{T,\infty} = 4nFCDa \qquad (8-14)$$

式中,$i_{T,\infty}$ 为稳态电流,n 为电极尖端反应中转移的电荷数量,F 为法拉第常数,C 为物质 R 的浓度,D 为扩散系数,a 为超微电极的半径。

当探针靠近导电基底时[图 8-7(b)],在探头上产生的氧化型物质 O 可以扩散到基底上并能在基底上重新被还原成 R,探针距离样品的距离越近,电流 i_T 越大,这种使探针电流增大的过程称为正反馈。

当探针靠近绝缘基底时,在探针尖端产生的物质 O 无法在基底表面转换成 R。如图 8-7(c)所示,当探针与基底的距离 d 足够小时,由于绝缘基底阻碍了物质 R 扩散至探针表面,则 $i_T < i_{T,\infty}$,此时,针尖越靠近基底,电流越 i_T 小,这个过程称为负反馈。基底上介质的再生速率决定了正(负)反馈的大小。

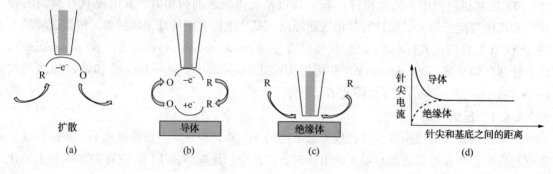

图 8-7 SECM 的反馈模式

当探针从几个探针的半径距离逐渐向基底移动时，探针电流 i_T 与探针基底间距离 d 的函数曲线称为逼近曲线（approach curve）。逼近曲线可以提供基底表面化学反应过程的动力学信息。

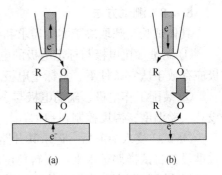

图 8-8　SECM 的收集模式
（a）探针产生基底收集模式（TG/SC）；
（b）基底产生探针收集（SG/TC）

8.6.2　收集模式

在该模式下，探头和基底都可以作为工作电极，其中一个电极发生反应，另一个对产物进行收集检查。通过监测探头的电流和收集效率，检测基底产物的流量并绘制浓度分布图。如图 8-8 所示，该模式可分为探针产生基底收集（TG/SC）和基底产生探针收集（SG/TC）两种模式。由于探针和基底尺寸之间的差异，在 TG/SC 模式下产物的捕集效率可达到 100%。

在 TG/SC 模式下［图 8-8（a）］，氧化型物质 O 在探针尖端生成，被基底收集，此时探针尖端和基底分别发生以下反应。

探针反应：$\qquad\qquad\qquad R-ne^- \longrightarrow O \qquad\qquad\qquad$ （8-15）
基底反应：$\qquad\qquad\qquad O+ne^- \longrightarrow R \qquad\qquad\qquad$ （8-16）

图 8-8（b）为 SG/TC 模式下 SECM 的工作机理图，物质 R 在基底表面被氧化成氧化型介质 O，并被探针尖端收集，通常 SG/TC 模式被用来检测基底表面物质的浓度分布或基底表面物质的通量。在此模式下，需要同时对基底和探针表面的电流进行测量。腐蚀研究中常利用该模式进行研究[95]。

8.6.3　渗透试验

在此模式下，常利用极小的 SECM 探针尖端刺穿微结构，例如包含氧化还原介质体的亚微米级聚合物膜等，提取有关浓度、动力学和传质参数随深度变化的信息。在导电薄膜比较均匀时，探针和基底的距离性较小时会发生反馈作用，并且电流-距离曲线类似于溶液中获得的电流-距离曲线，与反馈模式较为相似。

8.6.4　离子转移反馈模式

在此模式下 $i_{T,\infty}$ 和反馈电流均由离子转移过程产生，在两种不相混液体之间的界面用微管支撑，作为测电流的安培探针。液/液界面和液/膜界面都可以作为基底，用以研究两种界面上的离子转移反应。

8.6.5　平衡扰动模式

这是一种瞬态 SECM 技术，利用探头上的反应快速消耗溶液中的物质来扰动界面处的平衡。探针尖端的电流对扰动后界面处物质的通量较为敏感。该模式是获得非均质动力学信息的一种灵活方法，可用于吸附/脱附体系及其他动态平衡体系。

8.6.6　电位检测模式

该模式主要是通过采用具有离子选择性的超微电极测量各类离子浓度的变化，利用该变化引起的电位变化，并获得相关的动力学信息。该模式主要用于生物学信息研究试验。

8.6.7　设备构成

在利用扫描电化学显微镜技术对腐蚀过程中的局部电流进行测量研究时，设备主要包括高分辨率步进马达、双恒电位仪、恒电流仪、电位计、波形发生和数据获得系统、实验电解池、参比电极、工作电极及试样。

8.6.8 测试方法

具体试验步骤取决于实际需求和电解池结构。

① 测量参比电极与标定电极的电位差。若电位差大于 3mV，应更换参比电极。标定电极应存放于适宜条件下，且标定电极之间的电位差应小于 1mV。

② 装配工作电极、辅助电极与参比电极后在电解池中加入试验溶液。试验过程中需要设置实验温度，温度控制在 ±1℃。

③ 试样浸入溶液后，记录其开路电位的变化，待开路电位稳定后开始试验；使用水平校准设备将试样调至水平，倾斜角度小于 0.1°，使用逼近模式将探针逼近试样表面。探针与试样表面的距离取决于具体试验需求，一般控制在几十微米间，通常不小于 20μm，避免基底形貌的干扰。

④ 设定需要的扫描模式，获取实验数据。

8.7 局部交流阻抗测试(LEIS)

8.7.1 试验原理

局部交流阻抗测试(LEIS)能精确确定局部区域固/液洁面的阻抗行为及相应参数，如局部腐蚀速率、涂层(有机、无机)完整性和均匀性、涂层下或与金属界面间的局部腐蚀、缓蚀剂性能及不锈钢钝化/再钝化等多种电化学界面特性。

LEIS 技术是通过向工作电极施加一微扰电压，感生出交变电流，通过使用两个铂微电机确定金属表面上局部溶液交流电流密度来测量局部阻抗，原理如图 8-9 所示。

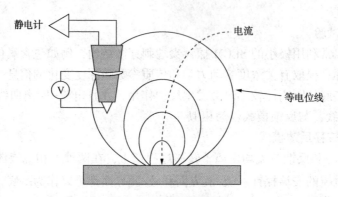

图 8-9　LEIS 测量原理

根据测量的两个电极间的电压 ΔV_{loc} 可由欧姆定律来求得局部交流电流密度 i_{loc}：

$$i_{\mathrm{loc}} = \frac{\Delta V_{\mathrm{loc}} K}{d} \qquad (8-17)$$

式中，K 为电介质溶液的电导率，d 为两个铂微电极间的距离，则局部交流阻抗可由下式求出。

$$Z_{\mathrm{loc}} = \frac{V_{\mathrm{loc}}}{i_{\mathrm{loc}}} = \frac{V_{\mathrm{loc}} d}{\Delta V_{\mathrm{loc}} K} \qquad (8-18)$$

式中，V_{loc} 为施加的微扰电压。

8.7.2 试验装置

试验装置应包括恒电位仪、锁相放大器和摄像机。测量过程中应保持微探针，能够在某一个点或某一个区域进行连续阻抗测量。

8.7.3 试验方法

① 测试溶液的电导率。

② 将试样放在电解池中，利用调平仪使试样表面保持水平。安装参比电极及工作电极。

③ 将溶液导入电解池中，调整电极位置，保证试样和电极同时浸入溶液内。

④ 打开仪器选择试验参数，如试样在电解液中的开路电位、试验类型（点扫或面扫）、溶液电导率、扫描频率及扫描范围等参数；

⑤ 调整试样针尖和试样间的距离，开始试验。

8.8 腐蚀形貌观测技术

随着腐蚀研究向微纳米尺度的推进，以场发射扫描电子显微镜（FE-SEM）、扫描电子显微镜（SEM）、透射电子显微镜（TEM）和聚焦离子束技术（FIB）等为代表的先进技术在腐蚀形貌的观测及腐蚀机理的研究中得到了广泛的应用。腐蚀形貌的观测分为非破坏性观测和破坏性观测。在对腐蚀形貌进行观测时，如只需要对腐蚀形貌进行整体观测，简单统计蚀坑的数量、密度及深度时，可以选择非破坏性观测方法对试样表面腐蚀形貌进行观测。当需要进行腐蚀坑内部的形貌或两项之间界面处的形貌等精细观测时，可以选择破坏性观测方法对试样表面腐蚀形貌进行观测。

8.8.1 非破坏性观测

① 将清洗好的试样放在载物台上，利用光学显微镜、体视显微镜、激光共聚焦显微镜或扫描电镜等仪器对试样表面腐蚀坑进行对焦观测。

② 利用设备自带软件对观测区域的相关腐蚀形貌进行拍照保存。对腐蚀区域拍照时，应先在低倍下拍摄腐蚀区域的整体形貌及周围形貌，然后再依次增加放大倍数，观测腐蚀区域的局部信息。

③ 随机选择 10~30 个区域，进行重复测量，并进行拍照保存。

④ 利用设备自带软件对照片中腐蚀形貌数据进行分析记录，如腐蚀坑的数量、密度和尺寸等。

⑤ 为对腐蚀形貌的细节有更为清晰的观测，可以选择具有代表性的金属腐蚀表面区域，使用扫描电子显微镜对试样表面的腐蚀形貌进行观测。可以观测判断夹杂物或微观组织结构和局部腐蚀的关系，或判断点蚀坑等局部腐蚀坑是真正的腐蚀坑还是由晶间腐蚀脱合金等造成的金属腐蚀。

8.8.2 破坏性观测

① 首先明确试验目的，观测锈层和基体相界面处形貌或腐蚀坑的内部立体形貌。

② 如观测锈层和基体相界面处形貌可以利用镶样化合物对试样进行镶嵌固定，然后沿着截面方向对试样打磨抛光制备。

③ 利用扫描电镜对锈层和基体相界面处的形貌进行观测、拍照记录。拍照时，应先在低倍下拍摄目标区域及周围区域整体形貌，然后再依次增加放大倍数，观测目标区域的局部信息。

④ 如需观测腐蚀坑的内部立体形貌时，可选择镶样试样制备法或使用聚焦离子束技术（FIB）精确制样法。

⑤ 当采用镶样试样制备法时，由于在磨样的方法中无法精确控制打磨的厚度，所以此

方法观察特定腐蚀坑类型时具有一定的概率性。如没有观测到目标，可反复打磨试样后再进行观测。

⑥ 当采用利用聚焦离子束技术(FIB)对试样进行切割时，在特定的腐蚀坑处，可以按照一定厚度(比如100nm)对试样依次切片分析，针对同一位置将切片后得到的一系列图片利用软件进行 3D 重构。该方法可以明确从截面上观察腐蚀坑和夹杂物或微观组织结构的关系。

第9章　模拟微生物腐蚀试验

近年来随着微生物对材料耐蚀性能的影响规律不断被揭示，微生物腐蚀试验被广泛应用和研究。目前实验室微生物腐蚀试验一般根据试验目标分别确定试验方案，微生物菌种可通过菌种保藏管理单位或现场筛选、分离、提纯获取，培养介质可采用最适合该菌种生长的培养液或模拟现场环境人工配制的溶液(即人工模拟液)，培养环境可根据细菌现场环境实现有氧、无氧、微氧以及高温或常温等，试验周期一般根据试验要求分为初期和长期。

9.1　试样要求

① 块状试样推荐尺寸为 10mm×10mm×(3~5)mm；圆形试样的推荐尺寸为 Φ10mm×(3~5)mm。为适应特殊要求的试验，也可采用其他尺寸的试样。

② 试样表面如存在氧化皮，应提前去除。一般规定低合金钢试样表面状态为磨光表面，粗糙度 R_a ≤3.2μm(相当于 600#砂纸或砂纸粒度≤14μm)，也可采用其他方法加工(如机械磨、铣等)，打磨加工应防止试样过热。试验平行试样应不少于 3 个。

③ 试样清洗后，经无水乙醇或丙酮除油，存放于干燥器内。试验前，用无水乙醇浸没超声清洗 15min 后，转移到生物安全柜中空气干燥，紫外线照射 30min 以上，紫外灯应符合 GB 19258 要求，使用中紫外灯(30W)的辐射照度值应≥70μW/cm²(或在氮气氛围内高温灭菌)。

9.2　试验设备

(1) 常规设备

① 冰箱：2~5℃，−20~−5℃。

② 恒温培养箱：微生物最适宜的温度范围一般为 16~37℃，当温度低于 10℃时，微生物将不再生长(实际测试培养温度，依照试验环境和所选菌种而定)。

③ 恒温厌氧培养箱。

④ 恒温摇床。

⑤ 超净台。

⑥ 高温灭菌锅。

⑦ 光学显微镜：100~400 倍。

(2) 其他部分设备

① 天平：精度级别为 II 级。

② 温度计：0~100℃。

③ pH 计：1~10。

④ 移液设备：移液枪及枪头。

⑤ 涡旋混匀器。

9.3 试剂

（1）通用（液体；固体）细菌培养基（Luria-Bertani 培养基）

成分：NaCl 10g，蛋白胨 10g，酵母膏提取物 5g，蒸馏水 1000ml，琼脂粉（固体培养基使用）18～20g，pH：7.4～7.6。

灭菌条件：高压灭菌，121℃，20min。

（2）常见的土壤模拟液试验环境

① 高 pH 值土壤环境可采用 0.1mol/L $NaHCO_3$，0.05mol/L Na_2CO_3 作为试验模拟溶液。

② 近中性土壤环境可选择国际通用的近中性 pH 值土壤模拟溶液（NS4 溶液）作为测试溶液，按照 0.483g/L $NaHCO_3$，0.122 g/L KCl，0.137g/L $CaCl_2$，0.131g/L $MgSO_4 \cdot 7H_2O$ 配制溶液，其 pH 值在 6.5～6.8 之间。

③ 酸性的土壤（红壤）推荐使用 0.0111g/L $CaCl_2$，0.0468g/L NaCl，0.0142g/L Na_2SO_4，0.0197g/mL $MgSO_4 \cdot 7H_2O$，0.0293g/mL KNO_3，0.0151g/L $NaHCO_3$ 配制模拟液。

（3）常见的海洋模拟液试验环境

人工海水（24.53g/L NaCl，5.2g/L $MgCl_2$，4.09g/L Na_2SO_4，1.16g/L $CaCl_2$，0.695g/L KCl，0.201g/L $NaHCO_3$，0.101g/L KBr，0.027g/L H_3BO_3，0.025g/L $SrCl_2$，0.003g/L NaF）可作为海洋环境模拟液进行试验。在使用人工模拟液时，为延长微生物存活时间，可以适当添加体积比为 10%～30% 的一般培养基。

9.4 通用性试验步骤

① 将目标微生物在液体培养基中活化，传代。

（a）菌种冻干粉活化。把冻干菌种、无菌 1mL 滴管、镊子、高压灭菌后的培养基转移到超净台中。用 75% 乙醇棉球将菌种冻干管外壁擦拭干净，待干。点燃酒精灯，将冻干管封口一段在火焰上灼烧红热，用无菌水滴在灼热的冻干管封口处，使封口处骤冷开裂。取少量液体培养基滴入冻干管中，使冻干菌充分混匀，然后吸出菌液，接种至液体培养基中。好氧细菌通常放置在恒温摇床中振荡培养，厌氧细菌通常静置培养。

（b）细菌的传代。待细菌生长至对数生长期，取出一定量的菌液与新鲜的培养基混匀，通常加入终体积 10% 的菌液。然后继续培养至对数生长期，重复此步骤 2～3 次。

② 将处于对数生长期的细菌通过血细胞计数板在光学显微镜下定量，使试验接种细菌浓度为 $2×10^6$ 个/mL。

③ 把紫外线灭菌后的试样相互接触放入溶液中，用移液枪吸取定量培养液缓慢注入容器内，随后再吸取约 1% 总培养液比例的对数期菌种接种到培养液中，最后将容器密封（需要通气的装置，通气口要安装 0.22μm 的微孔滤膜）并放置在特定的温度中。浸泡周期（通常 7 天一个周期），也可根据特殊条件要求延长浸泡时间，当浸泡时间超出 14 天时，建议更换新鲜的含菌溶液（整个换液过程在生物安全柜中完成）。

注：因不同微生物的生长周期不同，故具体浸泡时间可以根据目标微生物的特性或者实际环境条件进行调整。

④ 平行试样应该放置在同一容器中。

9.5 试验后试样的处理

① 用于进行细菌附着表面形貌观察的试样，在浸泡试验结束后，用镊子小心取出试样，用 0.01mol/L pH＝7.2～7.4 的磷酸盐缓冲液轻微漂洗试样表面，以此去除浮游细菌的影响。将试样浸泡在 2.5% 的戊二醛溶液中，4℃ 避光保存 4～6h，再用 50%、60%、70%、80%、90%、95%、100% 的乙醇逐级脱水，每个浓度梯度需要 8～10min。最后自然风干并干燥保存。

② 浸泡试验结束后，确定腐蚀程度和点蚀坑位置，并对试样表面拍照，方便与清除腐蚀产物后的表面进行对比。对试验试样进行除锈处理，除锈后通过显微镜观察点蚀腐蚀缺陷（点蚀、裂纹等）。使用体式显微镜、激光共聚焦显微镜、轮廓仪等对试样进行检测分析。

参 考 文 献

1　Pierre R Roberge 著. 吴荫顺，李久青，曹备等译. 腐蚀工程手册. 北京：中国石化出版社，2003

2　Baboian R. Corrosion Tests and Standards：Application and Interpretation. Philadelphia：American Society for Testing and Materials，1995

3　FA Champion. Corrosion Testing Procedures，2nd ed. New York：John Wiley & Sons，1985

4　顾浚祥，林天辉，钱祥荣编著. 现代物理研究方法及其在腐蚀科学中的应用. 北京：化学工业出版社，1990

5　Standard Practice for Preparing，Cleaning，and Evaluating Corrosion Test Specimens. G1，Annual Book of ASTM Standards. American Society for Testing and Materials

6　陈卫东，陈有义编译. 腐蚀与防腐词典. 北京：石油工业出版社，1987

7　周伟舫主编. 电化学测量. 上海：上海科学技术出版社，1985

8　周仲柏，陈永言编著. 电极过程动力学基础教程. 武汉：武汉大学出版社，1989

9　田昭武著. 电化学研究方法. 北京：科学出版社，1984

10　陈体衔编著. 实验电化学. 厦门：厦门大学出版社，1993

11　E Gileadi，E Kirowa-Eisner，J Penciner. Interfacial Electrochemistry. Reading，Mass：Addison-Wesley Pub. Co，1975

12　W H Ailor. Handbook on Corrosion Testing and Evaluation. New York：John Wiley & Sons，1971

13　M Stern，A L Geary，J. Electrochem. Soc.，1957，104：56

14　F Mansfeld. In：M G Fontana and R W Staehle，ed. Advances in Corrosion Science and Technology，vol. 6. NewYork：Plenum Press，1976

15　G A Marsh. Proc. 2nd International Congress on Metallic Corrosion. NACE，New York，p. 936，1963

16　F Mansfeld，K B OIdham. Corr. Sci.，1971，11：787

17　F Mansfeld. Corrosion，1974，30(3)：92

18　S Barnartt. Electrochim. Acta. 1970，15(8)：1313

19　J Jankowski，R Juchniewicz. Corrosion Science，1980，20(7)：841

20　D A Jones，N D Greene. Corrosion，1966，22(7)：198

21　P J Aragone，S F Hulbert. Corrosion，1974，30(12)：432

22　南京化工学院等. 化工机械，1976，3：47

23　曹楚南，张鉴清著. 电化学阻抗谱导论. 北京：科学出版社，2002

24　史美伦编著. 交流阻抗谱原理及应用. 北京：国防工业出版社，2001

25　M C H Mckubre，D D Macdonald. In：Ralph E White et al ed. Comprehensive Treatise of Electro-chemistry vol. 8. New York：Plenum Press，1984

26 Thirsk H R , Harrison J A. A Guide to the Study of Electrode Kinetics. London : Academic Press, 1972

27 M C H Mckubre, G J Hills. Sci Instrum, 1987, 7: 613

28 Macdonald D D. Transient Techniques in Electrochemistry. New York: Plenum Press, 1977

29 C Gabrielli. Identification of Electrochemical Processes by Frequency Response Analysis. England: Famsborough, 1981

30 曹楚南编著. 腐蚀电化学. 北京: 化学工业出版社, 1994

31 B A Boukamp. Solid State Ionics, 1984, 11: 39

32 Boukamp B A. Equivalent Circuit(EQVCRT. PAS), 3rd. ed, 1989

33 张鉴清, 张昭, 王建明等. 中国腐蚀与防护学报, 2001, 21(5): 310

34 张鉴清, 张昭, 王建明等. 中国腐蚀与防护学报, 2002, 22(4): 241

35 董泽华, 郭兴蓬, 郑家燊. 材料保护. 2001, 34(7): 20

36 NACE Standards TM-01-69

37 Recommended Practice for Laboratory Immersion Corrosion Testing of Metals. G31, Annual Book of ASTM Standards, American Society for Testing and Materials

38 Donald O Sprowls. Corrosion Testing and Evaluation. In: J R Davis, ed. Metsls Handbook, vol. 13, Corrosion, ASM International Metals Park, OH, 1987

39 La Que F L. Marine Corrosion Causes and Prevention. New York : John Wiley & Sons, 1975

40 Yu V Pleskov , V Yu Filinovski. The Rotating Disc Electrode. New York : Consultants Bureau, 1976

41 A O Fisher. Corrosion, 1966, 17(5): 93

42 Guide for Corrosion Tests in High Temperature and/or High Pressure Environments. Glll, Annual Book of ASTM Standards, American Society for Testing and Materials

43 Practice for Simple Static Oxidation Testing. G54, Annual Book of ASTM Standards, American Society for Testing and Materials

44 H Von E Doering, P Bergman. Materials Research and Standards, 1969, 9(9): 35

45 ASTM STP 421, Hot Corrosion Problems Associated with Gas Turbines, Philadelphia: American Society for Testing and Materials , 1967

46 Standard Test Methods for Pitting and Crevice Corrosion Resistance of Stainless Steels and Related Alloys by Use of Ferric Chloride Solution. G48, Annual Book of ASTM Standards, American Society for Testing and Materials

47 Standard Recommended Practice for the Examination and Evaluation of Pitting Corrosion. G46, Annual Book of ASTM Standards, American Society for Testing and Materials

48 Guide for Applying Statistics to Analyses of Corrosion Data. G16,. Annual Book of ASTM Standards, American Society for Testing and Materiais

49 Test Method for Conducting Cyclic Potentiodynamic Polarization Measurements for Localized Corrosion Susceptibility of Iron-, Nickel-or Cobalt-Based Alloys. G61, Annual Book of ASTM Standards, American Society for Testing and Materials

50 Szklarska-Smialowska Z. Pitting Corrosion of Metals. Houston, TX: NACE, 1986

51 J Kruger. In: R W Staehle, H Okada ed, Passivity and Its Breakdown on Iron and Iron Based Alloys, Houston, Texas: National Association of Corrosion Engineers, 1976

52 Seys A A, Vanhaute A A . Corrosion, 1973, 29(8): 329

53 Passal N. Electrochem. Acta, 1971, 16: 1987

54 Syrett B C. Corrosion, 1977, 33(6): 221

55 Standard Method for Pitting and Crevice Corrosion Resistance of Stainless Steels and Related Alloys by the Use of Ferric Chloride. G48, Annual Book of ASTM Standards, American Society for Testing and Materials

56 Standard Guide for Crevice Corrosion Testing of Iron-Base and Nickel-Base Stainless Alloys in Seawater and

other Chloride Containing Aqueous Environments. G78, Annual Book of ASTM Standards, American Society for Testing and Materials

57 D B Anderson. Statistical Aspects of Crevice Corrosion in Seawater. In Galvanic and Pitting Corrosion-Field and Laboratory Studies, STP 576, American Society for Testing and Materials, 1976

58 R S Treseder, E A Kachik. MTI Corrosion Tests for Iron and Nickel-Base Corrosion Resistant Alloys, in Laboratory Corrosion Tests and Standards, STP866,, American Society for Testing and Materials, 1985

59 Test Method for Pitting or Crevice Corrosion of Metallic Surgical Implant, F746, Annual Book of ASTM Standards, American Society for Testing and Materials

60 S Berhardsson, Paper 85, Presented at Corrosion/80, Houston, TX, Nationel Association of Corrosion Engineers, 1980

61 J W Oldfield, W H Sutton. Br. Corros. J., 1978, 13(3): 104

62 T S Lee. A Method of Quantifying the Initiation and Propagation Stages of Crevice Corrosion, In Electrochemical Corrosion Testing, STP727, American Society for Testing and Materials, 1981

63 Standard Guide for Conducting and Evaluating Galvanic Corrosion Test in Electrolytes. G71, Annual Book of ASTM Standards, American Society for Testing and Materials

64 Corrosion of Metals and Alloys-Determination of Bi-Metallic Corrosion in Outdoor Exposure Corrosion Tests, ISO7441, International Standards Organization

65 D P Doyle, T E Wright. Rapid Methods for Determining Atmospheric Corrosivity and Corrosion Resistance. In W H Aylor, ed. Atmospheric Corrosion. New York: John Wiley & Sons, 1982

66 Practice for Conducting the Wire-on-Bolt Test for Atmospheric Galvanic Corrosion. G116, Annual Book of ASTM Standards, American Society for Testing and Materials

67 Standard Practice for Conducting the Washer Test for Atmospheric Galvanic Corrosion. G149, Annual Book of ASTM Standards, American Society for Testing and Materials

68 吴荫顺主编. 金属腐蚀研究方法. 北京: 冶金工业出版社, 1995

69 中国腐蚀与防护学会主编. 杨武, 顾浚祥, 黎樵燊, 肖京先编著. 金属的局部腐蚀. 北京: 化学工业出版社, 1995

70 张德康编著. 不锈钢局部腐蚀. 北京: 科学出版社, 1982

71 Practice for Detecting Susceptibility to Intergranular Attack in Austenitic Stainless Steels. A262, Annual Book of ASTM Standards, American Society for Testing and Materials

72 Practice for Detecting Susceptibility to Intergranular Attack in Ferritic Stainless Steels. A763, Annual Book of ASTM Standards, American Society for Testing and Materials

73 Test Method of Detecting Susceptibility to Intergranular Attack in Wrought, Nickel-Rich , Chromium-Bearing Alloys. G28, Annual Book of ASTM Standards, American Society for Testing and Materials

74 Test Method for Detecting the Susceptibility to Intergranular Corrosion of 5xxx Series Aluminium Alloys by Mass Loss After Exposure to Nitric Acid(NAMLT Test). G87, Annual Book of ASTM Standards, American Society for Testing and Materials

75 Practice for Evaluating Intergranular Corrosion Resistance of Heat-Treatable Aluminium Alloys by Immersion in Sodium Chloride and Hydrogen Peroxide Solution. G110, Annual Book of ASTM Standards, American Society for Testing and Materials

76 Test Method for Electrochemical Reactivation (EPR) for Detecting Sensitization of AISI Type 304 and 304L Stainless Steels. G108, Annual Book of ASTM Standards, American Society for Testing and Materials

77 左景伊著. 应力腐蚀破裂. 西安: 西安交通大学出版社, 1985

78 中国腐蚀与防护学会主编. 吴荫顺, 方智, 曹备等编著. 腐蚀试验方法与防腐蚀检测技术. 北京: 化学工业出版社, 1996

79 楮武扬编著. 断裂力学基础. 北京：科学出版社，1979

80 郑文龙，于青编著. 钢的环境敏感断裂. 北京：化学工业出版社，1988

81 中国腐蚀与防护学会《金属腐蚀手册》编著委员会主编. 金属腐蚀手册. 上海：上海科学技术出版社，1987

82 Roberge P R, Ash P. Metal Finishing. 1995, 93: 22

83 Yousri S, Tempel P. Plating and Surface Finishing. 1987, 74: 36

84 Practice for Exposing and Evaluating Metals and Alloys in Surface Seawater. G52, Annual Book of ASTM Standards, American Society for Testing and Materials

85 王力伟，杜翠薇，刘智勇，等. 扫描 Kelvin 探针的电化学原理分析. 腐蚀科学与防护技术，2013，25 (4): 327-330

86 Rohwerder M, Turcu F. High-resolution Kelvin Probe Microscopy in Corrosion Science: Scanning Kelvin Probe Force Microscopy (SKPFM) Versus Classical Scanning Kelvin Probe (SKP). Electrochimica Acta, 2007, 53 (2): 290-299

87 Melitz W, Shen J, Kummel A C, et al. Kelvin Probe Force Microscopy and Its Application. Surface Science Reports, 2011, 66(1): 1-27

88 宋博，陈旭. 扫描 Kelvin 探针力显微镜：工作原理及在材料腐蚀研究中的应用. 材料导报，2018，32 (7): 1151-1157

89 Iannuzzi M, Vasanth K L, Frankel G S. Unusual Correlation between SKPFM and Corrosion of Nickel Aluminum Bronzes. Journal of The Electrochemical Society, 2017, 164(9): C488-C497

90 Liu C, Li X, Revilla R I, et al. Towards a Better Understanding of Localised Corrosion Induced by Typical Non-metallic Inclusions in Low-alloy Steels. Corrosion Science, 2021, 179: 109150

91 Park J Y, Maier S, Hendriksen B, et al. Sensing Current and Forces with SPM. Materials Today, 2010, 13 (10): 38-45

92 Isaacs Hjjotes. The Effect of Height on the Current Distribution Measured with a Vibrating Electrode Probe. 1991, 138(3): 722

93 Bard A J, Fan F-R F, Pierce D T, et al. Chemical Imaging of Surfaces with the Scanning Electrochemical Microscope. 1991, 254(5028): 68-74

94 Mirkin M V, Horrocks B R. Electroanalytical Measurements Using the Scanning Electrochemical Microscope. Analytica Chimica Acta, 2000, 406(2): 119-146

95 Polcari D, Dauphin-Ducharme P, Mauzeroll J J C R. Scanning Electrochemical Microscopy: A Comprehensive Review of Experimental Parameters from 1989 to 2015. 2016, 116(22): 13234-13278

第2篇　防腐蚀检测技术

第10章　概　　论

10.1　防腐蚀检测的任务和意义

众所周知，金属腐蚀给国民经济造成了巨大的经济损失。如果采取恰当的防腐蚀措施，许多腐蚀事故是可以避免的；在一定程度上，腐蚀也是可以得到控制的，从而显著减少经济损失。据估计，如果将现有的防腐蚀技术在生产实践中推广应用，将有 30%～40% 由腐蚀所造成的经济损失能够得到挽回。防腐蚀技术的推广应用具有极为重要的经济意义和社会意义。

工业部门、厂矿企业和科研设计单位对防腐蚀措施的重视和决策，对于各种设备装置和结构件的安全、高效、经济地运行是至关重要的。对所实施的防腐蚀措施进行检测、试验、监控和管理则是对其有效性、安全性和可靠性的一项重要保证。

工程项目在防腐蚀设计或决策上的失误，或者防腐蚀工程在施工及验收时疏于质量控制，或者施工单位偷工减料，原料供应厂商以次充优等，都可能造成重大的经济损失和社会危害。而这些损失都有可能通过正确而严格的防腐蚀检测技术得以避免。

防腐蚀检测技术的任务主要是：

① 对防腐蚀措施所用原料进行质量检验和控制，以保证防腐蚀的有效性能。

② 对防腐蚀工程的施工质量进行原位实时检验，以保证防腐蚀技术功能可靠实施。

③ 对防腐蚀工程竣工验收进行质量检验和评定，以保证防腐蚀措施正常有效地运作。

④ 防腐蚀措施投入运行后进行在线检测或监控，此为防腐蚀措施日常管理和例检的主要内容。

⑤ 在事故分析中检查防腐蚀措施的有效性和可靠性，及其失效与事故诱发之间的渊源关系。

⑥ 对防腐蚀技术的效能和经济性作出评估。

10.2　防腐蚀检测技术的发展和应用

防腐蚀检测技术往往是根据防腐蚀措施的原理和性能，通过实验室测量技术和工况例行检查技术的巧妙结合而发展起来的。目前已有多种多样的防腐蚀检测技术，但每一种检测技术一般都针对性地适用于某一种特定的防腐蚀措施；而每一种特定的防腐蚀措施都需要若干种配套的检测技术。

当前，在国民经济中获得广泛应用的防腐蚀措施，归纳起来主要有以下几种：

① 合理选材　应针对具体适用工况和环境条件选用相对耐蚀的结构材料。

② 涂镀层和表面改性技术　根据防腐蚀设计的要求可选用有机涂层、无机涂层、化学转化膜处理等非金属涂层；电镀、化学镀、热浸镀、喷镀、扩散镀等金属镀层以及离子注入

和金属、非金属衬里等。

③ 环境(介质)处理　这是指通过干燥除湿、脱气、脱盐等措施除去环境介质中的腐蚀性组分，或者向环境介质中添加有机、无机类缓蚀剂。

④ 电化学保护技术　可根据环境介质和工况要求分别采用外加电流阴极保护技术、牺牲阳极的阴极保护技术或电化学阳极保护技术。

⑤ 防腐蚀设计　包括防蚀结构设计、防蚀强度设计、防蚀方法选择、耐蚀材料选择以及符合防腐蚀要求的制造工艺确定等。

针对上述各种防腐蚀方法已发展出多种多样不同品位的防腐蚀检测技术，其中许多已被列为各国的国家标准或行业标准，但也有不少方法尚在发展推广过程中。国民经济的正常发展要求对防腐蚀措施和防腐蚀检测技术给予高度重视和普遍推广应用。本篇对一部分常用防腐蚀措施使用的防腐蚀检测技术择要介绍。

第 11 章　耐蚀金属材料检测与评定方法

11.1　引言

耐蚀金属材料作为防腐蚀措施中的一种，对其耐蚀性的检测与评定在设备选材、寿命预测和安全评估中具有重要作用。通过耐蚀材料的检测与评定，可以了解其在服役环境中的适应性和耐蚀性大小，快速筛选合适的耐蚀材料，了解设备或构件的服役状况，预测剩余寿命。

根据材料成分与耐蚀机理的不同，耐蚀金属材料主要包括耐候钢、高强螺栓用钢、不锈钢、镍基合金、铝合金、钛合金、铜及铜合金等，不同种类的耐蚀材料常表现出不同的腐蚀类型和失效模式，因而对其检测与评定需要采用不同的评价方法。

耐候钢等低合金钢一般表现为均匀腐蚀特征，因而常采用质量法和电化学方法进行耐蚀性评价。其中质量法包括质量增加法和质量损失法，大多数情况采用质量损失法进行均匀腐蚀耐蚀性的评定；电化学方法主要包括稳态极化曲线法、线性极化法、交流阻抗法。钝化态耐蚀金属材料，如不锈钢、铝合金、钛合金等，常表现为点蚀、晶间腐蚀、电偶腐蚀、缝隙腐蚀、应力腐蚀等局部腐蚀形态，因此一般采用标准的局部腐蚀评价方法。不同种类材料具体的检测与评定方法介绍如下。

11.2　耐候钢

耐候钢即耐大气腐蚀钢，是介于普通钢和不锈钢之间的一类低合金钢。耐候钢常采用质量损失法和电化学方法进行耐蚀性评价。

11.2.1　质量损失法

质量损失法(又称失重法)是常用的一种评价金属材料耐蚀性的方法，主要用于评定金属在某种环境下的均匀腐蚀速率。它是根据材料在腐蚀溶液中腐蚀前后的质量损失计算腐蚀量，结果直观可靠。通过质量损失法评价耐候钢耐蚀性，可采用的试验方法一般有全浸试验、周期浸润腐蚀试验、盐雾试验。以下为质量损失法的一般规程，具体试验方法和要求可参考相关标准。

(1) 试样制备

质量损失法所用试样一般为平板状，为缩小系统误差和边缘效应，一般应采用稍大的试样尺寸，对于板状试样，推荐尺寸为 100mm×200mm×(2~5)mm，或 50mm×25mm×(2~5)mm；圆形试样的推荐尺寸为 ϕ30mm×(2~5)mm。若原始材料或实验条件满足不了，也可以采用其他尺寸的试样。

一般采用线切割沿轧制方向切取试样，每组 3 个平行试样，试样经过机加工砂轮打磨后，再经过水砂纸打磨至 600$^{\#}$ 或 1000$^{\#}$，在无水乙醇或丙酮中经过超声清洗后吹干备用。试验前需要采用游标卡尺测量试样的长度、宽度、厚度，以计算试样面积，并采用精度高于 0.5mg 的分析天平称量试样初始质量。

(2) 试验溶液

根据试验目的，试验溶液可选择现场提取的天然溶液或为了模拟现场环境而人工配制的人工模拟液，模拟液的成分应根据材料的实际服役环境而定，例如若需要评价材料在海水中的耐蚀性，则可选择中性或弱碱性的3.5%NaCl溶液，或根据ASTM D1141-98（2003）制备的人工海水。溶液的温度、pH值和溶氧量等参数应根据材料实际服役环境或供需双方约定。耐候钢一般采用周期浸润腐蚀试验方法来评价在大气环境中的耐蚀性，若评价其在工业环境中的耐蚀性，则采用的模拟溶液一般为0.01mol/L的$NaHSO_3$溶液；若评价其在海洋大气环境中的耐蚀性，一般采用的模拟溶液为中性的3.5%NaCl溶液。

（3）试验方法

利用质量损失法进行耐候钢耐蚀性评价的试验方法主要有全浸腐蚀试验、周期浸润腐蚀试验和盐雾试验。全浸试验为模拟服役环境下的腐蚀试验，一般为通过绝缘棉线将试样悬吊于烧杯或容器中，在模拟溶液中进行的腐蚀试验。试验时间需要根据腐蚀速率的大小来确定。一般情况下，长时间的试验结果较为准确，如果材料的腐蚀速率较大，较短的时间也可得到较为准确的结果。对于耐候钢等低合金钢来说，常用的试验时间为12~168h，具体时间选择可参考表11-1。

表11-1　低合金钢全浸腐蚀试验参考时间的选择

预测腐蚀速率/（mm/a）	试验时间/h	更换溶液与否
>1.0	12~72	不更换
0.1~1.0	72~168	不更换
0.01~0.1	168~336	1天更换一次
<0.01	336~720	1天更换一次

周期浸润腐蚀试验是一种常用的模拟加速腐蚀试验，一般为通过升降机将试样在模拟溶液中进行周期性的浸润和干燥，使其在干湿交替条件下进行的加速腐蚀试验，试验装置如图11-1所示。由于它能模拟钢件在大气环境的干湿交替过程，常用于耐候钢的耐蚀性评定。

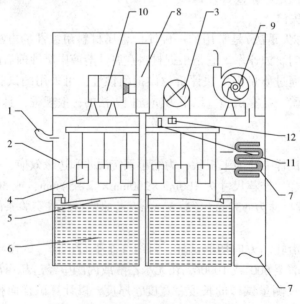

图11-1　周期浸润腐蚀试验典型装置示意

1—排气口；2—样品室；3—恒温恒湿控制器；4—试样；5—空间分离器；6—试验溶液；

7—加热器；8—样品移动装置；9—风机；10—驱动电机；11—温湿度计；12—加湿器

一般规定 1h 为一个循环周期，包括浸泡 10~12min，干燥 48~50min。不同标准采用的模拟溶液和干湿比有所不同，例如我国的铁道行业标准 TB/T 2375—1993《铁路用耐候钢周期浸润腐蚀试验方法》采用 0.01mol/L 的 $NaHSO_3$ 溶液，浸润和干燥时间分别为 12min/48min；而美国的 ASTM G44 采用的模拟溶液为 3.5%NaCl，浸润和干燥时间为 10min/50min，具体试验条件和要求可参考相关标准。

盐雾试验是另一种常用的用于耐蚀材料耐蚀性的评价方法，也属于一种模拟加速腐蚀试验方法，一般用于评价材料耐海洋大气环境腐蚀性能，通过试验后的质量损失，结合腐蚀形貌的演变，评判材料在海洋环境中的耐蚀性好坏。根据评价材料种类的不同，一般分为中性盐雾(NSS)试验、乙酸盐雾(ASS)试验和铜加速的乙酸盐雾(CASS)试验，其中中性盐雾试验是使用最为广泛的一种模拟海洋环境加速腐蚀试验方法，常用于多种金属材料和涂层的耐蚀性评价，试验装置为中性盐雾腐蚀试验箱。试验溶液一般采用中性的质量分数为 5% 的 NaCl 溶液，盐雾箱内温度一般为 35℃，试验时间一般根据有关方面协商决定，具体试验规程可参考国标 GB 6458—1986 和美国的 ASTM B117。

（4）耐蚀性评定

试验结束后，首先根据腐蚀产物形貌、颜色和结合力定性评判材料的耐蚀性，若腐蚀形态为点蚀等局部腐蚀，则需要根据局部腐蚀的评价方法来评判其耐蚀性好坏；若表现为均匀腐蚀形貌，则需要清除腐蚀产物，进一步采用质量损失法定量计算其均匀腐蚀速率，评价耐蚀性大小。清除腐蚀产物的方法可参考本书第 2 章。对于耐候钢等低合金钢，一般采用 500mL 浓盐酸+500mL 蒸馏水+3~10g 六次甲基四胺的除锈液，通过超声清洗除去腐蚀产物。材料耐均匀腐蚀性能一般采用平均腐蚀速率或年腐蚀深度来表征，可采用以下公式进行计算：

$$K = \frac{M_0 - M}{St} \tag{11-1}$$

$$R = \frac{24 \times 3600}{1000} \times \frac{K}{\rho} = 8.76 \frac{K}{\rho} \tag{11-2}$$

式中　K——腐蚀速率，$g/m^2 \cdot h$；

　　　S——试样面积，m^2；

　　　t——试验时间，h；

　　　M_0——试验前试片的质量，g；

　　　M——清除腐蚀产物后试片的质量，g；

　　　R——年腐蚀深度，mm/a；

　　　ρ——试验金属的密度，g/cm^3。

通过质量损失法计算的腐蚀速率一般取 3 个或 5 个平行试样的平均值，采用年腐蚀深度表征的腐蚀速率大小，可以将材料的耐蚀性分为不同的等级。表 11-2 给出了 10 级标准分类法。该分类方法对有些工程应用背景显得过细，因此还有低于 10 级的其他分类法。例如三级分类法规定：腐蚀速率小于 1.0mm/a，为耐蚀(1 级)；腐蚀速率在 0.1~1.0mm/a，为可用(2 级)；腐蚀速率大于 1.0mm/a，为不可用(3 级)。不管按几级分类，仅具有相对性和参考性，科学地评定耐蚀等级还必须考虑具体的应用背景。

表 11-2　均匀腐蚀耐蚀性的 10 级标准

腐蚀性分类	耐蚀性等级	腐蚀速率/(mm/a)	腐蚀性分类	耐蚀性等级	腐蚀速率/(mm/a)
Ⅰ 完全耐腐蚀	1	<0.001	Ⅳ 尚耐蚀	6	0.1~0.5
Ⅱ 很耐蚀	2	0.001~0.005		7	0.5~1.0
	3	0.005~0.01	Ⅴ 欠耐蚀	8	1.0~5.0
Ⅲ 耐蚀	4	0.01~0.05		9	5.0~10.0
	5	0.05~0.1	Ⅵ 不耐蚀	10	>10.0

11.2.2　电化学方法

电化学方法是一种快速评价材料耐蚀性的试验方法。通过电化学测试可快速评价材料在某种环境中的耐蚀性大小，了解电极反应过程及控制步骤，判断腐蚀类型并初步估算腐蚀速率。对于耐候钢等活性材料，通过电化学方法可快速估算腐蚀速率，比较不同材料的耐蚀性大小。常用的评价耐候钢耐蚀性的电化学方法有动电位极化曲线法、线性极化法、交流阻抗法。

（1）动电位极化曲线法

极化曲线是表示金属表面电极电位与极化电流（或极化电流密度）之间的关系曲线。极化曲线的测试在揭示材料的腐蚀机理、解析电极反应过程以及预测腐蚀速率方面具有重要的参考依据。按照测试时控制的变量可分为控制电位法和控制电流法。动电位极化曲线即是通过控制电位法，以一定速率慢速扫描电极电位 E 而得到反馈极化电流 i 的极化曲线测试技术。测试通常是在电解池装置中进行，典型的电解池装置如图 11-2 所示。一般采用由待测材料制备的工作电极、石墨或铂片制作的辅助电极以及参比电极构成的经典三电极体系，具体方法和装置可参考本书第 3 章或相关标准。

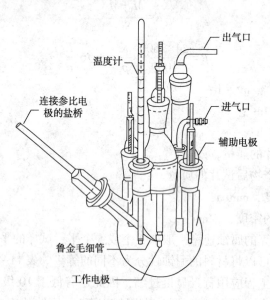

图 11-2　典型的电化学测试电解池装置示意

为了得到尽量达到"稳态"的极化曲线，电位扫描的速度不宜过快。但如果电位扫描速率过慢，则整个测试时间过长，且测试过程中电极表面状态变化也可能很大，因而一般采用

0.3~0.5mV/s 的扫描速率。由此可见实际上测得的"稳态"动电位极化曲线其实是一种"准稳态"的极化曲线。通过动电位极化曲线的测试，可得到材料的极化电位 E 与极化电流密度 i 的对应关系，一般以测得的电流密度对数值作为横坐标，外加电极电位作为纵坐标，得到 $E-\lg i$ 的关系曲线，即动电位极化曲线。

对于耐候钢这类活化体系，一般的极化曲线形状如图 11-3 所示。对于该类极化曲线，可通过对极化曲线的解析获得腐蚀动力学参数和金属腐蚀速率。例如通过强极化区的 Tafel 拟合可获得阴极反应和阳极反应的 Tafel 斜率，推测材料的自然腐蚀电流密度。若阴极反应受氧扩散控制，还能得到氧的极限扩散电流密度等参数。

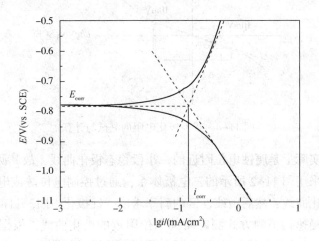

图 11-3　典型活化控制的动电位极化曲线

对于这类活化控制的腐蚀体系，可通过强极化区的外延法测定材料的腐蚀速率，即可快速定量评价其耐蚀性大小。其原理是，当极化电位偏离自然腐蚀电位较大时（一般大于 100mV），在极化曲线强极化区会出现直线段，即 Tafel 直线，此时极化电位与极化电流密度服从塔菲尔公式 $E=a+b\lg i$，即外加电位与极化电流密度的对数服从线性关系。将实测的阴、阳极极化曲线的 Tafel 直线段延长到交点，此交点所对应的电流密度即为腐蚀电流密度 i_{corr}，如图 11-3 所示，代表了金属在自然腐蚀条件下的腐蚀速率，由此可知通过动电位极化曲线的测试可快速判断材料在该体系下的腐蚀类型及耐蚀性大小。

（2）线性极化法

线性极化法是通过在腐蚀电位附近对待测材料施加微小极化（通常不超过 ±10mV）而测量金属腐蚀速率的方法，其技术原理是基于著名的 Stern-Geary 线性极化方程式：

$$R_{\mathrm{p}}=\frac{\Delta E}{\Delta I}=\frac{\beta_{a}\beta_{c}}{\beta_{a}+\beta_{c}}\cdot\frac{1}{i_{\mathrm{corr}}} \tag{11-3}$$

式中，β_{a} 和 β_{c} 分别为阳极溶解反应和阴极反应的 Tafel 斜率，i_{corr} 为自然腐蚀条件下的腐蚀电流密度。

即当电极电位在腐蚀电位 $E_{\mathrm{corr}}\pm10$mV 范围内进行微小极化时，极化电位与极化电流之间基本呈线性关系，如图 11-4 所示，此时该直线的斜率 $\dfrac{\Delta E}{\Delta I}$ 即为线性极化电阻 R_{p}，其值与腐蚀电流密度 i_{corr} 成反比。因而通过测试腐蚀电位附近的线性极化电阻 R_{p}，并通过计算或者查阅文献得到阴阳极反应的 Tafel 斜率 β_a 和 β_c，根据公式（11-3）就能计算出金属的自然腐蚀电流密度 i_{corr}，如式（11-4）所示，通过 Faraday 定律的换算就能得到金属在自然腐蚀条件下的腐蚀速率。

$$i_{corr}=\frac{\beta_a\beta_c}{R_p(\beta_a+\beta_c)} \tag{11-4}$$

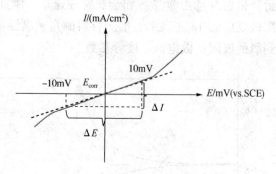

图 11-4　线性极化电阻的测试与计算

线性极化曲线实际上是腐蚀电位附近的一小段稳态极化曲线，故其测试方法与动电位极化曲线一样，一般采用图 11-2 所示的三电极体系，通过控制电位法或电流法逐点测得腐蚀电位附近的稳态极化曲线，然后由线性区的斜率求取线性极化电阻。目前一般通过电化学工作站，采用动电位慢速扫描的方式测定腐蚀电位附近的极化曲线，根据线性区的斜率计算 R_p。为得到基本达到稳态的线性极化曲线，需要采用较慢的扫描速率，一般采用 0.1～0.2mV/s。美国 ASTM G59 标准规定在测试线性极化阻抗时的扫描速率为 0.6V/h，扫描电位范围可达 $E_{corr}\pm30$mV。

由于线性极化方法是对金属电极施以微小电位扰动进行的测试，故对金属表面状态没有明显影响，且操作简单便捷，因而可用于对耐蚀材料或构件的腐蚀状况进行现场的原位、无损和实时监测。

（3）交流阻抗法

检测或表征材料耐蚀性另一种常用的电化学方法为电化学阻抗法（交流阻抗法）。交流阻抗法是一种准稳态电化学方法，它的原理是对处于"稳态"下的电极系统用一个角频率为 ω 的小幅度正弦波电信号（电流 I 或电位 E）进行扰动，体系就会做出角频率相同的正弦波响应（电位 E 或电流 I），其频率响应函数 $\frac{E}{I}$ 就是阻抗 Z。由不同频率下测得的系列阻抗即可绘出系统的阻抗谱，一般采用 Bode 图和 Nyquist 图来表达整个体系的阻抗谱特征。阻抗谱反映出的电化学动力学信息可以用等效电路图解读。例如图 11-5、图 11-6 为活化体系最简单的阻抗谱图与对应等效电路，代表活化溶解的裸钢表面电化学过程和阻抗信息。该体系的阻抗可采用以下电化学参数表征：

$$Z=R_{sol}+\frac{R_p}{1+\omega^2R_p^2C^2}-\frac{j\omega CR_p^2}{1+\omega^2R_p^2C^2} \tag{11-5}$$

式中，Z 为体系阻抗值，R_p 为电极表面极化电阻，R_{sol} 为溶液电阻，$\omega=2\pi f$ 为施加信号的频率，C 为电极与溶液的界面电容。

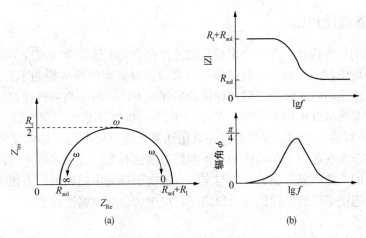

图 11-5　裸钢表面活化溶解体系的阻抗谱图

（a）Nyquist 图；（b）Bode 图

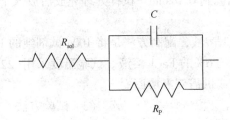

图 11-6　裸钢表面电极反应过程的等效电路模型

　　采用交流阻抗法进行电化学测试时，一般也采用图 11-2 或类似的电解池，采用传统的三电极体系，待体系的开路电位达到稳定后（10min 内的电位变化小于 10mV），在开路电位附近施加振幅为 10mV 的激励电位，频率范围一般选择 $10^5 \sim 10^{-2}$ Hz。对于涂层等高阻抗体系，一般选择激励电位的幅值稍高（15mV 或 20mV）。由于不同的腐蚀体系电极表面状态、电化学反应过程以及控制步骤存在较大差异，表现出的阻抗谱特征有明显区别，关于阻抗谱的解析也非常复杂。实际应用中一般根据电极表面状态及阻抗谱特征，通过商业软件（例如 ZsimpWin）选择不同的等效电路模型对阻抗谱进行拟合，例如带腐蚀产物膜或钝化膜的体系，一般选择图 11-7 的等效电路模型进行拟合，得到溶液电阻 R_s、膜电阻 R_f、膜电容 C_1、界面电容 C_2 和电极表面电荷转移电阻 R_t 等电化学参数，通过这些参数的对比可评价材料耐蚀性的优劣。R_f 越大，表明腐蚀产物膜或钝化膜越致密，耐蚀性越好；R_t 越大，表明金属越难以失去电子，电荷发生转移的阻力越大，耐蚀性越好。

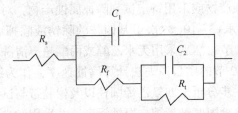

图 11-7　带腐蚀产物膜或钝化膜体系的等效电路模型

11.3　高强螺栓用钢

高强螺栓用钢与连接件之间总会形成缝隙，往往会发生缝隙腐蚀或应力腐蚀开裂，特别是在含氯离子环境中。因而对于高强螺栓用钢来说，对其耐蚀性的检测不可采用11.2节的均匀腐蚀评价方法，而应该采用缝隙腐蚀试验的评定方法。对于高强螺栓钢的缝隙腐蚀性能检测与评定，可参照ASTM G48—2015或GB 10127—2002《不锈钢三氯化铁缝隙腐蚀试验方法》。该标准原本针对不锈钢、镍铬合金在氧化性氯化物介质中的耐缝隙腐蚀性能，但鉴于三氯化铁与铁基合金在氯离子环境中的点蚀和缝隙腐蚀有关，且很多研究已证实铁基金属在三氯化铁溶液中的点蚀和缝隙腐蚀行为与实际含氯离子环境中的腐蚀行为相关，因而可采用三氯化铁溶液浸泡法来评价螺栓钢在含氯离子环境中的耐缝隙腐蚀性能。

（1）试样准备

一般采用试样的尺寸为50mm×25mm×(2~3)mm，可采用3个平行试样，试样采用水砂纸逐级打磨至800#，采用酒精或丙酮超声洗净、吹干后称量试样质量，并测量试样尺寸，质量精确到0.001g，尺寸精确到0.02mm。试样处理完成后放入干燥器备用。

（2）试验溶液

试验溶液采用6%的$FeCl_3$溶液，配制方法是将100g试剂纯的$FeCl_3 \cdot 6H_2O$溶解在900mL蒸馏水或去离子水中，配制约6%的$FeCl_3$溶液。试验温度采用(22±2)℃或(50±2)℃，具体温度可根据螺栓的服役环境或供需双方协商而定。

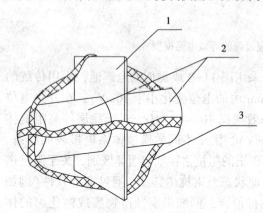

图11-8　缝隙腐蚀加速试验试样组装示意
1—试样；2—聚四氟乙烯圆柱；
3—低硫橡胶带

（3）试验方法

采用Φ12.7mm×12.7mm的聚四氟乙烯圆柱与片状试样上下两个表面形成缝隙，圆柱与试样通过低硫橡胶带或"O"形环固定，如图11-8所示。橡胶带使用前需要在水中煮沸3~5min，以除去可能影响腐蚀的水溶性组分。圆柱顶部加工十字形的沟槽，防止橡胶带滑动。将固定好的试样放入大烧杯中，然后将配制好的$FeCl_3$溶液倒入烧杯中，盖上橡皮塞防止水分蒸发，最后放入22℃或50℃的恒温水浴锅中进行试验。试验周期一般为72h，也可根据试验意图或双方协定延长或缩短时间。

（4）结果评定

试验后用毛刷刷掉腐蚀产物或采用特定试剂除掉腐蚀产物，对于低合金高强钢，可采用500mL浓盐酸+500mL蒸馏水+3~10g六次甲基四胺的除锈液除掉腐蚀产物，其他材料采用的除锈液可参考第2章2.2节。然后采用无水乙醇或丙酮超声清洗试样，冷风吹干后称量试验后的质量，通过采用11.2节的质量损失法计算腐蚀速率，作为缝隙腐蚀的一个初步评价指标。更重要的是需要进一步分析聚四氟乙烯圆柱以及橡胶带与试样接触形成的缝隙处的腐蚀情况，采用扫描电镜观察缝隙腐蚀形貌、腐蚀深度，并采用激光共聚焦显微镜进一步分析缝隙腐蚀深度，综合评定材料的耐缝隙腐蚀性能。

11.4 不锈钢

对于不锈钢这类表面存在钝化膜的耐蚀合金，由于其易于发生点蚀、晶间腐蚀等局部腐蚀，一般需要对其进行耐点蚀和晶间腐蚀腐蚀性能测试。对不锈钢点蚀性能的检测与评定可采用三氯化铁溶液浸泡法和电化学方法。

11.4.1 不锈钢点蚀性能检测与评定方法

（1）三氯化铁溶液浸泡法

三氯化铁浸泡法是将带测材料或试样放入标准的 $FeCl_3$ 溶液中进行浸泡，根据浸泡后的点蚀情况对材料的耐点蚀性能进行评价。三氯化铁溶液浸泡法是实验室用于耐点蚀性能检测的常用方法，常用于检测不锈钢及镍铬合金在氯化物介质中的耐点蚀性能。该方法已作为标准的耐点蚀性能检测方法，被列入各国相应标准，如美国的 ASTM G48—2015、日本的 JIS G0578—2000 和我国的 GB 4334.7—1984。不同标准所采用的试样表面状态要求、试验溶液、温度、时间等技术条件有所差异，表 11-3 对这三个标准的技术要点进行了综合比较。国标 GB 4334.7—1984 对不锈钢耐点蚀性能的评价依然采用均匀腐蚀的平均腐蚀速率法，即腐蚀前后单位面积单位时间的腐蚀质量损失，这与不锈钢的点蚀特征显然不尽合理。而美国 ASTM G48—2015 和日本 JIS G0578—2000 相关标准均明确要求对最大点蚀深度和点蚀密度进行测试和统计。因而 ASTM G48—2015 和 JIS G0578—2000 对不锈钢耐点蚀性能的评价标准更加合理。

表 11-3　不同标准关于三氯化铁点蚀试验法的主要技术要求

技术条件	GB 4334.7—1984	ASTM G48—2015	JIS G0578—2000
试验溶液	6% $FeCl_3$+0.05mol/L HCl	6% $FeCl_3$	6% $FeCl_3$+0.05mol/L HCl
试验温度	35℃±1℃，50℃±1℃	22℃±2℃，50℃±2℃	35℃±1℃，50℃±1℃
试验时间	24h	72h	24h
试样尺寸 研磨要求	10cm² 以上 240 号砂纸	50×25mm 120 号砂纸	10cm² 以上 600 号砂纸
1cm²试样对应的溶液量	≥20mL	≥5mL	≥20mL
试样位置	水平	倾斜	水平
耐点蚀性能判据	平均腐蚀速率	统计点蚀密度、测试最大点蚀深度	腐蚀速率，根据供需协商一致测试点蚀深度和密度

试验结束后，可采用定性和定量两种方法评价耐点蚀性能。定性评定是通过肉眼、低倍显微镜或扫描电镜对腐蚀后的试样表面形貌进行表观检查和显微观察，定性评价点蚀程度和材料的耐点蚀性能。

定量评定主要有标准样图法和最大点蚀深度法。标准样图法是通过在低倍显微镜下计算点蚀密度和大小，测试点蚀深度，并根据美国 ASTM G46 标准对点蚀程度进行评级，具体可参考相关标准或本书第 5 章 5.1 节的点蚀标准样图。

点蚀深度可通过断面金相法、显微深度计或激光共聚焦显微镜等方法，其中断面金相法通过截取点蚀部位的横截面，不仅能测试点蚀深度，还能呈现点蚀的截面形状，确定点蚀与微观组织结构和显微成分的关系。

最大点蚀深度法是另一种常用的点蚀性能评价方法，实际测试时往往选取足够大的待测

189

表面，通过截面金相法或激光共聚焦显微镜扫描测试最大点蚀深度。最大点蚀深度很大程度上反映了材料的点蚀程度，往往比平均点蚀程度更为重要。

（2）电化学方法

点蚀电位 E_b 和维钝电流密度 i_p 是表征不锈钢材料耐点蚀性能的两个重要电化学参数，E_b 越正、i_p 越小，表明材料的耐蚀性越好，因而通过电化学方法测试 E_b 和 i_p 可快速评价不锈钢材料的耐点蚀性能。常用于测试 E_b 和 i_p 的电化学方法是动电位扫描极化曲线法，具体操作为：采用传统的三电极体系，通过电化学工作站控制电位，按照设定的程序和扫描速率，从自然腐蚀电位开始向阳极极化，得到极化电位 E-lg$i$ 的阳极极化曲线。典型的不锈钢动电位极化曲线如图 11-9 所示，将极化曲线上由于钝化膜击穿而使极化电流急剧上升的电位定义为点蚀电位 E_b。若该点不明显，可取电流密度为 $10\mu A/cm^2$ 或 $100\mu A/cm^2$ 所对应的电位，记为 E_{b10} 或 E_{b100}。关于这种方法各国已制定相关标准，例如我国的 GB 4334.9—1984，美国和日本的 ASTM G61—2014 和 JIS G 0577—2014。不同标准均采用动电位扫描极化曲线方法测试点蚀电位，采用的试验溶液均为 3.5%NaCl，温度为 25℃ 或 30℃，扫描速率采用 10~12mV/min。

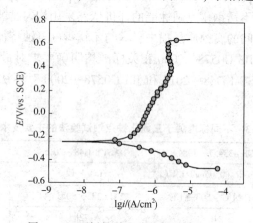

图 11-9 不锈钢动电位扫描极化曲线法

11.4.2 不锈钢耐晶间腐蚀性能检测与评定方法

晶间腐蚀是不锈钢材料在特定腐蚀介质中的一种常见腐蚀形态，特别是一定条件下发生敏化后的试样，可导致材料力学性能的大幅降低。对不锈钢耐晶间腐蚀性能的检测与评定主要有现场挂片试验、实验室模拟试验和实验室加速试验。现场挂片试验真实可靠，但试验周期过长；实验室模拟试验往往很难完全模拟实际工况环境，且试验周期也很长；实验室加速试验通过选择特定的侵蚀剂和侵蚀条件对晶界区进行加速选择性腐蚀，可在较短时间内快速确定材料的晶间腐蚀敏感性，常采用的试验方法主要有化学浸泡法和电化学方法。

（1）化学浸泡法

采用化学浸泡法进行晶间腐蚀性能的评价，各国已形成相关标准，如美国的 ASTM A262、ASTM G28 和 ASTM A763，我国相应的标准有 GB 4334 系列标准。尽管不同标准适用对象和采用方法有所不同，例如 ASTM A262 适用于奥氏体不锈钢，ASTM G28 适用于 Ni-Cr、Ni-Cr-Mo 合金，ASTM A763 适用于铁素体不锈钢，但主要的浸泡溶液或方法均为硫酸-硫酸铁法、沸腾硝酸法、硝酸-氢氟酸法、硫酸-硫酸铜-铜屑法。不同方法的溶液组成、试验温度、浸泡时间以及评价方法有所不同，表 11-4 对 ASTM A262 和我国标准 GB 4334—2008 中所述的几种方法进行了总结与对比。

190

表 11-4　几种不锈钢晶间腐蚀试验方法对比

试验方法	标准编号	溶液组成	温度/℃	时间/h	适用范围	评价方法
硫酸-硫酸铁法	ASTM A262 方法 B	236mL H_2SO_4 +400mL 蒸馏水+25g $Fe_2(SO_4)_3$	沸腾	120	非稳定化奥氏体不锈钢和 321、347、铸造含钼奥氏体不锈钢(CF-3M、CF-8M、CG-3M)	质量损失/腐蚀速率
	GB/T 4334—2008 方法 B	50%±0.3%H_2SO_4溶液 600mL+2.5g $Fe_2(SO_4)_3$	沸腾	120	奥氏体不锈钢	质量损失/腐蚀速率
沸腾硝酸法	ASTM A262 方法 C	65%±0.2% HNO_3	沸腾	48×5	稳定化和含钼奥氏体不锈钢（316、316L、317、317L）	质量损失/腐蚀速率
	GB/T 4334—2008 方法 C	65%±0.2% HNO_3	沸腾	48×5	奥氏体不锈钢	质量损失/腐蚀速率
硝酸-氢氟酸法	ASTM A262 方法 D （已取消）	10%NHO_3+3% HF	70±0.5	2×2	316、316L、317 和 317L 不锈钢	未知试样与固溶处理试样的腐蚀速率比
	GB/T 4334—2008 方法 D	10% HNO_3+3% HF	70±0.5	2×2	316、316L、317 和 317L 不锈钢	未知试样与固溶处理试样的腐蚀速率比
硫酸-硫酸铜-铜屑法	ASTM A262 方法 E	6% $CuSO_4$+16% H_2SO_4+Cu	沸腾	24	稳定化奥氏体不锈钢、锻造和焊接奥氏体不锈钢	弯曲以后检查裂纹
	GB/T 4334—2008 方法 E	100mL H_2SO_4+100g $CuSO_4$+蒸馏水稀释1000mL+铜屑	沸腾	16	奥氏体、奥氏体-铁素体不锈钢	弯曲以后检查裂纹
	ASTM A262 方法 F	Cu+$CuSO_4$+50% H_2SO_4	沸腾	120	铸造 316 和 316L 不锈钢中的碳化铬	质量损失/腐蚀速率

（2）电化学方法

不锈钢耐晶间腐蚀性能检测与评价的电化学方法主要有 10%草酸电解法，常用于奥氏体不锈钢和稳定化铁素体不锈钢晶间腐蚀快速检测与筛选，通过电解浸蚀后的形貌确定是否存在晶间腐蚀敏感性，并判定是否需要采用上面的 4 种化学浸泡法进行进一步的晶间腐蚀试验。相关实验方法已被纳入 ASTM A262 方法 A 和 ASTM A763 方法 W，我国对应的标准为 GB/T 4334—2008 方法 A。

试验方法一般是采用抛光的试样在 10%草酸溶液中进行电解试验，常用的试验装置参考本书第 5 章 5.4 节，一般在 $1A/cm^2$ 的阳极电流密度下电解 1.5min。对于某些没有发生敏化的含钼奥氏体不锈钢，例如 AISI 316、316L、317、317L，由于较难浸蚀出"台阶"状的晶界，需要采用 10%的 $(NH_4)_2S_2O_8$ 代替草酸，并在 $1A/cm^2$ 的电流密度下电解 5~10min。电解浸蚀后在 250~500 倍金相显微镜下观察电解浸蚀后的试样表面，根据晶界浸蚀形貌判定材料是否耐晶间腐蚀，并决定是否采用热酸浸泡法进行进一步的耐晶间腐蚀检测。ASTM A262 方法 A 和我国标准 GB/T 4334—2008 方法 A 将浸蚀后的形貌分为 7 类，具体形貌可参考相关标准和第 5 章 5.4.2 节。若浸蚀后的试样表面呈现"台阶"形貌，晶界无腐蚀沟槽，则可评定该不锈钢无晶间腐蚀敏感性；若呈现"沟槽"形貌，则需要采用合适的热酸浸泡法进行进一步的检测；若晶界呈现"台阶"和"沟槽"并存的混合结构，也需要进行进一步的检测；对于铸态或焊接不锈钢，可能出现枝晶状沟槽或游离铁素体组织；对于锻件，可能出现较深的点蚀坑，这种情况需要进一步采用沸腾硝酸法进行晶间腐蚀检测。

11.5 镍基合金

镍基合金是一类以镍为主元素、高含铬钼等合金元素的高合金钢，在各种环境中均具有优良的耐蚀性，在某些苛刻环境中可能出现点蚀、晶间腐蚀等局部腐蚀现象。对镍基合金的检测与评定主要是进行耐点蚀和晶间腐蚀性能测试。对于高温镍基合金，需进行抗高温氧化性能测试，可参考钢的抗氧化性能测试方法标准 GB/T 13303—1991。镍基合金点蚀性能测试与不锈钢等钝化态材料一样，可参考本章 11.4.1 节中不锈钢点蚀性能评价方法，通过动电位阳极极化曲线的测试进行评价。关于镍基合金耐晶间腐蚀性能的检测与评价，已形成相关标准，国际标准 ISO 9400—1990 列出了 4 种试验方法进行镍基合金耐晶间腐蚀性能的测试，我国标准 GB/T 15260—2016《镍基合金晶间腐蚀试验方法》等效采用国际标准 ISO 9400—1990，主要的检测方法有硫酸-硫酸铁试验、铜-硫酸铜-16%硫酸试验、盐酸试验和65%硝酸试验。

（1）硫酸-硫酸铁试验

本试验方法采用 236mL H_2SO_4+400mL 蒸馏水+25g $Fe_2(SO_4)_3$ 配制 600mL 溶液，试验在带冷凝器的锥形烧瓶中进行，试样放置在烧瓶中的玻璃支架上，且浸没在溶液中，推荐试样表面积为 20~30cm²，溶液体积保证不小于 20mL/cm²，锥形烧瓶放置在加热装置中使溶液保持沸腾状态。对于铬含量小于 18%的镍基合金，推荐连续试验时间为 24h，铬含量大于 18%的镍基合金，推荐连续试验时间为 120h。试验后采用清水或 15%稀盐酸（参考本书第 2 章2.2.2 节）除掉腐蚀产物后，通过腐蚀速率或单位小时的腐蚀失厚来评价耐晶间腐蚀性能，通常以计算腐蚀速率与正常退火态镍基合金的腐蚀速率比较来确定晶间腐蚀的存在，具体验收标准由供需双方协商确定。

（2）铜-硫酸铜-16%硫酸试验

本方法用于测定与碳化铬或氮化铬析出相关的晶间腐蚀敏感性。同样采用带回流冷凝器的锥形烧瓶，并采用 6%$CuSO_4$+16%H_2SO_4+铜屑，试样沿轧制方向取样，推荐的试样尺寸为（80~100）mm×20mm×（2~4）mm，溶液体积不少于 8mL/cm²，且完全淹没试样，试验在溶液沸腾状态下连续进行 24h 或 72h，具体可由供需双方协商确定。试验结束后将试样沿中心线弯曲 180°，压头半径应为试样厚度的 2 倍，对于焊接试样应沿熔合线进行弯曲，弯曲后采用低倍放大镜或显微镜观察弯曲弧顶表面形貌，出现裂纹表明有晶间腐蚀倾向。若可疑裂纹不能判断是否为晶间腐蚀造成，可通过金相观察或未经试验的对照试样进行判定。

（3）盐酸试验

本方法适用于测定某些高钼镍基合金对晶间腐蚀的敏感性。同样采用带回流冷凝器的锥形烧瓶，先取 306mL 去离子水倒入烧瓶中，再加入 300mL 的分析纯浓盐酸，加入几片沸腾碎屑。将备好的试样放在沸腾溶液中的玻璃支架上进行试验，推荐试样表面积为 20~30cm²，溶液体积不少于 20mL/cm²，持续试验时间为 168h。试验结束后采用平均腐蚀速率或单位小时的腐蚀失厚来评价耐晶间腐蚀性能。

（4）65%硝酸试验

本方法同样采用带回流冷凝器的锥形烧瓶，采用分析纯的浓硝酸配制质量分数为 65%±

0.2%的硝酸溶液，将试样放置在烧瓶中的玻璃支架上，推荐试样表面积为 20~30cm²，溶液体积不少于 20mL/cm²，试验时间为 48h×5 个周期，每个周期均采用新鲜溶液。每个试验周期后取出试样，用硬毛刷清除腐蚀产物，无水乙醇清洗后吹干称重，计算平均腐蚀速率，通过每个周期内的腐蚀速率或单位小时的腐蚀失厚来评价耐晶间腐蚀性能。

11.6 铝合金

铝合金由于表面易于形成致密的 Al_2O_3 钝化膜，常发生的腐蚀类型有点蚀、剥蚀和晶间腐蚀，因而对于铝合金耐蚀性检测一般需要测试其点蚀性能和耐晶间腐蚀性能，高强铝合金根据使用需要还需对其进行抗应力腐蚀性能检测。对铝合金耐点蚀性能的检测尚未形成标准方法，一般可通过动电位极化曲线的测试测得点蚀电位，根据点蚀电位的高低来评价耐点蚀性能，溶液采用 3.5%NaCl 或根据供需方协商采用实际服役环境的模拟溶液。具体试验方法可参考本章 11.4.1 节中不锈钢点蚀性能评价方法。

关于铝合金的耐晶间腐蚀性能检测方法，各国已形成标准试验方法，主要有美国标准 ASTM G67、ASTM G110 和国标 GB/T 7998—2005。ASTM G67 提供了一种定量评定 5 系铝合金晶间腐蚀敏感性的方法，将 50mm×6mm（厚度不定）的试样在 30℃浓硝酸中浸泡 24h，通过电位面积的质量损失评定晶间腐蚀敏感性，质量损失率在 1~15mg/cm² 之间的铝合金可认为耐晶间腐蚀，不耐晶间腐蚀的铝合金质量损失率可达 25~75mg/cm²。ASTM G110 主要用于可热处理的 2 系和 7 系铝合金耐晶间腐蚀性能的评价，将预处理过的试样在 30℃、5.7% NaCl+1% H_2O_2 溶液中进行至少 6h 的浸泡，通过浸泡后的晶间腐蚀程度来评价材料耐晶界腐蚀性能。对于耐蚀铝合金（例如 6 系铝合金），试验时间可延长至 24h，具体时间由供需双方协商确定。

我国也颁布了相关标准 GB/T 7998—2005《铝合金晶间腐蚀测定方法》，主要用于 2 系、5 系和 7 系铝合金的晶间腐蚀性能评价。该标准参考 ASTM G110，采用 NaCl+ H_2O_2 溶液浸泡腐蚀的方法，通过金相显微镜对腐蚀后的表面进行金相检查，测量晶间腐蚀深度，并对晶间腐蚀性能进行评级。对于 2 系和 7 系铝合金，采用的溶液为质量分数 5.7%NaCl+体积分数 1% H_2O_2，试验时间为 6h；对于 5 系铝合金，采用溶液为质量分数 3%NaCl+体积分数 1% HCl，试验时间为 24h，试验温度均为 35℃±2℃。将腐蚀后的试样沿垂直于主变形方向切去 5mm，再将断面按金相制样方法打磨和抛光，不经浸蚀直接在 100~500 倍金相显微镜下观察试样截面形貌。根据截面的晶间腐蚀形貌，结果评定为无晶间腐蚀和有晶间腐蚀两种，若有晶间腐蚀，根据晶间腐蚀的最大深度进行评级，如表 11-5 所示。

表 11-5　晶间腐蚀等级

级　　别	晶间腐蚀最大深度/mm	级　　别	晶间腐蚀最大深度/mm
1	≤0.01	4	0.10~0.30
2	0.01~0.03	5	>0.30
3	0.03~0.10		

11.7 钛合金

钛合金在绝大多数环境中均具有优异的耐蚀性，但在某些环境或结构中可能会发生点蚀、缝隙腐蚀、接触电偶腐蚀、氢脆等腐蚀失效形式。由于钛合金在高温高浓氯化物溶液中具有一定的点蚀和缝隙腐蚀倾向，因而一般采用高温的酸性氯化钠溶液来检测钛合金的耐缝隙腐蚀性能。

关于钛合金耐缝隙腐蚀性能检测尚未形成相关标准，测试与评价方法可参照不锈钢的缝隙腐蚀试验方法，ASTM G48—2015 或 GB 10127—2002《不锈钢三氯化铁缝隙腐蚀试验方法》。试样一般采用 20~30mm 长的方形试样，通过图 11-8 的试验装置形成缝隙，溶液采用 5mol/L 的 NaCl，通过 0.1mol/L 的稀盐酸将 pH 值调节至 2~3。试验在带回流冷凝器的锥形烧瓶中进行，溶液保持微沸状态，试验时间由供需双方协商确定。试验结束后，通过缝隙处的腐蚀形貌以及缝隙腐蚀或点蚀深度评价钛合金的耐缝隙腐蚀性能。

11.8 铜及铜合金

铜及铜合金一般情况下具有很好的耐蚀性，但是某些铜合金在某些特定环境(例如硫化物和铵盐)中较易发生腐蚀或应力腐蚀开裂，例如黄铜脱锌腐蚀、黄铜氨脆。铜及铜合金在挤压、拉拔等加工制造过程中，内部往往产生残余应力，可能导致材料在储存或服役过程中发生应力腐蚀破裂，因而铜及铜合金的耐蚀性检测一般采用硝酸亚汞试验法或氨熏试验法进行应力腐蚀敏感性检测，黄铜还需在氯化铜溶液中进行黄铜脱锌腐蚀性能检测。

(1) 硝酸亚汞法

硝酸亚汞法是将铜及铜合金试样置于质量分数 1%硝酸亚汞+体积分数 1%硝酸水溶液中进行 30min 的浸泡，然后通过试样表面裂纹情况来检测铜合金的残余应力或耐应力腐蚀性能。关于该方法各国已形成相关标准，例如美国的 ASTM B154—2001，澳大利亚的 AS 2136—1977 以及我国的 GB/T 10567.1—1997。试验方法一般是将 11.4g $HgNO_3 \cdot 2H_2O$ 或 10.7g $HgNO_3 \cdot H_2O$ 溶解于 40mL 蒸馏水(提前加入 10mL 硝酸)中，晶体完全溶解后将溶液稀释至 1000mL。采用棒状试样的直径小于或等于 75mm，长度大于 150mm。将除油清洗后的试样浸入体积分数为 15%的硫酸中清洗(不超过 30s)，取出用自来水冲洗后吹干，然后置于配制好的硝酸-硝酸亚汞水溶液中，溶液体积不小于 1.5mL/cm^2，在室温下进行 30min 的浸泡。试验结束后采用镊子将试样取出放入搪瓷托盘内，自来水清洗后采用脱脂棉擦去残留液体，然后采用 10~20 倍的放大镜或显微镜对试样表面进行裂纹检查。由于硝酸亚汞毒性很大，试验操作过程中务必小心操作。

(2) 氨熏法

氨熏法是另一种用于检测铜及铜合金内部残余应力或耐应力腐蚀性能的试验方法，主要适用于黄铜。其原理是利用黄铜在氨气气氛中应力腐蚀开裂敏感性较强，将试样暴露于氨气气氛中 24h 后的开裂情况作为评判标准。相关标准有 ISO 6957—1988、EN 14977—2006、GB/T 10567.2—2007。具体试验方法是在通风橱中配置 2mol/L NH_4Cl 溶液，采用 NaOH 溶液将 pH 值调整至规定值，pH 值可根据供需双方约定或根据材料的使用环境来决定。将试样放入直径 240~280mm 的密闭干燥器中，试样放置在干燥器多孔玻璃隔层上，干燥器底部盛装配制好的 NH_4Cl 溶液，溶液体积达到容器体积的 1/5 以上，且每平方分米试样表面积至少 100mL。暴露温度控制在 20~30℃，氨熏时间为 24h，如氨水氨熏法，则试验时间为 4h。试验结束后，在 5%硫酸溶液中清洗除掉腐蚀产物，采用 10~15 倍的放大镜或显微镜检查试样表面的裂纹，并采用金相显微镜分析裂纹属于应力腐蚀开裂还是晶间腐蚀。

(3) 黄铜脱锌腐蚀性能检测

对于黄铜这类易于发生脱锌腐蚀的铜合金来说，一般需采用标准的黄铜脱锌腐蚀试验进行耐蚀性检测与评定。其原理是利用氯化铜溶液在高温下加速黄铜的脱锌腐蚀，耐蚀性不同的黄铜在该溶液中有着不同的脱锌腐蚀速率，从而产生不同深度的脱锌层，通过脱锌层的深度来评价黄铜脱锌腐蚀性能。相关标准主要有 ISO 6509—2014、GB 10119—2008。

具体检测方法：切取 10mm×10mm×(3~5)mm 的块状黄铜试样，每种样品取 3 个平行试样，镶嵌于环氧树脂中，使暴露面积为 100mm² 左右，试样表面采用水砂纸打磨至 500#，无水乙醇清洗后吹干放入干燥器保存待用。配制质量分数为 1% 的 $CuCl_2$ 溶液，在烧杯中倒入 250mL 以上，盖好封口膜后置于水浴锅中，温度设为 75℃±2℃。待溶液温度升至设置值时，将备好的试样浸没于溶液中，使暴露表面垂直于烧杯底部，如图 11-10 所示，试验持续时间为 24h。

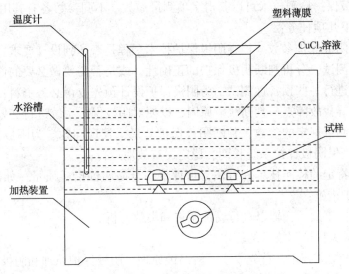

图 11-10　黄铜脱锌法试验装置示意

试验结束后将试样沿暴露表面的垂直方向切片，按金相制样方法将切片打磨、抛光，采用无水乙醇清洗后在金相电镜下观察脱锌层深度。在试样切面的长度方向上，两端各去掉 1.5mm，在中间区间上等距离选取 5 个点进行测量，记录和计算每个试样的平均脱锌层深度和最大脱锌层深度，如图 11-11 所示。取 3 个平行试样的平均脱锌层深度作为该样品的平均脱锌层深度，取 3 个平行试样最大脱锌层深度的最大值作为该样品的最大脱锌层深度，根据这两项指标来评价黄铜脱锌腐蚀性能好坏。

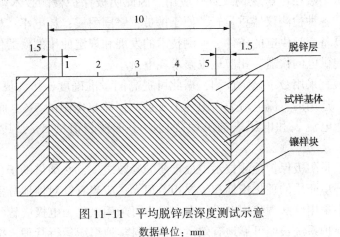

图 11-11　平均脱锌层深度测试示意

数据单位：mm

第 12 章　阴极保护检测技术

12.1　引言

12.1.1　阴极保护检测的任务

通过各种阴极保护检测技术可以获得多项测量参数。不同参数各有其用途，归纳起来阴极保护检测有如下几项任务：

① 通过测量阴极保护参数，检查阴极保护技术工程是否达到设计要求；

② 通过综合测试，分析判断阴极保护的正确性，或是否需要做必要的修正；

③ 在设计前进行一些预备性测试，为阴极保护设计预先取得必备资料；

④ 通过检测寻找故障点，判断故障原因，以便对阴极保护系统进行必要的维修和保养；

⑤ 定期例行测量规定的参数，判断阴极保护效果，发现问题，为阴极保护管理部门提供基础资料，以确保阴极保护系统长期、稳定、有效地运行；

⑥ 通过一些特定的检测技术和方法，可评价综合防腐蚀措施质量，如阴极保护和涂层联合使用的双保护措施；

⑦ 在发生腐蚀事故后，辅以进行腐蚀调查和失效分析。

12.1.2　阴极保护检测技术的基本要求

实施阴极保护检测技术，首先要求了解腐蚀原理、阴极保护原理和阴极保护检测技术的方法原理。唯此才能正确运用阴极保护检测技术，执行规定的测量、判断和维护保养，以确保对被保护金属构筑物成功地实施阴极保护。

阴极保护技术属电化学保护，以其施加微小直流电实行保护的工作原理而习称电保护。因此，从事阴极保护检测技术的工作人员应由熟悉腐蚀学和电子学的专业技术人员担任。

阴极保护检测技术中多数是应用电子仪器测量电参数，如保护电位、保护电流、接地（液）电阻等。其中所用的大多数测量仪表校验规程和阴极保护技术测量方法均已纳入国家标准；极少数暂未纳入国家标准的，也已习用成俗。

阴极保护技术多数在厂矿现场或野外应用。因此阴极保护检测技术须适应这一环境条件，要求所应用的各种检测仪器重量轻，便于携带；坚固耐震；耗电小；显示速度快等。现场或野外往往不具备交流供电的条件，检测技术的发展和规定使用的仪器仪表，应尽可能选用交—直流或直流供电的仪器。相应地也要求耗电量小。

各种测量仪表宜采用数字显示读测，据此可提高测量准确度，扩大灵敏阈，读数直观，体积小，重量轻。选用的直流电流表内阻须小于被测回路总电阻的 5%；而直流电压表内阻则应 $\geqslant 100\mathrm{k}\Omega/V$；电流表和电压表的灵敏阈均应小于被测值的 5%，其准确度则不应低于 2.5 级。

保护电位测量是阴极保护检测技术中最重要的参数之一，必须借助于参比电极才能完成测量。由于不同环境介质的理化指标和工况相差很大，应当有针对性地分别采用不同的参比电极，如在土壤中采用硫酸铜参比电极，在海水中可采用氯化银电极或硫酸铜电极等。

为保证阴极保护系统长期可靠地有效运行，应科学地组织运行管理，按规定对阴极保护系统各有关参数进行月测和年测，对异常现象和超标参数分析原因、判断故障并及时予以排除；对系统电路装置进行日常巡检和记录；对阳极材料和参比电极经常检查保养等等，以确保被保护设备构件达到最佳防腐蚀状态。

此外还应该在实际中不断积累和回馈检测设备和方法的性能，用以不断对阴极保护检测技术进行改进。

12.1.3　国内外现状和国内发展现状

国外阴极保护检测方面，近些年来开发和普遍采用了遥测与遥控技术。20 世纪 60 年代，美国 HARCO 公司开发出航空检测的 PASS 系统，它具有计算机的自动处理功能。到 80 年代，HARCO 公司将原来的 PASS 系统进行改进，新的装置称为"dilink 远距离监测系统"，它改变了过去仅局限于以飞机为运载工具，新装置还可以适用于汽车上，扩大了监测系统的使用范围，方便了用户。这种 dilink 系统的设计可满足更大范围的需要，可以接收、储存及传递任何实质性数据。这些数据可以用模拟值或数字值表示出来，通常可测的参数有腐蚀相关参数、温度、压力及流速等。1999 年，德国 SSS 公司演示了当今世界上最为先进的阴极保护遥控系统，仅通过一台手提电脑和一部手机，就可以利用软件直接控制一座天然气管道阴极保护站的运行参数。

国外近几年还发展了一种线路电位遥测装置，它由参比电极和参数采集、发送系统所组成，通过通信手段(如手机) 把信息传送到测量人的手中，使工作人员能够及时地获得数据。美国天然气研究所正准备采用遥感/远程监测技术，通过使用 GPS 系统，远程得到包括埋地管道定位、覆土深度、阴极保护参数、第三方侵入管带的破坏以及检漏等的腐蚀监测数据。

关于阴极保护电位测试和防腐层面电阻的测量技术，美国于 1992 年修订了 NACE RP 0169 标准，作为现行检测标准。新的阴极保护准则由原来的 5 项改为 3 项，并且有针对性地制定了测试方法标准 NACE TM 0497—2018 和 NACE TM 0101—2012。在这些标准中，都对测量中的 IR 降加以限定，一般条件下可用一般断电法；对于有干扰存在时就必须使用试片或探头断电法，这一技术同时也在德国得到了重视。在这一技术的实施中要具备专用的探头和专用的仪器，国外已经生产出商品化的产品。

目前国内管道除了陕京线采用了卫星控制全线阴极保护站同步通/断电流测试外，其他各线基本上都是采用人工测试电位，其测量结果中含有 IR 降，这种方法有时能够严重干扰测量的准确性，这一问题在人工测试长距离输送管道上普遍存在。就目前国内的现状而言，即使是使用了通/断电技术测试的陕京管线，由于杂散电流干扰的影响，其断电电位也存在一定的误差。

在某种程度上阴极保护测量技术已对国内阴极保护技术的发展起到了限制作用，它影响到阴极保护技术的设计和管理，此问题必须优先加以解决。要解决这个问题，首先是进行测试方法的研究，然后针对特定的测试方法解决测试手段。在现在的状况下，国内暂时还没有一部关于管道阴极保护的国家标准。

阴极保护检测技术及需检测的主要参数随被保护设备构件种类不同而略有差异。埋地(或水下) 金属管线系统外防腐的阴极保护系统应用广泛，相应的检测技术比较完善，且已由许多国家制定了标准和规范。其中，比较著名的有美国 NACE RP0169—2013、NACE RP0177—2019、NACE TM0497—2018、NACE TM0101—2012、NACE TM0102—2002 和德国的 DIN30676、DIN57150、Afk03 等，这些标准是目前公认的世界最高水平的标准。本章以埋地金属管线系统外防腐的阴极保护检测技术为例，作简要介绍。

12.2 管地电位测量技术

12.2.1 电位测量的一般原则

管地电位的测量在阴极保护测量技术中有重要意义，具体包括以下 3 个方面：

① 未加阴极保护的管地电位是衡量土壤腐蚀性的一个参数；

② 施加阴极保护的管地电位是判断阴极保护程度的一个重要参数；

③ 当有干扰时，管地电位的变化是判断干扰程度的重要指标。

按电化学保护的真实含义来分析管地电位，不应含有土壤 IR 降。为了保证电位测量的可靠性，测量所用电压表应是高内阻的，通常应大于 $100k\Omega/V$，灵敏阈应小于被测电压值的 5%。消除 IR 降的测量方法很多，其中断电法是最常用的，注意采用断电法测量管地极化电位时，要考虑管道的极化时间对测量结果的影响。

12.2.2 参比电极

电位测量中要注意的另一问题是参比电极的精度、内阻和测量流过的电流。测量用参比电极应具有下列特点：长期使用时电位稳定，重现性好，不易极化，寿命长，并有一定的机械强度。参比电极种类很多，常用的有甘汞、银/氯化银、铜/硫酸铜电极，工程中固定设置的还有锌参比电极和长效铜/硫酸铜电极。表 12-1 列出了这些参比电极的特征。

表 12-1　参比电极的电位和应用范围

参比电极	Me/Me^{n+}	电位 E_H/V(25℃)	温度系数/mV	应用范围
1mol/L 甘汞电极	$Hg/Hg_2Cl_2/KCl$(1mol/L)	+0.2800	$-0.24(t-25℃)$	实验室
饱和甘汞电极	$Hg/Hg_2Cl_2/KCl$(饱和)	+0.2415	$-0.76(t-25℃)$	水、实验室
1mol/L 氯化银电极	$Ag/AgCl/KCl$(1mol/L)	+0.2344	$-0.58(t-25℃)$	盐水、淡水
饱和氯化银电极	$Ag/AgCl/KCl$(饱和)	+0.1959	$-1.10(t-25℃)$	盐水、淡水
饱和硫酸铜电极	$Cu/CuSO_4$(饱和)	+0.316	$+0.90(t-25℃)$	土壤、水
锌/盐水电极	稳定电位	-0.79		海水、盐水
锌/土壤(带填料)	稳定电位	-0.80 ± 0.1		土壤

下面介绍几种常用的电极的电极反应原理

（1）银/氯化银电极

银/氯化银电极的电极反应为：

$$Ag+Cl^- \Longleftrightarrow AgCl+e \qquad (12-1)$$

电极的电位由式(12-2)计算：

$$E = E^\circ - \frac{RT}{nF}\ln\alpha_{Cl^-} \qquad (12-2)$$

式中　E°——电极的标准电位，即 α_{Cl^-} 等于 1 时的银/氯化银电极的电位；

α_{Cl^-}——溶液中 Cl^- 的活度；

R——气体常数，等于 8.31J/℃；

T——绝对温度，K；

F——法拉第常数，等于 96500C；

n——金属离子的价数，氯化银电极的为 1。

25℃时，电极的电位为：

$$E = 0.222 - 0.0592 \lg \alpha_{Cl^-} \qquad (12-3)$$

因为氯化银的溶解度很小，所以有效的银/氯化银电极要求银与氯化银之间具有紧密的接触。当在水中使用银/氯化银电极时，电极的电位会随着水的含盐量而变化。当氯离子浓度变化10倍时，电极的电位大约变化60mV。因此，如果用这类电极测量含盐量变化的水或土中金属构筑物的电位时，则应以一个不穿孔的容器内盛饱和氯化钾溶液，将电极浸入该溶液中通过一个多孔的渗透膜与环境接触。不用时，电极中的溶液应该倒掉，或者把电极放置在氯化钾的饱和溶液中。

（2）铜/硫酸铜电极

铜/硫酸铜电极是由铜和饱和硫酸铜溶液所组成，其电极反应为：

$$Cu \rightleftharpoons Cu^{2+} + 2e \qquad (12-4)$$

电极的电位由式（12-5）计算：

$$E = E^\circ - \frac{RT}{nF} \ln \alpha_{Cu^{2+}} \qquad (12-5)$$

式中　E°——电极的标准电位；

　　　$\alpha_{Cu^{2+}}$——溶液中 Cu^{2+} 的活度；

　　　R、T、F、n 的意义同式（12-2）。

25℃时，电极的电位为：

$$E = 0.337 + 0.030 \lg \alpha_{Cu^{2+}} \qquad (12-6)$$

铜/硫酸铜电极制作的基本要求是电极必须用电解铜，以保证铜的纯度；其次是硫酸铜溶液必须是饱和的。饱和的标志是在使用过程中，溶液中一直保持有过剩的硫酸铜晶体。为防止测量过程中电极的极化，制作时要保证铜电极和硫酸铜溶液的接触面足够的大，使电极工作时的电流密度≤5μA/cm²。

参比电极的内阻和接地电阻是影响精度的一个因素，当在地面放置铜/硫酸铜电极时的接地电阻可按式（12-7）计算：

$$R = \frac{\rho}{2D} + R_i \qquad (12-7)$$

式中　R——电极接地电阻，Ω；

　　　D——渗透膜直径，m；

　　　ρ——土壤电阻率，$\Omega \cdot m$；

　　　R_i——电极内阻，Ω。

对于埋入地下的长效铜/硫酸铜电极其构造如图12-1所示。其接地电阻由式（12-8）计算：

$$R = \frac{\rho}{2\pi}\left(\frac{1}{D} + \frac{1}{4t}\right) + R_i \qquad (12-8)$$

式中　R——电极接地电阻，Ω；

　　　ρ——土壤电阻率，$\Omega \cdot m$；

　　　D——电极直径，m；

　　　t——电极埋深，m；

　　　R_i——电极内阻，Ω。

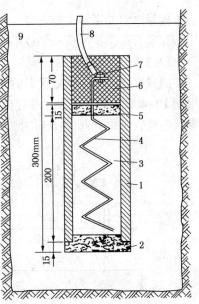

图 12-1　埋地型长效参比电极

1—素烧陶瓷筒；2—底盖；3—硫酸铜晶体；
4—铜棒或铜丝；5—上盖；6—密封化合物；
7—导线接头；8—导线；9—填包料

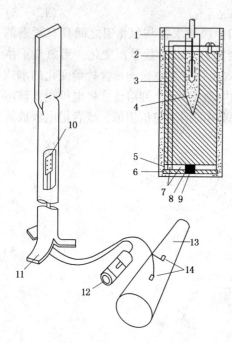

12.2.3　测试探头

测试探头是由钢盘、参比电极和电解质组成，外部用绝缘体隔离，只留一个多孔塞子(渗透膜)作为测量通路。这样的结构可避免外界电流的干扰，使参比电极和钢盘之间的电阻压降最小。钢盘用和管道相同的材质制成，并用导线与管道相连。见图12-2。极化探头适用于杂散电流区域内的电位测量，用探头测得的电位平滑、可靠、真实。

12.2.4　管地电位测试方法

12.2.4.1　直接参比法

在现代阴极保护设计和施工中，已采用了直接埋设于地下管道附近的长效硫酸铜参比电极。管地电位测试时只需在测试桩(见图12-2)上直接测量管道连线端子和长效参比电极端子之间的电位差即可。检测方便有效，而且由于参比电极紧挨钢管附近，可在很大程度上减小或消除土壤欧姆电压降(又称IR降)影响的干扰。

12.2.4.2　地表参比法

地表参比法的接线见图12-3。采用高内阻电压表测量管地电位。硫酸铜参比电极(CSE)应安放在管道顶端上方地表处(一般距测试桩1m以内)；且应选择性置于潮湿土壤地表处。据此减小土壤IR降及

图12-2　测试探头机构及安装示意

1—密封材料；2—塑料壁；3—饱和 Na_2SO_4 溶液；4—甘汞电极；5—连接电缆；6—钢盘(30cm²)；7—密封材料；8—塑料管；9—隔板；10—测试点；11—测试桩；12—探头；13—管道；14—铝热焊点

土壤接触电阻的影响。地表参比法主要用于测量管道自然电位和牺牲阳极的开路电位，也可用于测量管道保护电位和牺牲阳极的闭路电位。

12.2.4.3　近参比法

测量裸管或涂层质量很差的管道保护电位时，土壤IR降将会产生很大误差。对此可采用图12-4所示近参比法。沿管顶方向距测试桩1m范围内挖一个安放参比电极的深坑，将参比电极置于距管壁3~5cm处。测量电压的方法与地表参比法相同。

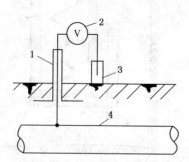

图12-3　地表参比法测管地电阻

1—测试桩；2—高阻电压表；3—参比电极；4—管道

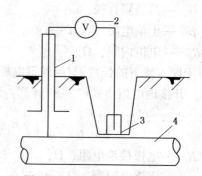

图12-4　近参比法测管地电阻

1—测试桩；2—高阻电压表；3—参比电极；4—管道

12.2.4.4　远参比法

由于各种原因，在大地中形成了电位梯度明显的地电场。如杂散电流进入大地，将形成

地电场，它不仅影响阴极保护系统的正常运行，也会影响阴极保护检测技术，如影响管道保护电位的正确测定和评价。

在地电场影响较严重的地区，管道保护电位中除负偏移电位外还含有较大的地电位值。但此时管道对远方大地的电位中则无地电位值。由此提出了把管道对远方大地的电位应用于阴极保护技术和负偏移电位的测定，即远参比法（见图12-5）。远参比法测量管地电位的具体方法是：先确定地电场源的方位；将参比电极朝远离地电场源的方向逐次安放在潮湿地表上，第一个安放点距测试桩不小于10m，以后每次移动10m，各次移动应保持在同一直线方向上。按地表参比法的操作测量各个安放点处的管地电位。当相邻两个安放点的管地电位之差值小于5mV（即0.5mV/m）时，就不再往远方继续移动参比

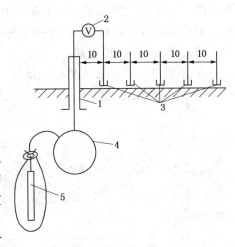

图12-5 近参比法测管地电阻
1—测试桩；2—高阻电压表；3—参比电极；
4—管道；5—牺牲阳极

电极而完成测量。取此最远安放点处的管地电位为管道对远方大地的电位。该方法测量准确，不需要额外设备。但是这种方法只能用于人工测试，测试速度慢，无法实现自动化，所以这种测量技术已经应用得比较少了。

12.2.4.5 滑动参比法

此法主要用于大型储罐底板外壁阴极保护电位分布的测量。对于新建储罐，一般可不用

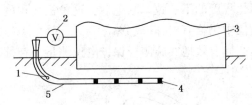

图12-6 滑动参比法测试罐地电位
1—移动式参比电极；2—高阻电压表；
3—储罐；4—铜环节；5—塑料管

滑动参比法，而是在设计期间，在罐底中心及半径上每5~10m布置一支参比电极（通常用长效硫酸铜电极或带填料的锌参比电极），如同近参比法，测知罐底板的电位分布。对于已建储罐，滑动参比法是一种可行的方案。

滑动参比法是在被测储罐的罐底预埋上一支通至罐中心点的硬塑料管，在对应的罐底板位置上钻上$\phi6$的孔眼，并用沙网包缠以防地下泥沙流入堵塞管子。测量时，管内注满水，用一支带有

海绵的参比电极在管内滑动，测取相应的电位。上述方法有两个不足：一是注水对罐基有不良作用；二是注水后得的数据不可靠。针对此法作了改进，将塑料管上定距离用铜环隔断，整个管上不用钻孔，测试时将管内注满盐水，当参比电极在管里滑动时，便可测得对应铜环处的罐底电位。图12-6是滑动参比法示意图。

12.2.5 电位测量中的 IR 降及其消除

所谓 IR 降是指电流在介质中流动所形成的电阻压降，在管地电位测量中，IR 降属有害成分，应予消除。IR 降多在几十毫伏到几百毫伏之间，当电阻率高时，有时能够达到几千毫伏，严重干扰了正确结果的获得。德国 PLE 公司曾在 20 世纪 60 年代，对他们所辖管道上进行了 IR 降的研究和评价，发现在-0.85V 电位保护下，管道腐蚀仍很严重。当他们采用消除 IR 降成分的方法重新评价这些管道时，只有 60%的管道达到了真正的保护(-0.85V)。

由于 IR 降在阴极保护电位测量中难以避免，所以消除 IR 降的测量技术就成了各国腐蚀

专家的首要任务。20 世纪七八十年代 IR 降问题曾引起国际腐蚀界关于阴极保护准则的大讨论，最终以修订 NACE RP 0169—92 标准而结束。本书介绍几种常用的消除 IR 降方法。

12.2.5.1　瞬间断电法

在 IR 降中，由阴极保护电流流经大地造成的电压降是最重要的来源之一。因此，如果能瞬间断开阴极保护电流($I=0$)而又能准确地测量出极化电位，就可由此获得不含 IR 降的管地电位，这就是瞬间断电法，也称电流中断法。这是最为普通的方法。断电意味着 $I=0$，因而 $IR=0$。断电之后，管道电位立即降落下来，然后再慢慢衰减。这一电位瞬间急落便是 IR 降成分。有关"瞬间"概念的数量级，取决于浓差极化的程度和可能产生扩散的速率，一般在沙质透气性土壤中为 μs 级或更小。

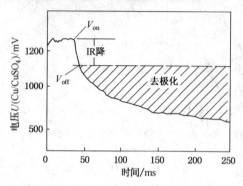

图 12-7　断电后的去极化曲线

图 12-7 为断电后电位衰减的变化，从图中可以形象地看出阴极保护准则概念中的几个基数，V_{on} 为通电保护电位，含有 IR 降；V_{off} 为断电瞬间极化电位，不含 IR 降，这是准则所确认的 -0.85V 的位置。以 V_{off} 为起点，测得去极化的电位差，便是 100mV 准则的实质。不过去极化的过程有时很慢。

瞬间断电法要求管道上所有相连的接地保护、牺牲阳极均须断开，管道上多元保护装置也要同时断开，在测试点处不应有杂散电流的干扰，测量中应使用响应速度快的自动记录设备。有时，由于管道覆盖层缺陷大小不同，导致极化程度的不一致。断电后，这种极化程度的不一致又会导致产生局部宏电池，使得断电后电位中仍含有 IR 降成分。

目前已有各种电子通断电路可供选用。关键是如何有效地实施阴极保护电位测量。在德国 Frankfurt 附近小城 Mainflingen 设有专用无线电发射台，全日发射固定频率为 77.5kHz 的长波，功率达到全德各地均可接收到此电波。这是通断电法应用于阴极保护检测的典型实例。原理示于图 12-8，在阴极保护系统中串联一种专用继电器装置，该继电器受接收天线控制，此天线装置专门接收 77.4kHz 的长波信号，以驱动继电器自动通断。在德国设定的这种通断时间分配是，使阴极保护电源 12s 通电，3s 断电。由此可在断电的 3s 内测量或记录到断电电位 V_{off}，即无 IR 降的保护电位。尤其重要的是，使用此专门装置可检测到任意距离管线上的阴极保护电位异常点，从而在地面上(不开挖土壤)就可检测出埋地管线上某处的涂层缺陷、漏铁点、意外短路点等。

12.2.5.2　试片断电法

管道瞬间断电法固然能消除 IR 降成分，但由于上述诸多因素所限，使得测量精度难以保证，为此推出试片断电法。具体做法是在测试点处埋设一棵试片，

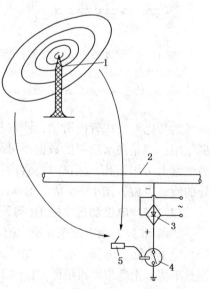

图 12-8　通断电法原理示意

1—发射塔；2—管道；3—阴极保护站；
4—继电器；5—接收天线

202

其材质、埋设状态和管道相同，试片和管道通过电缆连接，这样就模拟了一个覆盖层缺陷，由管道的保护电流进行极化（如图12-9所示）。测量时，只需断开试片和管道的连接导线，就可测得试片的断电电位，从而避免了切断管道主保护电流及其他电连接的麻烦，杂散电流的影响亦小，可忽略不计，而且不存在断电后的极化率差异的宏电池作用。

图 12-9　近参比试片法示意
1—测试桩；2—高阻电压表；
3—参比电极；4—试片；5—管道

本方法对工程应用较为实际，但应对测试桩的功能加以完善，并设置埋设试片及长效参比电极，以供测试，使用时应注意试片的极化时间要足够长。由于试片要泄漏电流，故管道上不宜装设太多。

12.2.5.3　原位参比法

通过使用近参比法，使得参比电极与管道间的距离减小。因参比电极和被测表面间土壤电阻（R）变小，而使 IR 降减至最小。

该法可以在工程实践中推广试行，它不仅测量数据精确，还具有参比点位置固定不变的特点，克服了地表参比点位置差异可能造成的误差，提高了数据的可比性。不过，对于高电阻、大电流状态下，且参比电极位置又没对准覆盖层缺陷时，IR 误差仍然存在，这是因为 IR 降主要产生在被测表面的头几个毫米位置上。

12.2.5.4　土壤电压梯度技术

如图12-10所示，在地表面放置两个参比电极，同步测出管道顶端的电位 V_m 和两个参比电极横向之间的电压梯度 V_L。当电压梯度为零时就没有了电流，便可确定断电电位。

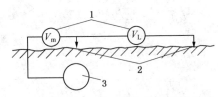

图 12-10　土壤电压梯度技术示意
1—高阻电压表；2—参比电极；3—管道

从式（12-9）中可以看出，管道中存在电流，电压梯度 V_L 正比于流入或流出管道的电流，当电流变化时，改变了常规的管道和参比电极间的电位，也同时改变了电压梯度 V_L，而极化电位此时改变很小，便可通过下列公式确定极化电位：

若　　　　　$V_L = IR_1, \quad V_m = IR_2 + E_p$

则　　　　　$V_L/R_1 = (V_m - E_p)/R_2$　　　　（12-9）

作出 V_m 对 V_L 的关系曲线，将曲线延长到 $V_L = 0$ 时，对应的值即 $V_m = E_p$，即极化电位。

12.2.5.5　脉冲技术法

脉冲技术法的原理和断电法相似，其区别在于脉冲技术法并不采用断电测量，而是采用电位叠加测量，其原理如图12-11所示。即在叠加前读取一个电位值 V_m，叠加后再读一个电位值 V_{imp}。两者之差就是 IR 降。从常规值 V_m 减去这个 IR 降就可得到极化电位。

当 $2I^0 = I^1$，$R_0 = R_1$ 时，有 $V_{IR}^0 = \Delta V_{IR}^0$，

所以　　　　　$E_p = V_m - \Delta V_{IR}^0$　　　　（12-10）

式中　I^0、I^1——原加电流和后加电流；

　　　V_{IR}^0——常规值中的 IR 降分量；

　　　ΔV_{IR}^0——叠加电流后增加的 IR 降分量；

　　　E_p——极化电位；

　　　V_m——常规测量的电位；

V_{imp}——叠加电流后测得的电位初始值。

12.2.5.6 交流电技术法

管道上存在的交流电流，通常是感应电流或不平滑的阴极保护电流，通过交流测量便可直接确定 IR 降误差。测量原理如图 12-12 所示。通过这样简单的交流电测量，便可确定极

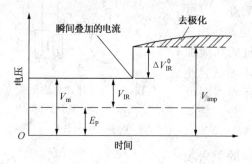

图 12-11 脉冲技术法原理示意

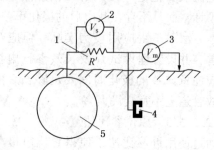

图 12-12 交流电技术原理
1—低电阻分流器；2—高阻电压表 V_s；
3—高阻电压表 V_m；4—试片；5—管道

化电位。在测量点处理一试片，并和管道通过一个低电阻分流器相连，在地表放一参比电极，便可测得 V_s 和 V_m，再按下列公式计算：

$$E_p = V_m - IR \qquad (12-11)$$

因为

$$I = V_{s(dc)}/R$$

所以

$$E_p = V_{m(dc)} - V_{m(ac)} V_{s(dc)}/V_{s(ac)} \qquad (12-12)$$

式中 E_p——极化电位；

$V_{s(dc)}$——分流器直流电压；

$V_{s(ac)}$——分流器交流电压；

$V_{m(dc)}$——管道直流电压；

$V_{m(ac)}$——管道交流电压。

12.3 牺牲阳极输出电流测试

12.3.1 直接测量法

直接测量法(见图 12-13)是将电流表直接串联到阴极保护回路中，电流表示值即为牺牲阳极输出电流值。此法操作简单，主要用于管理测试，但电流表内阻可产生测量误差。为此应尽可能选用低内阻电流表，或直接选用零电阻电流表。测量时选用电流表的最大电流档，因为最大量档的内阻一般最小。

如图 12-13 所示，如果知道电流表的内阻 R_m 和导线的电阻 R_w，则可以对测量结果进行修正，方法如下：

$$I_e = I(R_m + R_w)/R_m \qquad (12-13)$$

式中 I_e——修正后的测量结果；

I——直接测量结果；

R_m——仪表内阻；

R_w——导线电阻。

12.3.2 双电流表法

此法为我国首创。接线法如图 12-14 所示。选用两只同型号数字万用表(以确保两者在同一量程时内阻相同)。先按图 12-13 将一只电流表串入测量回路,测得电流 I_1;再将第二只电流表与第一只电流表同时串入测量回流,此时两只表的电流量程应与测量 I_1 时的相同,记录两只表上显示的 I_2' 和 I_2'',取其平均值为 $I_2 = \frac{1}{2}(I_2' + I_2'')$。

至此可按式(12-14)计算牺牲阳极输出电流 I:

$$I = \frac{I_1 I_2}{2I_2 - I_1} \tag{12-14}$$

12.3.3 标准电阻法

牺牲阳极与管道组成的闭合回路总阻值较小,通常小于 10Ω,该回路电流一般仅为数十至数百毫安。普通电流表的内阻的适当量程上总是大于回路总阻值的 5%,为此可采用标准电阻法,详见图 12-15。

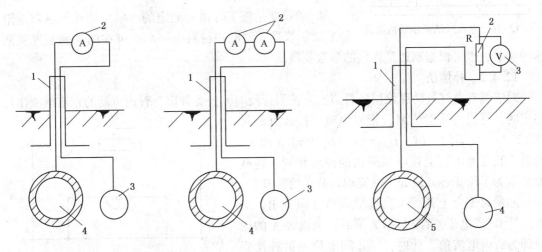

图 12-13 直接测量示意
1—测试桩;2—电流表;
3—牺牲阳极;4—管道

图 12-14 双表法直接测量示意
1—测试桩;2—电流表;
3—牺牲阳极;4—管道

图 12-15 标准电阻法测试接线示意
1—测试桩;2—标准电阻(通常为 0.1Ω);
3—高阻电压表;4—牺牲阳极;5—管道

在牺牲阳极与管道组成的闭合回路中串入一个小于回路总阻值 5% 的标准电阻 R,通常 R 为 0.1Ω;再利用高灵敏度电压表 V 测量标准电阻上的电压降 ΔV;牺牲阳极输出电流为 $I = \frac{\Delta V}{R}$。要求此法串入的测试导线总长度不应大于 $1m$;截面积不应小于 $4mm^2$,以减小导线内阻可能产生的测量误差。此法简单,准确度高,应用广泛。

12.4 管内电流测试

12.4.1 电压降法

对于具有良好外防腐涂层的管道,当被测管段间无分支管道,又已知管径、壁厚、材料的电阻率时,沿管道流动的直流电流可采用电压降法测量。其接线方式见图 12-16。在管道上预先选定 a、b 两点,引出导线在测试桩上;精确测定 a-b 间电压降 V_{ab}(采用微伏表或电位差计即可),按下式计算管内电流:

$$I = \frac{V_{ab} \cdot \pi(D - \delta)\delta}{\rho L_{ab}} \qquad (12-15)$$

式中 I——流过 a-b 段的管内电流，A；

V_{ab}——a-b 间电压降，V；

D——管道外径，mm；

δ——管道壁厚，mm；

ρ——管材电阻率，$\Omega \cdot mm^2/m$；

L_{ab}——a-b 间管道长度，m。

V_{ab} 一般为 μV 级的，当采用的微伏表或电位差计的最小分度值为 1μV，为保证电压降测量精度，要求 $V_{ab} \geq 50\mu V$，由此限定了管内电流测试的最小管距 L_{ab}。应根据管径大小和管内电流强度大致范围决定 a-b 间的管距。当管内电流量小和/或管径大时，L_{ab} 应增大。

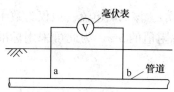

图 12-16 电压降法测量管内电流

L_{ab} 的长度是施工时预先测定的。单位管长的纵向电阻值取决于管径、壁厚和材料电阻率；可在施工前预先实测这些参量，也可根据制造厂提供的参数获得。

12.4.2 补偿法

对于具有良好外防腐涂层的管道，当被测管段间无分支管道，管内流动的直流电流比较稳定时，可使用补偿法测量管内电流。接线方法见图 12-17。使用此法时，$L_{ac} \geq \pi D$，$L_{db} \geq \pi D$，而 L_{cd} 的最小长度要求与上述电压降法的要求相同。这些要求是为了保证 c-d 段处于电流均匀分布的管段。

测量时先合上开关 K，缓缓调节变阻器 R，当检流计 G(或电位差计)指示为零时，电流表 A 的读数即为管内电流值。此时，c-d 间电位差被补偿到零，即补偿电流正好等于流过 c-d 的管内电流，但方向相反。

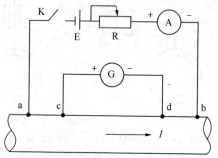

图 12-17 补偿法测试接线示意

12.4.3 保护电流密度的测定

对于已经埋入地下的带有覆盖层的管道，所需要的保护电流应采用馈电法，见图 12-18 所示。测量步骤：

① 用 φ89m×4.2m 长钢管 4 支作临时接地，采用夯入法，位置在垂直测量管段的 60~100m 处。

② 按图 12-18 进行回路接线，E 用汽车蓄电池，导线选用铜芯截面 1×10mm² 的塑料线。

③ 接通开关 K 之前，先进行管段两端绝缘装置两侧(A、B 和 C、D)的自然电位的测量。

④ 接通开关 K，观察电流表中电流值的变化，并同时测量 A、B、C、D 的管地电位。

⑤ 调节可调电阻器 R 使 B 点电位达-0.85V 并跟踪 C 点电位，使之达-0.85V，同时观测 A、D 点电位。

⑥ 当 C 点电位达-0.85V，并且电流基本稳定，这时记录电流值(极化时间有时需要

24h 以上）。

⑦ 用开关控制通、断电时间，测量 A、B、C、D 各点的"通""断"电的电位（通电 27s；断电 3s）。

⑧ 当 B、C 点的 V_{off} 达到 -0.85V 时，即可认为实现保护。这时电流表的电流值即为所需保护电流。

⑨ 用测得的保护电流除以整个管段的表面积，即可得到保护电流密度。

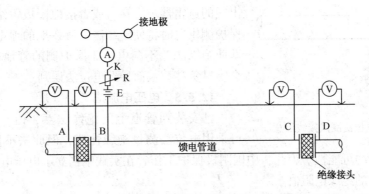

图 12-18　馈电法测量保护电流

12.5　绝缘法兰绝缘性能测试

12.5.1　兆欧表法

此法仅适用于未安装到管道上的绝缘法兰。已安装到管道上的绝缘法兰，其两侧的管道通过土壤已构成闭合回路，不能用兆欧表直接测量绝缘电阻。

按图 12-19 所示，用磁性接头将 500V 兆欧表输入端的测量导线压接在绝缘法兰两侧的短管上，转动兆欧表手柄，使手摇发电机达到规定的转速持续 10s，此时表针稳定指示的电阻值即为该绝缘法兰的绝缘电阻值。此法不仅测量出绝缘电阻值，而且也检验了其耐 500V 电压的耐电压击穿能力。

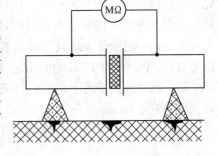

图 12-19　兆欧表法测试接线示意

12.5.2　电位法

已安装到管道上的绝缘法兰，两侧的管道均已接地，不可能再用兆欧表法测量绝缘电阻。此时可以用电位法判定绝缘性能。电位法原理：阴极保护站工作时，被保护侧管地电位负移，而非保护侧因无电流流入，其管地电位几乎不变。若绝缘法兰绝缘性能不好，将由于阴极保护电流流过绝缘法兰，使非保护侧管地电位随之负移。

电位法测试接线如图 12-20 所示。在启动阴极保护站之前，先用数字万用表测量非保护侧法兰盘 a 的对地电位 V_{a1}，然后启动阴极保护站，调节阴极保护电流（通电点与保护侧法兰盘的距离应大于管道周长），使保护侧法兰盘的对地电位 V_b 达到保护电位范围（-0.85 ~ -1.50V），接着再测量 a 点的对地电位 V_{a2}。判据如下：

① 若 $V_{a2} \approx V_{a1}$，一般可认为绝缘法兰的绝缘性能良好；

207

② 若 $|V_{a2}| > |V_{a1}|$，且 V_{a2} 接近 V_{a1} 的数值，则一般认为绝缘法兰的绝缘性能很差；

③ 电位法的判据是定性判据。

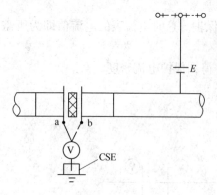

图 12-20　电位法测试接线示意

使用此法应当注意：当非保护侧管道的接地电阻值很小时，即使绝缘法兰漏电严重，由于漏电阻远大于非保护侧管道接地电阻，此时非保护侧管地电位不会明显负移，导致电位法判断错误。此外，若阳极引出线的避雷器被击穿，或者接地阳极距绝缘法兰太近，保护侧供电时将使绝缘法兰所在地的地电位明显正移，即使绝缘法兰不漏电，非保护侧的管地电位测量值也会明显负移，从而导致电位法误判。

12.5.3　电压电流法

已安装到管道上的绝缘法兰，由于两端已接地，可采用电位法测量绝缘性能，但此法不能做出定量评价，且存在误判的可能性。为此，中国阴极保护工作者在实践中创立了电压电流法，以定量地测定绝缘法兰的绝缘电阻值。

电压电流法的原理是，测量绝缘法兰两侧法兰盘间的电位差和流过绝缘法兰的电流，然后根据欧姆定律计算其绝缘电阻值。此法能定量测定，准确度高，但操作麻烦。

电压电流法的测试接线见图 12-21。此法要求图中 $L_{cd} > 1m$，且在测量范围内无分流金属构筑物。先调节阴极保护站的输出电流，使保护侧管道达到规定的保护电位；用数字万用表测量两法兰盘间的电位差 ΔV_2；用微伏表或数字电压表测量 c-d 间电位差 ΔV_1；改变保护站 E 的输出电流，再测出两组 ΔV_1 和，取三组数据的平均值；仔细测量 c-d 间管长，精确到 0.01m。

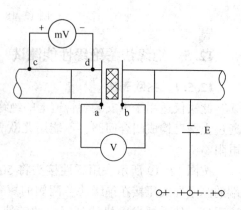

图 12-21　电压电流法测试接线示意

按下式计算绝缘法兰的绝缘电阻：

$$R_H = \frac{\Delta V_2 \cdot \rho_L \cdot L_{cd}}{\Delta V_1} \qquad (12-16)$$

$$\rho_L = \frac{\rho}{p(D-d)d} \qquad (12-17)$$

式中　R_H——绝缘法兰的绝缘电阻，Ω；

　　　　ρ_L——c-d 段管道纵向电阻率，Ω/m；

　　　　ρ——管材电阻率，$\Omega \cdot mm^2/m$；

　　　　D——管道外径，mm；

　　　　d——管道壁厚，mm；

　　　　ΔV_1——c-d 间管道电压降，mV；

　　　　ΔV_2——绝缘法兰两侧法兰盘间的电位差，mV。

12.6 接地电阻测试

12.6.1 外加电流接地阳极的接地电阻测试

外加电流阴极保护站之接地阳极为大型接地装置，接地电阻不宜大于1Ω。此处介绍采用 ZC—8 接地电阻测量仪（量程 0~1Ω 到 10~100Ω）测量接地电阻。此法简单，且不会造成电极极化。测量接线示意见图 12-22。

当采用图 12-22(a)测量时要求：在土壤电阻率较均匀的地区，取 $d_{13}=2L$，$d_{12}=L$；在土壤电阻率不均匀的地区，取 $d_{13}=3L$，$d_{12}=1.7L$。在测量过程中，应将电位极沿接地阳极与电流极的连线方向移动 3 次，每次移距约为 d_{13} 的 5%，若 3 次测量的电阻值相近即可，以保证 d_{13} 的距离合适且电位极处于电位平缓区内。

接地阳极接地电阻的测量也可采用图 12-22(b)所示的三角形布极法测量，此时 $d_{12}=d_{13}\geqslant 2L$。

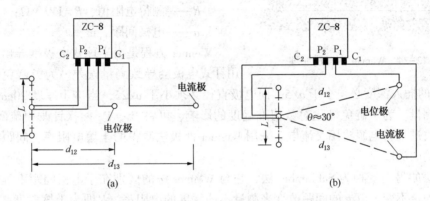

图 12-22　外加电流接地阳极接地电阻测试接线示意

12.6.2 牺牲阳极接地电阻测试

用牺牲阳极保护的管道，为了充分发挥每支牺牲阳极的作用，每个埋设点使用的数量一般不超过 6 支，而且均匀分布于管道两侧。对于这种小型接地体，采用接地电阻测量仪来测量接地电阻是非常方便的。

测量牺牲阳极接地电阻之前，必须首先将阳极与管道断开，否则无法测得牺牲阳极的接地电阻值。采用图 12-23 所示接线法，沿垂直于管道的一条直线布置电极，取 d_{13} 约为 40m，d_{12} 约为 20m。使用 ZC—8 接地电阻测量仪（量程 0~1Ω 到 10~100Ω）测量接地电阻值。此时 P_2 和 C_2 用短接片予以短接，再采用一条截面积不小于 $1mm^2$ 且长度不大于 5m 的导线接牺牲阳极接线柱，P_1 和 C_1 分别接电位极和电流极。

当牺牲阳极组的支数较多，该阳极组接地体的对角线长度大于 8m 时，按图 12-22(a)规定的尺寸布极。但 d_{13} 不得小于 40m，d_{12} 不得小于 20m。

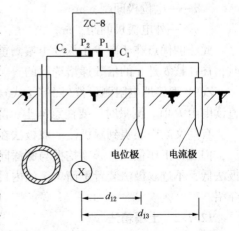

图 12-23　牺牲阳极接地电阻测试

12.7 土壤电阻率测试

12.7.1 原位测试法

原位测量法有几种形式，如 Shepard 极棒法、Columbia 极棒法和 Wenner 法。相比较而言，只有 Wenner 四极法具有测量数据可靠、原理简单、操作方便的特点，但在地下金属构筑物较多的地方，误差较大。图 12-24 是 Wenner 四极法的原理图。

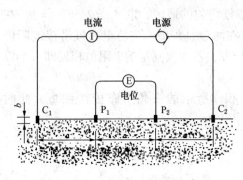

测量时要求四探针一字形分布，间距相等，探针插入地下的深度为 1/20a，通过 C_1、C_2 两极间的电流 I 和 P_1、P_2 两极间的电位，测得电阻 $R=V/I$，然后由下式计算出电阻率：

$$\rho = 2\pi aR \qquad (12-18)$$

式中　ρ——土壤电阻率，$\Omega \cdot m$；

　　　R——测得电阻值，$R=V/I$，Ω；

　　　a——电极间距，m。

图 12-24　Wenner 四极法原理

Wenner 方程是由半球式电极推导出的，因而用针式电极会导致测量误差。为了避免误差超过 5%，电极的插入深度必须小于 $a/5$，而电极直径必须小于 $a/25$，当冻土厚度 20cm 以上时，不宜进行测量。为了避免极化对数值准确度的影响，可将 P_1、P_2 两探针改用硫酸铜电极。进一步的改进是将电源改用交流电。采用 Wenner 四极法测得的土壤电阻率，间距 a 代表着被测量土壤的深度。

四极法的另一变种为 Schlumber 法，它与 Wenner 法的区别在于电极间距不等，而中间两支电极固定不变，以 b 的间距改变来测量不同深度的电阻率，b 即为土壤深度。图 12-25 为该法的示意图，测得的数据以下式计算求得土壤电阻率：

$$R = \pi aR(b/a + b^2/a^2) \qquad (12-19)$$

式中　ρ——土壤电阻率，$\Omega \cdot m$；

　　　R——测得电阻值，$R=V/I$，Ω；

　　　a——电位极间距，m；

　　　b——外电流极间距，m。

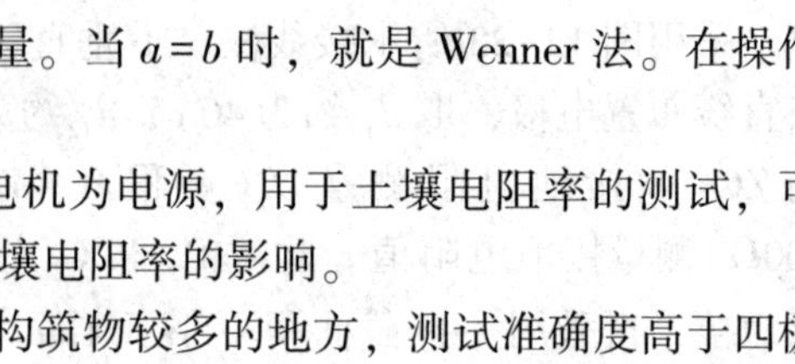

图 12-25　Schlumberger 四极法原理

此法的优点在于减少了深度土壤测量中的工作量。当 $a=b$ 时，就是 Wenner 法。在操作时，往往按 b 是 a 的倍数递增选取的。

Zc-8 型接地电阻测量仪（四端子式）以手摇发电机为电源，用于土壤电阻率的测试，可直读电阻 R 值。测量时，要注意冻土、降雨等对土壤电阻率的影响。

有些文献中还提到双极法。双极法在地下金属构筑物较多的地方，测试准确度高于四极法，但土方工作量大，必须挖掘与测深同等深度的探坑；而在一般情况下的测试准确度比四极法低，不过双极法装置更简单。国内目前基本上均采用四极法。因此双极法本书不作详细介绍。

12.7.2 土壤箱法

土壤箱法是一种实验室测试方法。即在现场采集土样或水样，放在测试箱中进行测量。
土壤箱是一个敞口、无盖的长方形盒子，通常由塑料绝缘材料制成，盒子的两个端面为金属板，测量时把试样放入土壤箱内，顶面要齐平，然后测量两端面间的电流和电压，求出 R，再按下式算出电阻率［见图 12-26(a)］：

$$\rho = R\frac{WD}{L} \tag{12-20}$$

式中　ρ——土壤电阻率，$\Omega \cdot cm$；

　　　R——测得电阻值，$R = V/I$，Ω；

　　　W——土壤箱的宽度，cm；

　　　D——土壤箱的高度，cm；

　　　L——土壤箱的长度，cm。

上述土壤箱存在着某些不足，如两个金属端面在测量时可能产生一定的极化电位，土壤不均匀时，也会影响电流参量测量结果。为此，可对其进行改进。图 12-26(b)是改进后的土壤箱；在箱的侧面设置了两个探针，当两端板通以电流 I 后，测其两探针的电位，然后按下式计算土壤电阻率：

$$\rho = \frac{EWD}{IL} \tag{12-21}$$

式中　L——两个探针之间的距离，cm；

　　　E——两探针之间的电位差，V；

　　　ρ、R、W、D 意义同式(12-20)。

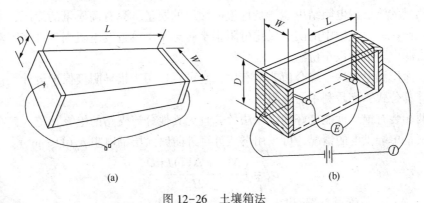

图 12-26　土壤箱法
(a)土壤箱图形；(b)改进的土壤箱

12.8　管道外防腐涂层漏电阻测试

12.8.1　外加电流法

对于无分支、无防静电接地装置的任意一段涂层管道，选择测试长度一般为 500～10000m，可使用外加电流法测量管道外防腐涂层漏电阻。测试接线如图 12-27 所示。被测 a-c 管段距通电点以大于 3000m 为宜。精确测定被测试管段的长度(m)；若 a-d 段内埋有牺牲阳极，则应断开所有的牺牲阳极；阴极保护站启动前，先测试 a、c 两点处的自

图 12-27　外加电流法测试接线示意

然电位值；阴极保护站供电24h后，测试 a、c 两点处的保护电位值，并计算 a、c 两点处的负偏移电位，采用电压降法或补偿法测试 a-b 和 c-d 两段的管内电流，对此要求工 L_{ab} 和 L_{cd} 应小于 L_{ac} 的5%，又不大于150m。

按下式计算管道外防腐涂层漏电阻 $\rho_A(\Omega \cdot m^2)$：

$$\rho_A = \frac{(\Delta V_a + \Delta V_c)L_{ac}\pi D}{2(I_1 - I_2)} \qquad (12-22)$$

式中　ΔV_a、ΔV_c——管段首端 a 点和末端 c 点的负偏移电位，V；

　　　　I_1，I_2——a-b 段和 c-d 段管内电流绝对值，A；

　　　　L_{ac}——被测 a-c 管段的管道长度，m；

　　　　D——管道外径，m。

式(12-22)表明，管道外防腐涂层漏电阻等于测试段管道的接地电阻乘以该段管道的总表面积。此接地电阻根据该段管道阴极保护的平均负偏移电位以及这段管道漏入土壤的总电流，通过欧姆定律计算之。

用此法测得的外防腐涂层漏电阻，实质上是三部分电阻的总和，即：涂层本身的电阻；阴极极化电阻；土壤过渡电阻。

对于涂层质量不好的管道，极化电阻所占分量增加；而在土壤电阻率较高的地区，涂层质量差的管道/土壤的过渡电阻所占分量也增加；所以，此法测量的结果并不是涂层电阻值，而定义为涂层漏电阻。

此法测量的涂层漏电阻结果能清楚地说明涂层的质量：只有高质量的涂层，才会测出高的漏电阻；而在一般土壤中的阴极极化电阻很小；至于土壤过渡电阻则与许多因素有关，一般也都只占漏电阻值的极小份额。

另外，涂层漏电阻这个综合值非常有用，它可直接用于指导阴极保护设计。目前常用的阴极保护计算公式，都是利用漏电阻值。

对于两端装有绝缘性能良好的绝缘法兰，且无其他分流支路的绝缘管道，只有一座阴极保护站，又是单端供电的情况，可采用下式计算外防腐涂层漏电阻 $\rho_A(\Omega \cdot m^2)$：

$$\rho_A = \frac{(\Delta V_1 + \Delta V_2)L\pi D}{2I} \qquad (12-23)$$

式中　ΔV_1，ΔV_2——管道首端(供电端)和末端负偏移电位，V；

　　　　I——阴极保护电流，A；

　　　　L——管道总长，m；

　　　　D——管道外径，m。

12.8.2　间歇电流法

对于无分支管道、无防静电接地、具有良好外防腐涂层且两端绝缘的均质管道，可采用

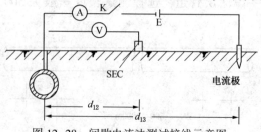

图12-28　间歇电流法测试接线示意图

间歇电流法测量管道外防腐涂层漏电阻。按图12-28接线。d_{12} 取50m，d_{13} 取200～300m。合上开关 K，向管道一端通电5s，并测量阴极保护电流 I(A)和管地电位 u'(V)；断开 K，并立即测量断电后的管地电位 u''(V)；断开 K 5s后，再合上 K，重复上述测量 I-u'-u'' 的步骤达5次。

按下式计算管道接地电阻 $R(\Omega)$：

$$R = \frac{u'' - u'}{I} \qquad (12-24)$$

按下式计算管道接地电阻的平均值 $\bar{R}$：

$$\bar{R} = (R_1 + R_2 + R_3 + R_4 + R_5)/5 \qquad (12-25)$$

将 $\bar{R}$ 代入下式，用试算法求出单位长度管道外防腐涂层漏电阻 $\rho'_{\mathrm{L}}(\Omega \cdot \mathrm{m})$：

$$\bar{R} = \sqrt{\rho'_{\mathrm{L}}\rho''_{\mathrm{L}}}\, cth\left[\sqrt{\frac{\rho''_{\mathrm{L}}}{\rho'_{\mathrm{L}}}} \cdot L\right] \qquad (12-26)$$

式中　ρ''_{L}——管道纵向电阻率，Ω/m；

　　　L——管道总长，m。

按下式计算管道外防腐涂层漏电阻 $\rho_{\mathrm{A}}(\Omega \cdot \mathrm{m}^2)$：

$$\rho_{\mathrm{A}} = \rho'_{\mathrm{L}}\pi D \qquad (12-27)$$

从物理意义看，管道外防腐涂层漏电阻是单位面积涂层管道与远方大地间的电阻。其数值为负偏移电位除以漏电流密度。用间歇电流法测出管道的等效接地电阻 $\bar{R}$ 后，按有限长、无分支均质管道的等效接地公式计算出单位长度内的管道对地电阻，即单位长度管道的外防腐涂层漏电阻；该值再乘以管道圆周长，由此可得管道外防腐涂层漏电阻值。

采用间歇电流法时，通电点必须设在管道的一端，不能设在中间区段内。此法准确度比外加电流法高，因为：采取断续供电，可以减小阴极极化电阻对测量结果的影响；采用等效接地电阻的公式计算涂层漏电阻，更接近于真实的电位分布状况。但此法的操作与数据处理相对较麻烦，而且条件性限制较强。

12.8.3　Pearson 法

该方法是一种比较经典的用于检测埋地管道防腐层上的缺陷的方法，其特点是能在地面上不开挖的情况下操作。

在被检管道附近 $10 \sim 100\mathrm{m}$ 的位置上打入一个临时接地棒，在管道和接地棒之间施加一交变信号，这一信号在管道内传输过程中，如果遇有防腐层破损点，在破损点处形成一个电位场。在地面用一个专门的仪表检测这一地位场的信号，便可根据信号的大小和位置，确定防腐层破损点的位置和大小，如图 12-29 所示。

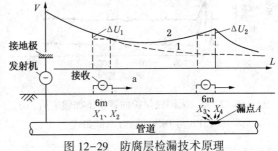

图 12-29　防腐层检漏技术原理

操作时，先将交变信号源连接到管道上，两位检测人员带上接收信号检测设备，通常为"手表""耳机"来观察信号变化，两人牵一测试线，相隔 $6 \sim 8\mathrm{m}$，在管道上方的地面徒步行走，脚上穿有专门的"铁鞋"，便于采集参数。

从图中可以看到，如果沿管道走向连续移动两个电极（铁鞋），当它们位于 X_1、X_2 点时，由于所对应的曲线（1）和曲线（2）的陡度很小，所以，极间电位差 ΔV_{12} 很小；当它们位于 X_3、X_4 点时，且 $X_1X_2 = X_3X_4$，若管道防腐层无破损，信号衰减如曲线（1）所示，其间的电位差亦很小，若防腐层在 A 点有了破损，信号衰减如曲线（2）所示，对应的电位差 ΔV_{34} 则很大，即 $\Delta V_{34} > \Delta V_{12}$。如果继续移动两个电极，当电极越过破损点 A，达到另一侧时，如上述原理一样，极间的电位差则由较大逐渐地减小。当两电极分别跨在 A 点的两侧，且与 A 点的距离相等，即 $X_3A=AX_4$ 时，由于 X_3 和 X_4 的电位几乎相同，极间的电位差接近于零。即两电极位于破损点 A 同一侧时，可以测出最大电位差的点；两电极跨在破损点 A 的两侧时，可测出该点电位差近于零。这样继续下去可找出防腐层上的漏点(也叫破损点)。

但是该方法容易受环境因素的影响，如在电力线平行或跨越平行管、高阻土壤和非均质土壤等地区，其应用将受到限制；而且更为重要的是它不能提供缺陷的破损程度、缺陷处的管道是否遭受腐蚀或是否得到足够的保护以及缺陷修复时间要求等重要信息。

12.8.4 CIPS 和 DCVG 联合检测法

密间隔电位测试法(CIPS)和直流电位梯度法(DCVG)联合检测技术的硬件主要由三部分构成：

① 信号发射系统：信号发射系统由直流电源、断电器、GPS 定位仪组成。对于有阴极保护的管线直接采用阴极保护电源；对于无阴极保护的管线直流电源采用馈电的方法得到，如蓄电池或直流稳压电源，并采用中断器进行中断，以区别直流干扰。

② 测量系统：测量系统由高阻抗毫伏表、饱和硫酸铜电极、GPS 定位仪和拖线电缆(CIPS 测试时采用)组成。

③ 数据处理系统：该部分由数据存储、传送和数据处理组成。

CIPS 与 DCVG 联合检测方法，采用与馈电相结合的方法巧妙地解决了 CIPS 和 DCVG 无法在无阴极保护的管线上使用的问题；由电位梯度绝对值大小可以评价防护层的优劣以及老化破损程度；由电位梯度相对值的变化确定防护层缺陷位置，可以在 ±75mm 的范围内确定是否存在防护层缺陷；采用 DCVG 法进行测量，确定破损点准确位置以后，可采用 CIPS 测试技术对缺陷定量；不加载信号时，也可用来进行杂散电流的测量；对于阴极保护的管线，通过电位测量可确定管道欠保护和过保护的管段，由此可判定管道的阴极保护效果和管道防护层的优劣；该方法简单实用、经济，每公里费用仅 1000 ~ 2000 元。

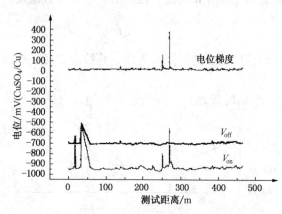

图 12-30 无阴极保护的管线施加馈电后 CIPS 与 DCVG 联合测试曲线

如图 12-30 所示为无阴极保护的管线施加馈电后 CIPS 与 DCVG 联合测试曲线。从图中可以看出该段管道总体状况较好，在 250~275m 段有两处缺陷。对于有阴极保护的管线通过 V_{on}、V_{off} 的测量来确定管道欠保护和过保护的管段，由此可判定管道的阴极保护效果和管道防护层的优劣；对于施加馈电后的原无阴极保护的管线可评价防护层的优劣。

12.8.5 电火花检漏

管道防腐层电火花检漏仪是利用高压火花放电原理检查防腐层的漏铁微孔和破损，主要用于预制厂内防腐层的质量检验、现场管体施工完在回填土之前的质量检验及防腐层管理中经地面检漏后开挖出管道的防腐层破损位置的检验。

电火花检漏仪分 3 个部分：

主机：电源、高压脉冲发生器和报警系统；

214

高压枪：内装倍压整流元件，是主机和探头的连接件；

探头附件：探头分为弹簧式和铜刷式两种。

电火花检漏的原理是，当电火花检漏仪的高压探头贴近管道移动时，遇到防腐层的破损处，高压将此处的气隙击穿，产生电火花，放电，同时给检漏仪的报警电路产生一个脉冲电信号，驱动检漏电路声光报警。

电火花检漏仪的检漏电压，可根据所检防腐层的类型，按其标准进行选择。通常检验电压可按 $V = 7843\sqrt{\delta}$ 来估计，δ 为防腐层厚度（mm）。粗略地估计一下，对于薄层 2000V 是可取的；对于沥青式的厚层，则需要 20000V 了。目前石油行业的各类覆盖层的标准中都已给出了电火花检漏的单项指标，可用作参考。

12.9　故障点确定

在阴极保护投入运行后，对于新旧管道，都有可能发生绝缘段短路、与外部管道或电缆短接、套管接触、与电器接地装置导通，或与桥梁结构及桩基相接触。这种低电阻的短接往往使得整个阴极保护管段不可能获得足够的保护。因此，确定故障点位置和原因是很重要的。通电电位和断电电位之间的变化或沿管道的电位差（电位分布）一般能显示出妨碍实现完全保护的故障点。图 12-31 为分属于三条 NW300、壁厚7.8mm、长 20km 的管段上通电后的电位分布；阴极保护站设置在管段中部，终端安装了绝缘接头。由此电位分布曲线和管内各点流过的电流都可识别妨碍实现完全阴极保护的故障点。

利用管内电流测量结果可确定 100m 之内的故障点位置。阴极保护电流接通和断开时，利用其他金属构件上的电位测量结果也能发现与之接触的故障点。也可试用直流或交流法确定故障位置。

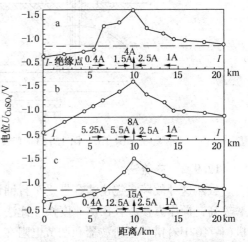

图 12-31　阴极保护管道的电位及管道电流分布
a—在 5km 处有绝缘补偿器；b—左侧绝缘处搭接；
c—在 8km 处与外部管道相连

12.9.1　直流法

采用直流法检测故障点的依据是欧姆定律。假设管道外部涂覆良好，而纵向电阻 R 是已知的；当从故障点位置有意外电流馈入，且直接由外部管道流至被保护管道，故障点位置如图 12-32 所示。且有

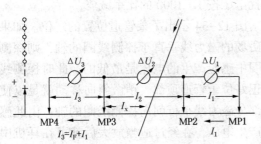

图 12-32　用直流法检测与外部管道
接触的故障点（MP 为测量点）

$$L_x = \frac{\Delta U}{I \cdot R'} \qquad (12-28)$$

仅在故障点接触电阻非常低，而管道中又没有其他电流流动的情况下，才允许如此简化。如图所示，可在四个彼此大约相隔 100m 的开挖处，测量管段分别长为 L_1、L_2 和 L_3 处的电压降 U_1、U_2 和 U_3 用 $U'' = \frac{U}{L}$ 表示纵向折合电压，则可由下式计算出故障点距离：

$$L_{\mathrm{x}} = \frac{U_2 - I_1 L_2 R'}{I_F R'} = \frac{(U'_2 - U'_1) \cdot L_2}{U'_3 - U'_1} \qquad (12-29)$$

受到阴极保护的管道，当与裸套管发生意外低电阻短接时，将干扰阴极保护系统运行且使管道不能实现完全的阴极保护。可先利用方程(12-28)大致测量套管与管道接触的故障点位置，然后把该处的套管移开。电流从套管经接触点进入管线，其电位分布如图12-33右上角所示。用两支测量棒在管道表面检查电压降，即可准确测定接触故障点的位置。

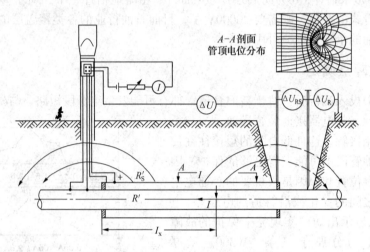

图 12-33　套管和管道的接触位置的测定

12.9.2　交流法

虽然这种故障点定位法容易受平行铺设的管道和高压电影响的干扰，但应用此法一般效率较高，操作方便，且探测速度快。此法利用流经管道的音频电磁场的感应效应。音频发射机(1~10kHz)借助于斩波器和调节电阻在管道与20m外的接地极之间产生了高达220V的电压，由此接地极就把相应的检测电流经土壤流入管道。用一个探测线圈作为接收机，流经管道的交流电所产生的电磁场就在此探测线圈中感应出一个电压；它经过一个放大器放大到在耳机中能听见的程度。此接收机包括一个自动微调的本机振荡频率为 1~10kHz 的选择性带通滤波器，通过此滤波器可使50或$16\frac{2}{3}$Hz的干扰电压按 1：1000 的比率减弱。

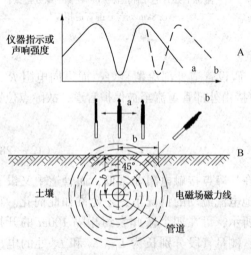

图 12-34　用寻管仪探测管道位置
A—探测信号分布；B—定位 a 及
测深 b 时的探测棒相对位置

图 12-34 示出了某管道位置的定位。如果电磁场的磁力线垂直于探测线圈的轴，则探测线圈中感应产生的电压是最低的。此时探测线圈正好位于管道顶部。稍微斜向移动就足以使一部分磁力线平行朝向探测线圈的轴；由此感应产生电压，在经过适当放大后就可在耳机中或扩音器中听到探测声响。声响强度按图12-34上部的实线 a 所描绘。此法被称为"最小值

法"，它能准确地确定被探寻管道的位置。如果把探测线圈调整在45°角的方向上，那么该最小值将位于管道轴线侧向的、相当于管道埋设深度的某个距离处。

当存在金属性短接时，由发射机所产生的探测电流也会流入相接触的外部管道。与发射机相连接的管道，其电磁场在接触点位置以远处变得很小，尤其是当接触管道的接地电阻很小时衰减特别明显。在相接触的外部管道上总是能用探测器确定出声响最小值。

由常用的全波整流器所产生的保护电流中含有48%的100Hz交流份额。有一种100Hz选择性带通滤波器的接收机，它可对阴极保护电流中的一次谐波进行检波。通过这种低频探测电流可以避免相邻管线和电缆的感应耦合，由此可对故障点进行准确定位。

12.9.3　电化学暂态检测技术

近年来的研究表明，电化学暂态检测技术能够有效检测石油沥青防腐层的剥离缺陷情况，并基本形成了一种基于电化学暂态检测技术的能检测管道石油沥青防腐层破损和剥离的技术。其原理如下：

由于石油沥青防腐层的高绝缘性能，故 C_f 非常小。试验研究发现，当激励信号为某一频率范围的恒流方波时，不同缺陷的等效电路可化简为图12-35的形式。

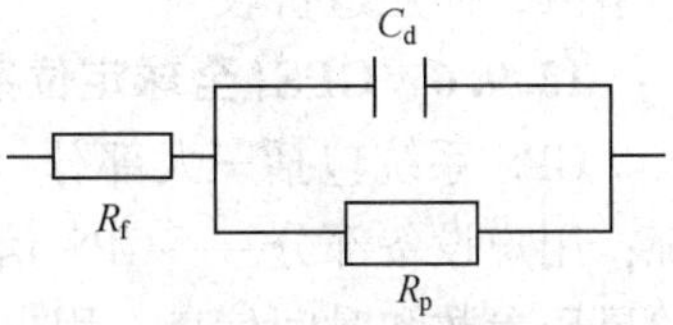

图12-36是缺陷防腐层在某一频率恒流方波激励下产生的电位响应。这和防腐层出现破损（防腐层有局部的缺口），界面电容 C_d 值低，极化阻力 R_p 高；而防腐层出现剥离（防腐层和管体出现了鼓包而又没有大得可以看得见的缺口），界面电容 C_d 值高，极化阻力 R_p 低的事实是一致的。通过测量电位响应曲线及测出的电化学参数，就能分析与判断防腐层是否存在剥离。

图12-35　缺陷防腐层
简化的等效电路

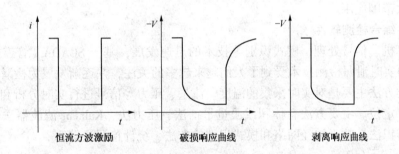

图12-36　恒流方波激励及其电位响应曲线

12.9.4　DCVG 和 CIPS 综合检测技术

在上节中提到的 DCVG 和 CIPS 综合检测技术，不仅可以确定防腐涂层的漏电，同时可以确定漏电点的位置，这里不再赘述。

12.9.5　内部信号检测法

内部检测法是一种借助在管线内部放置移动的信号源，通过检测信号源回馈的信号对管道缺陷和故障点进行定位的。该方法具有自动化程度高、检测速度快等特点。但是这些方法对硬件的水平要求较高。

（1）"管道猪"

"磁通猪"：对管壁施加一个强的磁场来检测钢管金属对磁场的损耗，用对泄漏磁通敏感的传感器检测局部金属损耗引起的磁场扰动所形成的漏磁。其使用方法简单、方便且费用低，对管道内流体不敏感，不论液体、气体或气液两相流体均能检测。但检测精度低，对管材敏感。由于其局限性和检测要求的提高又出现了"超声管道猪"。

"超声猪"：利用超声波投射技术，即短脉冲之间的渡越时间被转换为管壁的壁厚，当有泄漏发生时，钢管壁内的渡越时间减少为零，据此可判断泄漏的发生。"超声猪"的出现在一定程度上弥补了"磁通猪"的缺点。其检测精度高，能提供定量、绝对数据，并且很精确。但该方法使用比较复杂，费用高。

（2）探测球法

基于磁通、超声、涡流、录像等技术的探测球法是 20 世纪 80 年代末期发展起来的一项技术，将探测球沿管线内进行探测，利用超声技术或漏磁技术采集大量数据，并将探测所得数据存在内置的专用数据存储器中进行事后分析，以判断管道是否被腐蚀、穿孔等情况，即是否有泄漏点。该方法检测准确、精度较高，缺点是探测只能间断进行，易发生堵塞、停运的事故，而且造价较高。

12.9.6　GPS（全球定位系统）时间标签法

GPS 系统包括三大部分：空间部分——GPS 卫星星座；地面控制部分——地面监控系统；用户设备部分——GPS 信号接收机。GPS 的基本定位原理是：卫星不间断地发送自身的星历参数和时间信息。用户接收到这些信息后，经过计算求出接收机的三维位置、三维方向以及运动速度和时间信息。采用 GPS 同步时间脉冲信号是在负压波的基础上强化各传感器数据采集的信号同步关系，通过采样频率与时间标签的换算分别确定管道泄漏点上游和下游的泄漏负压波的速度，然后利用泄漏点上下游检测到的泄漏特征信号的时间标签差就可以确定管道泄漏的位置。采用 GPS 进行同步采集数据，泄漏定位精度可达到总管线长度的 1% 之内，比传统方法精度提高近 3 倍。该方法的缺点是投入大、费用高，需要雄厚的科技基础，只适合大范围应用。

12.9.7　综合检测软件

随着计算机、信号处理、模式识别等技术的迅速发展，基于 SCADA（管道数据采集与处理）系统的实时泄漏检测技术受到了人们越来越多的关注，并逐渐发展为检漏技术的主流和趋势。这类方法主要是对实时采集的温度、流量、压力等信号进行实时分析和处理，以此来检测泄漏并定位。主要方法有体积或质量平衡法、压力法、Kalman 滤波器法、状态估计器法、系统辨识法、基于神经网络和模式识别的方法、统计检漏法等。

第13章 涂料涂层检测技术

13.1 引言

13.1.1 涂料和涂层应用要求

金属及非金属(如混凝土、塑料等)在实际使用中往往在其表面涂装不同的涂层,以达到防腐蚀性、装饰性和其他特定功能。基体材料和构型尺寸是各种各样的,它们所处的环境条件和工况也是各不相同的,根据设计赋予它们的应用要求也随构件和环境条件及工况而各异。因此,对指定的构件/环境介质体系应选择适当的涂料-涂层系统,相应地对所采用的涂料和涂层也就规定了特定的性能要求。

涂料是一种涂覆于物体表面能形成连续致密、牢固附着于物体表面的固态干膜涂层的流体性(如液体、粉末)材料。或者说,涂料是形成涂层的原材料。而涂层则是通过涂装工艺把涂料完整地覆盖于物体表面所形成的具有保护性、装饰性和特定功能(如防腐蚀、绝缘、标志等)的薄膜覆盖层。

性能优良的涂料,必须经过合理的涂装工艺涂覆在产品或构件上形成优质涂层,才能表现出优良的应用性能。涂层质量(也称涂装质量)的优劣直接关系到产品或构件本身的质量及其经济价值。要保证涂层质量优良,既要求涂料本身质量好,又要求涂装方法恰当和涂装工艺合理。此外,还必须拥有先进、准确的检测仪器和可靠的检测方法,对涂装作业中的每一个重要环节进行检测,以控制涂层质量达到规定的性能要求,从而保证涂覆产品和构件的质量及经济价值。

13.1.2 涂料和涂层质量的检测与控制

标准规定的可检测的涂料性能和涂层性能有很多种,一般可从涂装前、涂装过程中和涂装后三个方面考虑。涂装前的质量检测主要是控制选用的涂料质量和金属表面处理的质量。

13.1.2.1 金属表面处理质量检测

涂装前处理,即涂装前的金属表面预处理(常称为表面除锈),是影响涂层质量和涂装寿命的至关重要的因素。根据统计一般认为,作为涂装失效和寿命缩短的第一原因,表面前处理约占成因50%以上(也有著作认为可达70%)。

目前,国际上广泛采用的涂装预处理标准是瑞典标准 SIS 05-5900 (1967),其分级标准见表13-1。其中"喷射除锈法"包括习称的"喷砂"和"喷丸",也包括喷射钢丝段、金刚砂、炉渣、钢碎粒等。美国钢结构涂装协会提出的涂装预处理十种方法列于表 13-2。

表 13-1　瑞典标准 SIS 05-5900 分级

A. 工具除锈法

St0　未除锈之钢铁表面

St1　用钢丝刷轻度刷除浮锈及疏松氧化皮

St2　用手工工具(或机动工具)将疏松氧化皮、浮锈等除锈后,用吸尘器或压缩空气等吹去灰尘,处理后的表面近似 SIS St2 标准图样

St3　用机动工具钢丝刷、砂轮等彻底铲除浮锈及疏松氧化皮,经清除灰尘后,表面呈金属光泽,如同 SIS St3 标准图样

B. 喷射除锈法

Sa0 未除锈之钢铁表面

Sa1 轻度喷射，除去浮锈及疏松氧化皮，其表面相等于 SIS Sa1 标准图样

Sa2 中度喷射磨料，除去大部分锈、氧化皮等，清除灰尘后表面呈金属灰色，如同 SIS Sa2 标准图样。适用于一般防锈涂装

Sa2½ 彻底喷射磨料，完全除去铁锈及氧化皮，清除灰尘后钢面呈近白金属光泽，仅有微少斑痕(5%面积以下)同 SIS Sa2½标准图样，此级最广泛采用于重防蚀涂装

Sa3 彻底喷射，完全除去所有锈及氧化皮，不留任何微少斑痕，钢面呈均匀银白色金属光泽，同 SIS Sa3 标准图样，为最高级标准

表 13-2　美国钢结构涂装协会（SSPC）关于钢表面涂装前的预处理方法

SSPC 规定号	预处理名称	内　容
SP-1	溶剂清洗	用溶剂或其蒸气、乳化液、碱或水蒸气完全除去油脂、蜡、尘及其他污物，只用于低湿度的室内环境的物体
SP-2	手工除锈	用钢丝刷、铲刀、锤、砂布等除去浮锈、疏松的氧化皮
SP-3	机动工具除锈	用风凿、除鳞机、砂轮等除去浮锈、疏松的氧化皮
SP-4	火焰除锈	用乙炔焰烧除油污，脱除锈及疏松的氧化皮，再接着用钢丝刷或喷射除锈，趁热涂装
SP-5	银白级喷射	抛射或喷射砂(干法或湿法)、钢丸、钢粒、钢丝段等磨料，完全除净锈、氧化皮及杂质，达到银白色；专用于严酷的腐蚀环境；物体若需浸渍在腐蚀液中，钢面预处理必须达 SP-5
SP-6	工业级喷射	喷射除去锈和氧化皮，直至钢面上 2/3 的面积已无可见的残迹
SP-7	清扫级喷射	喷射除去锈皮，露出均匀的金属底材，但不能充分除去紧密的氧化皮、锈和旧漆膜
SP-8	酸洗	浸入酸中完全除去锈和氧化皮
SP-9	吹扫后再喷射	钢材先吹扫除去氧化皮之后再喷射除锈
SP-10	近白级喷射	喷射除锈至钢面上 95%的面积已无斑痕，接近银白色

各国都有相应的表面预处理标准，其对应关系列于表 13-3。我国国家标准 GB/T 8923—2011《涂装前钢材表面锈蚀等级和除锈等级》用彩色照片和必要的文字表示钢材表面原始锈蚀程度分级和表面除锈质量等级，见表 13-4 和表 13-5。

表 13-3　各国除锈标准对照

SIS05-590 瑞典	SSPC 美国	NACE 美国	BS-4232 英国	GB/T-8923 中国	DIN-1836 (1961)德国	AS-1627.4 澳大利亚	JSRASPSS 日本	OGSB 加拿大 31-GP-404
Sa3	SP-5	#1	一级质量	Sa3		3 级	Sd_3，Sd_3	1 型
Sa2½	SP-10	#2	二级质量	Sa2½	除锈二级	2.5 级	Sd_2，Sd_2	2 型
Sa2	SP-6	#3	三级质量	Sa2	除锈三级	2 级 1 级	Sd_1，Sd_1	2 型
Sa1	SP-7	#4		Sa1				3 型

SIS05-590 瑞典	SSPC 美国	NACE 美国	BS-4232 英国	GB/T-8923 中国	DIN-1836 (1961)德国	AS-1627.4 澳大利亚	JSRASPSS 日本	OGSB 加拿大 31-GP-404
St3	SP-3			Sa3	1977 年为		Pt₃	
St2	SP-2			Sa2	DIN-55928			
St1								

表 13-4 钢材表面原始锈蚀程度的等级(GB/T 8923—2011)

锈蚀等级	锈蚀程度
A	全面地覆盖着氧化皮而几乎没有铁锈的钢材表面
B	已发生锈蚀,并且部分氧化皮已经剥落的钢材表面
C	氧化皮已因锈蚀而剥落,或者可以刮除,并且有少量点蚀的钢材表面
D	氧化皮已因锈蚀而全面剥落,并且已普遍发生点蚀的钢材表面

表 13-5 钢材表面除锈质量等级(GB/T 8923—2011)

除锈质量等级	除锈质量要求
Sa1	轻度的喷射或抛射除锈:钢材表面应无可见的油脂和污垢,并且没有附着不牢的氧化皮、铁锈和油漆涂层等附着物。参见照片 BSa1、CSa1 和 DSa1
Sa2	彻底的喷射或抛射除锈:钢材表面应无可见的油脂和污垢,并且氧化皮、铁锈和油漆涂层等附着物已基本清除,其残留物应是牢固附着的。参见照片 BSa2、CSa2 和 DSa2
Sa2½	非常彻底的喷射或抛射除锈:钢材表面应无可见的油脂、污垢、氧化皮、铁锈和油漆涂层等附着物,任何残留的痕迹应仅是点状或条纹状的轻微色斑。参见照片 ASa2½、Bsa2½、CSa2½、DSa2½
Sa3	使钢材表观洁净的喷射或抛射除锈:钢材表面应无可见的油脂、污垢、氧化皮、铁锈和油漆涂层等附着物,该表面应显示均匀的金属色泽。参见照片 ASa3、BSa3、CSa3 和 DSa3
St2	彻底的手工和动力工具除锈:钢材表面应无可见的油脂和污垢,并且没有附着不牢的氧化皮、铁锈和油漆涂层等附着物。参见照片 BSt2、CSt2 和 DSt2
St3	非常彻底的手工和动力工具除锈:钢材表面应无可见的油脂和污垢,并且没有附着不牢的氧化皮、铁锈和油漆涂层等附着物。除锈应比 St2 更为彻底,底材显露部分的表面应具有金属光泽。参见照片 BSt3、CSt3 和 DSt3
F1	火焰除锈:钢材表面应无氧化皮、铁锈和油漆涂层等附着物,任何残留的痕迹应仅为表面变色(不同颜色的暗影)。参见照片 AF1、BF1、CF1 和 DF1

进行涂装预处理的目的:一是除净金属表面锈污;二是增大表面粗糙度以提高涂层的附着力。不论是喷射处理或磷化,均能使表面粗糙而增大实际表面积。

澳大利亚标准 AS1627.4 规定:钢面最大粗糙度 $R_{a\,max}$。(即谷底至峰的高度)不超过涂装体系干膜厚度的三分之一。英国标准 BS 4232 规定粗糙度不超过 75μm。美国 NACE 01-75 规定粗糙度为 40~50μm。此外,日本国铁桥梁涂装标准 JRSD 5500-3,铁路车辆涂装方法 JRS 66000-3C,国际铁路联盟 UIC 896-2 钢结构防腐保护规范,德国 DIN 4768 等,对粗糙度均有所规定。

对各级表面除锈的质量检测应根据有关标准的规定,通过目测对照必要的文字说明,与标准照片相比较。例如,GB/T 8923—2011 标准包括钢材表面的原始锈蚀等级照片 4 张,除锈质量等级照片 24 张，共 28 张。它们与国际标准 ISO-8501-1（2007）中的照片相同。

13.1.2.2 涂料质量控制

对涂料产品的质量控制包括涂料的颜色、透明度、黏度、固体分含量、细度、密度、酸价、结皮性、稳定性、挥发物含量、闪点等。在涂料产品出厂前这些项目已做过检测，用户在使用前应根据有关技术文件进行抽查。其检测方法可按照国家标准、部颁标准或企业标准选择，首选国标和部标方法。无国标和部标规定的性能指标可按企标或合同规定的其他方法执行。我国国家标准和化工部部颁标准规定了涂料产品许多性能的检测方法，但大多数是关于液体涂料的，仅有个别部颁标准是关于粉末涂料的。例如，关于液体涂料质量控制标准有：

GB/T 2705—1992　涂料产品分类、命名和型号

GB 3186—2003　涂料产品的取样

GB/T 1722—2006　清漆、清油及稀释剂颜色测定法

GB/T 1723—1993　涂料黏度测定法

GB 9751—2008　涂料在高剪切速率下黏度的测定

GB/T 6753.4—1998　色漆和清漆 用流出杯测定流出时间

GB 9752—1998　涂料及有关产品闪/不闪试验闭口杯平衡法

13.1.2.3 涂装过程质量控制

目的在于控制涂料应用和涂装作业的有效性和可靠性，以获得合格质量的涂层。上节所述某些检测项目如黏度、固体分、遮盖力等与涂装作业性关系很大；此外，还应检测涂装时的涂料用量、涂刷性、流平性、干燥时间和打磨性等。例如，控制涂料应用和涂装过程作业质量的检测标准有：

GB/T 1758—1989　涂料使用量测定法

GB/T 1750—1989　涂料流平性测定法

GB/T 1751—1992　稀释剂、防潮剂水分测定法

HG/T 2882—1997　催干剂催干性能测定法

HG/T 2881—1997　脱漆剂脱漆效率测定法

HG/T 2998—1997　涂布漆涂刷性测定法

GB/T 1769—1989　漆膜磨光性测定法

GB/T 1770—2008　底漆、腻子膜打磨测定法

GB/T 9264—2012　色漆流挂性的测定

13.1.2.4 涂层质量控制

涂料和涂装工艺的质量水平，最终应表现在涂层质量的优劣如何，这是涂装综合性能和应用性能的体现。对涂层整体性能的检测，既要检测其物理性能和力学性能（如外观完整性、颜色、光洁、硬度、弹性、冲击强度、附着力等），又要检测其应用性能（如装饰性、耐候性、耐热性、电绝缘性、耐水性、防湿热、防盐雾、防毒菌、防污性、防锈性、耐化学介质腐蚀性等）。前者是控制涂层质量必须检测的涂层基本性能；后者则应根据涂层工件使用的环境介质和工况条件以及合同规定，择其必要项目进行检测。例如，控制涂层质量的主要标准有：

GB 1762—1980　漆膜回黏性测定法

GB/T 3181—2008　漆膜颜色标准

GB/T 4074.20—1991 漆包线试验方法 漆膜连续性试验

GB/T 1730—1993 漆膜硬度的测定：摆杆阻尼试验

GB/T 1731—2020 漆膜柔韧性测定法

GB/T 1732—2020 漆膜耐冲击测定法

GB/T 1733—1993 漆膜耐水性测定法；

GB/T 1740—2007 漆膜耐湿热性测定法

GB/T 1761—1989 漆膜抗污气性测定法

GB/T 1763—1989 漆膜耐化学试剂性测定法

GB/T 1765—1989 测定耐湿热、耐盐雾、耐候性(人工加速)的漆膜制备法

GB/T 1865—2009 色漆和清漆，人工气候和人工辐射暴露(滤过的氙弧辐射)

GB 5210—2006 涂层附着力的测定法：拉开法

GB 6742—2007 漆膜弯曲试验(圆柱轴)

GB/T 6749—1997 漆膜颜色表示方法

GB/T 11185—2009 漆膜弯曲试验(锥形轴)

HG 2-1611—1985 漆膜耐油性测定法

HG 3344—2012 漆膜吸水率测定法

GB/T 1738—1979 绝缘漆漆膜吸水率测定法

13.2 涂料性能检测技术

13.2.1 液体涂料性能检测技术

13.2.1.1 颜色与外观

将涂料、清漆、稀释剂等所取试样装入干燥洁净的比色管中，于25℃的暗箱中在透射光下观察是否含有机械杂质，并在透射光下与一系列不同浑浊程度的标准液比较，选出与试样最接近的某级标准液；试样透明度等级直接以标准液的等级表示；接着仍在暗箱的透射光下与铁钴比色计进行比较，选出两个与试样颜色最接近的，或一个与试样颜色相同的标准色阶溶液，试样颜色的等级直接以标准色阶的编号表示，如色相不同时，可比较其颜色的深浅。

13.2.1.2 密度

可采用比重瓶法。先将容量为20~100mL的玻璃比重瓶或金属比重瓶洗净、干燥、称重以校准之，注满蒸馏水再称量，准确计算出比重瓶容积。然后在试验温度(23℃±2℃，如精确度要求更高，则为23℃±0.5℃)下，把涂料产品注满比重瓶。盖上比重瓶并敞开溢流孔，严格注意防止在比重瓶中产生气泡。将比重瓶放置在恒温水浴或恒温室中，直至瓶和涂料的温度均一恒定。用沾有合适溶剂的吸收材料擦净比重瓶外部的涂料残留物，使之完全干燥，立即称量注满涂料的比重瓶。按下式计算涂料在试验温度下的密度ρ_t(以g/mL表示)：

$$\rho_t = \frac{m_2 - m_1}{V} \qquad (13-1)$$

式中 m_1——空比重瓶的质量，g；

m_2——比重瓶和涂料的总质量，g；

V——在试验温度下校准测定的比重瓶容积，mL；

t——试验温度(23℃或其他商定的温度)。

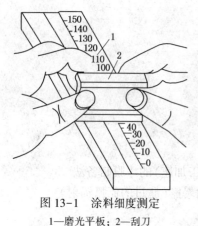

图 13-1 涂料细度测定
1—磨光平板；2—刮刀

13.2.1.3 细度

采用刮板细度计，以微米表示涂料细度。有 50、100 和 150μm 三种量程的刮板细度计。通常，涂料细度≤30μm 时用 50μm 量程，31~70μm 时用 100μm 量程，>70μm 时用 150μm 量程的刮板细度计。把待测涂料搅匀，然后在合金钢制刮板细度计的沟槽最深部分滴入数滴涂料试样，以能充满沟槽而略有多余为宜。如图 13-1 所示，以双手持钢制刮刀，使刮刀与磨光平板表面垂直接触；在 3s 内将刮刀由沟槽深的部位向浅的部位拉过，使涂料充满沟槽而平板上不留有余料。立即以 15°~30°角视线对光观察沟槽中涂料颗粒均匀显露处，记下读数。一般试验三次，取算术平均值即为涂料细度。

13.2.1.4 黏度

测定涂料黏度可采用涂-1、涂-4 和落球黏度计，以 s 表示。涂-1 和涂-4 黏度计测定的条件黏度是：一定量的试样，在一定的温度下从规定直径的孔所流出的时间；落球黏度计测定的条件黏度是：在一定的温度下，一定规格的钢球通过盛有涂料试样的玻璃管上、下两刻度线所需的时间。

涂-1 黏度计：用于测定黏度不低于 20s 的涂料产品，以及按产品标准规定必须加温进行测定的黏度较大的涂料产品，装置如图 13-2(a)所示。将无结皮和颗粒的涂料试样搅匀后，调整温度至 25℃±1℃，注入洁净黏度计；静置片刻，逸出气泡，且使涂料试样保持在 25℃±1℃；迅速提起塞棒，立即开动秒表，记录涂料从黏度计漏嘴流出并滴满 50mL 量杯至 50mL 刻度线所需时间(s)，即为该涂料试样的条件黏度。

涂-4 黏度计：用于测定黏度在 150s 以下的涂料产品，装置如图 13-2(b)所示。将待测涂料试样注满涂-4 黏度计(又称涂-4 杯)，用玻璃棒将气泡和多余涂料刮入凹槽；松开漏

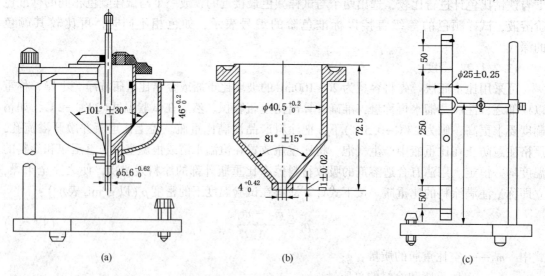

(a)　　　　　　　　(b)　　　　　　　　(c)

图 13-2 涂料黏度测定
(a)涂-1 黏度计；(b)涂-4 黏度计；(c)落球黏度计

嘴，使涂料从黏度计流入150mL搪瓷杯，记录涂料从黏度计流尽所需时间(s)即为该涂料试样的条件黏度。

落球黏度计：用于测定黏度较高的透明液体的涂料产品，装置如图13-2(c)所示。将透明的涂料试样注入黏度计玻璃管中，使涂料高于上刻度线4cm；小钢球吸在带铁钉且上置永久磁铁的软木塞上，取下永久磁铁使钢球在玻璃中自由落下，记录钢球通过上下两刻度线距离所需时间(s)，即为该涂料试样的条件黏度。

13.2.1.5 固体含量

测定涂料固体含量，即涂料在一定温度下加热焙烘后剩余物质量与涂料试样原质量的比值，以百分数表示。

先将干燥洁净的培养皿在105℃±2℃烘箱内焙烘30min，取出置于干燥器中冷却至室温，称量。用磨口滴瓶取样，以减量法称取几克涂料试样置于已称量的培养皿中，使涂料均匀地流布于容器底部，然后放入已调节到规定温度(各种涂料焙烘温度不同，按规定)的鼓风恒温烘箱内焙烘一定时间后，取出放在干燥器中冷却至室温，称重；然后再放入烘箱内焙烘30min，取出置于干燥器内冷却至室温，再称量；至前后两次称量的质量差不大于0.01g为止。也可采用表面皿法测定高黏度涂料，方法大致相同。涂料固体含量 X 按下式计算：

$$X = \frac{W_1 - W_2}{G} \times 100\% \tag{13-2}$$

式中 W_2——为容器质量，g；

  W_1——焙烘后涂料试样与容器总质量，g；

  G——涂料试样原始质量，g。

13.2.1.6 闪点

在标准规定的条件下，加热闭口杯中的涂料试样时，所逸出的涂料蒸气在有火焰存在的情况下，能瞬间闪火时的最低温度谓之闪点。这是涂料装运、贮存、使用规程中所要求的技术参数。

如图13-3所示，把闭口杯浸入水浴锅中所规定的水平位置，加热闭口杯中的涂料试样。以水浴锅中的液体与闭口杯中的涂料试样之间不大于2℃的温差，缓慢地使水浴升温，此加热过程应保证涂料试样的温升速度在1.5min内不大于0.5℃。于加热期间，在不小于1.5min时间间隔进行点火试验检查(两次点火检查之间的时间间隔应大于1.5min，是为了使涂料试样上部空间恢复到蒸气饱和浓度)，注意闪光出现时的最低温度；再把此试验测定的最低温度值修正(通过计算)到标准大气压101.3kPa下的涂料闪点温度。

13.2.1.7 流平性

可用刷涂法或喷涂法，将涂料施涂于表面平整的底板(马口铁板)上，测定刷纹消失并形成平滑涂膜表面所需时间(以分表示)，即为涂料流平性表征。在恒温恒湿的条件下，用漆刷在马口铁板上制备涂膜。刷涂时应迅

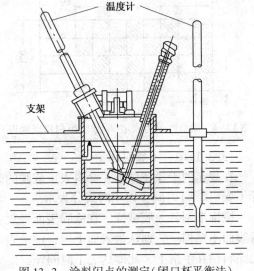

图13-3　涂料闪点的测定(闭口杯平衡法)

速先纵向后横向地涂刷，涂刷时间不多于 2~3min。然后在样板中部纵向地由一边到另一边涂刷一道(有刷痕而不露底)。自刷子离开样板的同时，开动秒表记时，测定刷子划过的刷痕消失并形成完全平滑涂膜表面所需之时间，按产品标准规定确认合格与否。

13.2.1.8　遮盖力

把涂料均匀地涂刷在物体表面上，能使其底色不再显现的最小用料量称为遮盖力，以 g/m^2 表示。

根据产品标准规定的黏度调制涂料，称出初始盛有涂料的杯子和漆刷的总质量 $W_1(g)$。用漆刷逐遍涂刷于玻璃黑白格板(图 13-4)上，每遍涂刷后把格板放在暗箱内，距磨砂玻璃片 15~20cm，有黑白格的一端与平面倾斜成 30°~45°角，在日光灯下观察，以所有黑白格都刚刚看不见为终点，停止刷涂。然后将盛余料的杯子和漆刷称量，总质量为 $W_2(g)$。按下式计算遮盖力 $X(g/m^2)$；

$$X = \frac{W_1 - W_2}{S} \times 10^4 = 50(W_1 - W_2) \tag{13-3}$$

式中　S——黑白格板的施涂面积，cm^2。

也可类似地采用喷涂法测定遮盖力。

13.2.1.9　流挂性

一般适用于刷涂或无气喷涂的厚涂型涂料。试验装置为一组三个凹槽刮漆器(流挂梳)和玻璃试板(或钢板)。三个刮漆器(流挂梳)测量范围分别为 50~275μm，250~475μm，450~675μm。每个刮漆器均能将待试涂料刮涂成 10 条不同厚度的平行湿膜。每条湿膜宽度为 6mm，条膜之间的距离为 1.5mm，相邻条膜间的厚度差值为 25μm。在温度 23℃±2℃、相对湿度(50±5)%的条件下充分搅匀涂料试样，将足够量涂料置于玻璃板上，用选定的刮涂器从一端平稳、连续地刮拉到另一端；将带涂膜试板立即垂直放置，且使条膜保持上薄下厚；待涂膜表干后，观察其流挂情况(图 13-5)，若该条厚度涂膜不流到下一条厚度条膜内时，即为该厚度的涂膜不流挂。

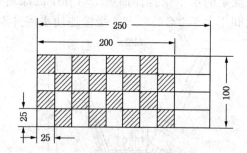

图 13-4　涂料遮盖力测定(刷涂法黑白格玻璃板)

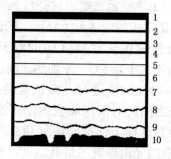

图 13-5　流挂-不流挂示意

13.2.1.10　干燥时间

在规定的干燥条件下，涂料表层成膜的时间为表干时间，全部形成固体涂膜的时间为实际干燥(实干)时间，以小时或分表示。

按标准制备涂膜试样。在涂膜表面轻放一个脱脂棉球，沿水平方向轻吹棉球，如能吹走且膜面不粘棉丝，即认为表面干燥，记录表干时间。也可用手指轻触膜面，感觉虽略发黏但无涂料粘在手指上，此即达表干时间。

可用压滤纸法测定实干时间。在涂膜上放一片定性滤纸(光面接触涂膜)，上部再轻置干燥试验器(图 13-6),30s 后移去干燥试验器,将试板翻转使膜面朝下,滤纸能(或轻叩背面)自由落下而滤纸纤维不被粘在涂膜上,即认为涂膜实际干燥;记录实干时间。也可在涂膜表面放一个脱脂棉球,于棉球上再轻置干燥试验器,30s 后移去干燥试验器和棉球,静置 5min 后观察涂膜表面,无棉球痕迹也无失光现象者为实干。也可用刀片在试板上切刮涂膜,检查其底层及膜内有无黏着现象,以确定实干时间。

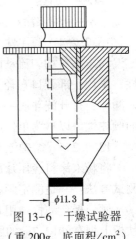

图 13-6　干燥试验器
(重 200g,底面积/cm²)

13.2.2　粉末涂料性能检测技术

粉末涂料及其涂装技术是近年来发展的表面技术,具有涂料利用率高、能耗低、工效高、机械强度大、性能好以及环境污染低等优点,正在获得更多的发展和应用。与液体涂料相比,它的性能要求与检测方法也各有不同;而由粉末涂料固化成膜后的涂层性能检测,可参照有关国家标准。

13.2.2.1　表观密度

单位表观体积内的粉末涂料质量称为表观密度。取底部开口直径为 9.5mm 的漏斗,在开口处以下 38mm 处置一容量为 100cm³±0.5cm³ 的圆柱形量杯。在漏斗内装入 115cm³±5cm³ 粉末涂料试样;打开漏斗下部开口处,让涂料自由地落入量杯;用直尺刮平、去除量杯顶的盈余部分;称量杯中涂料质量(精确到 0.1g);计算每 1cm³ 中的涂料克数,即为该粉末涂料的表观密度。

13.2.2.2　粒度和粒度分布

粒度指涂料中不规则形状粒子的平均直径。粒度分布是将不同粒度的涂料粉末按级进行排列的一种表示方法。选用直径 200mm 的标准筛,用多级筛分法测定粉末粒度和粒度分布。

可通过不同目数的筛分,直接称量各筛分涂料占涂料总质量的百分率。也可先把选用的各种目数标准筛和底盘称量,然后把 100g±0.1g 涂料粉末置于上部最粗筛(各筛子按目数上粗下细叠置,底盘在最下部),通过 10min 振动筛分;仔细分别称量各个筛子、底盘连同其中所含内容物的质量,减去皮重以求得各筛分质量;也可仔细取出各筛子中的内容物,直接称重(精确到 0.1g)。每一种目数(以上)粒度在粉末涂料总质量中所占百分率 G(%)按下式计算:

$$G = \frac{R}{s} 100\%　(13-4)$$

式中　R——筛余物质量,g;

　　　s——涂料试样总质量,g。

13.2.2.3　挥发分含量

粉末涂料在规定的温度、时间试验条件下损失的量为挥发分含量,以质量分数表示。准备两只 Φ60mm×17mm 铝皿,准确称量;分别放入两份 1.9~2.1g(或其他规定质量)的粉末涂料,使其均匀分布在铝皿底面;在 60℃±2℃(或 100~2℃)下加热铝皿和内容物 2h,然后在干燥器内冷却,称量(精确到 0.1mg)。按下式计算挥发分含量 y(%):

$$V = \left[1 - \frac{C - A}{S}\right] \times 100\%　(13-5)$$

式中　A——皿的质量,g;

C——加热后皿和内容物的质量，g；

S——粉末涂料试样原质量，g。

13.2.2.4 倾注性

粉末涂料均匀流动的能力或粉末涂料以恒速从容器连续倾注的能力称为粉末涂料的倾注性。采用底部开口直径为 9.5mm 的漏斗，置于量杯上面。将 $115cm^2 \pm 5cm^2$ 粉末涂料试样放入漏斗，打开漏斗底部开口，用秒表记录全部涂料从漏斗中流尽所需时间，即为该粉末涂料的倾注性。以秒为单位(精确到 0.2s)。

13.2.2.5 熔融流动性

将粉末涂料经压片后加热到规定温度时，粉末熔融流动的能力称为熔融流动性。有两种测试方法：一是测定倾斜板流动性；二是测定水平流动性。

倾斜板流动性：用 0.50g 粉末涂料制成直径 12.7mm、厚 6mm 的试片；把试片放在马口铁板上划有 Φ12.7m 的圆圈中，然后置于恒温保持 150℃±2℃ 的烘箱内，水平地放在炉内金属架上，恒温保持 3min；通过专用操纵杆，不打开炉门而使金属架连同马口铁板倾斜 65°，并保持 30min；取出马口铁板，冷却到室温，测量距原先刻划在马口铁板上圆周的流出距离，以 mm 表示。

水平流动性：用 1g 粉末涂料制成直径 15mm、厚 6mm 的试片；把铜电热板加热到规定温度，把试片放在铜电热板中央后保持规定时间；使铜板迅速水冷(水不能浸漫铜板)；试片冷却后用游标卡尺测量试片直径。

13.2.2.6 熔融黏度

粉末涂料在熔融状态下的黏度称为熔融黏度。采用 Weissenberg 流变测定仪。加热烘箱，使温度达到涂料的烘烤温度或稍高的温度；打开烘箱，抬升锥体倒入足够量的粉末涂料，以填满锥体与平板中心之间的空间体积；关闭烘箱，降下锥体，直至锥体-平板的间隙达到规定距离；使平板以 1~5r/min 旋转，分别在几个较低的旋转速度条件下记录其转速、稳定的转矩读数、转矩与转速的比率，直至后者的比率趋于稳定不变时，表明已达到低剪切速率时的牛顿特性(恒定黏度)；此时记录所得到的黏度、剪切速率值、在低剪切速率时的牛顿黏度值以及试验温度。

13.2.2.7 胶凝时间

在规定温度下，热固性粉末涂料从熔融开始到发生胶凝所需时间称为胶凝时间。将电热板恒温控制在 180℃±1℃；把 1g 粉末铺在电热板中部并铺平；待粉末完全熔融时，用秒表计时；用细铅丝端在熔融物中做环状划动，抽出铅丝观察，如固体胶凝产生即可停止计时，或在热板到铅丝间物料形成连续细丝但易断，也应停止计时，这段时间即为胶凝时间。

13.2.2.8 沉积效率

通过喷粉室中的静电喷粉装置，将粉末涂料以一定的流速喷涂到以某种速度移动的工件上。粉末涂料在工件上的沉积质量与喷粉量的比值称为沉积效率。用铝箔包覆钢板，制成 15 块试片(152mm×915mm×1.6mm)；可把包铝钢板的试片直接称量，也可单称铝箔；测定移动试片的传送带速度；确定粉末流量；调节喷粉装置电压，调节带电端距试片的距离和装置的各项操作变量；启动喷粉系统，喷涂试片；喷涂完毕，仔细取下试片。如需固化，即送入烘箱按固化条件烘烤；去掉每组 15 块试片两端的各 2 块试片，称量中间部位的 11 块试片上的铝箔包片质量，计算每块试片上喷涂粉末涂料产生的增量。

按下式计算粉末涂料的沉积效率 $E(\%)$：

$$E = \frac{\overline{W}_p V_c}{D_t Q_p P} \times 10^4 \qquad (13-6)$$

式中 $\overline{W}_p$——平均粉末沉积量，g；

V_c——传送带速度，cm/min；

D_t——带电端距试片距离，cm；

Q_p——粉末流量，g/min；

P——固化后留下的粉末质量分数，若未固化则为100%。

13.3 涂层性能检测技术

不同功能的涂层，或者用不同方法制备的具有同一功能的涂层，其性能测试不完全相同。但是涂层性能测试中共性的内容可归结为：①颜色与外观；②厚度；③密度及孔隙率；④硬度；⑤结合强度或附着力；⑥耐蚀性；⑦耐磨性。如表13-6所示。其他涂层的特殊测试性能有：耐热性、抗高温氧化性、亲水性、绝缘性、导电性、电磁屏蔽性、抗海洋生物吸附性、生物相容性、脆性、钎焊性、耐阴极剥离性等。具体的有关每种涂层性能的测试方法，读者可参看相关国家标准和行业标准。

表13-6 涂层性能检测技术

项　目	检测目的	检测内容	主要检测方法
外观	表面状态	1. 表面缺陷(如裂纹、针孔、翘皮、变形等) 2. 表面粗糙度	低倍放大镜 粗糙度仪
厚度	厚度是否符合设计要求	1. 最小厚度 2. 平均厚度 3. 均匀性	无损检测 金相检测 工具显微镜
密度及孔隙率	涂层致密性	1. 涂层密度 2. 涂层孔隙率	直接称重法、浮力法、金相法
硬度	涂层硬度	1. 宏观硬度 2. 微观硬度	硬度仪 金相法
结合强度或附着力	涂层自身及其与基体结合的状况	1. 抗拉、剪切、抗弯、抗压强度 2. 附着力	1. 涂层拉伸、压缩、弯曲、剪切试验 2. 杯突试验 3. 栅格试验等
耐蚀性	涂层在要求介质中的耐蚀性能	1. 涂层电位 2. 涂层在腐蚀介质中的腐蚀速率 3. 抗大气及介质浸渍腐蚀性	电位测定 中性盐雾试验 铜盐加速腐蚀试验，浸泡试验等
耐磨性	涂层耐磨特性	1. 绝对磨损量 2. 相对磨损性	磨损试验机

13.3.1 涂层基本性能检测技术

13.3.1.1 颜色与外观

采用观察涂膜颜色及外观并与标准色板、标准样品进行比较的方法以评定结果。

标准涂料法：将待测涂料和标准涂料分别涂在马口铁板上制备涂膜；待涂膜实干后，将两板重叠 1/4 面积，在天然散射光下检查颜色和外观，颜色应符合技术允差范围；外观应平整、光滑或符合规定。

标准色板法：按规定制备待测涂膜试样；待涂膜实干后，将标准色板与涂膜试样重叠 1/4 面积，在天然散射光下检查，若其颜色在两块标准色板之间，或者与一块标准色板比较接近，即确认符合技术允差范围。

涂层外观检验一般包含下列内容：

① 表面缺陷　进行涂层外观检测时，首先，要先将涂层用清洁软布或棉纱揩去表面污物，或用压缩空气吹干净；其次，检测要全面、细微；再次，检测依据是有关标准或技术要求。不管是什么涂层，若有下列缺陷则是不允许的：明显的气孔、气泡、堆流和起皱现象；主要表面上存在麻点、灰渣、污浊及涂层明显不均匀；有严重的脱落、磨损、发黏、漏涂；装饰性涂层、色泽及均匀性严重不合标准。

② 粗糙度　涂层表面平整及光洁的程度。涂层表面粗糙度指涂层表面具行较小间距和微观峰谷不平度的微观几何特性。涂层表面几何形状误差的特征是凸凹不平。涂层表面粗糙度测量属于微观长度计量。目前采用的方法主要有比较法（样板对照法）、针描法（接触量法）和光切法等几种。

③ 光泽度　涂层表面的光洁性。涂膜可表现出各种光泽度，共分五级：高光泽度（98%~100%反射率）、半光泽、蛋壳光泽、蛋壳平光和无光。然而目前对后四级尚无普遍一致的标准。按国标规定，对涂膜光泽的测定，采用固定角度的光电光泽计，结果以同一条件下从涂膜表面与从标准板表面来的正反射光量之比的百分率表示。按常规启动光泽计，预热后用黑色标准板调整仪表指针至标准板规定的光泽数；然后测量被测涂膜表面三个位置的读数，准确至 1%，取平均值表示结果。

④ 覆盖性　按要求所制备的涂层是否全部将应覆盖的基体覆盖上。

⑤ 色泽　应按设计要求达到所需的色泽，此点对装饰性涂层尤为重要。

13.3.1.2　厚度

为保证涂膜能提供有效的保护作用，涂层应均匀地达到一定厚度。对于涂层各种性能测定，为正确提供实验结果，准确测定并报告涂膜厚度是必不可少的。通常，规定的涂膜厚度可用平均厚度或最小厚度表示。据此，任何部位的涂膜厚度不得低于最小厚度；平均厚度必须远大于最小厚度；所测量到的涂膜厚度最小值，必须在规定的平均厚度的 90% 以上；最小值与平均值之间的被测点数必须少于所测总点数的 10%。

涂膜厚度测量有湿膜测量和干膜测量。湿膜厚度测量对于施工操作很有意义，以控制均匀合格的干膜厚度。湿膜厚度与干膜厚度之间通过涂料中的固体含量，存在如下相互关系：

$$I_d = \frac{I_w \cdot X}{100} \tag{13-7}$$

式中　I_d——干膜厚度，μm；

　　　I_w——湿膜厚度，μm；

　　　X——涂料中固体含量，%。

涂膜平均厚度可以根据涂料的使用数量及被涂物件的面积进行计算，但应考虑涂料涂覆时的损失。涂膜平均厚度可按如下两式之一计算：

$$I_d = \frac{100 - L}{100} \cdot \frac{10XG}{dS} \tag{13-8}$$

或

$$I_d = \frac{100 - L}{100} \cdot \frac{10XV}{S} \qquad (13 - 9)$$

式中 I_d——干膜厚度，μm；

　　L——施涂损失占总涂料用量的百
　　　　分数，%；

　　X——涂料中的固体含量，%；

　　G——使用涂料总质量，kg；

　　V——使用的液体涂料体积，L；

　　S——涂覆面积，m^2；

　　d——涂料密度，g/cm^3。

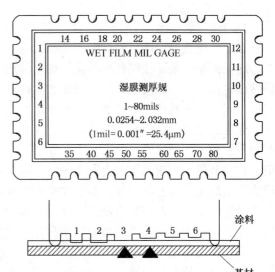

湿膜厚度可用湿膜测厚规（图 13-7）测量。使用时，将规垂直接触于施涂的基材表面，使规的两端齿为零基准；此时将有一部分齿被湿涂膜浸湿，被浸湿的最后一齿与相邻未被浸湿齿之间的读数即为湿膜厚度，此法简易常用。

图 13-7　湿膜测厚规及其原理

干膜厚度可用磁性测厚仪来测量。也可在干性涂膜上切取一小块直接用微米规测量或在金相显微镜上测厚。对于钢铁基材上非磁性涂膜，可用磁性测厚仪测量膜厚；而在非磁性金属表面上则可使用涡流测厚仪测量膜厚。

13.3.1.3　密度及孔隙率

孔隙率是表征涂层密实程度的度量。不同功能的涂层对孔隙率的要求不同。用不同方法制备的涂层其孔隙率也不尽相同。例如，用于防腐蚀的耐蚀涂层，严防有害介质透过涂层到达基体，故要求涂层的孔隙率越小越好；同样是热喷涂 NiCr 合金耐磨涂层，若用火焰线材喷涂，层中孔隙多，则存储润滑油越多，当然是孔隙率越大越好。故涂层孔隙率大小的评价有赖于其功能的追求。

从数学角度涂层孔隙率可定义为：涂层材料在制备前后的体积相对变化率，可表示为：

$$\alpha = \Delta V / V_0 \quad \Delta V = V - V$$

式中 α——涂层孔隙率；

　V_0——涂层材料制备前的体积，L；

　V——涂层材料制备后的体积，L。

故可有：
$$\alpha = (V/V_0 - 1) \times 100\% \qquad (13-10)$$

涂层孔隙率测定方法很多，大致分为如下几种：

① 物理法　包括浮力法、直接称量法。

② 化学法　包括滤纸法、涂膏法、浸渍法。滤纸法测涂层孔隙率是目前生产中常用的方法。可用于测定钢铁或者铜合金基体上铜、镍铬、锡等单金属涂层和多金属涂层的孔隙率。其试验原理为：基体金属被腐蚀产生离子，离子透过孔隙，由指示剂在试纸上产生特征显色作用，即在待测涂层表面刷上试验液后贴上滤纸，试验液沿涂层孔隙抵达基体表面并引起腐蚀产生离子。基体金属离子沿孔隙并在试验液中指示剂作用下在滤纸上留下斑点。根据斑点多少，即可算出涂层的孔隙率。

③ 电解显相法。

231

④ 显微镜法。

13.3.1.4 硬度

涂层的硬度是涂层机械性能的重要指标。它关系到涂层的耐磨性、强度及寿命等多种功能。涂层的硬度表征涂层抵抗其他较硬物体压入的性能，其数值大小是涂层软硬程度的有条件性的定量反映。涂层的硬度与其他力学性能有一定关系；因此在某种意义上，可以通过硬度值来间接了解其他力学性能。硬度指标常用于涂层产品检验和工艺检查。

涂层的宏观硬度指用一般的布氏或洛氏硬度计，以涂层整体大范围（宏观）压痕为测定对象，所测得的硬度值。这里，由于涂层不同于基体，涂层中可能存在的气孔、氧化物等缺陷，对所测得的宏观硬度值会产生一定影响。涂层的显微硬度指用显微硬度计，以涂层中微粒为测定对象，所测得的硬度值。涂层的宏观硬度和微硬度是不同的，具体可归结为：

涂层的宏观硬度与显微硬度在本质上是不同的，涂层宏观硬度反映的是涂层的平均硬度，而涂层显微硬度反映的是涂层中颗粒的硬度。两者的意义是不同的。

涂层的宏观硬度与显微硬度在数值上也是不同的。例如，构成高碳钢涂层微粒的硬度值，若按显微硬度计换算，为HRC67，而涂层的宏观硬度（平均·硬度）值是HRC38~400。此外，在测定刻痕硬度时，夹杂在涂层微粒之间的化合物微粒可能给出更高的数值。

由上述两点决定了两种硬度的适用条件不同。一般来讲，对于厚度小于几十微米的涂层，为消除基体材料对涂层硬度的影响和涂层厚度压痕尺寸的限制（若涂层太薄，则易将基体的硬度反映到测定结果中来），可用显微硬度。反之，若涂层较厚（厚度大于几十微米），则可用宏观硬度。

常用宏观硬度测定方法如下：

① 划痕试验 最简单的评价涂层硬度的方法是"指甲划痕法"，这是一种凭借个人感觉的评定方法。现已广泛采用划针划痕试验法。按标准制备涂膜；将涂膜试片置于仪器的滑动板上，涂膜面朝上；将砝码置于划针上方的支架上，以施加给定负荷；把加有负荷的划针轻放到涂膜表面上；开动自动划痕仪或用手推动仪器的滑动板，试片涂膜层被划出划痕。由此可在涂膜层表面产生如下三种情况之一：

产生一条透至金属基材表面的划痕；

在涂膜层中只刻划出一道槽痕；

涂膜表面毫不受影响。

也可通过不断改变负荷测定划透涂膜层所需的最小负荷。

② 铅笔硬度试验 这是一种非常简单而又实用的硬度评定方法。用硬度递降的几支铅笔（由6H至6B），手写或机械划写，从最硬的铅笔开始，每种铅笔在涂膜上划3mm长的5道划痕，直至5道划痕都不犁伤涂膜的铅笔为止。此铅笔的硬度即为该涂膜层的铅笔硬度。

③ 压痕法 厚膜涂层的硬度可采用布氏硬度法来测定，此为压痕法的一种。基材可用铁板，涂层厚度2~3mm，压痕法测涂层硬度试样如图13-8所示。把一定直径钢球在规定负荷作用下压入涂膜层表面，保持1min后，以涂膜表面压痕深度或压痕直径来计算单位面积上承受的力，即表示该涂膜层的硬度值。硬度值可按下式计算：

$$HB = \frac{P}{9.80665\pi Dh} \qquad (13-11)$$

或

$$HB = \frac{P}{9.80665\pi D(D - \sqrt{D^2 - d^2})} \qquad (13-12)$$

式中 HB——涂膜层硬度，N/mm^2；

　　P——负荷，N；

　　D——钢球直径，mm；

　　d——压痕直径，mm；

　　A——压痕深度，mm。

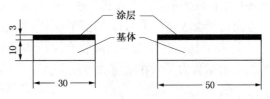

图 13-8　压痕法测涂层硬度试样示意图

钢球直径和负荷大小应按表 13-7 的规定加以选择，其压痕直径应在 (0.25~0.6)D 之间。压痕法可采用市售仪器 (如英国 ICI 压痕记录仪) 测定涂层硬度。

表 13-7　钢球直径与负荷的关系

硬度范围/HR	试样厚度/mm	负荷与钢球直径 D 的关系	钢球直径 D/mm	负荷/N
>36	>6	$P = 10D^2$	5.0	2500
20~36	>6	$P = 5D^2$	5.0	1250
8~20	>10	$P = 2.5D^2$	10.0	2500
	6~10		5.0	625

④ 摆杆法　这是利用阻尼作用评定涂膜层硬度的"振荡法"。接触涂膜表面的摆杆以一定周期摆动时，如涂膜表面越软，则摆杆的摆幅衰减越快；反之，衰减越慢。常用科尼格摆和珀苏兹摆的两种摆杆式阻尼试验仪，以测定的阻尼时间 (s) 为试验结果，表征涂膜层硬度。

选择一种摆杆式阻尼试验仪，将被测的试片涂膜面朝上，置于水平工作台上；将摆杆偏转一定角度 (科尼格摆为 6°，珀苏兹摆为 12°)，停在预定的停点处；松摆，开动秒表，记录摆幅由 6° 衰减到 3° (科尼格摆) 或由 12° 衰减到 4° 的时间，以秒计。

13.3.1.5　结合强度或附着力

涂层的结合强度 (附着力) 是指涂层与基体结合力的大小，即单位表面积的涂层从基体 (或中间涂层) 上剥落下来所需的力。涂层与基体的结合强度是涂层性能的一个重要指标。若结合强度小，轻则会引起涂层寿命降低，过早失效；重则易造成涂层局部起鼓包，或涂层脱落 (脱皮) 无法使用。

涂层结合力试验可分为两类：一类是定性检验，多为生产现场检查用，如栅格试验、弯曲试验、缠绕试验、锉磨试验、冲击试验、杯突试验、热震试验 (加热骤冷试验)。另一类是定量检验，一般在实验室中进行，如拉拔试验、剪切试验、压缩试验。

涂层结合力定性试验的特点是：简单易行，可迅速得知涂层结合力状况，但准确度不够；而定量试验虽较复杂，但可得到一个较为准确的结合力数据。

① 划圈法　涂膜层对基材的粘附牢度称为附着力。采用附着力测定仪；把试片涂膜层表面朝上，置于水平试验台上；把锐利尖针压到膜面上，在荷重作用下刺透涂膜直至基材；均匀摇动摇柄，即在涂膜面上划出连续圆滚线，划痕总长 7.5cm±0.5cm；以 4 倍放大镜检查划痕并评级；根据圆滚线的划痕范围内涂膜完整程度分 7 级评定，以级表示。

② 划格法　当涂层按格阵图形被切割，并恰穿透至基材时，用于评价涂膜层从基材分离的抗力，也可用于评价多层涂层体系中各涂层彼此抗分离的能力。划格时，可使用单刀机械切割装置或手工切割工具 (单刀或多刀)，或其他合适的器械。采用任何工具，应能获得均匀、

整齐划的格阵图形；刀刃及其荷载，应能正好穿透涂层而触及基材；相垂直的两个方向上，每一方向切割线数应是 6 或 11，切割间距应为 1mm 或 2mm；划格法结果按 6 级评价分类。

③ 拉开法　适用于单层或复合涂层与基材间或涂层彼此间附着力的定量测定。拉开法所测定的附着力是指在规定的速度下，在试样的胶结面上施加垂直、均匀的拉力，以测定涂层间或涂层与基材间黏附破坏时所需的力，以 kgf/cm² 表示。试样为两个金属圆柱的对接件或组合件。其中一个端面用涂料涂装，然后用胶黏剂使涂膜面与另一圆柱端面胶接 [图 13-9(a)]。对于不宜加工成圆柱的材料，可采用组合试样，如图 13-9(b) 所示。从已涂膜的基材上切取一块试片，在两个清洁圆柱端面均匀地涂上薄层胶黏剂，把试片夹在中间固定粘牢。将试样放入拉伸试验机的上下夹具，调整对中；以 10mm/min 的拉伸速度拉开至破坏，记下拉开时的负荷值，并观察断面的破坏形式。涂层附着力 F(kgf/cm²) 按下式计算：

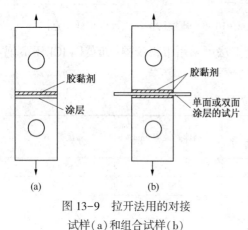

图 13-9　拉开法用的对接
试样(a)和组合试样(b)

$$F = \frac{G}{S} \tag{13-13}$$

式中　G——试样被拉开时的负荷值，kgf；

S——端面被涂覆涂层或胶黏剂的横截面积，cm²。

试样拉开断面的破坏形式：(a) 附着破坏，即涂层与基材或复合涂层彼此界面间破坏；(b) 内聚破坏，即涂层自身破坏；(c) 胶黏剂自身破坏或被测涂层的面漆部分被拉破；(d) 胶黏剂与未涂覆的试柱界面脱开，或与被测涂层的面漆完全脱开。

13.3.1.6　耐磨性

检测一般涂膜层的抗磨损性可采用漆膜耐磨仪。即在一定的负载下经规定的磨转次数后，测定涂膜质量损失(g)。按规定制备涂膜试片；把试片置于耐磨仪工作转盘上，施加所需载荷；先对试片预磨 50 转，使之形成较平整的表面；此时对涂膜试片称重；然后调整计数器，加载，启动并达到规定磨转次数时，停磨取出试片，再称重；试片质量差即为涂膜的磨损质量损失。

环氧耐磨涂层主要用于导轨、轴承等摩擦副，其摩擦磨损性能极为重要，可采用 M-200 型磨损试验机测定。如图 13-10 所示，在上试块表面制备涂膜层，并于规定负荷下压紧在下试环上面。试验时上试块固定不动，下试环以一定转速转动，在动态下测量摩擦力矩，通过计算，得出涂层与下试环之间的摩擦系数。下试环转动一定转数后，在涂层面上磨出一条磨痕，测量磨痕宽度或试验前后的上试块质量差，以评价涂层耐磨性。下试块材料可以是铸铁、钢或铜等，摩擦面的粗糙度一般为 $R_a < 1.6\mu m$；上试块基体可用任何材料，但应确保涂膜层有良好的附着力和足够的抗压强度，涂膜层表面粗糙度应为及 $R_a < 1.6\mu m$。摩擦系数 μ 按下式计算：

$$\mu = \frac{M}{P \cdot r} \tag{13-14}$$

式中　M——摩擦力矩，N·cm；

P——负荷，N；

r——下试环半径，cm。

13.3.2 涂层应用性能检测技术

13.3.2.1 冲击强度

试验涂膜层耐冲击性能的测定，以落锤的质量与其落在试片上而不引起涂膜破坏之最大高度的乘积（kg·cm）表示。采用冲击试验机，其滑筒上的刻度应等于 50cm±0.1cm，分度为 1cm。锤重 1000g±1g，可自由移动于滑筒中。把涂膜试片放在铁砧上，涂膜朝上；重锤置于规定高度，按压控制钮使重锤自由地落于冲头上；取出试片，用 4 倍放大镜检查，判断涂膜有无裂纹、皱纹及剥落等，以量度涂膜层承受冲击载荷的能力。

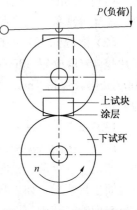

图 13-10 M-200 型磨损试验机测试原理图

13.3.2.2 耐水性

测定涂膜层耐水性能，可分别采用常温浸水试验和沸腾浸水试验，以涂膜表面变化现象来表征。将涂膜试片用 1:1 的石蜡和松香混合物封边；然后把涂膜试片的 2/3 面积浸入 25℃±1℃的蒸馏水（或沸腾的蒸馏水）中，待达到规定的浸泡时间后取出；用滤纸吸干，在恒温恒湿条件下以目测观察。如涂膜有剥落、起皱为不合格；如有起泡、失光、变色、生锈等，记录其现象和恢复时间，按产品规定判断是否合格。

13.3.2.3 耐化学性

① 耐盐水性测定 对各种防锈漆或防腐涂料应涂两道，涂第一道涂料后即在恒温恒湿条件下干燥 48h，再涂第二道；接着以石蜡和松香 1:1 的混合物或性能较好的自干漆封边；第二道漆在恒温恒湿条件下干燥 7 天投入试验。采用 3%NaCl 水溶液，将涂膜试片浸入 25℃±1℃（或 40℃±1℃）的盐水溶液中；待达到规定的浸泡时间取出、水洗、滤纸吸干，观察涂膜有无剥落、起皱、起泡、生锈、变色和失光等现象，按产品标准判定是否合格。

② 耐酸碱性测定 将带孔的低碳钢试棒浸涂待试涂料，测量涂膜厚度；试涂膜试棒的 2/3 长度浸入温度为 25℃±1℃的规定介质（酸溶液或碱溶液）；每 24h 检查一次试棒，每次检查均应水洗试棒，滤纸吸干，观察涂膜有无失光、变色、小泡、斑点、脱落等现象，按产品标准判定是否合格。

13.3.2.4 耐湿热性

在钢板或铝板表面按规定涂膜，制备待试的涂膜试片。投试前记录试片原始状态。将试片垂直悬挂于试验架上，置于调温调湿箱中，于 47℃±1℃和 RH 96%±2% 条件下计算试验时间；试验时试片表面不应出现凝露；连续试验 48h 检查一次，经两次检查后，改为每隔 72h 检查一次；按规定达到试验时数，取出试片进行最后一次检查。表观检查结果，与标准评定等级（共分 3 级）对照以判定涂膜耐湿热性。

13.3.2.5 耐盐雾性

按规定制备涂膜试片，置于盐雾箱中；试片纵向与盐雾沉降方向呈 30°；试验温度 40℃±2℃，3.5%NaCl 水溶液（pH=6.5~7.2）供喷雾，每周期喷 15min，停喷 45min，停喷时保持 RH>90%；连续试验 48h 检查一次，经两次检查后，改为每隔 72h 检查一次；达到试验周期后取出试片，水洗干燥；把表面检查结果与评级标准（共分 3 级）相对照以判定涂膜耐盐雾性。

13.3.2.6 耐汽油性

（1）浸汽油试验 按规定制备涂膜试片。将试片的 2/3 面积浸入 25℃±1℃的指定汽油中，达到规定的浸泡时间后取出试片，吸干；检查涂膜表面的皱皮、起泡、剥落、变软、变色、失光等现象；按产品标准确定合格与否。

（2）浇汽油试验　在按规定制备的涂膜表面，浇上指定汽油 5mL，使其布满表面；使试片呈 45°角放置 30min；然后放平且在涂膜表面放置一块双层纱布，其上再放置一个 500g 砝码，保持 1min 后取下，纱布不应粘在膜面，或用手指轻弹试片背面即能自由落下为合格。

13.3.2.7　耐霉菌性

用喷涂法制备涂膜试片，平放在无机盐培养基表面，在试片涂膜表面均匀细密地喷雾混合霉菌孢子悬浮液，稍晾干后盖上皿盖，放入保温箱中保持在 29~30℃ 培养；三天后检查试片表面生霉情况，如生霉正常，可将培养皿倒置，使培养基部分在上，这样培养基不易干，试片表面凝露减少（如不见霉菌生长，则需重喷混合霉菌孢子悬浮液），七天后检查试片生霉程度；十四天后总检查。按评级标准评定等级。

对于较大型成品构件，可在局部涂膜表面均匀细密地喷雾混合霉菌孢子悬浮液；稍晾干后，先放上半块平板培养基，盖上尚留有半块平板培养基的圆皿（半个培养皿），使上、下两个半块培养基互相交叉，构成优越的生霉环境；四周用胶布固定（但不能将盖封死）；在保温箱中于 29~30℃ 培养；同样在三天后检查生霉情况，如生霉正常则在七天后检查生霉程度，十四天后总检查。按评级标准评定等级。

评级标准共分五级。0 级：无长霉；1 级：霉斑直径 1mm 左右，稀疏分布；2 级：霉斑径 2mm 左右，分布量小于四分之一表面积；3 级：霉斑径 2mm 左右，分布量约占二分之一表面积；4 级：霉斑径多数 >5mm，或整个表面布满菌丝。

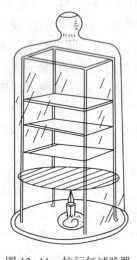

图 13-11　抗污气试验器

13.3.2.8　抗污气性

涂膜在干燥过程中，对 CO、CO_2、SO_2、NO_2 等污气的抵抗性能，称为抗污气性。以涂膜表面变化现象表示。将实测涂膜表干时间均分为五个阶段，将三块马口铁板各分为四格，在每 1/5 间隔时间内，按涂膜制备法和规定涂膜厚度均匀涂刷一格，平放于恒温恒湿条件下，直至第四格涂刷完；再放置 1/5 间隔时间后，将试片移置于铁丝架各层上（图 13-11），点燃煤油灯，保持火焰高度约 2cm，罩上玻璃罩并以橡皮垫密封，不漏气；罩内火焰应在 4min 内自灭，试片在罩内保持 30min；取出试片观察，膜面光滑者为合格，任何一格或局部显现丝纹、皱纹、网纹、失光、起雾等现象者为不合格。

13.3.2.9　耐候性（自然老化）

这是检测涂膜涂层在自然大气条件下的耐候性。一般在选定的曝晒场环境中把涂膜试片安装在曝晒架上进行暴露试验，试验技术与自然环境中的大气暴露腐蚀试验基本相同（见第 1 章中具体方法）。

投试前，应先观察记录涂膜试片原始表观状态。通常在暴露试验的前三个月内每半个月检查一次；三个月后至一年内每月检查一次；一年后每三个月检查一次。在雨季或天气骤变时应随时检查、记录、拍照。检查时把试片下半部水洗晾干，供检查失光、变色等现象；上半部原貌检查粉化、长霉等现象；此外，还应同时检查裂纹、起泡、生锈、斑点、泛金、脱落、沾污等项目。各项参数的评等分级方法请参阅国标 GB 1766—2008。试片暴露试验的终止期，可按规定提出预计时间；但终止试验的指标则应根据涂膜老化破坏的程度及具体要求而定。通常当涂膜破坏程度使任何一项参数达到 GB 1766—2008 的综合评级中的"差级"时即可终止试验。

13.3.2.10　人工老化试验

涂膜自然老化的耐候试验持续时间很长，从而发展了人工加速耐候试验技术，即人工老化试验。后者通常是把试片暴露在人工加速的苛刻环境条件下试验，如各种老化试验机、盐雾箱、潮湿箱、凝露试验箱等。常用的人工气候老化试验机中设有高强度紫外光源(模拟天然阳光的紫外线辐照)，控制一定的温度、湿度和定时喷水装置(模拟降雨)；对涂膜试片试验一定时间后，以试片涂膜表观状况破坏程度评定等级。

人工加速耐候性试验箱中使用 6000W 水冷式管状氙灯。涂膜试片插在转鼓上，涂膜表面距光源 35~40cm。试验条件：工作室 45℃±2℃，RH70%±5%，喷水 12min/h。试验条件应根据涂膜种类、使用环境和具体要求而定。试验初期每隔 48h 停机检查涂膜试片，192h 后每隔 96h 检查一次，每次检查后把试片上、下位置互换。试片涂膜评等分级的项目、方法参见 GB 1766—2008 的规定。终止试验的指标应根据涂膜老化破坏的程度及具体要求而定。通常当涂膜破坏程度使任何一项参数达到 GB 1766—2008 的综合评级中的"差级"时即可终止试验。

13.3.2.11　加速腐蚀试验

人工加速老化试验适宜于预示评定涂装体系本身在各种使用条件下的性能，但并不表征其防腐蚀性能。上述第 13.3.2.2~13.3.2.6 节和第 13.3.2.8 节都是在特定环境条件下对涂膜涂层的模拟和加速腐蚀试验。此外，为检验涂膜涂层的工业大气环境应用性能发展了多种气体腐蚀试验，主要是 SO_2 气体试验。如为检验有机涂层的试验条件为[ISO3232—1974 (E)]；二氧化硫浓度 0.2L SO_2/300L 容器，23℃±2℃，RH50%±5%。

第 6 章介绍的各种加速腐蚀试验方法也常用于试验涂膜涂层的防腐蚀性能。

13.3.3　涂层性能的化学及电化学检测方法

13.3.3.1　电位测定

用于涂膜涂层耐蚀性测定的最简单的电化学试验方法是测量涂膜试片的自然腐蚀电位。测量方法见第 3 章。一般认为，腐蚀电位随时间正移，说明腐蚀反应受到阻滞，可能是产生了不溶性腐蚀产物膜或者针孔缺陷中暴露的金属被钝化了；反之，电位负移则说明活化腐蚀过程在继续。但这种关系只是有条件存在的，对于有的体系也可能存在其他对应关系。

13.3.3.2　极化测定

对涂膜试片进行电化学极化测定，可以了解其腐蚀过程的控制步骤及反应速度和涂膜的状态。测试技术见第 3 章。但应注意，很高的膜电阻将会通过欧姆电压降干扰极化测量结果，应采取技术措施消除 IR 降的影响。通常可在测量仪器中设置 IR 降补偿电路，但往往产生补偿不足或过补偿问题；还有断电测量法等。采用控制电位恒库仑电流脉冲多点极化技术可以很有效地完全消除欧姆电压降并很精确地实现极化测量。

13.3.3.3　阻抗测定

在用电化学阻抗(EIS)方法研究涂层性能时，一般将涂层覆盖的金属电极样品浸泡于 3%~5% 的氯化钠溶液中。阻抗测试采用由有机玻璃圆桶特制的电解池，如图 13-12 所示。

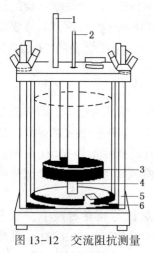

图 13-12 交流阻抗测量
用电解池

1—对电极引线；
2—参比电极引线；
3—对电极；4—参比电极；
5—橡皮密封圈；6—工作电极

阻抗测量可在室温敞开条件下进行。测量的频率范围为 $10^5 \sim 10^{-2}$ Hz，在有些情况下，低频可至 10^{-3} Hz。测量信号为幅值 20mV 的正弦波。这个幅值比一般 EIS 测量所用的幅值要高，这是因为有机覆盖层可以看成是一个线性元件，故涂层覆盖的金属电极的线性响应区比裸露的金属电极要宽。幅值高一些可避免或减小因测量时腐蚀电位漂移所带来的误差，也可以提高测量的信噪比。采用微机控制的阻抗测量仪器，测量数据可用微机储存，以供分析。由于涂层覆盖电极往往是一个高阻抗体系，测量时高频部分的阻抗与低频部分的阻抗可以相差好几个数量级，因此阻抗测量中流经电解池及输入仪器的电流也会有几个数量级的差别。故对涂层体系的阻抗测量中要改变取样电阻以使量程保持一个合理的范围。在现有的阻抗测量系统中，有些可以自动调节电流量程，有些却需要手动或分步设置取样电阻。

实验试样的制备可采用一般的涂装工艺，最根本的要求是涂装均匀，使样品各处的厚度及物理化学性质基本一致。为了避免施工不良带来的影响，有人采用集束电极的方法或对图中的电解池进行改进。改进的办法是减小有机玻璃圆桶的直径，增加上下支架所夹的圆桶的个数，使所测试样从一个大圆分为若干个小圆。测量中，既可对每个小圆分别进行测量，也可对这几个小圆一并进行总的测量，由测量结果，分析样品的均匀情况。将试验样品载入电解池后，向电解池加入其容量 2/3 的氯化钠溶液。将电解池中的参比电极、工作电极、辅助电极与仪器接通，监测研究电极的腐蚀电位。浸泡约 30min 左右，待研究电极的腐蚀电位趋于稳定，即可开始阻抗测量。

为了研究涂层性能及涂层破坏过程，要对试验样品进行长时间、反复的测量。在浸泡初期，为了更好地了解电解质溶液渗入涂层的情况，每次测量的时间间隔要短一些，可以一天测量两次。当渗入涂层的溶液已经饱和之后，涂层结构的变化相当缓慢，每次测量的时间间隔就可以长一些，可以几天甚至十几天测量一次。长期浸泡中，由于腐蚀产物的影响及溶液中水分的挥发，会改变溶液的成分，故应经常地更换溶液。

根据测得的 EIS 谱图建立了其物理模型之后，就可以对 EIS 数据进行解析。这样，就可以得到涂层电容 C_c 微孔电阻 R_{po}、双电层电容 C_{dl} 及基底金属腐蚀反应电阻 R_t 等电化学参数。

$$C_c = C_c^0 (1 - F) S \qquad (13 - 15)$$

$$R_{po} = R_{po}^0 / (FS) \qquad (13 - 16)$$

$$C_{dl} = C_{dl}^0 F \qquad (13 - 17)$$

$$R_t = R_t^0 / (FS) \qquad (13 - 18)$$

从这些参数值，且根据式(13-15)~式(13-18)，就可以计算不同浸泡时间的涂层表面微孔率及界面区面积，从而可以研究涂层的防护性能。另外，前面也介绍过，涂层电容 C_c 是随电解质溶液的渗入而增大的，根据涂层电容 C_c 值的变化情况，可以得到电解质溶液渗入涂层的信息。高频端的时间常数是与有机涂层的充放电过程有关的，这个时间常数的倒数，即高频端的特征角频率 ω_h，应有：

$$\omega_h = 2pf_h = 1/[R_{po}^0 C_c^0 (1-F)/F] \tag{13-19}$$

式中，ω_h 为特征角频率，f_h 为特征频率，C_c 为涂层电容，R_{po} 为表面存在微孔时的微孔电阻。当涂层不再表现出"纯电容"的特征时，其表面就已出现肉眼看不到的微孔了。

将式(13-15)及式(13-16)代入式(13-19)，在孔率 F 很小，$F \ll 1$ 的情况下，可得

$$\omega_b = 2pf_h = F/(R_{po}^0 C_c^0) \tag{13-20}$$

若假定 R_{po}^0、C_c^0 不随浸泡时间而变化，那么从式(13-20)可以看出，孔率 F 是与特征角频率、特征频率成正比的。因此，从特征频率随浸泡时间的变化可以看到涂层表面生成微孔以及涂层/基底界面的反应起泡有关信息，从而可以对涂层的防护性能进行评价并对涂层的破坏过程进行研究。由于 f_h 是高频端的特征频率，故不必进行费时的低频数据测量。这样，特征频率法成了评价涂层的一种快速 EIS 方法。按照式(13-19)的定义，特征频率为 $\lg|Z|$ 对 $\lg f$ 的曲线上一个拐点所对应的频率，在一般情况下，亦即相位角为-45°时所对应的频率。因此，很容易得到特征频率，并不需要复杂的数据处理。在有些情况下，如阻抗谱发生"弥散"现象，溶液电阻的影响较大等等，特征频率所对应的相位角就不再是-45°，这时可以通过寻找阻抗虚部的极大值所对应的频率即为 f_h。在存在溶液电阻的情况下，只考虑与涂层有关的时间常数的贡献，阻抗谱的表达式为

$$Z = R_s + R_{po}/[1+(\omega R_{po} C_c)]^2 - j\omega R_{po}^2 C_c/[1+(\omega R_{po} C_c)^2] \tag{13-21}$$

故阻抗区的虚部为 $Z_{im} = \omega R_{po} C_c/[1+(\omega R_{po} C_c)^2]$

在 $\lg Z_{im}$ 对 $\lg f$ 的曲线中，Z_{im} 的极值，应满足：

$$dZ_{im}/d\omega = \{R_{po}^2 C_c[1+(\omega R_{po} C_c)^2] - 2\omega^2 R_{po}^4 C_c^3\}/[1+(\omega R_{po} C_c)^2]^2 = 0$$

即有 $\omega^{*2} = 1/(R_{po} C_c)^2$，故 ω^* 即为 ω_h

在有"弥散"效应的情况下，ω^*、f_h 与 F 的正比关系可以近似成立，且仍可用虚部极值法来找到特征频率。上面的这种特征频率是 Haruyama 首先提出的，除此之外，Mansfeld 等发展了用相位角的最小值及其所对应的频率值 f_{min} 来评价涂层腐蚀程度的方法。Isao Sekine 等人则由最大相位角处所对应的频率，根据它与涂层电阻的关系，来评价涂层的防护性能，这些方法都与 Haruyama 的方法类似，可以方便快速地评价涂层的防护性能。

13.3.3.4 电化学噪声技术(ENM)

电化学噪声是指电学状态参量(如电极电位、外测电流密度)的随机非平衡波动状态，由于降解会在涂覆于金属表面的涂层上形成缺陷，如微裂纹扩展、漆膜起泡、漆泡破裂等，这些都会引起体系电学参量变化，因此对体系进行电化学噪声测量能获得涂层性能的信息。D. J Mills 和 S. Mabbutt 利用激光技术在溶剂型和水型涂层上制造出缺陷，然后把它浸泡在稀释的 Harrison 溶液中，并用 EN 技术研究了该涂层体系，得出了涂层性能的定量信息：噪声电阻越大，涂层划痕处的保护性能越好。J. Mjica 等用 ENM 研究了涂装于冷轧钢基材上厚达 760μm 的聚氨酯涂层，指出即使在厚涂层的情况下，ENM 也能获得有关涂层性能的定量信息，监测漆膜下的腐蚀，ENM 无需对被测体系施加可能改变腐蚀过程的外界扰动，因此是可连续测量的原位无损技术；无需建立被测体系电极过程的模型，而且测量设备简单，可实现远距离监测；同时，可以获得涂层降解过程的定量信息，这一点是 EIS 做不到的。该方法也有其不足之处，如它的产生机理仍不完全清楚，数据处理方法仍存在不足，因此寻求更先进的数据解析方法已成为当前电化学噪声技术的一个关键问题。

13.3.3.5 扫描开尔文探针技术

在环境腐蚀因素的作用下，涂层与金属界面会发生涂层粘附力下降、起泡、剥离等形式的失效，其中涂层粘附力降低是由涂层与金属界面的电化学反应直接引发的，研究者主要采用电化学技术对该现象进行研究。但是传统的电化学技术存在诸多缺点，如难于测得高阻抗涂层的覆盖下金属/涂层界面属性的变化；提供的是涂层表面的平均信息，无法提供反应部位的原位信息；另外，传统电化学技术提供的关于剥离面积形状以及剥离程度方面的信息太少。

Kelvin 扫描电极探针技术弥补了传统电化学技术上的不足，在进行有机涂层降解评价及其失效机理研究方面表现出优良的性能。该装置的主要部分是一块惰性金属，它被设置在待测电极的上方，并可以上下往复振动，振动使探头与待测电极间的距离和极间的电容值发生了变化，从而在回路中感生出一个同频交变电流；在该回路中串联一可调外电源，调节电压使交变电流值为零，此时，待测电极电位与外加电压之间存在线性关系，标定后可测知其数值。M. Stratmann 等利用扫描开尔文探针技术分别对带有人造缺陷的涂层系统和涂覆于经过不同预处理的金属之上的同类涂层进行了研究，得出如下结论：对存在缺陷的涂层而言，离子直接到达涂层与金属基材的界面，离子沿界面的扩散可用开尔文探针加以测量；涂层的平均剥离速度可以由缺陷与界面之间的电位差来确定；金属预处理的影响及涂层本身性能优劣，可由最小的负电极电位表征；Kelvin 探针进行剥离速率的原位分析的结果与已知的户外暴露试验结果基本一致。

13.3.3.6 碘还原滴定测量技术

有机涂层发生光降解后会在涂层中形成 ROOH，降解程度不同，ROOH 浓度不同。研究者可以通过标准的分析测量手段来测量 ROOH 浓度随时间的变化，碘还原滴定法是应用最普遍的分析方法。试验过程中，I^- 把 ROOH 还原成水和醇，其本身被氧化成 I_3^-，反应的方程式如下：$ROOH+3I^- \rightarrow ROH+H_2O+I_3^-$；再由还原滴定法测得 I_3^- 浓度。由于碘还原滴定是一种经济、快速、便捷的技术，研究者采用它进行了大量的工作。文献指出丙烯酸-三聚氰胺涂层经过 500h 的 QUVB 照射后，涂层中过氧化氢的浓度呈两个数量级幅度的增加；其耐久性强烈地依赖于其中的过氧化氢浓度的大小。另外，D. R. Bauer 等还发现涂层 ROOH 浓度与由 ESR 技术探测到的光降解速率呈比例关系。J. L. Gerlock 等的研究表明丙烯酸-三聚氰胺涂层和丙烯酸-聚氨酯涂层在经过仅 1~2 天的环境暴露后，ROOH 浓度就会增加。该项研究还强调指出：对于这两种涂层随暴露时间的延长，对于这两种体系当 ROOH 浓度达到某一临界值后，会出现自动氧化现象，引起 ROOH 浓度的快速增长；其次，由于添加剂的成分可能会对试验结果产生影响，如由添加剂产生的二氧化氮会把碘化物氧化成碘，因此在试验过程中要考虑添加剂的影响。B. W. Johnson 采用该技术对处在氮气中并用已知量的 t-丁基氢过氧化物（t-BOOH）处理过的环氧涂层进行了研究，指出当加入的 t-BOOH 超过 70% 时，用电位测量法获得的数据表明所有试样的能斯特响应（Nernstian response）间存在 30mV 差异，40 天的 QUVB 辐射能十分清楚地把耐久性较好的聚酯涂层和耐久性较差的环氧涂层区分开；但是，该技术无法区分两种聚酯涂层的耐久性。碘还原滴定作为一种评价涂层耐久性的技术其优点在于该技术操作简便，成本低，试验周期短。然而，该技术的不足在于它是破坏性的，需要大量的试样；试验假定 ROOH 均匀分布于涂层之中，这与实际情况不符；再有就是如果涂层中存在其他强氧化性的物质会严重影响实验结果。

13.3.3.7 化学荧光技术

大多数有机聚合物发生氧化降解时会发出很弱的化学荧光（CL），这是它们的一种普遍属性，它与聚合物中的过氧基团的浓度有直接的比例关系，因此化学荧光可测量过氧化氢含量，从而用来表征光降解反应发生的速率与程度。N. Cbillingham 采用 CL 对一系列的聚酯涂层的相对降解速率进行了研究，指出在经过 300h 的 QUVB 辐射后，它可以把一种耐久性较差的涂层同另外两种耐久性较好的涂层体系区分开，但由于暴露试验的时间不够长，无法把后两种耐久性较好的涂层区分出来。文献采用 CL 对三类典型的涂层进行了研究，结果表明在经过长达 532h 的 QUVB 照射后三类涂层的相对耐久性顺序为：环氧涂层<聚酯-丙烯酸涂层<Lumiflon 涂层。但是，因为该技术要求的试验时间太长（对于耐久性较好的涂层长达 1500h），因此 CL 并不特别适合于涂层耐久性的快速评价。另外，该技术是破坏性的，需要大量的试样，且无法测量染色的涂层体系。

13.3.3.8 CRM 涂膜下金属腐蚀测定

涂膜绝缘电阻非常高，而涂膜缺陷下的金属腐蚀电流很小，普通恒电位仪和腐蚀测量仪难以准确测量此类体系的小腐蚀电流。CRM 仪（图 13-13）就是采用了涂膜电阻补偿电路的同类仪器。它可以全自动测定腐蚀速率；精确而灵敏地测出涂膜下金属的很低腐蚀速率和腐蚀量；测定涂膜电阻补偿后的精确极化曲线；自动处理数据，测定腐蚀电流值和腐蚀电位值；测定准确的涂膜电阻值等。

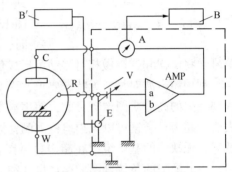

图 13-13　CRM 仪的电路框图

V—电池；AMP—放大器；C—辅助电极；
A—电流计；W—涂膜钢板；R—参比电极；
E—电压表；B、B′—记录仪

13.3.4　涂层性能的物理检测方法

13.3.4.1 涡流检测

涡流法主要用于检测涂层的厚度及气孔，其原理见图 13-14。当金属靠近一个带有交变电流的线圈时，由于交变磁通进入到金属中，在垂直于交变磁通的平面上就会感应出涡流。涡流产生次级交变磁场，这个磁场阻碍载流线圈所产生的磁通的变化，因此引起载流线圈输入阻抗的变化。电磁涡流法测量金属厚度或覆层厚度，只希望测量出由厚度、覆层厚度或气孔引起的线圈阻抗的改变，对其他参数引起线圈阻抗的改变都认为是干扰参数。如果控制这些干扰参数不变，而测定那些与覆层厚度或金属材料厚度有关的参数，就可测定金属材料厚度与覆层的厚度以及较大气孔的存在。

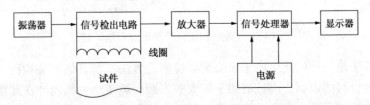

图 13-14　涡流检测系统的基本组成

近年来，国内涂层厚度无损检测发展较快，其中 HG-I 型涂层厚度监测仪是根据电磁涡流原理而设计的涂层厚度的无损检测仪器。为了尽量减少仪器的系统误差，采用了试验定标方法。考虑到减少或消除环境对测量准确性的影响，采用了补偿电路以及不平衡电压测量法来监测涂层厚度。仪器有静态测量和动态监测两种功能。静态测量可以单独使用，它与自动控制系统和机械随动部分联机可对涂层厚度进行动态监测，适用于在铁磁基体上涂覆非铁磁性材料层厚的监测。德国 KarlDeutsch 公司开发了新一代无损涂层检测仪 Leptoskop，这种仪器不仅能测量铁质基体上的非磁性涂层，还能测量导体(包括非铁质的)基体上的非导体涂层。其内置复合探针(磁感应和涡流)能自动辨别基体，从而用单探针实现两种原理的测量。

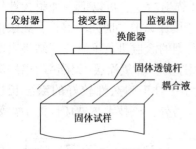

图 13-15 超声显微镜示意

13.3.4.2 超声显微镜法

超声显微成像技术是近来发展较快的一种无损检测方法。超声显微镜利用聚焦声波投射到物质表面或穿透到内部，获取物质表层、亚表层及内部结构的信息(见图 13-15)。其主要原理为材料的声阻抗特性发生变化时，超声发生反射，反射信号经过换能器接受转变为电信号，将试样和透镜做相对移动可形成焦平面图像。

利用超声波对材料无特殊要求，而对物质内部不连续性特别敏感的特性，可以获取陶瓷内部缺陷的高分辨图像。目前，超声显微成像技术在陶瓷涂层中的应用处于研究阶段。研究表明，超声显微镜可以无损地检测陶瓷涂层内部的空隙型缺陷。超声波对陶瓷涂层内部缺陷敏感，无缺陷的基体组织在超声显微图像中表现为暗色背底，而缺陷组织则表现为条纹群组，不同缺陷的条纹群图像存在尺寸和形态差异。另外，可调节超声显微镜的聚焦深度，从而得到不同深度下缺陷的成像，与光学显微镜的剖面相对应，真实地表现了陶瓷涂层内部的缺陷。

13.3.4.3 红外热成像法

红外无损检测的理论基础是热辐射的普朗克定律。当物体受到热激发时，热量将在其内部进行传递。当物体内部存在缺陷时，就会改变物体表面的热传导特性，从而导致物体表面的热分布发生变化。用红外热像仪测出物体表面的这种温度差异，即可判断被测试样当中是否存在缺陷以及缺陷存在的情况。红外热成像系统的原理见图 13-16。

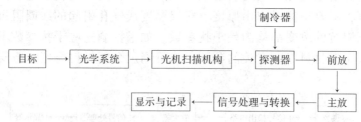

图 13-16 光机扫描红外热成像系统原理

红外热成像法是一种广泛应用于涂层无损检测的方法，与其他方法相比，它能快速得到结果，不受待测材料的限制，而且能用于较大的表面。近年来，国内外在此基础上研制出了能应用于实际的检测系统。瑞士的热喷涂涂层质量控制系统就是基于红外热成像技术，该系统能够实现涂层厚度检测、涂层质量监控和涂层缺陷检测等功能。厚度的测量基于以下原理，给材料一个加热脉冲之后，延时一段时间可得到红外信号的峰值，而涂层的厚度可表示为延迟时间的函数。根据一定的导热模型可算出涂层的厚度，而无需热像仪所成的图像。质量监控指的是对涂层相结构的控制，在不同的喷涂条件下，涂层可能有不同的相成分，由于不同相的热传导能力不同，可得到不同的热成像。因此，可以检测到是否产生了影响涂层性能的相，从而为监控涂层的质量提供一种可视化的方法。该系统可以快速而可靠地查找隐藏在涂层中的缺陷，包括氧化物或金属夹杂物、气孔、界面腐蚀裂纹等。

13.3.4.4 声发射技术

声信号经换能器转变成电信号，再由电子线路进行处理，并由显示器显示出来。按传输网络系统的分析方法，将信号的变化过程表示为 $O(s) = E(s)[P(s)I(s)C(s)R(s)] = E(s)G(s)$。其中，$G(s)$——$P(s)I(s)C(s)R(s)$ 为系统的传递函数。$O(s)$ 为与显示结果有关的响应函数，它是初始发射信号 $E(s)$ 和传递函数 $G(s)$ 的乘积。$P(s)$ 是与介质有关的函数，它与材质和结构的几何形状有关。$I(s)$ 是与界面和换能有关的传递函数，它与偶合状态和频响等因素有关。$C(s)$ 是与信号处理电路有关的传递函数。$R(s)$ 是与参数显示方法有关的传递函数。若能求出系统的传递函数 $G(s)$，由仪器终端测得的响应数，就可求出激励函数即原始的声发射信号，并可由此表征声发射源的性质。目前所采用的表征参数都是通过对仪器输出波形的处理而得到的。这些参数主要有声发射事件，振铃计数率和总计数，幅度及幅度分布，能量及能量分布，有效电压及频谱等。而幅度及幅度分布法是一种可以更多地反映声发射源信息的处理方法。如装置为 AE-2 型双通道声发射检测仪，主要由换能器、前置放大器、主放大器、滤波器、接口电路及 CPU、CRT 显示及打印机等几部分组成（如图 13-17 所示）。换能器为压电传感器，它将声源信号转变为电信号，中心频率 150kHz，但其具有较高的容性阻抗；前置放大器进行阻抗变换，以降低输出阻抗，并提供增益，变换器输出的微弱信号进行放大；滤波器为带通滤波器，以剔除低频电气和机械噪声及高频电噪声及系统内部噪声；主放大器为宽频带放大器，主要对前置放大器的输出信号进行放大；鉴幅整形器为双稳态电路，以

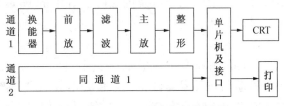

图 13-17　AE-2 型声发射仪原理

形成事件信号及振幅计数信号；CPU 及接口电路对声源信号线性定位及事件计数。

13.3.4.5 电子自旋共振谱（ESR）

由于涂层体系的光降解满足自由基反应的机理，所以体系中会出现一定浓度的自由基。ESR 是检测生物或化学体系中低浓度自由基最灵敏的方法之一。其工作原理：当未配对电子被置于磁场中时，其自旋磁矩与磁场相互作用，能级发生分裂，称为塞曼分裂。能级分裂的大小与磁场强度成正比。这时如果再在垂直于磁场方向上加一个微波磁场，当微波能量等于两个能级之差时，，则发生能级间的电子跃迁，称为共振吸收。在频率固定的条件下，进行磁场扫描当共振条件满足时，记录下的谱线，就是电子自旋共振吸收谱。研究者可以通过两种途径研究涂层体系的降解。第一种方法是在低温条件下，用 ESR 对由紫外光辐射作用激发的自由基进行研究。由于自由基一般活性很高，室温下存在的时间极短，因此一般在 77K 的低温下进行测量。A. Sommer 等采用低温 ESR 技术对 20 种不同的双层聚氨酯涂层体系的性能进行了排序，建立了在不同老化加速试验条件下自由基形成速率与涂层失效时间之间的关系，分析了不同添加剂及固化剂的作用。M. R. Binns 等借助 ESR 研究了环氧-三聚氰胺涂层体系中交联度的不同对涂层耐久性的研究，强调指出三聚氰胺含量越高，其涂层的耐久性越差。另一种方法是 Gerlock 首先提出的，该方法通过向涂层体系中连续地输入均匀的不同浓度的硝基氧来清除光降解中出现的杂质，从

而有效地抑制了副反应的发生。通过不同硝基氧浓度下的试验，获知涂层光降解反应的引发速率（PIR）与涂层的耐久性密切相关。S. G. Croll 借助 ESR 研究了一系列飞机用聚氨酯涂层 PIR 与它们在佛罗里达户外暴露试验的相关性，指出 ESR 在涂层降解评价、使用寿命预测方面具有很大的潜力。ESR 技术作为一种应用于涂层寿命预测的方法，其优点在于能在数小时内对涂层进行测试。硝基氧通入法与低温辐射法相比缺点在于需要通入不同浓度的硝基氧进行多次试验，而低温辐射法的缺点就是必须在低温下进行试验以消除反应杂质的影响。另外，该技术只能对顺磁性物质加以研究，这使其使用范围受到了限制；而且它涉及的理论和技术较复杂，实验得到的谱线与所反映的实质内容并不一目了然，谱图的解释比较困难，这也是不能被普遍应用的原因之一。

13.3.4.6 X 射线光电子能谱（XPS）

XPS（X-ray Photoelectron Spectroscopy）亦称 ESCA（Electron Spectroscopy for Chemical Analysis）是一种用于表面分析的现代技术，它进行分析的过程如下：用具有特征波长的软 X 射线，辐射固体样品，然后收集从样品中发射的光电子，给出光电子的能谱，由邻近分子产生的电子的结合能，获得试样表面结构、化学键以及元素组成的信息。XPS 可用于研究由于表面改性或气候因素在聚合物表面引起的化学变化，因此可以用于涂层降解的研究。S. G. Croll 用 XPS 证实经 18 个月的户外暴露试验的聚氨酯涂层表面的 O/C 比例与该涂层在室内经 3000h 的 QUVB 试验的结果相同。G. R. Wilson 等利用 XPS 技术测量了聚氨酯涂层、醇酸涂层以及丙烯酸胶乳中的 O/C 比例的变化，研究了户外暴露试验与室内加速试验的相关性。

B. S. Skerry 等利用 XPS 分别对 12 个月的户外暴露试验、1000h 的腐蚀/老化循环试验以及 1000h 标准盐雾试验的带有划痕的醇酸/醇酸涂层体系进行了研究，指出腐蚀/老化循环试验与户外暴露试验在划痕处形成的腐蚀产物的外部原子层在化学组成上十分相似，二者都含 C、O、S、Cl、N、Fe 元素，但是盐雾试验的腐蚀产物中没有 S、N，而 Cl、Na 元素的含量偏高。尽管 XPS 在涂层降解评价方面的研究取得了较大的成功，但是在其应用的过程中也暴露出不少问题。由于 XPS 测量的试样表面厚度太小（5nm 左右），无法保证测试的结果能真正反映涂层降解的真实情况，而且如果涂层易碎就很容易从基材上脱落，此时 XPS 则不再适用。另外，该装置价格昂贵，操作专业性强，不易于推广应用。

动态热机械分析（DMA）是指在程序的控制下，测量物质在振动负荷下的动态模量或力学损耗与温度的关系。用 DMA 对涂层体系进行研究可以获得老化引起该体系物理性能改变的信息。B. W. Johnson 采用 DMA 对暴露于 QUVB 下 1200h 的聚酯涂层体系进行了研究，指出涂层的玻璃化转变温度（T_g）变化很小，而弹性模量有很大的降低，同时 $\tan\delta$ 峰有很大的提高。这表明聚酯涂层的降解主要是有链剪断引起的而非氧化交联造成。S. G. Croll 运用 DMA 研究 QUVB 暴露对未加颜料与加入颜料的聚氨酯涂层体系的储能模量及 T_g 的影响，结果表明随暴露时间的延长，T_g 值和储能模量值有了很大的变化，表明涂层发生了较严重的降解。

13.3.4.7 正电子湮灭寿命谱（PALS）

正电子湮灭技术由正电子与材料的相互作用中获得的信息来确定被研究材料分子水平上的信息，是一种无损非激发的材料评价技术。它可以直接提供聚合物体系中有关自由体积特点的信息，通过这些信息研究者可以获得聚合物体系的物理性能和机械性能的信息。特别是 PALS 可以用于预测有机涂层的阻隔性能，确定有机涂层体系的交联速率和固化程度。Jeff Andrews 等的研究表明 PALS 可以获得涂层失效模式的整体特征。最近，美国的密苏里-堪萨斯大学研制成功一种由计算机系统控制的低速可变单能正电子束，该技术具有很高的灵敏度，能获得涂层降解初期正电子湮没响应信号。R. Zhang 等利用这种技术研究了聚氨酯涂层由氙弧灯辐射引起的降解过程，指出由该技术测得的涂层体系中垂直正电子束密度的变化与氙灯照射时间呈函数关系，认为这种低速正电子束在涂层降解研究方面有很大的发展潜力。

第 14 章　缓蚀剂测试评定方法

14.1　引言

14.1.1　缓蚀剂的性能与特点

缓蚀剂是一种以适当的浓度和形式存在于环境(介质)中时，可以防止或减缓腐蚀的化学物质或几种化学物质的混合物。

缓蚀剂正确合适使用具有如下特点：

① 基本上不改变腐蚀环境，选配合宜的缓蚀剂，很少的用量就可以获得良好的效果。

② 缓蚀剂的使用无需特殊的附加设施。基本上不增加设备投资，使用简便、见效快。

③ 不改变金属制品或设备构件的材料性质和表面状态。由于用量少，可使环境介质的性状也基本不变。

④ 缓蚀剂的保护效果与使用的金属材料、适用的环境介质种类及工况条件(温度、流速等)密切有关，在应用中具有严格的选择性。

⑤ 同一配方有时可以同时防止多种金属在不同环境中的腐蚀。

缓蚀剂的用量在保证对金属材料有足够缓蚀效果的前提下应尽可能地少。若用量过多有可能改变介质的性质，在经济上也不合算，甚至还可能降低缓蚀效果；若用量太少可能达不到缓蚀目的。一般存在着某个"临界浓度"，此时缓蚀剂的加入量不大，但缓蚀作用很大。对特定体系选用缓蚀剂种类及其最佳用量时，必须预先进行评定试验。

14.1.2　缓蚀剂的缓蚀效率

评定缓蚀剂，主要是在各种使用条件下，比较金属在有无缓蚀剂的腐蚀介质中的腐蚀速率，从而确定其缓蚀效率，最佳添加量和最佳使用条件。所以，缓蚀剂的评定方法就是金属腐蚀的测试研究方法。

缓蚀剂的缓蚀效率(即缓蚀率)η 定义为：

$$\eta = \frac{v_0 - v}{v_0} \times 100\% \qquad (14-1)$$

式中，v 和 v_0 分别表示金属在有缓蚀剂和无缓蚀剂(空白)条件下的腐蚀速率。根据腐蚀的电化学原理，缓蚀效率 η 还可以表示为：

$$\eta = \frac{i^{\circ}_{\mathrm{k}} - i_{\mathrm{k}}}{i^{\circ}_{\mathrm{k}}} \times 100\% \qquad (14-2)$$

式中，i_{k} 和 i°_{k} 分别为用电化学方法测定的，有无缓蚀剂条件下相应的腐蚀电流密度值。

有时也可采用缓蚀系数 γ 表示加入缓蚀剂降低金属腐蚀速率的倍数：

$$\gamma = \frac{v_0}{v} \qquad (14-3)$$

或

$$\gamma = \frac{i^{\circ}_{\mathrm{k}}}{i_{\mathrm{k}}} \qquad (14-4)$$

在许多情况下金属表面常产生点蚀等局部腐蚀。此时评定缓蚀剂的有效性，除需了解缓蚀效率外，尚需测量金属表面的点蚀密度和点蚀深度等。

评定缓蚀剂的缓蚀效能时，还需检测其后效性能，即缓蚀剂浓度从其正常使用浓度至显著降低时仍能保持其缓蚀作用的一种能力。这表明缓蚀剂膜维持多久后才被破坏。因此，对缓蚀剂的要求是，除了要求具有较高的缓蚀效率以减少缓蚀剂的用量外，还要求具有较好的后效性能，以延长缓蚀剂的保护周期，减少缓蚀剂的加入次数和总用量。为评定后效性能，需在较长一段时间里进行试验。"分段试验法"适用于评定缓蚀剂的作用效果。

14.2　缓蚀剂的性能测试评定

14.2.1　质量损失试验

缓蚀剂性能评定试验方法要求简单、迅速、重现性好。实验室试验条件应尽量符合现场实际工况条件。实验室试验评定的缓蚀剂效果最终应由现场实际使用情况来决定。

质量法是最直接的金属腐蚀速率测试方法，它是根据腐蚀前后试样质量的变化来测定腐蚀速度。试验时，如果金属溶解于介质，试样的质量减少，可以用质量损失法测量；如果腐蚀产物已知，并且牢固地附着在金属表面上，或者腐蚀产物完全能收集起来，可以用质量增加法测量；如果当金属溶解时，一部分腐蚀产物脱落，另一部分溶解的金属又沉积在金属试样表面上，则试样可能是质量增加，也可能是质量损失。在质量法中，以质量损失法应用最为广泛。

质量损失法获得的结果是金属试样在腐蚀介质中于一定试验时间内、一定表面积上的平均质量损失，适用于全面腐蚀类型，不能完全真实地反映严重局部腐蚀的情况。但作为一般的腐蚀考察和评定缓蚀剂的作用效果，仍是一种重要的基础试验方法。如果试样上有点蚀、坑蚀等现象，还应记录局部腐蚀状况，如蚀孔数量、大小和最大深度，供进一步研究评定参考之用。

14.2.2　电化学测试

电化学方法是测试金属腐蚀速率，极化行为和缓蚀剂的缓蚀效果及研究其作用机理的常用有效方法之一。对于电解质溶液中使用的缓蚀剂，都可以通过测试电化学极化曲线，以测定金属腐蚀速率而确定缓蚀率，或评定缓蚀剂性质，或研究其缓蚀机理。

14.2.2.1　活化极化曲线测试与评定

电化学方法是测试金属腐蚀速率，极化行为和缓蚀剂的缓蚀效果及研究其作用机理的常用有效方法之一。对于电解质溶液中使用的缓蚀剂，都可以通过测试电化学极化曲线，以测定金属腐蚀速率而确定缓蚀率，或评定缓蚀剂性质，或研究其缓蚀机理。

在评定缓蚀剂，测试其缓蚀率时所用的极化曲线测量技术与腐蚀测量，电化学研究所用的测试技术相同。

金属在酸性水溶液中呈活化的均匀腐蚀状态，此时为评价酸性缓蚀剂所测量的是活化极化曲线，如图14-1所示。根据加与不加缓蚀剂时的极化曲线用塔菲尔外延法可以测得各自的腐蚀电流，通过法拉第定律计算得腐蚀速度；可按式（14-1）或（14-2）计算缓蚀率。也可根据测量的极化曲线研

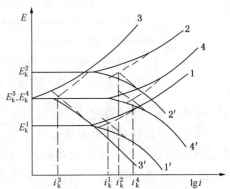

图14-1　不同类型缓蚀剂的极化曲线

究缓蚀剂作用机理，判断缓蚀剂是抑制阳极过程，还是阴极过程，或者同时抑制了两个过程。图 14-1 表示三种不同类型缓蚀剂对该活化腐蚀体系的电极过程作用示意图。图中4-4′ 为未添加缓蚀剂时的极化曲线；曲线 1-1′、2-2′、3-3′证明添加的都是有效缓蚀剂，但属不同类型。此时 i_k^1、i_k^2、i_k^3 都显著地小于 i_k^4，其中 i_k^3 最小表明缓蚀率最高；腐蚀电位 E_k^2 从 E_k^4 正移，所以曲线 2-2′对应的缓蚀剂是阳极型缓蚀剂，抑制了阳极过程；E_k^1 从 E_k^4 负移，曲线 1-1′对应的是阴极性缓蚀剂，抑制了阴极过程；而 E_k^3 与 E_k^4 相比变化不大，i_k^3 却比 i_k^4 小得多，所以曲线 3-3′对应的是混合型缓蚀剂，同时抑制了阴、阳极过程。

14.2.2.2 钝化极化曲线测试与评定

对于具有活化/钝化转变行为的腐蚀体系，通过钝化膜的形成而抑阻了腐蚀过程，但由于钝化膜破裂而易产生点蚀、缝隙腐蚀等局部腐蚀，为此可使用钝化型缓蚀剂。缓蚀剂的作用在于通过竞争吸附、产生沉淀相，自身参与共轭阴极过程，以修补或促进生成致密钝化膜，使金属的腐蚀电位正移进入钝化极化曲线的钝化区，从而阻滞腐蚀过程。

为了测试和评定钝化型缓蚀剂，可采用恒电位扫描法或恒电位步阶法测量阳极钝化的极化曲线。对于具有促进钝化、扩大钝化区范围等作用的缓蚀剂，可在极化曲线上观察到自然腐蚀电位正移、致钝电位负移、致钝电流密度显著降低、钝化区范围增大以及钝化电流密度下降等重要特征，可评定缓蚀剂的有效作用和加入剂量的影响等。

图 14-2 示出了（a）$NaNO_2$ 和（b）Na_2SiO_3 及 Na_3PO_4 在不同条件下对钢铁钝化极化曲线行为的影响。这些缓蚀剂的应用及随加入量增大清楚地体现了各种有效作用的特征。

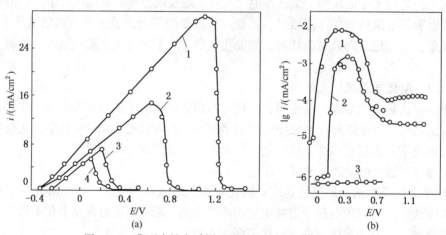

图 14-2 典型中性介质缓蚀剂对钢铁钝化曲线的影响

（a）钢/0.014mol/L H_3BO_4+0.014mol/L H_3PO_4+0.04mol/L 乙酸+NaOH，pH=2 的混合液；
扫描速率：40mV/min；1—空白；2、3、4—分别加 0.01、0.1 及 0.15mol/L $NaNO_2$

（b）钢/硼酸缓冲液+0.025mol/L Na_2SO_4，pH=7.1 的混合液；1—空白；

2—加 0.03mol/L Na_2SiO_3；3—加 0.03mol/L Na_3PO_4

14.2.2.3 线性极化法

前述测量极化曲线的塔菲尔外延法，由于很大的极化而严重干扰了腐蚀体系，改变了金属/溶液的界面状态，并且这种外延方法的定量准确性也欠佳。线性极化法则是在自然腐蚀电位附近给予微小极化（一般小于±10mV），测量此时此刻的极化阻力 R_p，由线性极化方程式计算得自然腐蚀电流；通过法拉第定律进一步计算金属腐蚀速率。线性极化法测量技术对腐蚀过程干扰很小，且操作简便、经济省时，它能快速、连续地测定瞬时腐蚀速率，给出当时当刻的缓蚀率，有利于对缓蚀剂的测量、筛选、现场监控和研究开发。

金属在酸性水溶液中呈活化的均匀腐蚀状态，此时为评价酸性缓蚀剂所测量的是活化极化曲线。图 14-3 是于建辉等研究 MZL 1 型酸洗缓蚀剂时的极化曲线。从图中可以看出，加入 KI、ODD 以后碳钢的自腐蚀电位均有所正移，其中加入 ODD 的自腐蚀电位正移的幅度更大些。KI 对 A3 钢的阴极和阳极过程起到一定的阻滞作用，而 ODD 则明显抑制了 A3 钢的阴极和阳极过程。由此可见，线性极化法用于缓蚀剂测试和评定是方便、快速而有效的。

14.2.2.4 交流阻抗法

近年来也普遍使用阻抗谱法测量金属腐蚀电极的交流阻抗，以测试和评定缓蚀剂的有效性及研究其作用机理。应用交流阻抗法可分辨腐蚀过程的各个分步骤，如吸附、成相膜的形成和生长，确定扩散、迁越过程的存在及相对速率，这有利于探讨缓蚀剂作用机理。图 14-4 是用交流阻抗法测定硫脲添加到 0.5mol/L H_2SO_4 中 Q235 钢电极的 EIS 图。图中表明，阻抗弧随时间的延长而增加，腐蚀反应阻力增大，使腐蚀速度渐随时间减慢。减缓的原因是由于表面产生的吸附，其结果与质量损失法测试一致。

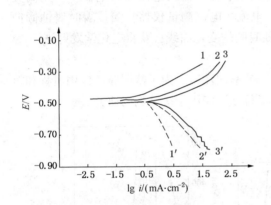

图 14-3　缓蚀剂的极化曲线

1, 1′—5%HCl+1g/L ODD；2, 2′—5%HCl+
1g/L KI；3, 3′—5%HCl

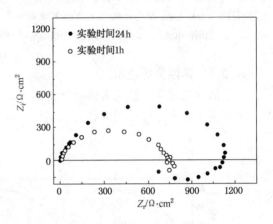

图 14-4　硫脲添加到 0.5mol/L H_2SO_4 中
Q235 钢电极的 Nyquist 图

14.2.2.5 氢渗透电化学法

对缓蚀剂进行评价时，只测量缓蚀率是不够的，有时还需测试它们对金属的氢脆敏感性。为此可采用氢渗透电化学法，测量氢在金属中的扩散系数和溶解度。

图 14-5 示出了氢渗透电化学方法的基本原理图。待测金属试样 M 经处理后夹紧在双电解池中间。试样 A 侧与试验溶液构成腐蚀体系，它可以呈自然腐蚀状态或阴极极化状态；当 A 侧产生氢时，H 原子将从 A 侧表面经过金属 M 向 B 侧表面扩散。双电解池 B 侧电解液通常为 0.1~0.2mol/L NaOH 水溶液；为使到达 B 侧表面的 H 都能立即被阳极氧化，金属试样的 B 侧表面应预先镀钯，并恒定地维持其电位 E_A，在大于约-0.6V(SCE)的某个电位处。于是可直接用 B 侧阳极电流 I_A 表征氢原子 H 在金属中的扩散量。用此双电解池系统可测量、评价各种溶液(含有和不含有缓蚀剂的)对金属中 H 扩散的影响。

图 14-6 为用双向电解池对钢铁试片实测结果。图 14-6(a)为 A 侧电解池恒电流地通电-断电状态下，B 侧阳极电流 i_A 随时间变化规律；并由此可测试不同缓蚀剂条件下原子 H

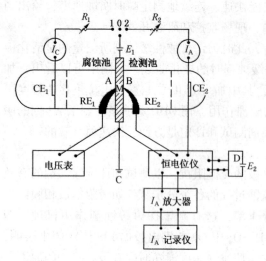

图 14-5 测量金属中氢扩散的双向电解池

M 为待测金属试样；M 的 A 侧（下标 1）为腐蚀电极面；I_c 为所测腐蚀电极电流；M 的 B 侧（下标 2）为检测阳极面；I_A 为所测阳极电流；RE 为参比电极；CE 为辅助电极

在金属中的扩散系数和溶解度。图 14-6（b）具体示出了该体系在自然腐蚀状态、添加 H_2S 溶液、再添加缓蚀剂乌洛托平等不同条件下的 i_A-t 变化规律。

14.2.2.6 恒电位-恒电流法

宋诗哲等提出用恒电位-恒电流瞬态响应测量的理论和数据处理技术，研究有机缓蚀剂在钝化膜表面的吸附特性，对金属钝化膜有局部破坏以及点蚀的发生和扩展的抑制作用。

14.2.2.7 电化学发射谱（EES）

该技术是比利时的 Hurbrecht 研究小组提出的。EES 的基础是记录腐蚀系统自发的电流和电位波动，要求测量仪器有较高的灵敏度和分辨率而本身不影响测量。测试系统为三电极系统：工作电极、辅助电极和微电极。利用高灵敏度电流、电位测量仪器，测量瞬时腐蚀倾向 A_c 随时间的变化曲线，获得电化学发射谱。

14.2.3 其他分析技术

质量法和电化学方法可有效地评价缓蚀剂的缓蚀率和性质。为了阐明缓蚀作用过程和机制，研究金属表面缓蚀被膜的状况和结构，有很多新方法应用于缓蚀剂的研究。

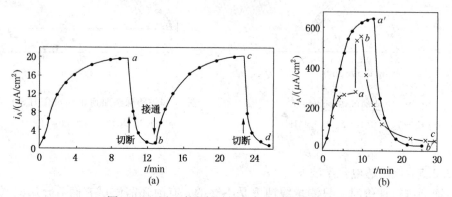

图 14-6 用双向电解池测量氢在铁片中的扩散

（a）在接通和切断 A 侧电解电流 i_c 时，i_A 随时间的变化；A、B 侧电解液均为 0.2mol/L NaOH，i_c = 4mA/cm²，E_A = -0.2V（SCE）

（b）缓蚀物质对 i_A 的影响；B 侧电解液同（a）；A 侧 i_c = 0，电解液为：oa，25% HCl；ab，25% HCl 20mL+饱和 H_2S 溶液 0.5mL；bc，溶液；ab+5%乌洛托品（U）1mL；oa'，30% HCl；a'b'，30% HCl 20mL+5%U 1mL

（1）光电化学法

用光电化学方法对金属表面的钝化膜进行研究，可以获得有钝化膜的信息。通过测量光电位可以研究电极在不同介质中钝化膜的导电情况。通过测量光电流可以获得膜的电性质。光电化学方法的最大优点是能够实现电极表面的原位测量，测试时试样不需要移出电解池，能够从微观上直接反映出电极表面分子水平的变化。

徐群杰，周国定研究 BTA 系列缓蚀剂对铜缓蚀作用发现，羧基类 BTA 衍生物(4CBTA、SCBTA 、CBT-1)和酯类 BTA 衍生物(CBTME、CBTBE、含 BTA)对铜的缓蚀作用机理不同。前者对铜的作用主要是缓蚀剂在电极表面形成的膜能促使 Cu_2O 膜不断增厚，进而起到缓蚀作用，体现在一定浓度的缓蚀剂作用下，电位负向扫描过程中阴极光电流明显增大，缓蚀效果可用阴极光电流的大小来评定，阴极光电流越大，缓蚀效果越好；后者对铜的作用主要是通过缓蚀剂在电极表面形成的膜比较致密地阻止了溶液中的 O^{2-} 进入到金属表面，改变了铜表面的 Cu_2O 膜的化学计量比，体现在一定浓度的缓蚀剂作用下，电位正向扫描过程中光响应由 p 型转为 n 型，缓蚀效果可用阳极光电流的大小来评定，阳极光电流越大，缓蚀效果越好。

（2）谐波分析法

钱倚剑等提出用谐波分析法监测点蚀和评价缓蚀剂性能。该方法的特点是测量速度快而不需要对被检测的电极进行强极化，所以该方法也可以用于现场腐蚀监测。

（3）穆尔斯堡谱法

周孙选等用内转换电子穆尔斯堡谱研究工业纯铁在盐酸中浸泡后在空气中氧化及缓蚀剂的防护作用。该方法的特点是可以在不破坏样品的情况下得到准确的结果。实验发现，工业纯铁在盐酸和有缓蚀剂盐酸溶液中的腐蚀产物是 $FeCl_2 \cdot nH_2O(n=2,4)$，而在空气中的腐蚀产物是 $FeOOH$，其中主要是 γ-$FeOOH$ 和 β-$FeOOH$，在盐酸中对铁具有缓蚀作用的有机缓蚀剂，在空气中具有防氧化作用，缓蚀剂在盐酸中缓蚀性能越好，在空气中防氧化能越强。

（4）Mott-Schottky 图法

宋诗哲等提出用 Mott-Schottky 方法研究吸附型缓蚀剂影响不锈钢钝化膜电子结构的电化学测试方法。局部腐蚀缓蚀剂的研究主要集中于探讨其缓蚀剂分子影响钝化膜电子结构和电子结构与耐蚀性之间的关系研究较少。而 Mott-Schottky 图是研究钝化膜电子结构和稳定性的有效方法。

（5）斩波器法

李国希等提出的斩波器法研究涂油电极在 5%NaCl 溶液中的电化学参数(极化电阻、油膜电阻及界面电阻)，评价油溶性缓蚀剂防锈性能。该方法能快速而比较准确地评价油溶性缓蚀剂性能。

其他的检测技术还有：电化学频率调制技术，电子自旋共振技术(ESR)，光谱法，俄歇电子能谱法(AES)、X 射线光电子能谱(XPS)、二次离子质谱。

参 考 文 献

1 John Morgan. Cathodic Protection(Second Edition). NACE Publication, Houston, USA, 1987

2 W. v. Baeckrnann, W. Sehwenkund, W. Prinz. Handbuch des kathodischen Korrosion-sschutzes (Dritte Auflage), VCHV erlagsgesellschaft mbH, Weinheim, Germany, 1989

3 W. v. Baeckmannetal. Messteehni kbeimkathodisehen Korrosionsschutz (2. Auflage), expert verlag, Ehningen, Germany, 1989

4 全国土壤腐蚀试验网站编. 材料土壤腐蚀试验方法. 北京：科学出版社，1990

5 中国化工防腐蚀技术协会译. 美国国家腐蚀工程师协会标准选编. 北京：化学工业出版社，1990

6 Л. c. 萨阿基扬, A. Π 叶弗烈奠夫, 周慧麟译. 油气田设备防腐蚀. 北京：石油工业出版社，1988

7 王强. 地下金属管道的腐蚀与防护. 西宁：青海人民出版社，1984

8　火时中. 电化学保护. 北京：化学工业出版社，1988

9　石油工业部标准 SYJ 23—86. 埋地钢质管道阴极保护参数测试方法. 北京：石油工业出版社，1986

10　化学工业部标准. 化学工业标准汇编(第9册)：涂料与颜料. 化工部标准化研究所，1991

11　虞兆年. 防腐蚀涂料和涂装. 北京：化学工业出版社，1994

12　H. Leidheiser(Ed.). Corrosion Controlby Organic Coatings. NACE Publication，Houston，USA，1981

13　F. Mansfeldetal. Corrosion Science，1983，23(4)：317

14　F. M. Geenan. European Coating Journal，1992，(3)：101

15　H. Leidheiser. J. CoatingsTech.，1991，63(802)：21

16　D. R. Gabe. Principles of Metal Surface Treatment and Protection(Second Edition)，RobertMaxwell，M. C.，Oxford，1978

17　W. M. 摩根斯著. 王泳厚等译. 涂料制造和应用概论. 成都：成都科技大学出版社，1988

18　佐藤靖著. 陈桂富等译. 防锈、防蚀涂装技术. 北京：化学工业出版社，1987

19　胡大樾等. 环氧耐磨涂层及其应用. 北京：机械工业出版社，1987

20　中国化工学会涂料学会编. 粉末涂料涂装应用. 北京：中国展望出版社，1987

21　王泳厚. 实用涂料防蚀技术手册. 北京：冶金工业出版社，1994

22　杨文治等编著. 缓蚀剂. 北京：化学工业出版社，1989

23　间宫富士雄著. 高继轩等译. 缓蚀剂及其应用技术. 北京：国防工业出版社，1984

24　C. C. Nathan(Ed.). Corrosion lnhibitors. NACE Publication，Houston，USA，1973

25　A. D. Mercer. Proc. SEIC，1985，6：729

26　Л. И. 安德罗波夫著. 徐俊培译. 金属的缓蚀剂. 北京：中国铁道出版社，1987

27　兰州化学工业公司化工机械研究所编. 电化学保护及缓蚀剂. 北京：化学工业出版社，1973

28　化工部化工机械研究院主编. 腐蚀与防护手册：腐蚀理论·试验与监测. 北京：化学工业出版社，1991

29　周静好. 防锈技术. 北京：化学工业出版社，1988

30　曾兆民. 防锈(上、下册). 北京：国防工业出版社，1978

31　范树清等. 金屑防锈及其试验方法. 北京：机械工业出版社，1989

32　曾兆民. 实用金属防锈. 北京：新时代出版社，1989

33　胡士信主编. 阴极保护工程手册. 北京：化学工业出版社，1999

34　中国腐蚀与防护学会主编. 腐蚀试验方法与防腐蚀检测技术. 北京：化学工业出版社，1996

35　胡士信. 管道阴极保护技术现状与展望. 腐蚀与防护，2004，25(4)：93-101

36　刘海峰，胡剑，杨俊. 国内油气长输管道检测技术的现状与发展趋势. 天然气工业，2004，24(11)：147-150

37　胡士信. 阴极保护电位测量中的 IR 降及其研究. 石油规划设计，1992，(3)

38　M. E. Purker. Pipeline Corrosionand Cathodic Protection. Third Edition. Houston. 1984

39　严大凡. 输油管道设计与管理. 北京：石油工业出版社，1986

40　何仁洋，孙敬清. 埋地燃气管道综合检验检测技术研究. 控制与测量，2003，4：31-34

41　王春起. 密间隔电位测量技术(CIPS)在埋地钢质管道阴极保护系统检测与评价方面的应用. 岩土工程界，2000，3(9)：47-48

42　邬云龙，李渡，孟庆华. 天然气管道防腐检测技术. 天然气工业，2003，23(1)：114-116

43　韩兴平. 埋地管线腐蚀、涂层缺陷检测技术. 天然气工业，2001，21(1)：107-112

44　顾宝珊，李渡，汪兵. 地下管道防护层缺陷检测新技术研究. 石油化工腐蚀与防护，2004，21(2)：10-12

45　黄昌碧，陈晖，宋根才. 管道防腐层检测技术现状及发展. 石油仪器，2003，17(5)：5-8

46　周琰，靳世久，孙墨杰. 埋地管道防腐层缺陷 DCVG 检测技术研究及应用. 管道技术与设备，2001，

（5）：38-40

47 赖广森，廖宇平，李嘉．埋地管道防腐层缺陷地面检测技术最新进展．管道技术与设备，1999（6）：34-36

48 钟富荣．断电电位和涂层面电阻率测试方法．油气储运，2002，21(6)：36-38，46

49 J M Leeds 著．郑光明，方晶 编译．埋地管道腐蚀的新型检测技术．国外油田工程，1998：41-46

50 钟富荣．绝缘法兰漏电问题．油气储运，2000，19(9)：40-45

51 胡士信，董旭．我国管道防腐层技术现状．油气储运，2004，23(7)：4-9

52 李继华．埋地管道涂层检测技术现状．石油化工腐蚀与防护，1998，15(4)：4-9

53 柳言国，王钰．计算机在油田腐蚀与防护领域中的应用．腐蚀与防护，2004，25(5)：196-198

54 李炜，朱芸．长输管线泄漏检测与定位方法分析．天然气工业，2005，25(6)：105-109

55 曹楚南，张鉴清．电化学阻抗谱导论．北京：科学出版社，2004：156-167

56 姜宇，张华堂，李路明．陶瓷涂层的无损检测．分析检测，2005：65-67

57 夏昌浩，游敏，黄南山．声发射技术检测金属胶接结构性能探讨．武汉水利电力大学（宜昌）学报，1998，20(4)：76-80

58 罗振华，蔡健平，张晓云．有机涂层性能评价技术研究进展．腐蚀科学与防护技术，2004，16(5)：313-317

59 黎完模等．涂装金属的腐蚀．长沙：国防科技大学出版社，2003：161

60 虞兆年．防腐蚀涂料和涂装(第二版)．北京：化学工业出版社，2002：218

61 中国腐蚀与防护学会．现代物理研究方法及其在腐蚀科学中的应用．北京：化学工业出版社，1990

62 胡传芢，宋幼慧．涂层技术原理及应用．北京：化学工业出版社，2000：323-375

63 于建辉，彭乔．MZL_ 1 型酸洗缓蚀剂配方及性能研究．腐蚀与防护，2004，25(11)：465-467

64 赵永韬，郭兴蓬，董泽华．基于恒电量的酸性缓蚀剂快速评价方法研究．中国腐蚀与防护学报，2004，24(2)：115-120

65 徐群杰，周国定．BTA 系列缓蚀剂对铜缓蚀作用的光电化学比较．太阳能学报，2005，26(5)：665-670

66 张天胜．缓蚀剂．北京：化学工业出版社，2003

第3篇 腐蚀监控

第15章 概 论

15.1 腐蚀监控技术的发展及工业应用

意外的和过量的腐蚀常使工业设备发生各种事故，造成停工停产、设备效率下降、产品污染，甚至发生火灾、爆炸，危及生命安全，造成严重的直接损失和间接损失。针对上述情况，在工厂设备连续运转的条件下，如何监视设备内部的腐蚀状态和掌握腐蚀速度及规律，便成了亟待解决的问题。

腐蚀监测是指对工业设备的腐蚀状态、速度以及某些与腐蚀相关联的参数进行系统测量，并进而通过所监测的信息对生产过程有关参量实行自动控制或报警。

腐蚀监测在石油生产和炼制、化学工业及动力工业、食品工业和大量使用冷却水系统的工业部门越来越受到重视，因为这些部门遭受的腐蚀损失是十分惊人的。目前，有的炼油厂正在努力通过腐蚀监测以期延长设备大修周期。显而易见，仅从减少停车时间挽回产量损失一项，其经济效益就极为可观。工业设备的腐蚀检测与监控技术的经济效益，尽管由于各种原因而难以具体估价，但一般认为，对工业设备上进行成功的腐蚀监测将会带来相当于投资成本的数十倍、上百倍甚至更高的经济效益(包括增加利润和节省额外开支)。在表15-1中给出了腐蚀监控在各种工业部门中的应用。

表 15-1 工业腐蚀监控活动示例

工 业 部 门	腐蚀监控示例
炼 油	蒸馏塔，架空系统，热交换器，储罐
电 力	冷却水热交换器，燃气脱硫系统，矿物燃料锅炉，蒸汽锅炉管(核)，空气加热器，蒸汽涡轮机系统，拱顶，大气腐蚀，气化系统，封存设备
石油化工	气体管线，热交换器，冷却水系统，大气腐蚀，储罐
化 工	化工生产液流，冷却水回路和热交换器，储罐，导管，大气腐蚀
矿 业	矿井腐蚀性，制冷厂，水管，矿石处理厂，泥浆管线，槽罐
航空和航天	在运输工具上和地面上，储存和封存
船 运	废水舱，船上暴露方案
建 筑	钢筋混凝土结构，预应力混凝土结构，钢桥，热和冷的生活用水系统
气水输配	管路系统内外腐蚀(包括杂散电流的作用)
造纸和纸浆	冷却水，生产液，澄清槽

腐蚀监测技术是从实验室腐蚀试验方法和工厂设备的无损检测技术发展而来的。

最初的实验室腐蚀研究几乎都是测定给定时间内试样质量的变化或者进行某种等效测定。缩短实验时间并使实验周期反映腐蚀速度随时间的变化，有时候是可行的，但非常不方便。近来，为了测量瞬时腐蚀速度，发展了各种电化学技术，并找到了在大范围内研究金属腐蚀特性的方法。这些技术在使用上方便得多，并且，在某些情况下，为了澄清质量损失法试验所得杂乱无章的结果，这些技术显得特别重要。

对工厂设备的腐蚀检测，以前是按照经典的实验室试验模式进行的。这些方法只能在停车时装入和取出试样；或者，在停车时对生产装置的有关部分进行详细检查。在工厂条件下，这种方法比实验室工作更困难。首先，试验周期（两次停车之间的时间间隔）取决于生产需要或维修需要，并且可能与腐蚀试验的合适时间相差甚远；其次，在这段生产时间内，某个设备内部的条件可能明显变化，特别是从工艺的观点看，有些因素并不重要，因而没有进行记录，但是这些因素对腐蚀试验可能是极其重要的。因此，过去的工厂腐蚀测量仅仅是整个试验周期中产生的腐蚀累计量和最终形态。但这段时间可能并不合适，并且，在此期间由于条件变化却又不能预知，腐蚀速度也许已经发生了很大变化。所以，由这种工厂试验所得结果常常难以解释；或者，在表面看来相同的生产设备中的试验，两次结果也可能极不相同。

为达到控制试验周期，使得不受生产设备操作的制约，采用了旁路试验装置或模拟的中试装置。这样，可使试样在设备运行过程中暴露到工艺物料中且又能通过切断旁路随时取出试样。然而，并不能总是确信旁路中的条件完全有代表性。

超声测厚法和电阻法可以对运行中的设备进行频繁的测量。超声方法的发展允许在生产设备运行时定期测取厚度，甚至设备温度约达 500℃ 时也可以进行测量。电阻测量法是把一根丝、片、棒或一段管子与一个标样一起装入生产设备内，该标准试样被保护起来以免受到腐蚀性环境的腐蚀，但又要与被测试样一起暴露在同一环境中。这两个试样作为惠斯登电桥的两个臂，于是就能进行电阻测量。试样厚度的变化可以通过其电阻的变化来确定。这两种方法与前面的挂片法相比，可以进行更频繁的测定。但采用普通的超声法，操作者必须爬到设备上进行定点测量；此外，这两种方法只有在均匀腐蚀情况下才适用。这两种方法很难以足够高的灵敏度，在短时间内确定腐蚀速度的瞬态变化。

最有希望的就是那些能够以电信号方式对腐蚀速度进行几乎是"瞬时"测量的方法了。这种电信号可与常规仪器相耦接，从而实现报警，甚至可以对生产装置的操作进行控制。这类技术有双重优点。它既能跟踪腐蚀速度相当迅速的变化（腐蚀速度与生产装置运行条件有关），又能利用腐蚀数据对生产装置的操作进行控制。

对于工厂条件下，实验室所用的电化学技术初看起来不是非常合适。如果在实验室测量电位，正常情况下，往往要使用一个精确而稳定的参比电极；并且，用高阻抗电表测量电位比用一个毫伏表更准确。由于参比电极只能通过非常小的电流，因此，系统的高阻抗要求采用屏蔽电缆以避免虚假的信号。这种小心的保护措施对于基础电化学研究是必要的。但是，对大多数腐蚀试验来说，这些措施并不必要，因为采用相对很简单的技术和仪表就已经能满足实际要求了。事实上，进行相对较粗略的测量一般已经足够了，因而，用一个不那么很精确的参比电极进行试验也就可以了。这样，设计电极系统比较容易，这种电极系统看起来非常像一个热电偶，而且也很坚固实用。通常的电化学测试一般要测量腐蚀电位，很多情况下采用一小块铂作参比电极已经足够了。

近年来线性极化技术以及其他电化学技术正在成为重要的工业腐蚀监测技术。它们可以快速灵敏地测定金属的瞬时腐蚀速度，可以非常简便地检测和控制设备的腐蚀状态和速度。

利用现有的监测技术，大体上可以检测出有无腐蚀发生，但是对于判断腐蚀发生在哪一部位却比较困难。因此，需要进一步开发一些新技术以满足这一要求，例如各种光学方法、辐射分析方法等等。

许多现行腐蚀监测技术还不能完全用于各种运行中的设备。然而为了及时了解设备的腐蚀状态及变化，应尽可能对设备装置作实时和在线的监测，这是腐蚀监测技术重要的发展方向之一。

近几年来，由于电子学及计算机技术的发展使测量技术有了很大提高。特别是程序控制单元的发展，可以实现多探头测量及记录。这种控制单元能够接收来自生产装置各部分腐蚀数据的瞬时反馈。这种反馈信号可以输送到该生产装置的控制室和/或计算机，以便对必要的工艺参数进行控制，进而达到控制设备的腐蚀状态及速度。因此，计算机在腐蚀监控中的使用则是另一重要发展方向。

腐蚀监测技术的基本要求：由于腐蚀监测的目的是实现腐蚀检测，并进而实现对腐蚀的控制，所以腐蚀监测技术应该满足以下几项要求：

① 必须耐用可靠，可以长期进行测量，有适当的精度和测量重现性，以便能确切地判定腐蚀速度和状态。

② 应当是无损检测，测量不要求停车。这对于高温、高压和具有放射性等工艺设备特别重要。

③ 有足够的灵敏度和响应速度，测量迅速，以满足自动报警和自动控制的要求。

④ 操作维护简单。

15.2　腐蚀监控的任务

目前，工业生产中的发展趋势之一就是建设综合性的大型联合企业。在这些企业中只要个别设备装置发生意外的腐蚀事故，就可能影响到整个企业的运转。防止这类事故，节约开支，增加经济收益是工业设备腐蚀监控的主要目的之一。此外，还应考虑到腐蚀监控在安全性(包括人身安全、生产作业安全和环境保护)、节约资源等方面的重要实践意义。

具体说来，腐蚀监控的主要任务是：

① 作为一种诊断方法，了解运行中的设备的实际状态，发现腐蚀问题，监视腐蚀变化规律，通过改变生产工艺条件或操纵电化学保护系统等以控制腐蚀过程，进而把腐蚀速度控制在允许的范围内。避免设备在危险状态下运转或过早失效。

② 提供腐蚀速度随时间变化的数据，以及腐蚀参量与生产过程的某工艺参数之间的相互关系，由此推算设备的剩余寿命，确定停车维修时间和检修的内容，或者确定设备的更换时间。

③ 提供可供事后分析设备异常情况的记录，帮助查明腐蚀原因。

④ 判断所采用的防腐蚀措施的效果，改进腐蚀控制技术，使设备运转更安全、更有效。或者根据腐蚀监测的信息控制生产工艺，使设备按照预期的最佳能力运行。

⑤ 把设备的腐蚀损坏速度及其对生产的影响纳入企业经营指标的范畴。

⑥ 对于高温、高压、易燃、易爆的特殊设备，及时发现危险工作点，可保障生命财产和生产运行的安全。

⑦ 防止由于腐蚀破坏造成的物料泄漏，保护环境不受污染。

简言之，腐蚀监控可作为判断腐蚀破坏、确定相应的防腐措施和提供相应解决措施的工具，还可以监测防腐蚀措施的有效性；提供生产工艺或管理方面的数据资料；构成自动控制系统的一部分；也可直接成为管理系统的一个组成部分。

15.3 腐蚀监控系统

腐蚀检测和监测技术是随着理论的发展而发展的，同时生产中的迫切需要，也推动其不断地取得进步。传统的检测方法主要使用试片法，在停车检修期间对设备内部进行检查；后来又发展了旁路实验装置，能够不停车同时对设备实行腐蚀的测量；再后来又实现了在设备运转过程中装入和取出试样。随着线性极化法和其他实验室电化学技术以及新颖的无损检测技术不断在实际中的应用，尤其是现在电子技术和电子计算机的普遍运用，使得部分现代腐蚀监测技术已经实现了实时检测和在线监测。许多在线检测系统已经在诸如石油化工生产、航空航天、建筑业等领域中得到广泛应用。由于腐蚀速度依赖于过程变量，如浓度、温度、流速等不可知因素，因此可以减少非定期的停车检修，延长维修的间隔时间。而在线检测意味着有关腐蚀的信息立刻就能被操作者获得，并可以立即采取相应的对策，防止意外的事故的发生。腐蚀监控系统非常复杂，从简单的手持式到工厂应用的带有远程数据传输、数据管理能力的大型系统，都在被广泛使用。

为了使用腐蚀监测系统评价金属或合金在某种介质中的耐蚀性或者某种防腐蚀措施的效果如何，需要通过特定的手段进行腐蚀状态的检测，因此必须要有能准确可靠地模拟设备自身腐蚀行为的探头，工业现场中应用较多的探头有电阻式探针和电化学探针。目前应用较多的是电化学探头，主要包括三种类型：同种材料双电极型；同种材料三电极型；研究电极和参比电极为同种材料，而辅助电极为异种惰性材料的三电极型。其中应用比较多的为三电极系统。图 15-1 是美国 Rohrback Cosasco Systems 公司生产的电化学探针。

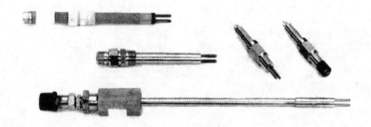

图 15-1　美国 Rohrback Cosasco Systems 公司生产的探针

用于腐蚀检查和测量的检测技术包括简单的目检直至无损评价。例如，联合使用声发射（AE）和超声（UT）技术原则上可以将整个被检测的构件以及生长中的缺陷在长度和深度方面定量化。现已开发出了既具有在线能力，又能检测早期问题的先进的腐蚀监控方法。油气生产和石油化工行业已承担起推进腐蚀监控的先导作用。多年来早已被这些工业部门接受的许多技术才开始用于其他工业部门，例如运输、矿业和建筑等工业部门。

在一些恶劣环境条件下开发石油和天然气资源，例如北海的外海油田，对发展腐蚀检测和监控技术具有相当大的推动作用。在这样恶劣的条件下作业需要提高仪器的可靠性以及许多工作的自动化程度，其中也包括检测。由于开发出有功效的、用户友好的软件而使一些过去仅有实验室价值的技术可以用于现场。除了关于设备腐蚀的发生或发展的一般不确定性外，石油工业还必须面对加工流体的腐蚀性不断变化的事实。在一个开采系统的服役寿命内，井口处的腐蚀性可以在低腐蚀性和极强腐蚀性之间多次波动。这样的变化更需要加强检测和监控来防止腐蚀。

在进行腐蚀的监控时，监控点的选择是重要的，这是因为腐蚀的状况是与系统和部件的几何因素相关的。选择监控点的原则是基于对整个腐蚀过程的全面了解，如系统的具体几何形状，外部的影响因素以及系统腐蚀状况的历史记录。一般都是希望能够监控系统中最恶劣的条件，即预期腐蚀破坏最严重的部分。监测点的选择要考虑探头的进出口位置，特别是在压力系统中，可以采用安装旁路装置的方法，既可以对腐蚀进行检测，又不影响生产装置的正常运行。由于存在很多不同类型的腐蚀，而且腐蚀的形态可以是表面的均匀腐蚀，也可能只局限在局部腐蚀，平均腐蚀速度的分布也可能不均匀，即使相距很近的区域，腐蚀速度也可能相差很大。考虑到这些不确定的因素，不可能有一种测量技术能够用来检测所有条件下不同种类的腐蚀，因此建议使用多种腐蚀监测技术，而不是仅依赖于某一种技术。

第16章 工业腐蚀监控技术

工业腐蚀监控技术是从通常的工厂检验技术和实验室腐蚀试验技术两个不同方面发展起来的。它不仅仅是为了对工厂设备和装置在两次停车之间的腐蚀行为作评定或预测，更多的是为了上述各项任务。

目前已有一系列腐蚀监测技术可供工业部门选用。各种方法提供的信息参数是不同的，它们可以测定总腐蚀量、腐蚀速度、腐蚀状态、腐蚀产物，或进行活性物质的分析，检测缺陷或物理性质的变化。每种方法都有它的局限性，不管是哪种方法，为了能正确地用于工厂设备监测，就必须掌握它们的适用范围。如果有两种或两种以上的方法可供选用时，它们往往是互补的而不是竞争排斥的。同时采用两种或更多种方法，可以提高数据的有效性。

16.1 表观检查

表观检查是最基本的腐蚀检查方法。表观检查一般是指用肉眼或低倍放大镜（通常为2~20倍）观察设备的受腐蚀表面。虽然这种方法是极其定性的，但对于许多大型设备装置（如压力容器等）仍是法定的定期例行检查项目。这种方法简单，然而要求操作人员应具有足够的经验，并需停车和打开设备，才能作表观检查。

表观检查能够提供设备的综合观察结果和局部腐蚀的定性评价。表观检查的主要任务是：

① 检查设备是否遭受到严重腐蚀破坏，并确定腐蚀类型、破坏位置和面积分布，进而分析腐蚀破坏产生的原因。

② 确定是否需要作进一步考察研究，应采用哪些研究技术。

③ 如需进一步研究，确定研究的范围和内容、目的和手段。

④ 为防止或减轻腐蚀，应采取哪些措施等。

对设备作表观检查时，应注意裂纹、蚀孔、鼓泡和锈斑等腐蚀现象，着重检查焊缝、接口、弯头等特殊部位，此外还应注意观察保温材料和内衬的损坏、有无局部过热、变形、脱色、堵塞或泄漏等现象。

可以用多种方式进行表观检测，既可以是直接地，也可以利用管道镜、纤维镜或摄像机远距离地进行，必要时需先清除待检查的工件表面上的附着物及杂质。当能够适当接近检测区域时，可以用视力检查表面的腐蚀性质和类型，还可以借助简单的仪器，如放大镜、管道镜等鉴别可疑的裂纹或腐蚀。管道镜可分为两类，即刚性管道镜和柔性管道镜。刚性管道镜仅能用于中空物体内部的观察，是一个细长的筒状光学装置。管道镜的工作是利用物镜形成所观察区域的图像。管道镜典型的直径大小为6~13mm，长度可长达2m。由于它可以将图像从仪器的一端传到另一端，因而可以使检测人员看到无法接近的部位，并可以选择前视、后视、前斜视、后斜视及环视的物镜。在设备和某些结构上，为了检测其关键部位腐蚀状况，在设计时就做了特殊考虑，以便于插入管道镜。

检查中空物体的弯曲内腔应使用柔性管道镜，也叫纤维镜，是将光从一端传输到另一端的光纤电缆束，具有柔韧性，容易引入用于对相关区域照明的光源，可以以卷曲的方式放入不容易靠近的部位。此时,玻璃纤维束传输图像的质量比由刚性管道镜得到的图像质量略差。

管道镜、纤维镜可以连接到视频成像系统上。视频成像系统是由柔性探头和摄像机组成。这些系统由获取图像的摄像机、处理器和观察图像的监测器组成。为便于缺陷检查,可以对视频图像进行处理,放大和分析视频图像,然后对感兴趣的缺陷或物体进行鉴别、测量和分类。

表观检测的缺点为:被检测的表面必须比较干净而且肉眼或者管道镜等简单光学仪器应该能够靠近;表观检测缺乏灵敏度;表观检测方法是定性的,而且对材料损失或剩余强度不能提供定量评价;它也是一种带有主观性的检测方法,对实行检测的人的能力和经验具有一定的依赖性。

16.2 挂片法

使用专门的夹具固定试片,并使试片与夹具之间、试片与试片之间相互绝缘,以防止电偶腐蚀效应;尽量减少试片与支撑架之间的支撑点,以防止缝隙腐蚀效应。将装有试片的支架固定在设备内,在生产过程中经过一定时间的腐蚀后,取出支架和试片,进行表观检查和测定质量损失。也可采用专门支架夹持应力腐蚀试验的 U 形弯曲加载应力的试件或三点弯曲加载的试件。挂片是工厂设备腐蚀检测中用得最多的一种形法。

挂片支架的构型和尺寸应根据设备装置的实际状况、试片的结构和大小,以及生产工艺的情况进行设计。支架本身的材料应具有足够的耐蚀性和必要的绝缘性。有多种支架构型可供选用,图 16-1 为几种专用支架和试片构型图。通常要求试片的材料、组织状态和表面状态应尽可能与设备材料相同,但试片的加工状态和结构状态往往很难与设备装置一致。对试片的形状和尺寸,除特定用途外,一般不作具体规定,但要求试片的比表面积(表面积与质量之比)应尽可能地大,以便提高测定质量损失的灵敏度。

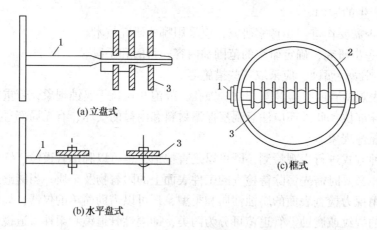

图 16-1 几种专用支架和试片
1—支架;2—管道;3—试片

挂片法使用的腐蚀评定方法主要为质量损失法,想要得到有意义和可测的质量损失数据可能需要较长的暴露周期。为了进行分析和确定腐蚀速率,试样必须从工厂或设备中取出(注:如果试片以后还要再次暴露,则试片取出和清洗会影响腐蚀速率)。这些装置仅能提供积累的追忆信息,例如,经过 12 个月的暴露以后,在一个试片上发现了应力腐蚀裂纹,但无法说明裂纹是何时开始的以及是什么特殊条件造成这种裂纹的发生和发展的。重要的是裂纹扩展速率无法准确估计，这是因为不知道裂纹的起始时间。试片的清洗、称重和显微检查一般需要花费大量的劳动。使用试片不易模拟磨损腐蚀和传热作用对腐蚀的影响。

我国制订有中华人民共和国国家标准 GB/T 5776—2005《金属材料在表面海水中常规暴露腐蚀试验方法》，其中详细规定了挂片应用技术及要求。美国材料试验协会（ASTM）为检测工业水的腐蚀性，制定了一些标准的挂片试验方法。如为测定蒸汽冷凝器的腐蚀性而采用螺旋金属丝暴露试验，或在返回管道中安装可更换的试验性多环衬套；为检测冷却水的腐蚀性和污染情况而采用的挂片方法；为测定冷却水和自来水的腐蚀性而在管道系统中插入可拆卸的内插管段。如表 16-1 给出了各国的金属及合金的耐蚀性标准。

表 16-1 不同国家的金属和合金的耐蚀性评定标准

腐蚀率/(mm/a)	耐蚀性	国　　家
<0.1	耐　蚀	中　国
0.1~1	尚耐蚀	
>1.0	不耐蚀	
<0.05	耐　蚀	美国（NACE 标准）
<0.5	尚耐蚀	
0.5~1.27	特殊情况下可用	
>1.27	不耐蚀	
<0.001	耐蚀性极好	苏联
0.001~0.005 0.005~0.01	耐蚀性良好	
0.01~0.05 0.05~0.1	耐　蚀	
0.1~0.5 0.5~1.0	尚耐蚀	
1.0~5.0 5.0~10.0	耐蚀性比较差	
>10.0	不耐蚀	

尽管出现了快速响应仪器，挂片法仍是工业设备装置腐蚀检测中用得最广泛的方法之一。挂片法的主要优点有：许多不同的材料可以暴露在同一位置，以进行对比试验和平行试验；可以定量地测定均匀腐蚀速度；可直观了解腐蚀现象，确定腐蚀类型。

挂片法的局限性主要在于：①试验周期只能由生产条件和维修计划（两次停车之间的时间间隔）所限定，这对于腐蚀试验来说是很被动的。②挂片法只能给出两次停车之间的总腐蚀量，提供该试验周期内的平均腐蚀速度，反映不出有重要意义的介质条件变化所引起的腐蚀变化，也检测不出短期内的腐蚀量或偶发的局部严重腐蚀状态。

改进方法之一是，可在设备装置上附加一个暴露试片的旁路系统，譬如附加一个小试验罐，或者附加一个小型试验性热交换器。通过切断旁路，随时可以装取试片。在某些情况下，可用有关设备材料制成试验性冷凝管、蒸发器或管路系统中的一段管子，置于旁路系统中监测试验。

另一种改进方法是，在设备的特定位置安装一个可伸缩支架（如图 16-2 所示），在设备运行时，可以通过用填料盖密封的阀门随时装取试片。

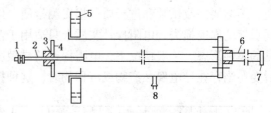

图 16-2　可伸缩型支架与试片
1—不锈钢自锁螺母；2—不锈钢棒；3—聚四氟乙烯衬垫；4—试片；5—标准法兰（配闸阀）；
6—不锈钢棒；7—手柄；8—排泄阀

通常是用质量损失法确定挂片腐蚀量和计算腐蚀速度。当发生点蚀时，可采用最大点蚀深度和点蚀系数等评定手段。这种方法需辅之以金相显微镜，以检查是否存在点蚀、晶间腐蚀、应力腐蚀开裂等局部腐蚀。

16.3　电阻探针

于正在运转的设备中插入一个装有金属试片的探针（电阻探针），金属试片的横截面积将因腐蚀而减小，从而使其电阻增大。如果金属的腐蚀大体上是均匀的，那么电阻的变化率就与金属的腐蚀量成正比。周期性地精确测量这种电阻增加(实际测量的是试片与不受腐蚀的参考试片之间电阻比的变化量)，便可以计算出经过该段时间后的总腐蚀量，从而就可以算出金属的腐蚀速率。这种探针可用于液相或气相介质中对设备金属材料作腐蚀监测，确定介质的腐蚀性和介质中所含物质(如缓蚀剂或其他添加剂)的作用。

只有当腐蚀量积累到一定程度时，金属试片的电阻变化增大到了仪器测量的灵敏度，仪表或记录系统才会作出适当的响应。因此，电阻探针测量的是某个很短时间间隔内的累积腐蚀量。减小试片的横截面积，可以提高测量灵敏度，因此常采用薄片状试片，也可采用丝状或管状试样。

此方法通常采用惠斯登电桥或凯尔文电桥测量电阻比的变化，测量过程简单迅速。为了消除温度波动对电阻产生的影响，在探针内安装了形状、尺寸和材料均与测量试片相同的温度补偿试片以作参考试片之用。参考试片或加涂层或埋置在探针体内，使之免遭腐蚀。将温度补偿试片与测量试片构成电桥相邻两臂，进行平衡测量。还有一种"全金属"探针，对温度补偿试片不采取任何防腐蚀措施，但它在腐蚀介质中的暴露面积则比测量试片大得多。如图 16-3 为常用的电阻探针示意图。

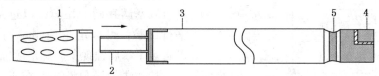

图 16-3　常用的电阻探针示意
1—保护帽；2—测量元件；3—探头杆；4—信号接口；5—卡槽

电阻探针的探头是安装测量试样的部件，探头的制作须十分精心。商品化的腐蚀探针敏感元件有板状、管状或丝状的。减小敏感元件的厚度可以增加这些传感器的灵敏度，但是灵敏度的提高却会缩短传感器的使用寿命，应予考虑折中平衡。只要选择了足够灵敏的传感器元件，就有可能进行连续的腐蚀监控并获得与操作参数的相关性信息。电阻探针比试片更方便，不需要回收试片和进行质量损失测量便可以得到结果，可以测定由于腐蚀和磨损腐蚀共同引起的厚度损失。电阻探针实质上只适用于监控均匀腐蚀破坏，但局部腐蚀是工业中更常见的腐蚀形态。一般情况下，电阻探针的灵敏度不能胜任实时腐蚀测量，无法检测出短时间瞬变。当存在导电腐蚀产物或沉积物时，这种探针就不适用了。探针的传感器的元素组成和待监测的材料是一致的，敏感元件本身可以做成多种几何形状，不同的试片形状适用于不同的条件。如图 16-4、表 16-2 所示。

图 16-4　电阻探针使用的传感器的类型

把测量的电阻数据相对时间作图，可以得到各个时刻的斜率(单位时间内的电阻变化)及斜率变化。从有关斜率可按下式把电阻变化转换成腐蚀速率 v：

$$v = 0.00927F \frac{\Delta R}{\Delta T} \quad (mm/a) \qquad (16-1)$$

式中　ΔR——腐蚀计读数变化(即电阻变化)，Ω；

　　　ΔT——发生的电阻变化 ΔR 所经历的时间，d；

　　　F——探针系数(随探针类型不同，在 0.5~25 之间选择)。

表 16-2　不同试片形状的应用

试 片 形 状	结构和应用
线环形试片	这种试片是最普遍的试片形状，具有高灵敏度，而且不易受到系统干扰的影响，用于大多数腐蚀监测系统；这样的试片一般焊接在探针的顶端，之后焊接部位密封处理
管状环形试片	应用在需要监测低速腐蚀速率的环境下，也具有很高的灵敏度；普遍使用碳钢材料，制作成空心管道形状
带状环形试片	与上述的线环形和管状环形试片的结构类似；不同之处在于这种试片是用扁平状材料环形而成的，底部与探针焊接的地方也需要用环氧或者玻璃密封；这种结构的试片易碎，只适用于极低速的腐蚀环境监测
圆柱状试片	这种试片采用两个不同直径的空心管叠加套装而成，底部要完全焊接在探针上；由于使用了大面积的焊接工艺，所以要采取严密密封措施，尤其是不能用玻璃密封；这种结构的试片多使用环境比较苛刻的腐蚀环境下，比如在高流速、高温度的情况下
螺旋环形试片	利用很细的金属带，环绕而成，是高流速环境下腐蚀监测的理想试片
内壁型试片	把试样安装在管状容器的内壁，模拟真实的内壁腐蚀环境；由于经常受到冲刷作用，加载电压不能太大，以保护试片受损速度不会太快；用于监测腐蚀环境对管线内壁产生的影响，也可用于需要清理作业的管线系统
外表面型试片	将比较薄的矩形试片固定探针上，保证试片只有一个面暴露在腐蚀环境下；这种结构能够灵敏地监测非均匀腐蚀对工件的影响，一般用于监测使用阴极保护电流时，埋地管线外表面受到的腐蚀情况

用于测量的金属试片，可以用与被测设备相同的材料制成。电阻探针构型有固定型和可伸缩型两种结构，有关探针和仪器要求的细节参阅本书第 17 章。电阻探针以其简单、灵敏、适用性强（在任何介质中均可使用）以及可在设备运行条件下定量监测腐蚀速率等特点，已成功地在炼油工业、核电站和多级闪蒸海水净化装置等许多工业部门获得了广泛的应用。当采用丝状测量电极时，如果腐蚀速度指示迅速超过仪表满刻度量程的 50%，则说明发生了点蚀破坏。而较大的管状电极对点蚀却是不敏感的。环境介质的温度、流速、流动方向、金属材料的成分和热处理状态和电极表面制备等方面的变化和差别，以及在探针上存在的外来物质（如腐蚀产物）等，都会影响到测量结果的精度和可靠性。一般说来，这种方法不适用于监测局部腐蚀的情况。

使用该方法应注意的几个问题：

① 本法可以用于液相或气相中的腐蚀测量，而且，液相不必是一种良好的电解质。此技术也已用于固相环境中，比如在混凝土中模拟监测钢筋的腐蚀。这种技术应用时主要的局限性是由探头设计和材料所带来的，而且，腐蚀必须是大体均匀的。

② 由于测量元件与设备装置材料的冶金条件并不完全相同，因此它们的腐蚀行为可能不完全一样，但得到的数据可以用来说明腐蚀的倾向和变化趋势，从而可以用来估计操作条件。

③ 它不直接测量金属的腐蚀速率，但是腐蚀速率可以由电阻—时间曲线的斜率定量地求得。

④ 当腐蚀速率很低或者腐蚀速率较频繁变化时，要选用薄的、较灵敏的测量元件。然而，如果腐蚀速率高，较厚的元件可以延长探针使用寿命。在灵敏度和寿命之间的最佳协调取决于环境。

有重要实际意义的典型的腐蚀速率是 0.25mm/a（10mil/y）。这样，一个 2mm（80mil）的丝状测量元件，其有效寿命为 2 年。而 0.25mm 的管状测量元件，其有效寿命为 6 个月。厚度相同的片状元件，如果腐蚀从两侧同时进行，其有效寿命为 3 个月。

⑤ 探头应放在能代表所需试验条件的位置处。温度和流速是最重要的两个参数。要避免高速流体直接冲刷探头(研究腐蚀-磨蚀作用除外)。假如流体速度可能有重要影响，则可以采用与设备表面贴平安装的平嵌式探针以获得更为精确的结果。

使用时，需要判断探头是安装在腐蚀速度可能最高处还是安装在能模拟该设备"平均"腐蚀行为的位置处，这主要由进行监测的目的所决定。可以设置多个探针以说明该设备各部位的腐蚀情况。

⑥ 对一给定结构的探针，其有效工作的寿命极限通常受密封垫以及处在监测环境下填充料的稳定性所限制。损坏形式通常都是在金属门/金属界面处发生渗漏而不是整体损坏。采用环氧树脂作填料的探针不应该在含有氯化烃类、有机酸或胺类化合物的介质中使用。采用陶瓷填充材料的探针不应用在 pH 大于 9 的系统或者含氟离子的介质中。

⑦ 电阻探针不容易检测出局部腐蚀，但当测量元件产生严重局部腐蚀时，则测出的腐蚀速度将明显升高。

⑧ 由于测量时在测量元件内通过一定的电流，所以在易燃易爆区域使用电阻探针时，仪器应符合安全规范。

⑨ 应考虑设备的现状。利用电阻探针监测缓蚀剂的缓蚀效率时，应注意设备表面与测量元件表面的状况是否相同。具有清洁表面的测量元件受到缓蚀，可能给出很低的腐蚀率读数；但是如果设备的表面存在的沉积层和锈层没有除掉，它们将使缓蚀剂无法发挥作用，则腐蚀率仍然可能很大。

⑩ 为使探头和仪器性能相适应，需满足的重要性能条件之一就是使用无电感法绕制的电缆，这样可以消除由于从其他设备检拾信号而产生的问题。

长电缆的电阻或阻抗可能比测量元件电阻大得多，此电阻会妨碍测试，以致不能得出令人满意的结果。不过，仅当探针和测量仪器之间的距离大于 50~100m(取决于仪器类型)时，才会出现这个问题。将一次测量仪表靠近探针放置，并将输出信号传送出去，可以使测量信号传送到较远的距离。

采用平衡凯尔文电桥和有温度补偿元件的探针，可以测得 0.127μm 以下的腐蚀。

据报道，一种新型的被称为 Slipring 型的电阻探针已问世。由于测量元件和补偿元件间良好的耦合，在温度变化很快的情况下它可以迅速响应，因此误差较小。使用这种探针，每 4h 读数一次，可以检测出腐蚀速度由 0.1~0.2mm/a 的变化。

国外市场上的商品电阻探针腐蚀速度测量仪有美国 Magna 公司生产的商标牌号为 Corrosometer 和英国 Nalfloc 公司制造的仪表和探针等。Corrosometer 有便携式和控制中心用的两种形式，后者可以有十二个通道进行自动测量。它们都可以测量出 0.0254μm 以下的腐蚀量。根据使用条件不同，探针分为研究室用、生产过程、大气试验用和地下埋设用的几种，也有可用于高温高压(约 540℃，20.6MPa)条件下的探针。测量元件的材料可以是碳钢、不锈钢、镍基合金、铝合金和钛合金等。

目前已经有很多国内厂家经营电阻探针腐蚀测试系统。如淄博三合仪器有限公司生产的腐蚀监测系统"DFY-01A(F)型电阻探针防腐监测仪"，通过中心计算机进行自动定时(或手动)检测，自动绘制各监测点腐蚀深度、阶段腐蚀率、平均腐蚀率曲线，计算腐蚀深度及腐蚀率。

除了利用电阻探针，现在也在开发感抗探针，并且已经在腐蚀监测中得到了应用。感抗探针是通过埋置在传感器中的一个线圈的感抗变化来测定敏感元件厚度的减少，具有高磁导率强度的敏感元件强化了线圈周围的磁场，因此厚度的变化影响线圈的感抗。该法的灵敏度比电阻探针高 2~3 个数量级。检测传感器元件厚度变化的测量原理相对比较简单，传感器信号受温度变化影响的程度比电阻信号低，灵敏度得到改善，超过电阻探针的灵敏度。该方法主要适用于均匀腐蚀测量。感抗探针也像电阻探针一样需要温度补偿，它的敏感元件能适用于多种环境中，用于电化学技术无能为力的低导电性和非水环境中。

16.4　电位探针

这种监测技术是基于金属或合金的腐蚀电位与它们的腐蚀状态之间存在着某种对应的特定关系。由极化曲线或电位-pH 图可以得到电位监测所对应的材料的腐蚀状态。监测具有活化/钝化转变体系的电位，从而确定它们的腐蚀状态是该技术适用范围的一个例子。众所周知，点蚀、缝隙腐蚀、应力腐蚀开裂以及某些选择性腐蚀都存在各自的临界电位或敏感电位区间。因此，可以通过电位监测来作为是否产生这些腐蚀类型的判据。

在研究工作中发现，对于低合金钢/硝酸盐溶液体系，在慢应变速率应力腐蚀试验中，凡对应力腐蚀敏感的体系，随着应力腐蚀开裂过程的发生，其腐蚀电位出现明显的电位振荡现象，直至断裂。而对应力腐蚀开裂不敏感的体系，其腐蚀电位始终较为稳定。显然，通过测量体系的腐蚀电位，可以监视其应力腐蚀开裂过程。

此外，电位探针还可监测在体系中是否出现了能诱发局部腐蚀的物质和条件。因此，电位监测可用来指示危险工作状态。

电位监测在阴极保护系统监测中已应用多年，管道/土壤电位监测的应用就是一个实例。阳极保护也与电位测量有关，它利用电位测量结果通过反馈线路可以直接控制保护电流。

腐蚀电位监测最早使用的测量仪表是类型繁多的市售电子电压表或 pH 计，实际上用一个高阻(输入阻抗 10MI′1)的直流电压表就可实现。所测电位是设备金属材料相对于某参比电极的电位。为有效地进行电位监测，要求体系的不同腐蚀状态之间互相分开一个相当大的电位区间，一般要求 100mV 或更大一些的范围。这样，即使在工作状态下由于温度、流速、充气状态或浓度的波动使电位振荡达几毫伏或几十毫伏，仍然能比较清楚地识别由于腐蚀状态的变化所引起的电位变化。

测量腐蚀电位时，最关键的是选择参比电极。其目的就是选择一种在所研究的环境中既坚固而又非常稳定的参比电极。在生产设备中使用最广的参比电极是 Ag/AgCl 电极，它适用于大多数允许含有少量氯化物的体系中。铂丝(铂钮)、银丝也可作为参比电极，它们的使用就和热电偶一样方便。也可采用铜/硫酸铜、铅/硫酸铅参比电极。在很多情况下，可以用不锈钢作参比电极，此时它是一个氧化还原电极；其他还有钨电极、锑电极和钽电极等，它们是对 pH 值稳定的电极。

可以使用甘汞电极等玻璃电极。但是，必须考虑它们的固定方式和电极以保护问题，在条件苛刻的情况下则不能使用。在高温高压条件下可以使用 Ag/AgCl 电极、钯-氢化钯-氢电极。在碱性条件下可以使用氧化汞电极。参比电极的形式可以是专门设计的，也可以根据腐蚀探针的结构加以改进。

作为一种腐蚀监测技术，电位监测有其明显优点：可以在不改变金属表面状态、不扰乱生产体系的条件下从生产装置本身得到快速响应，但它也能用来测量插入生产装置的试样。在工厂条件下，监测一批试样从而筛选一些材料，不会有什么困难。电位监测技术并非仅限于发生均匀腐蚀的场合，也可用于监测有无局部腐蚀的发生及其发展过程。它的测量装置简单，操作和维护都很容易，可长期连续监测，并且很容易根据电位变化信号构成报警系统。但是，这种方法仅能给出定性的指示，而不能得到定量的腐蚀速度。对电位测量值的解释需要深入地了解所研究的体系，并需具备一些专门的电化学知识。这种方法与所有电化学测量技术一样，只适用于电解质体系，并且要求溶液中的腐蚀性物质有良好的分散能力，以使探测到的是整个装置的全面电位状态。

电位监测的重要特点之一是，它可以直接利用设备装置(如反应容器、环形加热圈或管线等)作为监视器，这就无需再从外部引入代表这种材料但无同样冶金结构和生产历程的探针。有时甚至还可以使用生产设备中的零部件作参比电极。例如，在一个衬橡胶的容器中利用一个全钽型加热器作参比电极，可成功地对硫酸加有机酸系统中的 Incoloy 825 合金环形圈进行电位监测，从而可以判断这个环形圈是处于钝化状态还是处于活化腐蚀状态。

实行电位监测可采用专门的电位探针。探针电极材料在生产条件下的局部腐蚀耐蚀性应略低于设备用材的耐蚀性。例如，对 316 不锈钢容器应监视 304 不锈钢探针的腐蚀状态，对钛 260(Ti-0.2Pd 合金)装置应监视钛 130 探针的电位。可根据电位监测指示的信息，迅速采取措施，以免设备发生事故。大多数腐蚀监测技术应采用可伸缩型的探针，因为它便于经常检查电极的状态或更换电极。

应用电位监测主要有以下几个领域：

(1) 阴极保护和阳极保护

利用铜/硫酸铜参比电极测量埋地管线及诸如此类的构件在土壤中的电位，以便监测阴极保护系统。Morgan 在这方面已做过一些研究。这项工作的目的就是要检查管线/土壤电位是否处于有效保护范围内(-850~-950mV，相对于铜/硫酸铜电极)，而又不会发生过保护。测量电位还可以用来估计受保护的一些构件之间或者保护系统与其附近的非保护构件之间的相互影响。

用类似的方法可以监测水下构筑物，如栈桥、船舶和石油钻采平台。

在阳极保护中，可以获得良好保护的电位范围很大，常常达到约 1000mV 以上。但是阳极保护过程中保护电流不希望中断，可通过对系统电位持续监测，由此对系统的保护状态作出指示，控制报警系统，并对保护电流进行自动调节。

(2) 指示系统的活化-钝化行为

电位监测在工业上应用的第二个领域就是通过电位测量，判断生产装置的设备处于活化或是钝化状态。在钝化状态下，腐蚀速度通常很低而可以接受。但在活化状态下，腐蚀速度要大很多，如果体系的极化曲线行为已知，就可以估算出实际的腐蚀速度。

(3) 探测腐蚀的初期过程

在具有活化-钝化特征的体系中，一般来说，电位处于钝化区或活化区内。如果某体系处于活化与钝化共存状态，而局部腐蚀又不大可能发生，则设备的电位可能刚刚超出钝化区的低限，这通常意味着，此时的条件处于边界状态，钝性的破坏即将发生。例如，假设某介质有轻微的氧化性，那么与氧化还原电极的电位相比，设备电位负移大约小于 30mV，表明系统仍处于稳定的钝态；负移大于 100mV，表明已处于活化状态；负移值为 50~100mV，就是钝性初期破坏的迹象。这一结论已经成功地应用于实践中。在此案例中，把 50mV 作为界限。据此，可以知道是否需要在温度调节、酸度调节、缓蚀剂添加等方面采取措施。

(4) 探测局部腐蚀

生产装置的电位监测还可用来判定操作条件是否可能导致局部腐蚀的发生。一般情况下，钝态电位对应于低的腐蚀电流，而活化态电位反映大范围的全面腐蚀正在发生，所以，对应的腐蚀电流也很大。因此，介乎活化态和钝态之间的电位所对应的腐蚀电流忽高忽低，极不稳定，这是一种瞬时状态。通过电位探测局部腐蚀的系统，还可用于对应力腐蚀、点蚀、缝隙腐蚀、或冲刷腐蚀敏感的体系。有些类型的局部腐蚀，如应力腐蚀、点蚀，都有其敏感的电位区间，如果测量的电位处于这个区间内，就表示这种局部腐蚀可能正在发生；如果电位处于这个区间外，则这种局部腐蚀将不可能发生。

16.5 线性极化探针

线性极化探针是用来监测工厂设备腐蚀速度并已获得广泛使用的技术之一。该技术的原理是，在腐蚀电位附近极化电位和电流之间呈线性关系，极化曲线的斜率反比于金属的腐蚀速度：

$$\left. \frac{\Delta E}{\Delta I} \right|_{\Delta E \to 0} = R_{\rm p} = \frac{B}{i_{\rm corr}} \qquad (16-2)$$

式中　$R_{\rm p}$——极化阻力，$\Omega \cdot {\rm m}^2$；

　　　B——极化阻力常数，V；

　　　$i_{\rm corr}$——腐蚀电流，${\rm A/m}^2$。

线性极化探针的特点是：响应迅速，可以快速灵敏地定量测定金属的瞬时全面腐蚀速度。这有助于解决诊断设备的腐蚀问题，便于获得腐蚀速度与工艺参数的对应关系，可以及时而连续地跟踪设备的腐蚀速度及其变化。连续测量可以向信息系统或报警系统馈送信号指示，以帮助生产装置的操作人员及时而正确的判断和操作。此外，还可提供设备发生点蚀或其他局部腐蚀的指示，这被称为"点蚀指数"。这个"点蚀指数"的依据是：局部腐蚀的发生是由于电极表面阴、阳极区的不均匀分布而造成的。当表面腐蚀电池分布不均匀时，则在变换极化方向时极化电流将产生大的变化，点蚀指数反映了极化电位$\pm \Delta E$时，极化电流的不对称变化量。与用线性极化探针监测设备的均匀腐蚀速度一样，点蚀指数可以用来作为报警或控制系统的信号。例如在循环冷却水系统中，加入氯气等杀菌剂后均匀腐蚀速度仅稍有增大，但点蚀指数却产生很大变化。在自动控制加入缓蚀剂时，无疑用点蚀指数作为指示信号是更合适的。

线性极化探针已经广泛用于工厂设备的各种环境中的腐蚀监测。该技术还经常用于实验室研究。但是线性极化探针与电阻探针不同，它仅适用于具有足够导电性的电解质体系，并且，在给定介质中，主要适用于预期金属发生全面腐蚀的场合。

实际应用的线性极化探针也是一种插入生产装置的探头，有同种材料双电极型、同种材料三电极型和采用不锈钢（也可以用铂或氯化银电极）参比电极的三电极系统（图16-5、图16-6）。由于测量时所汲取的溶液欧姆电压降不同，三电极型探针可用于电阻率更大的体系。双电极型和三电极型都可用于测定表征全面腐蚀的瞬时腐蚀速度。双电极系统简单，但受溶液电阻的影响较大；三电极系统测量则相对比较准确。双电极系统还可用于测定所谓"点蚀指数"。

三电极型探针测量与经典的极化测量过程相同。双电极

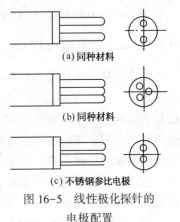

(a) 同种材料

(b) 同种材料

(c) 不锈钢参比电极

图 16-5　线性极化探针的
电极配置

探针的测量过程是：先在两电极之间施加 20mV 的电压，测量正向电流 I_1，然后改变两电极之间的相对极性并施加相反方向的 20mV 极化电压，测量反向电流 I_2。电流差（I_1-I_2）即所谓"点蚀指数"。I_1 与 I_2 的算术平均值则表征瞬时腐蚀速度。这两个参数都可以从仪器直接读出。由探针测定的全面腐蚀速度，点蚀指数或者这两个参数的组合可用作报警信号，进而把这种信号反馈到控制系统，通过操纵工艺参数不仅可把腐蚀抑制在允许水平之下，而且有可能实现生产过程最优化。

图 16-6　线性极化探针

三电极测量系统，只对工作电极施加微小极化，通常为偏离自然腐蚀电位 10mV，可用阳极极化和阴极极化的几何平均值按下式确定腐蚀速度 v。

$$v = \frac{2 \times C \times A}{C + A} \qquad (16-3)$$

式中　C——阴极极化时测量的腐蚀速度，mm/a；

　　　A——阳极极化时测量的腐蚀速度，mm/a。

如果两个极化方向的读数相差很大，也可把较大读数值作为腐蚀速度。

线性极化技术以其固有的特征优点已在工业腐蚀监控方面获得一些应用，例如在炼油厂、化工厂、脱盐厂、油田管道系统、冷却水塔、酸洗槽、冷却水系统和水系统等部门的腐蚀监测、自动控制添加缓蚀剂、注酸及自动报警等方面。

目前，用电化学方法监测在高温高压条件下腐蚀已成为一个重要研究课题。除方法本身以外，在现场进行高温高压条件下的电化学测量还存在以下几个问题：①参比电极的选择及其设置；②电极引出的绝缘和密封问题；③对设备安全的影响。这些问题还有待进一步研究。但是，参比电极有可能采用外部参比电极，即将普通的参比电极置于高压系统的常温部分，或通过特别设计的盐桥与设备相连从而可以在常温常压下进行测量。设备的安全问题则可以通过安装旁路装置，在旁路装置中测量解决。

目前，市场上已经有便携式的、生产控制用的和控制室用多通道的仪器。还有用于冷却水系统中同时测量腐蚀、pH 值和总溶解固体量的多功能设备。国内目前生产线性极化探针测试仪的主要有北京中腐防蚀科技发展公司（CR-3 型多功能腐蚀测量仪）等。国外的主要生产厂家有：美国 Rohrback 公司（仪器 Corrater），Petrolite 公司（仪器 Petrolite），Waverley 电子有限公司（仪器 Waverley），法国的 Tacussel 电子公司（仪器 Corrovit），意大利 Atel SRL 公司（仪器 Corrosimtro）和捷克的 VPZPraha-Bechovice（"Polarotron"）仪。

16.6　交流阻抗探针

交流阻抗技术可看作线性极化技术的继续和发展，在理论上它适合于多种体系。它不但可以求得极化阻力 R_p，微分电容 C_d 等重要参数，而且还可用于研究电极表面吸附、扩散等过程的影响，一个电极反应的交流阻抗内容较为复杂，它涉及腐蚀反应过程的各分量。此外还有扩散过程、吸附过程及电极表面膜产生的电阻、电容和电感等分量。这些都同时在交流阻抗的测量中反映出来。在单一频率下所作的任何测量都不可能将这些阻抗区分开、在较宽频率范围中测量电极反应阻抗，就可把复杂的阻抗分解成相应的单个分量，由此就可以测量计算出反应的极化阻力 R_p、溶液电阻 R_1、扩散阻力以及容抗等各参数。

交流阻抗技术在实验室中已是一种较完善、有效的测试方法。测试和数据工作均需采用一些先进的仪器设备。为了适应在工业设备上作在线的和实时的测量，现已发展出了一种基于交流阻抗技术测量原理且又能自动测量记录金属瞬时腐蚀速度的腐蚀监测装置，即交流阻抗探针。

图 16-7 是金属电极/溶液界面阻抗特征的等效电路，图中 R_{sol}、C_d、和 R_p 分别表示溶液电阻、界面电容、法拉第阻抗。等效电路的总阻抗可用下式表示：

$$Z(j\omega) = R_{sol} + \frac{R_F(j\omega)}{1 + j\omega C_d R_F(j\omega)} \qquad (16-4)$$

当阳极反应和阴极反应均为电荷传递步骤控制时，R_F 可以简单地用下式表示：

$$R_F(j\omega) = RT/F\big[(1-a_c)n_c + a_a n_a\big] \cdot i_{corr} = K/i_{corr} = R_p \qquad (16-5)$$

式中　F——法拉第常数；

　　　a——传递系数；

　　　n——得失电子数；

　　　K——常数；

　　　i_{corr}——腐蚀电流；

　　　R_p——电荷传递单元的极化电阻；

　　　a，c——分别表示阳极反应和阴极反应。

因此，电池阻抗可表示为：

$$Z(j\omega) = R_{sol} + \frac{R_p}{1 + j\omega C_d R_p} \qquad (16-6)$$

方程(16-6)中阻抗随频率的变化可以用图 16-7 中的曲线 1 示意说明。图 16-7 的阻抗图谱表示的是交流电位和电流之间的相位差和阻抗的绝对值的对数与频率的对数之间的关系，这个图与 Bode 图很相似。阻抗的绝对值在频率轴的两端各有一个拐点，在中等频率值处是一斜率为 1 的直线。高频阻抗拐

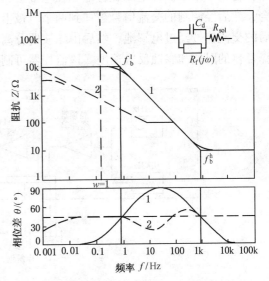

图 16-7　金属电极/溶液界面阻抗特征的等效电路
1—电荷传递控制；2—Warburg 阻抗

点设为 R_∞，低频处为 R_0，它们分别对应于 R_{sol} 和 $R_{sol}+R_p$，因此 R_p 可由下式给出：

$$R_p = R_0 - R_\infty \qquad (16-7)$$

与阻抗的绝对值变化相对应，电位和电流之间的相移在频率轴的两端减小为零，在中等频率处增大为 90°，相移为 45° 对应的两个拐点处的频率可以用 R_p、R_{sol}、C_d 表示：

$$2\pi f_b^h = 1/R_{sol}C_d, \quad 2\pi f_b^l = 1/(R_{sol} + R_p)C_d \qquad (16-8)$$

f_b^h、f_b^l 分别表示高频和低频拐点处的频率。由于相移的变化对频率很敏感，尤其是在拐点附近区域，所以有时就可以从 45° 相移确定 f_b^l 和 f_b^h。界面电容 C_d 可以从方程(16-8)求得。众所周知，方程(16-6)对应的复数平面为一个半圆，腐蚀速度可以由半圆的直径确定。

在较宽的频率范围内测量交流阻抗需要的时间很长，这样就很难做到实时监测腐蚀速度，是不适合于实际中的现场腐蚀监测的。为了克服这个缺点，设计和制造了依据阻抗方法的自动腐蚀监控器——交流阻抗探针。

对于大多数腐蚀体系，高频范围($\omega\to\infty$)内电极的阻抗(R_∞)等于溶液电阻 R_{sol}，低频范围内($\omega\to 0$)电极的阻抗(R_0)等于 $R_{sol}+R_p$，因此，极化电阻 $R_p=R_\infty-R_0$。据此，可以通过适当选

择两个频率,监测金属的腐蚀速度。自动交流腐蚀监控器就是依据这个原理设计的。

两个交流信号频率的选择与体系的腐蚀速度、界面电容、溶液电阻的大小有关。如对图16-7所示的体系,R_{sol}和R_{sol} R_p分别为 10Ω 和 $10k\Omega$,相应的拐点处的频率分别为 $0.796Hz$ 和 $796Hz$。这就意味着为了测定该体系的腐蚀速度,两个交流信号的高频和低频应分别选择为高于 $796Hz$ 和低于 $0.769Hz$。在合理选择的两个频率条件下,电位和电流之间相移为零。

为了消除测量回路中的高阻抗,在监控器中选用两电极系统。两个面积相等的电极相对放置,并施加交流信号,所以监控器可以测出一系列两个相同阻抗的组合,这样用交流的方法可以得到两个电极的平均腐蚀速度。

图 16-8 为交流腐蚀监控器的框图,监控器内有高频($10kHz$)和低频($0.01Hz$)两个振荡器,将两个微小振幅电压交替地加在电极上,在该监控器中两个交流信号是由一个加法器混合,然后经调制的交流信号被加到两个电极上,监控器的输出阻抗在 $10^{-2}\Omega$ 数量级上。调制后的交流信号经过电解池,然后由滤波器分离原来的两个频率的交流电流,由电流可自动运算各自的阻抗和腐蚀反应速度。该监控器可制成多通道或同时监测几个装置或试样。

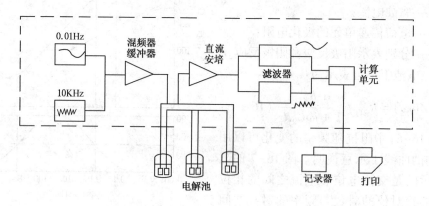

图 16-8　交流腐蚀监控器框图

当体系中出现 Warburg 阻抗时,可以调节低频信号,即低频区阻抗拐点出现的频率,使相移减小至 $45°$以下(见图 16-7),这样也能监测腐蚀速度,调节的效果可以通过观察双笔记录仪或一个双线示波器上的相移,确定是否达到要求频率。

这种探针的测量结果不包含溶液电阻的误差,允许测量的腐蚀速度范围所对应的 R_p 为 $10\Omega\sim200k\Omega$,相应于铁的腐蚀速度 $0.0007\sim15mm/a$。必须指出的是,该探针测出的腐蚀速度既包括均匀腐蚀的,也包括局部腐蚀。大多数情况下,局部腐蚀的形核伴随有腐蚀电流的急剧增加。交流阻抗探针能够测量导电性较差体系的腐蚀速度,如蒸馏水和土壤。

16.7　氢探针

氢气是许多腐蚀反应的产物,当阴极反应为析氢反应时,可以用这个现象来测量腐蚀速度。在酸性介质中,由于腐蚀而在金属表面产生了氢,它们呈离子或原子态向金属内部扩散渗入,在空穴和夹杂处生成氢分子,因为氢离子或氢原子向钢内的扩散要比氢分子向外的扩散快得多,从而使孔隙中氢的压力逐渐增大,最终会在空穴或孔隙中膨胀,使金属变形,在金属表面产生氢鼓泡。溶入金属的氢则会降低金属延性,使金属变脆,这些都可能导致生产设备的破坏。吸氢产生的损伤包括氢脆、氢致开裂和氢鼓泡。总之,三种破坏都是由于钢构件吸收了腐蚀产生的氢原子或在高温下吸收了工艺介质中的原子氢。氢探针所测量的是生成氢的渗入倾向，从而表明结构材料的危险趋势。

氢探针有基于力学原理的压力型和基于电学原理的真空型两种。压力型氢探针（图16-9）由一根细长的薄壁钢管和内部环形叠片构成。钢管外壁因腐蚀而产生的氢原子扩散通过管壳（厚1~2mm）进入体积很小的环形空间，在此处结合形成气态氢分子（$H+H \rightarrow H_2$）。扩散的氢量根据压力增加来确定，压力直接由压力计指示出来。为了达到最高灵敏度，重要的是使环形空间、连接管线和压力表内的体积尽可能小。压力型氢探针对有利于形成新生态氢的条件是敏感的，它在监测为防止钢发生氢鼓泡和开裂而采取的措施的效能时，是很有用的。

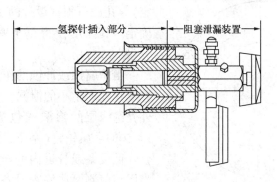

图16-9 压力型氢探针结构示意图

压力型氢探针在低温和溶液中应用相当方便。当钢壳金属被氢饱和，扩散过程达到稳态时，可以开始有效地测量氢压，自安装完毕投入运行，可能需要6~48h才能达到稳态。

真空型氢探针也是由一根钢管组成，其原理是，在外壁由析氢反应放出的氢原子，经扩散通过钢管壳后，在真空中离子化（$H \rightarrow H^+ + e$），直接测定其离子化的反应电流，即可计算出析氢腐蚀速度。这种真空型氢探针可用于酸性油田管道系统的腐蚀监测。

此外还有一种方法，即用电化学方法测定渗氢的探针。图16-10是一种基于电化学原理的氢探针。在氢探针内部装满0.1mol/L的NaOH溶液，用Ni/NiO电极控制钢管内壁面的电压，使之保持在氢原子很容易离子化的电位。在探针前端装有一个由金属片制的试片，试片内表面与NaOH溶液接触，外表面与腐蚀介质接触。试片外表面腐蚀生成的氢原子可以扩散通过试片而进入探针内部。在钢管内壁表面与Ni/NiO电极组成的原电池内，氢将在钢表面被氧化成离子。测量该原电池电流，可以求得从探针外部扩散通过试片渗入的氢量，由此可监测析氢腐蚀的强度。

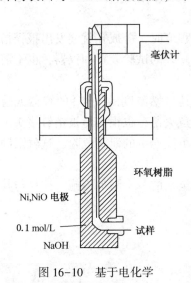

图16-10 基于电化学
原理的氢探针

氢探针可用于监测碳钢或低合金钢在某些介质（主要是含有硫化氢或氰化物等的弱酸性水溶液，其他非氧化性介质或高温气体）中遭受到的氢损伤，即氢裂、氢脆或氢鼓泡。氢探针反映的是渗氢速率，实际上测定的是表征全面腐蚀的总腐蚀量，但不反映点蚀型局部腐蚀。虽然它的测量是连续的，但对腐蚀变化的响应很慢。氢探针不能定量测定氢损伤，但它是确定氢损伤的相对严重程度以及评价生产过程变化可能引起的氢损伤影响的一种有效方法。

氢探针可配填料盖和密封阀使用，从而可在设备运行时装取。氢探针绝对不允许出现任何泄漏，探针长度可由被监测设备决定。

氢探针在炼油厂中是一种监视氢活性的有效手段，根据测量结果调整工艺参数和缓蚀剂的添加量，以防止产生氢损伤，防止碳钢在H_2S介质中发生开裂。氢探针还被成功地用于监测酸性油气输送管道、高压油气井及化工设备中的酸腐蚀。

16.8 警戒孔监视（腐蚀裕量监测）

警戒孔监视法（即腐蚀裕量监测法，又称哨孔监视法）是通过监测腐蚀裕量而监视设备或管道腐蚀的一种方法。警戒孔是在设备或管道的腐蚀敏感部位，在外壁上钻出一些精确深度的小孔，直径为$\phi3.2mm$（针对不同情况，可在$1.6\sim6.5mm$之间选定）。孔深可根据设计的工作压力和工作温度所计算的最小允许壁厚来确定。其深度使得剩余壁厚就等于腐蚀裕量，或为腐蚀裕量的一部分（图16-11）。

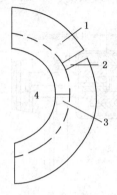

图16-11 监视管壁腐蚀的警戒孔法

1—管壁；2—警戒孔；
3—设计的腐蚀裕量；
4—腐蚀性流体

由于腐蚀或冲蚀的作用，使剩余壁厚（腐蚀余量）逐渐减少，直至警戒孔处产生小的泄漏。一旦产生泄漏（由丝缕轻烟、液态锈斑、透过外壳绝缘层的渗漏或包覆层上的锈斑识别），对此应及时把锥度为1：50的金属销钉（塞子，又称堵头）打入警戒孔，以封闭泄漏。这并不会降低设备或管道内的压力或流速，设备仍可继续正常运行。接着应当用超声测厚法检查设备的其余部分，以确定其他部位的安全性，进而决定是否需要停车检修，以防止设备产生更大的损坏。也可在警戒孔上部焊接一个带螺纹的金属块，通过拧入一个尖头螺钉来封闭泄漏的警戒孔。

此方法的要点是正确地选择钻孔位置，它应选择在预期会产生强烈腐蚀的部位，例如在T形部件、异型、接管、弯头外侧面、阀体、法兰和底盘等处钻孔，在管线上则应在焊接热影响区钻孔。

还可用"分级"警戒孔测量实际腐蚀速度。在管壁或设备壁上钻出一系列不同深度的警戒孔，只要渗漏从一个小孔发展到另一个小孔时，根据各警戒孔渗漏的时间便可很容易地计算出实际腐蚀速度。

当由于腐蚀或冲蚀引起的金属损伤达到设备不能再用的程度时，警戒孔就会发出报警指示，这是该方法的一个重大优点。此外，警戒孔法不需要用复杂的试验装置和仪器，也不需要作周期性的测量。

警戒孔法一般用于监测携载液体或气体介质（包括高于其自燃温度的气体）的容器或管道。由于外部大气温度低，一般不会泄漏着火，即使有一点点火苗，也很容易被销钉堵头熄灭。但是对于盛放易燃易爆或有毒物料的装置，应严格防止可能产生的泄漏危险，这就限制了警戒孔的广泛使用。这种方法在石油工业上应用较为广泛。

这种方法具有一定的可靠性，但它只是维持设备装置安全性的一个附加措施，往往与其他腐蚀监控技术（如超声测厚）联合使用。

16.9 无损检测技术

16.9.1 超声检测

这种方法是利用超声波在金属中的响应关系而发展的一种监测点蚀和裂纹缺陷及厚度的方法。通常有超声脉冲回波法和基于连续波的共振法两种类型。脉冲回波法（即所谓反射法）是把一种压电晶体发生的声脉冲经传感器探头向待测金属材料发射，这些声脉冲在金属中会受到材料的前面和背面反射，也会受到这两个面之间的缺陷反射，反射波由同一个压电晶体或另一个专供接收用的压电晶体接收，经放大之后，通常在阴极射线示波器上显示，也可用表盘刻度显示、数字显示或长图式记录仪记录有关信号。材料厚度或缺陷位置可以根据时间坐标轴上声波的反射和返回的时间确定（图 16-12）。有关缺陷的尺寸可以根据该缺陷信号的波幅得到。

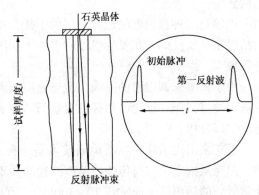

图 16-12　超声脉冲反射法原理

共振法是把由一个频率可变的电子振荡器产生的交变电压施加到一个石英晶体上，后者把电能转换成机械振动能，晶体与金属之间的耦合剂保证把这种机械振动能传送到金属中，即声波传递。调节适当的超声频率，当其波长为金属厚度的 2/h 倍时，出现共振，导致在金属中产生驻波（图 16-13），并以更大的振幅引起共振。通过探头记录振幅。在测定一系列共振频率的响应之后，从两个连续谐波之间的频率差确定基本共振频率(f)，由其声波性质可确定金属厚度 t：

$$t = \frac{v}{2f} \qquad\qquad (16-9)$$

式中，v 是声波在金属中的速度。

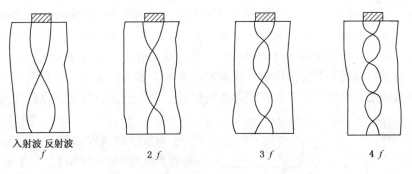

图 16-13　超声波在金属中产生的驻波

作为腐蚀监测技术，这种方法已广泛地用于监控工厂设备内的缺陷、腐蚀磨损以及测量设备和管道的壁厚。这种技术的主要优点是，它只需在设备的单侧探测，很少受到设备形状的限制，对材料内缺陷的检测能力较强，探测速度较快，操作安全。但是，它对操作人员的技术和经验要求高，结果中容易带有操作人员的主观因素。其次，探头与受腐蚀的金属表面若耦合不良，将影响探测效果。

为了使发射的声波传递到待测材料，需要金属表面清洁，使压电晶体和待测构件之间紧密接触，这可以借助于各种声耦合剂或凝胶来实现，耦合剂的可用温度限制了它在高温条件下的使用，另外温度还将破坏探头的压电性能。超声波法可探测的金属表面最高温度为 550℃。

厚度测量的精度通常低于仪器的精度，主要是构件前锋面的制备程度和背面的状态，特别当发生点蚀时将导致多次回波，构件背面状态的影响就更大。尽管超声探测仪的测量精度可达到约 0.02mm，但单个的在线测量精度不会好于±0.2mm。所能达到的精度取决于操作者的技术，一名技术优秀的操作者能始终达到仪器所能达到的精度，并能可靠地扣除背面状态的影响。

点蚀对这种检测方法也有一定的干扰，在某些情况下使得无法获得共振，用反射法得到的结果也是紊乱的。在发生点蚀的表面上探测到的材料厚度，将是蚀孔深度与壁厚的某种混合数值。

由于许多未知因素的影响，现场超声波测厚的结果往往带有统计性质。在大型化工装置上进行测量只能在选定的局部位置进行，因此对超声波测厚(或探伤)的结果应当采用统计方法加以分析。

近年来出现的超声导波检测技术是一种新型的检测技术，通常被认为是远程超声波检测。但是从根本上它与传统的超声波检测并不相同；与传统超声波检测相比，导波检测使用非常低频的超声波，通常在 10~100kHz。有时也使用更高的频率，但是探测距离会明显减少。另外，导波的物理原理比体积型波更加复杂。

导波检测技术就是利用导波在传播过程中如果遇到缺陷或边界就会被反射回来的原理。导波是由于声波在介质中的不连续交界面间产生多次往复反射，并进一步产生复杂的干涉和几何弥散而形成的。导波的实质是一种以超声频率或声频率在波导中(如管、板、棒、绳等)平行于边界传播的弹性波。导波实际上是一系列谐波的叠加。

导波检测广泛应用于检测和扫查大量工程结构，特别是金属管道检验。有时单一的位置检测可达数百米。同时导波检测还可应用于检测铁轨、棒材和金属平板结构。

16.9.2 涡流技术

涡流检测方法是利用交流磁场使位于磁场中的金属物体感应出涡流，这个涡流的分布和强弱与激励交流电的频率、被测部位的金属材料、尺寸和形状，以及检测线圈的形状、尺寸和位置有关；此外，还与金属材料或接近表面处的缺陷有关；在裂纹或蚀坑处，涡流受到干扰。因此，通过检测线圈测定由励磁线圈激励起来的金属涡流大小、分布及其变化，就可检测材料的表面缺陷和腐蚀状况，如可能存在的蚀孔、裂纹、晶间腐蚀、选择性腐蚀和全面腐蚀等。

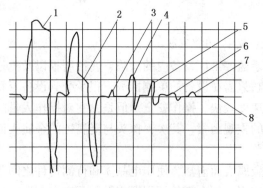

图 16-14　不锈钢管人造缺陷
的涡流响应(ϕ25.4mm×2.6mm)

1—壁厚减薄 50%；2—壁厚减薄 10%；3—宽 0.25mm、长 12.7mm、深度为 50%壁厚的环向槽；4—宽 0.25mm、长 12.7mm、深度为 50%壁厚的纵向槽；5—直径 1.59mm 的通孔；6—直径 1.59mm、深度为 50%壁厚的孔；7—直径 0.78mm 的通孔；8—直径 0.78mm、深度为 50%壁厚的孔

涡流法测试仪器包括以下三部分：一个电磁激发源(励磁线圈)，一个检测感应涡流变化的传感器(检测线圈)和一个指示或记录这些变化值的测量系统。涡流密度随深入金属而衰减的速度是金属的电阻率和磁导率以及激励电源频率的函数。因此，最佳频率随待测金属厚度而定。

使用涡流法检测，常常用一个被标定过的已知缺陷的管子来校正仪器。图 16-14 是在 ϕ25.4mm×2.6mm 的 316L 不锈钢管上各种人造缺陷的涡流法检测记录，也可用记忆示波器显示。无论采用何种显示方法，涡流测量结果应该与基准值相比较。

用涡流法测量腐蚀损伤的灵敏度取决于所测金属的电阻率和磁导率，也取决于用来激励探头线圈的交流电频率。对于铁磁材料来说，涡流的有效穿透能力很弱，因而这种技术实际上只能用来检查腐蚀表面，这一般需要使构件处于停车状态。

对于非磁性材料，选择适当的频率，可在设备的外壁上测量，由此检查内壁各个部位的状况，从而可对设备实现在线监测。

由涡流所确定的反电势，对线圈与金属之间的距离很敏感，这种特性可以用来测定各种有色金属材料上的非导电保护层的厚度。然而，当所检查的表面粗糙时，尽管采用具有补偿"辐射"作用的涡流仪可减小误差，但这种粗糙的表面仍会给测量结果带来影响。

如果在金属表面的腐蚀产物形成或沉积有磁性垢层，或存在磁性氧化物，也可能给涡流法检测结果带来误差。此外，如果存在应力腐蚀裂纹或点蚀现象，对测量结果进行解释需要有丰富的经验。涡流法检测裂纹是对超声探伤法的补充，前者测量的是裂纹长度，后者测量的是裂纹深度。如果两种测量结果不相符，则裂纹往往有分枝或弯曲延伸。两种技术测量比单独用其中任何一种技术能获得更多的信息。由于涡流法的检测结果与被测金属的电导率密切有关，为了提高测量精度，应保持被测体系恒温。

涡流检测法可适用于多种黑色金属和有色金属，可用于测厚和检测腐蚀损伤，探测全面腐蚀和局部腐蚀，检测涂镀层，在一定条件下可用于工业设备的在线检测。

16.9.3　热像显示技术

热像显示技术即红外图像法，是一种较新的无损检测和材料力学性能研究的技术。任何物体在绝对零度以上都可以释放出一定量的红外线。材料在受力变形和破坏时，由于滑移、生成裂纹等释放能量的过程中，都会引起材料表面温度和温度场的变化。与腐蚀有关的一些现象，如设备泄漏、耐火材料衬里的破坏、传热设备的结垢等，都可以提供进行红外测量的信息。使用合适的红外探测系统测量材料表面的温度和温度场的变化，就可以了解引起这种变化的力学性能、材料缺陷和腐蚀等的原因及影响。

热像显示技术就是作出构件的等温线图，利用各种手段检测显示。例如，用热敏笔在构件上简单地标示温度变化，或者，在产生锈皮较多的地方用红外照相机进行拍摄，红外照相机可以在较宽的温度范围内使用（一般为 20～2000℃甚至更高的温度）；或者使用专门的热像显示记录仪等。热敏成像系统示意如图 16-15 所示。

热像显示技术的优点是可以非接触地进行在线测量，可用于复合材料的检测。这种技术获得成应用的关键是设备表面存在着自发的或诱发的温度场。

红外图像法可对发电厂停车时炉管的腐蚀进行直接测量。检查时，把一个外部热源放置在管子的外面，同时管内通水冷却。由于腐蚀产物附着而降低了传热，使该部位管壁产生热斑，这些热斑指示出腐蚀严重的部位。

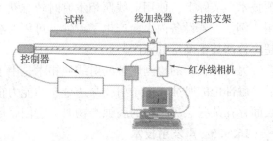

图 16-15　热敏成像系统示意

红外照相已成功地用于确定架空电力电缆的腐蚀领域。在这种情况下，电缆受腐蚀使直径减小，导致电阻增加，从而使电缆温度升高。在化学工业中，利用热像显示法检测腐蚀的场合较多，例如：检查加热炉、反应器等设备衬里的表面温度分布，以预测其脱落状况；检查管路、阀门的泄漏情况；测定管道、阀门的壁厚及堵塞情况；检查承受载荷的材料中的应力集中点。

实际上，由于环境温度、通风或风速以及局部空气扰动，阳光条件变化，还有构件的颜色变化等许多原因都可能引起热像显示图像的误差。一般说来，这种技术较适用于检测腐蚀分布而不是腐蚀的发展速度。

16.9.4　射线照相术

射线照相术可以用来检测局部腐蚀，借助于标准的"图像特性显示仪"，可以测量壁厚。使用最普遍的是 X 射线，也使用同位素和高能射线，这种技术取决于射线在材料中的穿透性。射线穿过构件作用于照相底片或荧光屏，在底片上产生的图像密度与受检材料的厚度和密度有关。

X 射线源需要电网供电和水冷却，而 γ 射线则从一种小剂量的合适的放射性材料中就可以得到。因而，γ 射线显示法更适合于现场应用。γ 射线显示技术还具有穿透能力较强的优点，但分辨能力低于 X 射线，因为 X 射线可以聚焦。

射线照相技术的优点是，可以得到永久性的记录，结果比较直观，检测技术简单，辐照范围广，且只需一次辐照即可显示；检查时不需去掉设备上的保温层。由于射线照相术需要把射线源放在受检构件一侧，照相片或荧光屏放在另一侧，所以这种技术通常要求构件的两侧都能达到触及，因而难以用于在线检测。同时，由于射线对人体的有害作用而使其应用受到限制。在使用该技术时，需要采取保证健康安全的措施，对此，操作人员和有关应用单位都必须遵守。若在生产过程中使用射线照相术进行腐蚀监测，应仔细选择检测点，并尽可能采用统计的方法，测量速度一般较慢，费用高。

对射线照相术的测量结果进行解释需要有足够的经验，因为这种技术对腐蚀引起的体积损耗十分敏感，因而辨认蚀孔很容易。但是，当裂纹横切射线图像时，就很难查出这种裂纹。

利用射线照相术检查焊缝质量是一种十分普遍的方法，也可使用背散射照相和透射辐照。γ 射线吸收法可用于检查热交换器管/函板交接处的缝隙腐蚀及管子的壳侧腐蚀，这些部位用表观检查或其他方法是难以检测的。而 γ 射线和 β 射线背散射和吸收技术可以较精确地测量壁厚和探测裂纹。射线测厚仪可以在线检测设备（特别是高温高压容器）的壁厚，这对于通过现存壁厚随时了解设备关键部位的腐蚀状况和保证设备安全运行是比较实用的监测技术。实际上，使用射线照相术有时较难获得精确可靠的结果，为此可与其他技术联合使用。例如，若设备内表面产生了点蚀，可用射线照相术确定腐蚀损伤的部位及其分布，再用超声检测技术确定其深度。

另一种较新的检测腐蚀的射线照相术是中子射线照相术，它可以用于测量大型设备中不易接触部位的腐蚀。中子射线穿透金属的能力很强，但容易被某些含氢材料所吸收。当金属表面存在某些氢氧化物的腐蚀产物时，它们就可以在底片上清楚地显示出来。

16.9.5　声发射技术

材料和结构在受力变形或断裂过程中将释放声能，某些腐蚀历程如应力腐蚀开裂、腐蚀疲劳开裂、空泡腐蚀、摩擦腐蚀和微振磨损等都伴随有声能的释放。声发射监测技术就是通过监听和记录这种声波来检测材料和结构中缺陷或腐蚀损伤的发生和发展，并确定它们的位置。

利用合适的转换器，可以将这种从设备材料中释放的声能转换成电信号，放大后供表头显示或记录。不过，转换后的电信号幅值很少与腐蚀速度有关。但是，这种技术还是能够表明是否发生了腐蚀损伤，并且可以用来说明防止腐蚀的措施是否有效。

声发射技术现已发展成为一种对运行中的设备在线检查其结构完整性的非破坏性监测技术。在美国和日本等国家它已成为一种设备投入运行中的常规检查方法。它也可用于设备运行前的定期检查和检测，在原子能工业中应用较多。

声发射监测所用的仪器包括从非常简单的压电转换器到复杂的缺陷定位系统。例如，利用带有电子频率滤波器的压电转换器和带有灯光信号显示器的放大器，可以组成一个简单的空泡腐蚀监测器；利用多路转换器和带有计算机数据处理系统的三角技术，可以制成复杂的缺陷定位系统，以确定开裂正在进行过程中的缺陷位置。

声发射技术可以比较精确地确定裂纹开始产生的时间，预测出具有滞后破坏特性的材料在应力下可能出现的破坏。将压电晶体传感器置于待检测构件的选定部位，一旦出现裂纹或裂纹扩展就可以被检测出。采集的信息经电子计算机处理后，就可显示出损伤部位的状态。这种监测系统通常用于大型设备的监测。

设备材料变形或断裂所产生的声发射信号是上升时间极短的脉冲，随着破坏过程发展，不断释放出不同强度的脉冲，声发射率也不相同。而装置设备内液体泄漏所产生的声发射信号则是一个连续信号，它具有背景噪声那样的基本特征，但强度较高。伴随着液体泄漏可能产生的空化或气体释放也会产生脉冲型信号。

设备材料发生的破坏类型、设备的几何形状和尺寸、材料的种类和加工处理以及运转时的受力状态等都会影响声发射信号的特征。尤其重要的是，应当了解背景噪声，以便成功地识别和区分声发射信号。仪器的频率应选在既可防止高频时的信号过分衰减，又可克服低频时的装置噪声产生干扰的这样一个频率范围中。

声发射检测技术可以对设备或部件进行在线实时检测和监视报警。不受设备形状和尺寸的限制，只要物体中有声发射现象发生，在物体的任何位置都可以检测到，并可以进行较远距离的检测。它可以确定裂纹或泄漏的存在及所在部位（这时须用几个传感器），但目前还不能鉴定缺陷的性质及其对结构完整性的有害程度。声发射监测技术的灵敏度也比其他非破坏性检测方法高得多，它可以检测出萌发状态的微裂纹。

在腐蚀监测方面，声发射技术主要用于对设备的应力腐蚀开裂进行监测。它比目前用于研究和检查应力腐蚀开裂的方法，如超声波法、电磁法、着色探伤等迅速和准确得多。此外，声发射技术可以用于压力容器的安全性和寿命评价，焊接过程的质量控制等方面。

声发射现象在金属和非金属等任何固体中都存在，因此，这种监测技术的应用领域非常广泛。但是，声发射只有在材料受到应力的情况下才能发生，它不能提供静态下缺陷的任何情况，仍然需要与其他方法配合使用。

16.10 电偶探针和电流探针

16.10.1 电偶探针

电偶探针是利用电化学方法，用零阻电流表测量浸于同一环境的偶接金属之间流过的电偶电流。根据具体腐蚀的特性可以确定电偶电流与阳极性金属的溶解电流（腐蚀电流）之间的简单数学关系，从而可以得出电位较负的阳极性金属的腐蚀速度。

测量电偶电流的方法很多。例如，经典的测量标准电阻上的电压降法，手动调零平衡的零阻电流表，自动瞬时调零平衡的零阻电流表，使用运算放大器的零阻电流表等。大多数商品恒电位仪也可用作零阻电流表，这时，要使用一个适当的外部电路，令仪器驱使两电极的电位相等，并监测所需的电流。

如果测量电偶电流并确定了腐蚀电流，那么，阳极性金属的腐蚀损耗 W 就可以根据法拉第定律计算：

$$W = K \cdot I_k \cdot t \qquad (16-10)$$

式中　W——金属的质量损失，g；

　　　K——所测金属的电化学当量，g/C；

　　　I_k——腐蚀电流，A；

　　　t——时间，s。

如果腐蚀是均匀的，腐蚀速度可按下述方程式计算：

$$v = \frac{315 K \cdot I_k}{d \cdot A} \qquad (16-11)$$

式中　v——均匀腐蚀速度，mm/a；

　　　K——电化学当量，g/C；

　　　I_k——腐蚀电流，A；

　　　d——金属密度，g/cm^2；

　　　A——阳极金属面积，cm^2。

对于合金，电化学当量（K）可由下式计算：

$$K = \sum_{\text{元素数}} \frac{\text{元素含量}(\%) \times \text{元素原子量}}{96500 \times \text{元素变价}} \qquad (16-12)$$

电偶腐蚀探针一般由两支不同金属的电极制成，结构简单。它可以灵敏地显示阳极金属的腐蚀速度、介质组成、流速或温度等环境因素的变化。电偶探针测量不需外加电流，设备简单；可以测得瞬时腐蚀速度的变化。但是，电偶探针测得的结果一般只能进行相对的定性比较。

电偶探针除了测量双金属腐蚀外，还有其他更为广泛的应用。为了检测高速湍动液体引起的冲刷腐蚀，为了监测流速增加造成钝化膜破坏，可以在敏感部位和不敏感部位设置相同的试片，再利用零阻电流表测量其电偶电流。这是因为，在活化状态和钝化状态下，同种合金试片之间也具有类似的电偶作用。类似的方法还可用来定性指示氧含量、缓蚀剂浓度或水质方面的变化，这些因数可以影响生产装置特定部位的腐蚀状态。把电偶探针的异金属探头埋在绝缘的内衬或包覆层下面，通过电偶电流的显示可以监测内衬或包覆层有无损伤，如有潮气水分进入将立即使电偶电流显著增大。电偶探针可用于监测非导电性介质（如有机溶剂）中的痕量水分引起的腐蚀。利用合理改型设计的异金属探头已将电偶腐蚀探针用于大气腐蚀监测。

作为信号探测器的电偶腐蚀探针的异金属探头材料（如锌和铜）可能完全不同于被监测的设备材料。电偶腐蚀探针监测的目的往往在于捕捉和显示与设备装置和生产工艺相关联的腐蚀信息。

电偶探针监测通常是在插入介质中的试片上进行的。因此，所得信息和其他探针进行的测量一样，未必能准确地显示生产装置本身的行为。然而，在一定条件下，也可利用设备装置的部件作为探头组成部分来进行测量，如同电位探针那样，更显示出这种腐蚀监控技术的优点。

16.10.2　电流探针

像其他的探针监测技术一样，电流探针也是一种需要插入周围环境来监测腐蚀情况的技术。电流探针的原理是通过测量在含氧水循环系统中，铁电极和黄铜电极之间的电流变化，来确定水中含氧量的变化。由于在有氧条件下的腐蚀，尤其是海洋环境下的腐蚀情况，都属于阴极控制过程，水中的含氧浓度起到决定腐蚀速率的作用，因此测定了水中的含氧量，就是间接地确定了介质环境的腐蚀性情况。

图 16-16 中是两种电流探针的实样图。电流探针的结构比较普通，大头一边安装有铜电极和铁电极，电极的形状没有特殊的要求，可以是与边缘相平的结构(图中左边探针)，也可以是各自伸出一段(图中右边的探针)，但都要与外壳等固定结构相绝缘。图中左边的探针电极结构是最普遍的一种结构，主要用于水流流过大面积平面情况下的含氧量测量；图中右边的探针电极结构适用于需要插入水流中测量的情况。以上两种

图 16-16　Corrcoean 公司生产的两种电流探针

结构的电极都是可更换的。中间结构用螺纹固定在介质环境中，尾部接出导线，记录数据变化情况。

一般来说，电流探针多用来监测水环境下的含氧量，能够及时地反映出水中含氧量的变化。但同时，还有很多其他因素影响电流探针的读数，如温度、水流速度、涂层或者腐蚀产物表面积累的电量等等。有实验室研究表明，电流探针也可以与其他监测仪器一起，组成腐蚀监测系统，可以对钢筋混凝土结构中螺纹钢的腐蚀情况进行有效的监控，能够及时地预见 Cl^- 和碳酸盐类物质对钢筋产生的腐蚀作用。同时美国 NACE 协会也提出项目致力于开发电流探针在石油工业中的实际应用，主要针对生产环节中对工业设备的监测。

16.11　离子选择探针(介质分析法)

化学分析法在腐蚀监控中早已获得应用，它包括工艺物料中腐蚀性组分的分析，由于腐蚀进入溶液的金属离子浓度的分析和缓蚀剂的浓度分析等。尽管其中许多应用并不直接监测腐蚀速度或腐蚀状态，但在该系统中，一个确定的测量参数总是与腐蚀过程有着密切的内在联系。例如，对发电站和工业炉燃烧产物所作的化学分析可用于检测不正常燃烧所产生的潜在腐蚀性条件。在某些情况下，一氧化碳监测探针已经作为自动燃烧控制系统的一个部件而使用。为了避免锅炉蒸发期间因形成侵蚀性的化学物质(如过高含氧量)而增大腐蚀性，为了控制所需要的水处理工序，对锅炉给水系统普遍都进行监测。分析频率和复杂程度取决于锅炉功率。但对于现代化的大锅炉，需要进行严格的控制。连续测量被视作为一项重要参数。此外，监测冷却水的化学成分是动力厂和加工厂的例行操作，通过水分析可以自动控制水处理过程和排污周期，可以控制注水系统的含氧量和 pH 值。类似的方法在油气工业中可用来减少套管和钻管的腐蚀。

在某种意义上，可以利用这种化学分析的方法，避免已知条件造成不可接受的腐蚀速度，从而达到控制腐蚀的目的。在特定的生产过程中，特别是在加工工业和石油化学工业中，工艺物料的分析实际上是一种监测生产装置腐蚀的手段。已经采取了对生产装置的工艺物流进行定期的化学分析，以便监视设备运行状况，保证各项技术符合要求。工艺物流中金属含量的任何不适当增加(如铁含量增加)，可能表明取样点处铁构件的腐蚀增加。例如，定期监测从气井来的夹带水中的铁含量，可以估计套管和下孔配件的腐蚀速度，并可据此控

制缓蚀剂的添加量。

因此，通过分析工艺介质或废液的成分，可以了解因腐蚀而造成溶解金属含量的变化，对工艺气体进行分析，可以测量由于腐蚀而产生的氢。通常，只要对分析结果进行认真谨慎的解释，这些分析方法都可能成为腐蚀监控的有用的辅助工具。但是，这些方法仍有许多局限性。例如，由于不能设立足够的取样点，很难辨别生产装置中正在腐蚀的构件的确切位置；除非已有现成的经验，否则，也不能肯定地解释金属含量的增加，是由于整个大面积上均匀腐蚀在缓慢发展，还是非常局部的点蚀或缝隙腐蚀在迅速发展；不能指出造成腐蚀量增加或腐蚀速度变化的原因。尽管如此，经过长期的分析，还是能找出这些分析结果与生产装置腐蚀行为之间的关系，而且能判明这些分析结果当用于监测生产操作条件是否符合要求。

离子选择电极是常规化学分析技术的现代发展，它可用于工业设备的腐蚀诊断、连续监测和及时报警。其基本原理是，将溶液中某一离子的含量转换成相应的电位，实现化学量到电化学量的转换，就可以直接测量电位而获得离子含量。实际上，常用的 pH 玻璃电极就是使用最早的离子(氢离子)选择电极。目前已有数十种阳离子和阴离子选择电极。采用这些离子选择电极可以方便地检测出腐蚀性离子——氯离子、氰根离子、硫离子等的存在，从而可以判断环境的腐蚀性。

离子选择性电极测量的原理是依据能斯特方程。离子选择电极的电极电位为：

$$E_X = E_0 + \frac{2.303RT}{nF} \lg a_X \qquad (16-13)$$

式中　n、F、R——分别为被测离子价数、法拉第常数和气体常数；

　　　　T——被测体系的绝对温度；

　　　　E_0——零电势，它包括内外参比电极电位、液体接界电位等，在一定的温度下可视为常数。

这个方程给出了电极电位与对应的离子活度 a_X 间的关系。

在 pH 值测量中，定义 $pH = -\lg a_{H^+}$；在 X 离子浓度测量时，可定义：

$$pX = -\lg a_X \qquad (16-14)$$

离子活度 a_X 与离子浓度 c_X 的关系为 $a_X = \gamma c_X$，γ 为活度系数。当溶液中总离子强度不变时，γ 为常数。在这种情况下，式(16-13)可进一步分别写为：

对一价离子　　　　　$E_X = E'_0 \pm 0.1983T \cdot \lg c_X$ 　　　　$(16-15)$

对二价离子　　　　　$E_X = E'_0 \pm 0.9915T \cdot \lg c_X$ 　　　　$(16-16)$

式中的±号分别对应于阴离子和阳离子。

此方法就是通过准确测量电极电位 E_X，以测定离子浓度 c_X，即由 E_X 的测定直接指示溶液的 pX。为此，须考虑离子选择电极的如下一些特点：①选择性离子交换薄膜通常是不良导体。膜的一侧是溶液，充当离子敏感器；另一侧连接测量仪器。电极所响应的交换反应仅仅发生在一个很薄的表面层内。因此，该离子选择电极的内阻很高，电位测量仪器必须具有很高的输入阻抗。②a_X 每变化 10 倍，电位 E_X 仅改变数十毫伏，为保证测量精度，仪器应有较高的分辨率。③仪器应具有定位测量系统，以通过比较测量抵消掉 E'_0。此时，E_X 与 pX 具有简单的线性关系：

$$E_X = \frac{0.1983}{n} pX \ (n \text{ 为离子价数}) \qquad (16-17)$$

④仪器应具有温度补偿系统。⑤仪器设有电极斜率校正系统，以把 pX＝1 产生的电极信号补偿到理论值。

16.12   其他方法

除上述方法外，还有一些方法也可以用于腐蚀监测，这些方法有如下几种。

16.12.1   阳极激发技术

阳极激发技术是利用阳极激发来加速局部腐蚀发生孕育期，以便确定材料是否会发生局部腐蚀。大多数局部腐蚀的阳极反应都是自催化的，因而，如果腐蚀破坏发生在某一局部点上，那么局部条件就会变化而使反应激活。这就是为什么点蚀或应力腐蚀开裂只有经过一个诱导期之后才能引发的原因。

基于这种原理的实验室技术是 Hancock 和 Mayne 发现的。当时，他们是为寻找防止软钢在水中长时间暴露之后发生点蚀或缝隙腐蚀的阳极性缓蚀剂；这种方法是通过给试样施加一个小的恒定的阳极电流密度，并跟踪测量电位，根据电位－时间曲线的形状，可以把环境划分为倾向于局部腐蚀或是倾向于全面腐蚀。已经证明有一种改型方法在冷却水系统中是有效的。

曾经将类似的方法应用于可能发生点蚀的体系。一般点蚀都发生在钝化/活化体系。例如，在酸性介质中，存在某个危险的氯离子含量，可在钝化区的高电位区引起钝态局部破坏。发生钝态破坏的电位取决于介质的具体组成，只有当溶液有足够的氧化性，点蚀才能发生。因此，为了确定生产装置的条件是否接近产生点蚀的条件，可以安装一个试验探头，使其电位维持在一个比生产装置的电位略正一点的数值上。

这种技术可以提供趋近点蚀状态的报警。

这种技术的应用虽然有限，但却显示很有前途。它局限在氧化性条件下发生的点蚀，对于酸性介质中的钝性合金或者在中性或酸性条件下使用阳极性缓蚀剂的情况来说，这种点蚀是十分普遍的。

16.12.2   谐波分析方法（HA）

谐波分技术是一种实时腐蚀监测技术，是一种比较新的，也是一种比较有发展前途的腐蚀监测技术。在一些环境下，塔菲尔常数是无法直接获得的，也是就说很难通过塔菲尔常数的大小对腐蚀的强烈程度有一个准确的评估。这种方法类似于交流阻抗法，在三电极系统中通过传感器加载微扰的交变电压，同时接收合成电流的变化反应。再通过谐波分析法分析信号的主频和高次谐波振动，就能够精确地计算出各种动力常数，如塔菲尔斜率。跟其他监测技术相比，这种方法的最大的优点就是能够精确地计算塔菲尔斜率。谐波分析方法还可以在一次测量中，同时获得极化电阻和塔菲尔常数。利用这些优点，在阴极保护的腐蚀监测系统中，利用谐波分析法可能获得更高的效率和更精确的数据。但是这种方法还需要进一步通过试验加以改进和确立。

谐波分析监测技术已经在腐蚀研究领域中得到了一定范围的认可，在实际研究中主要集中在锌、黄铜、铁在酸性和中性环境下，不锈钢在 NaCl 水溶液中，以及螺纹钢在混凝土中的腐蚀。同时还有研究利用 HA 方法检测在酸性条件下腐蚀抑制剂的性能和行为。有实验室试验表明，在对不锈钢在 CO_2 腐蚀的监测试验中，利用谐波分析法测量塔菲尔斜率和腐蚀速度的数据，要比利用线性极化法得到的数据具有更高的精确度。而且在有些条件下谐波分析法能最大程度地减少系统误差对试验数据的影响。

在疲劳开裂的腐蚀监测中也可以利用这种方法，来分析响应电流和疲劳开裂腐蚀的各种重要参数。在正弦应力的周期作用下，模拟疲劳腐蚀的发生过程，随着开裂的产生，电极传感器接收到的响应电流谐波振幅增大，相位差也随着从90°变为0°。谐波中第二部分的振幅变化最大，可以用来求出腐蚀速率的变化。这就能够很直观地确定疲劳腐蚀的开裂行为和腐蚀速率的变化。

16.12.3 激光法测定氧化膜厚度

为了监测原子能工业中安装在辐射防护屏内侧钢设备的腐蚀，英国中央电力局 Magnex 发电站开发了该技术，它是利用一束脉冲激光穿过构件上的氧化膜钻出一个直径为亚毫米级的小孔洞直通到基体金属上。根据小孔洞底部反射能力的增加来确定氧化膜是否贯穿，并用第二束低功率的激光进行测量。通过对已经贯穿的脉冲数量进行计数而确定膜的厚度，仪器需根据已知厚度的膜来标定校正。

这种技术最初是作为一种实验室工具而开发的，后来又进一步发展成用来监测工业设备腐蚀的工业仪器。已经成功地用在英国 Magnex 发电站许多部位。

这种技术是为特定目而开发的，并已证明是有效的。在其他许多环境中，利用这种原理监测其他膜的生长也是可能的，其中包括传统的锅炉装置，这时形成的是四氧化三铁膜。

16.12.4 放射激活技术

曾经有人考虑利用放射性材料制作探头，通过测定腐蚀产物的放射性来测定局部腐蚀速度。迄今还未将这种原理应用于工业腐蚀监测，但是，已经有若干成功的实验室试验结果。

与此相似的一种可能方法就是放射激活技术，它通过正在腐蚀的构件而不是探头来测量金属损失。它是利用高能量离子束对材料的激活作用，使被检测表面产生微量的放射性同位素（典型的含量为 10^{-10}），从而标示出一个界限明确的表面薄层。当此表面层由于腐蚀、磨蚀和磨损等过程而被除掉时，则可以通过表面 γ 射线的活性变化来定量求出材料的损失。表面激活层的厚度可以通过控制所用离子束的能量来改变，其范围可以从几微米到数毫米，典型的厚度为 $25 \sim 300\mu m$。

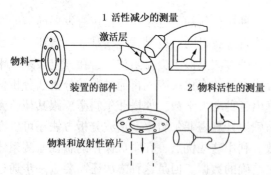

图 16-17　放射激活技术监测方式的示意图

放射性的检测是使用一台简单的 γ 射线监测器和脉冲计数器进行的。其布置如图 16-17 所示。第一种测量方式是检测材料放射活性的减少；第二种方式是测量物料流体由于携带具有放射性的碎片而增加的放射活性。按第一种方式测量时，可以直接进行，也可以通过具有一定厚度的隔离层进行。此时这种方法的灵敏度为被标示层深的 1%。若将腐蚀掉的材料加以收集和检测，则灵敏度可以达到被标示层深的 0.01%，或几分之一微克，这两种测量方式都要求被腐蚀掉的材料必须从激活区除去。但是实际使用时的灵敏度是由固定监测器位置的精度和环境中自然背景的放射性决定。

选择同位素的种类时，要综合考虑它的半衰期（决定它的可用时间）、在基体材料中 γ 射线的能量（决定它的穿透能力）、可获得的激活用离子束的种类以及同位素产生的可能性。例如用质子激发铁可得 ^{56}Co，它的半衰期为 78 天，因此它的使用时间约为一年；它所放出的射线穿透能力较强，可以用于原地测量。若用氘离子束激发铁则可得^{57}Co，其半衰期为271 天，使用时间可达 3~4 年；但是它只能放出较软的 γ 射线，可用于腐蚀掉的材料碎片测量。

放射性激活技术可以用于以下材料：铁、钢、铜、钛、铝、不锈钢和青铜。对陶瓷材料和碳化钨等化合物也可以使用。但是塑料和其他绝缘材料由于受离子束直接照射会导致机械性能明显降低，故不能用该技术进行监测。不过对于这些材料可以通过植入放射性同位素的方法来解决这个问题。

对于非均匀腐蚀可以采用放射性同位素双层标示方法来检测。每一层的深度和 γ 射线辐射特性都不同。例如用高能量氘离子束在铁的表面生成一个浅的^{56}Co 层，将下面较深的^{57}Co 层遮盖。大致地说，深层表示材料体积损失的大小，浅层表示受腐蚀表面部分的大小。将浅层活性损失对深层活性损失作图(图 16-18)可以清楚地看出腐蚀形态的区别。若采用适当的激活技术，使材料表面下已知深度的某一层激活，则腐蚀到该深度时就可以被检测出。

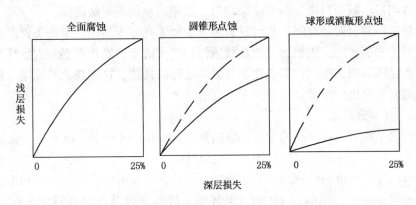

图 16-18　使用放射激活技术时不同腐蚀形态的放射活性测量结果

由于仅仅一个有限区域的很薄表面层具有放射性，总的放射性很小，故操作时只需采取简单的预防和保护措施即可。

16.12.5　渗透探伤法

渗透探伤法的原理是，涂于材料表面的渗透液(荧光渗透液或染色渗透液)渗入工件表面的裂缝中，干燥后在显像剂的作用下，便可显示出裂缝的位置。它几乎能够被用来检测所有材料，使用范围不受材料的限制，除了可用于所有的钢铁和非铁金属外，还可用于检验塑料、陶瓷、玻璃和其他材料，其前提是材料不被检验介质侵蚀和着色，材料本身在表面上没有多孔隙的结构。渗透法检查发生于被检物件表面的裂纹和孔隙，或直接与表面相联通的裂纹和孔隙。腐蚀金属表面的腐蚀裂纹一般较细，用肉眼或简单的工具，如放大镜等，常常不易辨认，或很容易漏检。这些渗透剂由于分子结构小，显示剂具有较高的抽吸能力，所以用这种方法，可以显示出很细小的裂纹和孔隙。应当注意的是，用着色法和荧光法不能显示裂纹深度。渗透材料可以以喷涂或滴加的方式在表面来显示表面缺陷，它用来显示可以通到表面的裂纹，如疲劳裂纹、冲击断裂、涂层的针孔等。

渗透法试验步骤为：将待检查的工件或试样的待检查部位净化，包括去除氧化皮、锈迹等，特别要注意去除油脂的残留物。然后将工件或试样浸入渗透液中，或将渗透液涂抹或喷洒于工件上，表面张力较小的液体渗入工件表面缺陷中。再擦净表面上多余的渗透液，然后在工件表面上散布颜色与渗入液颜色不同的多孔性的粉末，将渗入的液体部分地吸出。经过

283

足够长的显示时间后，在具有吸收能力的显示剂层中，可以看出渗透剂的痕迹。这个时间长短根据缺陷的大小而定。最后对腐蚀表面进行观察检测。

渗透法的优点：对表面上的很小的不连续的缝隙或裂纹很敏感；基本没有材料限制，金属材料和非金属材料、磁性或非磁性导电或不导电材料都可以，可以以很低的造价检测大面积或大体积的部件或材料；可应用于有复杂几何形状的金属；结构直接在表面显示，对裂纹有很强的可视性；渗透剂材料容易携带；渗透剂和相应的仪器相对便宜。液体渗透剂方法被用于检测在试验物体表面有毛细开口的缺陷。液体渗透剂检测以很低的投资费用就可进行，而且所用的材料每次使用的成本费用也很低。这种方法使用简单，但要得到肯定无疑的结果，则必须谨慎小心地操作，并要掌握方法的要领。这种技术可以用于复杂形状，而且被广泛地用于一般的产品质量保证。如果使用得当，这项技术易于操作，是便携式的，而且准确度高。这项技术可以很容易地用于已遭受轻微腐蚀破坏并可以被清洗的、外部可接近的表面。它可以很容易地检测任何开口到表面的裂纹、表面缺陷和点蚀。渗透液和显影剂采用静电喷涂可节省用量、减少污染，并且喷涂均匀、效率高、检测灵敏度高。

缺点：只能检测表面的缺陷；只有材料相对表面无孔才能使用；清洗条件严格，因为沾污物可能显示为表面缺陷；机械加工的金属沾污物必须清除；操作者必须直接检测表面；表面的抛光和粗糙能影响灵敏度；需要化学处置和正确的处理，这项技术只能用于清洗过的表面，不清洁的表面给出的结果是不能令人满意的。

16.12.6　化学分析法

化学分析法是指对腐蚀介质的分析，包括测量 pH 值、电导率、溶解氧、金属离子和其他离子的浓度、悬浮固体的浓度、缓蚀剂浓度以及结垢指数等。在腐蚀监控中，各种类型的化学分析都可以提供有价值的信息。对于特定的、特征明显的体系，有可能利用这项技术进行经济有效的腐蚀监控。例如对 pH 值、电导率、溶解氧等都可以通过探头对介质进行测量。化学分析法最重要的是测定腐蚀介质中所含被腐蚀的金属离子浓度，进一步来评价金属腐蚀速度。分析溶液中金属离子浓度可以使用离子选择电极法。它是一种以电位方法来测量溶液中某一特殊离子活度的指示电极。只要有合适的离子选择电极，就可以在腐蚀介质中测出被腐蚀的金属离子含量的变化，从而求出金属腐蚀速度。此法仪器简单，测量操作方便，能快速连续测定。另外常用的有容量法、比色法、极谱分析法等。这些方法的缺点是测量费时，当腐蚀产物是不溶性的或溶解度很小时，不适用。

介质成分化学分析可以为直接腐蚀测量技术提供有用的补充信息，用于鉴别腐蚀破坏的原因和解决腐蚀问题。但是介质分析不能够得到有关腐蚀速率的直接信息，也不能提供腐蚀表面上建立的微观腐蚀环境的信息，而后者常常控制着实际破坏速率。在线传感器表面被污染以及其他化学物质的干扰作用可能使结果不准确。通过物料中金属离子浓度的变化可以粗略估计设备的腐蚀深度，但是若金属表面生成膜或产生膜的溶解，或者腐蚀是局部腐蚀时，则这种估计就变得十分复杂，甚至难于作出正确的判断。

16.12.7　漏磁法

铁磁性材料的导磁率与空气及非磁性的夹杂物的导磁率不同，若截面通过的磁力线发生改变，则不是全部磁力线在铁磁材料中，其中一部分将以漏磁的形式由材料中离开。如果在工件内部有裂纹，则漏磁的作用就较小；如果磁力线和裂纹平行而不垂直，则不发生漏磁。可以用直流电，也可以用交流电来进行磁化。用直流电磁化时，磁力线均匀地通过被检查工件的整个截面，在一定检测限内，这种方法可以显示在表面以下存在的二维及三维的缺陷。

当磁场强度足够高而又具备特别适宜的前提条件时，在表面以下约 5mm 处的缺陷也可显示。应用交流电磁化时则和直流磁化相反，由于趋肤效应，磁力线在被测件表面聚集，因此邻近表面处场强高，发生自表面的裂纹显示出较强的漏磁，而对于显示表面下深部裂纹的作用，则弱于直流磁化时的情况，一般限于表面下至多 2mm。

根据磁化的方式和显示漏磁的方法不同而区分出不同的漏磁法。漏磁显示法显示裂纹上的漏磁有磁粉法、探针法、磁图像法三种可能的方式。检查的目的决定了哪种磁化方法适用于哪种情况。

磁粉检测法用于检测由能维持磁场的材料制成的被检测物体中的与表面连接或靠近表面的异常。测量步骤如下：首先除去表面的污物，对被检测物体进行清洗，然后将磁场导入物体，在已磁化的被测物上涂以可磁化的细粉，含有很细颗粒的流体或粉末在磁场中由于存在着不连续性而被吸引。通常可用干粉，也可将粉末掺入稀薄油或稀释的水悬浮液中喷在被检测物的表面上，由于裂纹上漏磁的磁力作用，粉末质点被吸住，这样就在裂纹上产生了一种或宽或窄的粉末条带。这种条带较实际的裂纹缝隙宽数倍，因而易于识别，特别当粉末着色或发荧光时更易识别。然后对被检验的物体进行表观检测，对特征的存在、类型和尺寸进行检查、分类和解释。

对成批的部件可以应用磁场敏感的半导体，如霍尔发生器或磁场探针来显示漏磁。探针应当距离很小地靠在工件表面上，或者是使工件在固定的探针下运动，或者是采用适当的机构使探针无间隙地靠在被测物的表面上。对其漏磁量大小进行测量可得出裂纹深度，借助磁场探针可以用简单的方式检查磁带中由漏磁引起的局部磁化。对剩余壁厚和壁厚腐蚀深度进行准定量分类评估，采用霍尔探头既能检测缺陷，又能测量壁厚，从而使壁厚的测量不仅是分类评估，而且改进为准定量检测，利用差分信号处理法和与标准信号的对比法消除磁隙变化的波动和统计噪声的影响。

磁图像法系用磁带作为中间储存体来进行工作。漏磁以下列方式在该磁带上记录下来：把空白磁带放置在被测工件表面上，然后使工件磁化，在裂纹上发生的漏磁即记录到磁带上，可以凭储磁带所记录的漏磁量以及由该磁带所显示的信号而推测出裂纹深度。

磁化漏磁法适用于检查铁磁材料表面或紧挨表面下的缺陷。被检测的部件必须是铁磁性的材料，如铁、镍、钴或它们的合金。使用磁粉检测法的领域是结构钢、汽车、石化、电站、飞机工业。水下检测是磁粉检测的另一个领域。磁粉检测方法和渗透剂方法一样是最老的而且迄今还在应用的无损检测方法。磁漏检测法优点是灵敏度高、技术成熟，但检测设备体积大、对材料中裂纹敏感性差、空间分辨率低、测量值受扰动影响大。为了产生所需的磁场，需要有专门的设备；为了使用适当电压、电流强度和感应方式，需要有工艺开发和过程控制。被检测物体的材料必须能承受检测过程中的感应磁场。磁粉检测以很低的投资费用就可进行，而且像液体渗透剂技术一样，所用材料每次使用的成本很低。该技术可用于复杂形状的设备表面，而且被广泛用于一般的产品质量保证，但导致磁性易变的材料特性或表面处理将会降低检测能力。磁粉检测最经常地用于评价焊接熔敷金属的质量以及表面下的焊接缺陷（如裂纹），它也是检查脱气装置中的裂纹优先选用的方法。

第17章 腐蚀监控装置和方法选择

17.1 腐蚀监控装置

大多数腐蚀监测方法所用的基本监测装置都比较简单，通常包括一支探针（探测电极），一台测量仪器及相应的电缆。探针可以常设在固定位置或按需要放入，测量仪器则由操作者携带，并在测量时与探针连接。测量仪器价格比较适中，如果只需要几个读数，一名经过适当培训的操作者可以附带进行测量，这样，操作的费用也是适中的。如果要求同时监测若干部位（监测点），就要安装多组探针，采用多路信号控制装置，或采用更高级的监测仪器；对一个或多组探针，通过控制盘显示读数，进行自动扫描测量，自动记录和自动显示。这些较复杂的监测系统显然提高了成本，但可获得更多的信息资料，可对更多的设备部位或不同腐蚀参量同时进行监测，从而取得更高的经济效益。

有些腐蚀监测仪器的供应厂商提供比较复杂的监测系统。一般情况下，将基本监测装置和相应的标准仪器组合就可以获得较复杂的监测系统。是否采用较复杂的监测系统取决于具体情况和要求。一般说来，一个较复杂的监测系统，用来监测已知腐蚀状况比用于诊断新问题更好。诊断未知腐蚀状况时，往往需要经验丰富的技术人员，并且需采用一种以上的监测方法或者在监测期间进行多次测量。

实际上，许多工业腐蚀监测技术都是从实验室方法发展而来的。通过必要的简化，可使探针装置更为坚实可靠，虽然灵敏度稍有降低，但能保证更强的现场抗电干扰能力。另外，由于操作简单、方便，可使非熟练人员容易操作，并相应地节省了人力。例如，在生产装置上进行电位监测时，其必要条件就是采用一个比较坚实的参比电极（如铂珠、钨棒等），其精确性虽比标准的实验室参比电极略低，但并不影响可靠的监测。此外还有其他一些优点，例如允许使用输入阻抗较低的测量仪器以及减少屏蔽要求等。

现代电子学的发展大大促进了工业腐蚀监控技术的发展。它可以克服由于技术简化和在线应用而带来的某些局限性。由于采用了微处理机，把腐蚀测量装置与逻辑、运算机构组合起来，可从大量数据中解析出有效的信息资料。由于采用交替显示，可以进行多路探针自动测量和记录，把设备不同部位的腐蚀信息馈送到控制室或管理计算机中，通过控制必要的工艺参数而达到控制腐蚀的目的。

得益于物联网技术的发展，腐蚀监测技术从传统的监测模式向智能化在线监测模式发展，通过无线通信及控制技术，实现现场监测设备的远程管理。同时实现监测数据的实时在线连续传输至云服务器或本地服务器，并通过网络共享至控制室或管理计算机中，实现数据的可视化。并从监测中的数据获取相应的腐蚀信息。依靠物联网技术，大大节省了人力及财力，提高了腐蚀监测的效率以及腐蚀控制的准确性。

一支完整的探针应当包括测量电极、壳体、密封和绝缘材料、电缆以及安装在设备上的紧固机构。常用的探针有直接通过螺纹连接（图17-1）或法兰连接而固定在设备上的固定型探针。其缺点是只能在设备停车时才能装取电极。另一种更为常用的结构是可伸缩型探针（图17-2），它是将一个标准阀门通过螺纹连接或法兰连接固定在设备上，可以经过阀门自由地装取探针。由此便可在设备运转时经常检查或随时更换测量电极。这些探针结构常用于电阻探针、线性极化探针、氢探针和电偶探针等。这些探针也可安装挂片支架，由此可取得更多的腐蚀数据。

常用的线性极化探针有双电极系统和三电极系统。图 17-1 为一种螺纹连接固定型三电极系统。为监测管道内壁腐蚀而发展出一种"齐平型"探针，从管道内表面看，探针与管道壁浑同一体，完全在同一壁面，它能更好地模拟管壁的流体动力学状态及腐蚀状态，而且即使清洗管道也不需退出探针。只要测量电极表面不被腐蚀产物覆盖，它就能对管道腐蚀作出有效的响应。这种齐平型结构适用于电阻探针和线性极化探针。图 17-3 为一种"齐平型"三电极线性极化探针的电极配置，参比、工作和辅助电极呈同心圆分布。

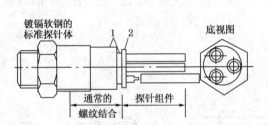

图 17-1 螺纹固定的三电极线性极化探针
1—成型氟橡胶表面；2—氟橡胶垫圈

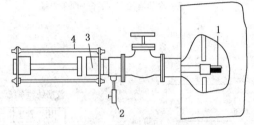

图 17-2 可伸缩型双电极线性极化探针
1—电极；2—排水阀；3—填料盖；4—全螺纹棒

现有各种类型（片状、管状、丝状）和各种尺寸测量电极的电阻探针。电极的可用寿命与它的灵敏度是互相矛盾的两个因素，在设计和选择时应兼顾两者。测量电极的可用寿命往往以它厚度的一半计算。最灵敏的片状电极的工作寿命要比丝状电极短得多，相对说来，横截面较大的丝状电极的灵敏度也比较低。

测量电极不管它的材料成分是否与设备材料相同，由于它的冶金过程、加工过程以及尺寸形状均与设备材料和结构不同，所以它不可能经历与设备材料完全相同的腐蚀行为。不过这种探针的测量数据通常可以准确反映出设备中介质腐蚀性的变化。

选用探针壳体材料时，应考虑设备运行状态下的工作温度和压力要求，还应考虑壳体材料与腐蚀介质的相容性以及结构密封的要求。密封材料不仅要保证腐蚀介

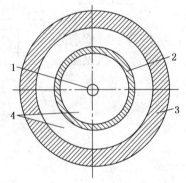

图 17-3 "齐平型"三电极线性极化探针的电极配置
1—参比电极；2—工作电极；3—辅助电极；4—绝缘材料

质不会渗入探针体内，而且要保证能够承受生产过程的最高工作温度和压力。可供选用的密封填料有环氧树脂、陶瓷、聚四氟乙烯和玻璃等。

为使腐蚀监控过程自动化，包括自动测量、自动记录和显示、自动控制、自动报警、自动添加缓蚀剂或物料，以及自动控制流速和流量等。腐蚀监控装置应具备如下一些基本性能：①可靠性高；②测量灵敏度高；③响应速度快；④可在设备运行时进行非破坏性测量；⑤可进行连续的或间断的长时间测量；⑥操作维护简单、方便；⑦投资经济合理。根据上述要求，电化学方法由于具有灵敏度高和容易实现自动化，因此，最适合于用作腐蚀监控。

腐蚀监控装置有便携式的仪器和包括控制系统和多路信号记录系统在内的控制室装置。

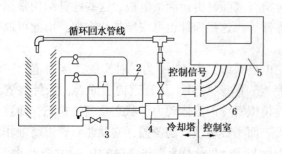

图 17-4　冷却塔自动监控装置示意图
1—酸罐；2—缓蚀剂罐；3—排水阀；4—探头与液流池；
5—冷却塔控制器；6—探头电缆

现在已发展出成套的用于循环冷却水系统的装置(图17-4)，它把腐蚀测量和pH值测量以及"溶解固体总量"的测量结合在一起。这种装置可自动控制缓蚀剂添加量、酸含量和自动排放水。这种监控装置除了用于水系统外，在其他工业上的应用也日益增多，例如大型多级脱盐系统，在无水有机反应器中检测水泄漏，采油注水和炼油工业等。同时腐蚀监控系统也多用于海洋平台中的海水腐蚀监控(图17-5)。

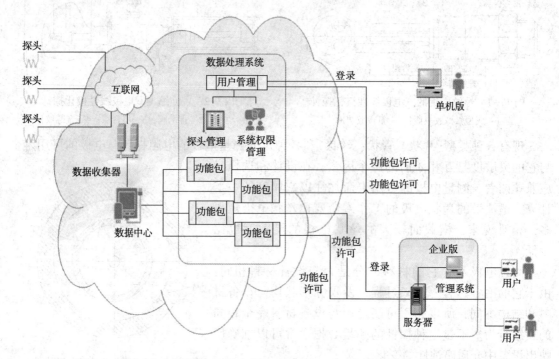

图 17-5　腐蚀监测系统架构，国家材料环境腐蚀科学数据中心

计算机系统经常作为数据采集、数据处理和信息管理系统发挥综合作用。在数据处理方面，启动一个过程将腐蚀监控数据(低固有值)转变为信息(固有值较高)。由其他有关来源得到的补充数据，例如来自过程参数记录和检测报告的数据，可以与来自腐蚀传感器的数据一起获取，用作管理信息系统的输入。在这样一个系统中，采用了大量的数据库管理和数据显示应用程序，将基础腐蚀数据转变成用于决策的管理信息。

现有许多腐蚀监控技术和相关的传感器可供使用。各种技术都有一定的优点和缺点，这在下节再详细讨论。在选择合适的技术时可能会有许多失误，因此通常需要听取腐蚀监控专家的建议。Cooper提出的评价两种常用技术适用性的规则在图17-6中给出，这两种技术分别是LPR(一种电化学技术，即线性极化电阻技术)和ER(电阻探针)。

通常可以认为，没有任何一种技术可以单独地用于复杂工业条件下的腐蚀监控。因此，

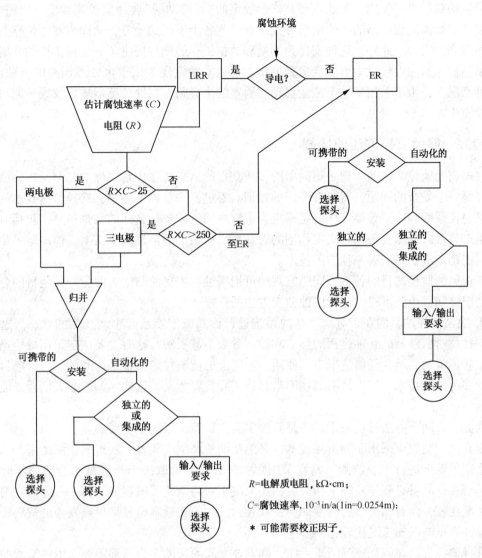

图 17-6　评价 ER 和 LPR 腐蚀监控技术适用性的规则系统(选自 Cooper[65])

提倡多技术方法。在许多情况下，这种方法并不需要太多的传感器，而只是增加对于指定探头和接口装置的传感器元件数量。当考虑支持一个腐蚀监控方案的总成本时，由多技术特点所增加的附加成本通常是不大的。此外，如果几种技术提供了相同的响应，那么传感器数据具有更大的置信度。

其他的重要考虑是，不管采用什么技术，装备了仪表的传感器通常最好也不过是提供半定量的腐蚀破坏信息。因此，用长期试样暴露方案和实际设备破坏来校正由这些传感器得到的监测数据是明智的。遗憾的是，非专业人员可能对商品化的腐蚀监控装置所给出的用数字表示的腐蚀速率太过信任。一个合适的例子是用于许多工业监控系统中的 LPR 技术，它能给出确定的腐蚀速率，通常显示为 mm/a 或 10^{-3} in/a(mpy)。这些系统在工业中广泛地用于监控水处理添加剂的有效性和各种其他的用途。

继选择传感器和监控技术之后，就需要考虑辅助监控硬件的类型和位置。许多工业设备固有的安全要求会对腐蚀监控系统造成重要限制。在大工厂中，为了保证灵活性，一些组织

289

部门采取的对策是，使用一个能满足其安全规定的"可移动的"腐蚀监控实验室。当需要时，这种装备了腐蚀监控仪器的实验室可方便地移动到各个不同的地方，从而克服了传感器引线过长所带来的问题。此外，这种安排为测量和数据储存的硬件提供了一个保护性的环境，否则的话它们在腐蚀性气氛中可能会遭到损伤。移动实验室还被用于水处理回路的腐蚀测量。在这种情况下，由于采用了一个流经移动实验室的水旁路，腐蚀传感器连同仪表一起可以置于实验室中。

17.2　腐蚀监控方法的选择

许多腐蚀监控方法的原理是很简单的，所获得的信息往往也是明确的。但是，监测技术的选择是一个复杂的问题，需要有专门的知识。不过，一旦确定需要，选择监测技术的工作通常又是比较明确的。首要工作就是确定为了解决问题需要什么样的数据信息，包括对所研究的生产装置或监测设备起着决定作用的管理系统所给出的信息。事实上，作出这一步判断后就可能确定应该采用哪一种监测技术。

工业腐蚀监控的目的各不相同，宏观地可把腐蚀监控目的归纳为两类。某些目的介乎这两类情况之间，由此可提供选择腐蚀监控方法的依据。

① 腐蚀监控的目的在于对一个新的系统进行诊断或监测系统中新产生的状态。这种情况下，往往对所涉及的腐蚀过程的性质和控制参数不甚了解；这时，要决定采用最恰当的技术是比较困难的。但在任何情况下，使用一种以上的监测技术常常是有利的。为诊断目的而采用的多种监测技术，可以证明哪些因素具有实际重要意义，这些因素并非人们总是能预先料想到的。

为此，有两个办法可供采用。一是开展实验室试验，以确定重要参数，所得信息既能用来决定在生产装置上采用哪种监测技术，又能帮助解释生产装置上获得的监测结果。二是直接在生产装置上进行工业监测。究竟采用哪一种办法，这取决于是否具备合适的实验室设施，是否拥有具备必要经验的工作人员，还取决于对问题的了解程度如何——亦即它与某个已知工况比较，两者相类似的程度如何；或者，已知的实验室研究结果或发表的资料所提供的指导性意见与已知工况比较相距多远。

选择监控方法与解释监测结果一样，都需要专家的帮助。为此都需要熟悉被监测的生产装置和生产工艺，并需要有监测技术的专长和腐蚀科学的专门知识。

② 腐蚀监控的目的在于监测一个已知系统的腐蚀行为。这种情况往往是在某种诊断之后进行的，或者所监测的情况与已获成功应用的其他监测案例相类似。对此通常根据过去的经验就可选择监测方法。对于这一类监测目的，在解释结果时，甚至不需要专家帮助，除非出现了异常的特殊情况。

综合上述，选择腐蚀监控方法的基本判据有：a. 可以获得什么样的数据和资料；b. 对腐蚀过程变化的响应速度如何；c. 每次测量所需的时间间隔中的累积量；d. 探针与生产设备腐蚀行为之间的对应关系；e. 对环境介质的适用性；f. 可以监控和评定的腐蚀类型；g. 对监测结果解释的难易；h. 是否需要复杂仪器和先进科学技术等。

按上述每一项原则对各种监测技术进行比较，可对适用的监测技术列出许多优点，但这些优点是相对的，且随环境而变化。所以，最实用的选择方法是，综合考虑上述几项原则，逐一地分析各种监控方法的长处和局限性。

17.3　腐蚀监测位置的确定

各种腐蚀监控技术的有效性都与监测点(监测位置)的选择有关。整个生产装置的腐蚀形态或腐蚀速度都相同是罕见的。腐蚀监控的测量必然局限在一个探头上,或者局限在进行无损检测时测定的表面区域,或者局限于采样点或参比电极所覆盖的区域。显然,正确而合理地选择腐蚀监测位置,对于取得关键的腐蚀监控信息是极为重要的。应当根据生产工艺条件、结构材料以及介质的特点、环境因素(如温度和流速等)、系统的几何形状和以往的经验等,选择合适的监控位置。一个正在运行的设备系统往往存在着气相、液相和三相交界区的腐蚀,在各相区中又总是有某些部位最容易遭受严重的腐蚀破坏。因此,腐蚀监控位置(即探针位置)不但要分布在各有关相区中,而且要设置在腐蚀最严重、最容易发生破坏事故的位置。在生产设备两个位置之间的测量或许能代表两者的状态,但是也有可能会严重曲解该测量目的。如果已经确切了解了腐蚀的表现形态,加之采用多点测量,就比较容易决定监测位置,且避免对问题的曲解。选择监测点时应考虑以下因素。

① 生产装置中物料流动方向发生突然变化的位置,如肘管、三通管、弯头及管径尺寸发生突然变化的部位。在这些部位往往容易产生湍流和流速的急剧变化。探针应插入在最大湍流或最大流速区。

② 存在"死角"、缝隙、旁路支管、障碍物或其他呈异突状态的部位。在这些部位往往容易产生静滞区域;沉积物或腐蚀性产物的积聚将引发形成闭塞电池;或者提高该部位的酸气分压;或者由该处产生的湍流引起冲刷腐蚀。

③ 设备装置的受应力区,例如焊缝、铆接处、螺纹连接处、经受温度交替变化或应力循环变化的区域。这些部位容易产生应力腐蚀、焊缝腐蚀、缝隙腐蚀和腐蚀疲劳等。

④ 设备中异金属接触部位,此处可能产生强烈电偶腐蚀。

⑤ 设备结构的可及性,即探针可安装触及的部位情况如何;设备上可供使用的开口或开口点位置的利用率。

⑥ 应根据监测目的决定,是否需要在预期最高、最低或中等腐蚀速率的部位进行监测。

Dean 给出了一个在蒸馏塔中确定关键的传感器位置的实例。进料口、塔顶产品接收器和塔底产品线等处代表温度极端位置,也代表了具有不同挥发度的产品浓缩的位置。但是,在许多情况下,塔的中部腐蚀性最强,最具腐蚀性的物质在这里浓缩。因此开始的时候,在这种塔中需要有若干个监测点,如图 17-7 所示。随着监测继续进行并从这些位置取得有效数据,这时可以缩减监测点的数目。

实际上,监测点的选择也受现有的合适入口位置的支配,特别是在压力系统中。一般更愿意利用现有的入

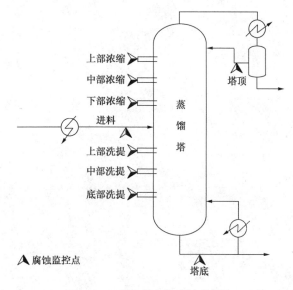

图 17-7　蒸馏塔中的腐蚀监测点

口位置，如果在某个指定的位置难于安装合适的传感器，那么添加一些带有定制传感器和入口配件的旁通线可能是一种实际的替代方法。旁路的一个优点是，它提供了机会，以某种可控制的方式把局部条件转变成高腐蚀性的，而不影响实际生产装置。

另外传感器元件的表面状况也是非常重要的。表面粗糙度、残余应力、腐蚀产物、表面沉积物、预先存在的腐蚀损伤和温度等都可能对腐蚀破坏有重要影响，因此在制备有代表性的探头时需要予以考虑。考虑到这些因素，利用在实际工况条件下已经事先腐蚀过的材料来制备腐蚀传感器可能是理想的。腐蚀传感器也可能在特殊的装置中被加热和冷却，因此它们的表面状况反映了某些工厂的工况条件。传感器的设计，例如在管道和热交换器管子中的试验短管、用待选材料制作的凸缘型材或用螺栓连接到搅拌器上的试验叶片等，也都说明了为使传感器的环境能代表实际工况条件所做的努力。

第 18 章　腐蚀监控中的大数据技术应用

18.1　腐蚀大数据技术在腐蚀监控中的应用

腐蚀学是依赖于基础数据的科学。研究材料的腐蚀规律和机理，发展防护技术，建立试验方法、测试方法及工程标准等，都必须依赖于环境中的腐蚀数据。这些数据是构成腐蚀学科所有理论、技术、方法和标准的基础。数据越多，可靠性越高。

腐蚀是一切构筑物的毁灭过程。在步入大数据时代的当今，巨量与腐蚀相关的数据已经快速产生。数据如何处理，如何储存，如何挖掘以发挥最大功能，如何共享，并实现腐蚀过程的模拟、计算与建模仿真，这些问题已经清晰地摆在我们面前，却又是以往材料腐蚀学研究内容中无法解决的问题。因此，必须建立研究材料腐蚀"大数据"管理、加工、挖掘、信息安全、信息传播与共享的理论框架与技术流程。这是一门新的材料腐蚀学科分支，也是当今材料腐蚀学发展的必然。

腐蚀基本数据库建设：材料腐蚀大数据技术基础在于建立有关材料腐蚀大数据的基本数据库结构，在目前的材料腐蚀学科和信息技术发展水平下，已经突破了纯粹数字结构的库结构模式，非结构化的库结构正在成为主流。通过建立标准化的基本库结构，实现腐蚀数据的采集、入库及管理。腐蚀大数据的采集是指利用多个数据库来接收客户端(Web，App 或其他传感器的数据)，进而通过这些数据库实现腐蚀数据的上传、查询及处理工作。

腐蚀数据挖掘及建模：材料腐蚀大数据的数据挖掘与建模部分主要涉及海量腐蚀数据的加工、分析与挖掘，通过以上的分析解决规律研究、机理分析和预测等关键问题，这是材料腐蚀大数据技术的最关键部分，主要手段是利用不断发展的新型数学分析与计算工具来实现以上工作。其中最基本的部分是数据的统计分析与加工。有限元分析技术、灰色系统理论、支持向量机 SVM、神经网络分析性技术等已成为其中非常成熟的挖掘与分析技术。其中神经网络中的深度学习网络(DNN)、去卷积神经网络(CNN)作为人工智能时代最重要的神经网络元，也逐渐在腐蚀过程的腐蚀预测、腐蚀等级划分及腐蚀图像识别领域初见成效。

腐蚀过程的模拟与仿真：腐蚀过程的模拟与仿真主要建立在大量的腐蚀数据形成的腐蚀模型基础之上，从而通过算法还原腐蚀过程的真实情况。通过模拟仿真取代耗时、费力、污染和花费大的现场腐蚀试验是腐蚀大数据技术重要的研究内容之一。

腐蚀数据共享平台及工程应用：腐蚀大数据技术的终极目的是实现腐蚀数据的共享以及工程应用，通过利用计算机技术、大数据技术、云计算技术及人工智能技术，打造一个集材料腐蚀数据与信息管理、挖掘计算和模拟仿真于一体的开放共享服务平台。同时利用腐蚀大数据技术，分析腐蚀数据与环境因素的关联性，并将相互关联的数据体系纳入腐蚀数据库中，建立多维度的腐蚀预测模型，实现腐蚀数据的工程应用。

18.2　腐蚀大数据在线监测技术

随着物联网通信技术的发展，逐渐形成了以传感器、设备采集器、无线通信技术、云服务器、云数据库、即时通信技术以及用户中心为一体的腐蚀大数据平台框架。图 18-1 为一种常见的腐蚀大数据在线监测技术平台架构示意图。该平台通过各类传感器组成腐蚀数据的前端传感网络，并通过设备采集器将数据按所需的时间间隔采集并通过有线或者无线网络传输至本地服务器或云服务器，并通过大数据处理及数据挖掘技术，将腐蚀数据可视化，并通过 B/S 或 C/S 架构共享至用户。

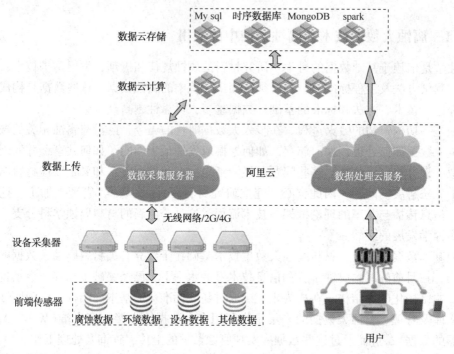

图 18-1　腐蚀大数据平台框架示意

18.2.1　腐蚀传感器技术

对于结构化的腐蚀大数据，其主要数据来源依托于各种各样的腐蚀探针，如电偶探针、电流探针、电阻探针、电位探针、阻抗探针等，通过连续的在线监测，实现对材料腐蚀过程或环境腐蚀性的实时观测。随着探针制备技术的发展，腐蚀探针向着小型化、高精度的方向发展。对于目前常用的无损监测腐蚀大数据探针有腐蚀电偶探针及腐蚀电阻探针。图18-2 为一种常用的腐蚀电偶探针。其基本原理为异种金属材料组成的腐蚀原电池，这种电池电流大小与大气腐蚀性及表面液膜厚度相关联，在金属表面受到腐蚀时，两种金属在大气中的电位差作用下，表面薄液膜构成电荷传递通道，而金属背部的导线构成电子回路，从而产生腐蚀电流。通过对电流的解析，形成对应材料实时腐蚀速率及环境实时腐蚀性的变化曲线。

实际上，这种传感器也适用于特定介质中特定材料的腐蚀速率监测。其阳极材料可根据监测需求更换为与现场所监测材料一致的材料，阴极材料也可根据实际工况条件更换为铜、银或者石墨等。

18.2.2　腐蚀测试系统

前端传感器的原理常常是环境条件的变化导致传感器内敏感材料的物理化学反应的变化，监测并解析这些变化是硬件采集器的任务之一。由计算机控制腐蚀测试系统实现在线监测具有方便、灵活、易于实现的特点。并随着微型计算机的发展，外部设备、接口电路及相

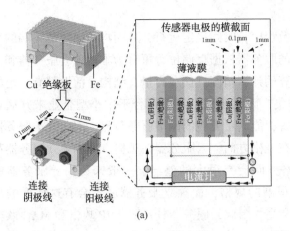

图 18-2　电偶腐蚀探针示意

(a)示意图；(b)实物图

应的应用平台软件逐渐完善，微型计算机控制的硬件采集器越来越广泛地应用在工业监测领域。对于工业控制中前端传感器通常采用 RS232、RS423、RS485 等串行接口，或者并行接口(GPIB)等与采集器连接，获取的数据经 D/A 转换器将数字信号转换为模拟信号，并解析成特殊数据格式(如 json 格式)进行传输。硬件采集器的构成主要为电流(电阻、电容)采集模块、D/A 转换器、MCU、存储模块、主板、电池管理模块、无线传输模块等模块组成。一般来说，D/A 转换器位数越高，数值越精确。近年来，基于腐蚀大数据技术的发展，国内微型控制的腐蚀测试系统发展较快，如国家材料腐蚀科学数据中心研发的一系列大气腐蚀监测仪，具有皮安级别电流分辨能力，满足户外 1min/次的监测频率，采用 IP68 级别设计，可在户外长时间工作 3 年以上。不仅如此，还开发了适用于电网、石油管道、火力发电等领域的腐蚀测试系统，价格也相对便宜。

18.2.3　通信技术

目前，户外腐蚀监测系统常用的通信技术有有限通信技术与无线通信技术。有线通信技术有常用的以太网络通信，其接口类型有 RJ-45 接口、RJ-11 接口、SC 光纤接口等。无线通信技术有 2G/3G/4G/5G LTE 等通信技术；另外，还有支持低功耗的 Zigbee、Lora、蓝牙等近距离通信方式。目前，常用的即时通信传输协议有 TCP/IP 传输协议、MQTT 传输协议、WebSocket 传输协议等。TCP/IP 传输协议对互联网中各部分进行通信的标准和方法进行了规定。并且，TCP/IP 传输协议是保证网络数据信息及时、完整传输的两个重要的协议。TCP/IP 传输协议是严格来说是一个四层的体系结构，应用层、传输层、网络层和数据链路层都包含其中。MQTT(消息队列遥测传输)是 ISO 标准(ISO/IEC PRF 20922)下基于发布/订阅范式的消息协议。它工作在 TCP/IP 协议族上，是为硬件性能低下的远程设备以及网络状况糟糕的情况下而设计的发布/订阅型消息协议。WebSocket 协议实现在受控环境中运行不受信任代码的一个客户端到一个从该代码已经选择加入通信的远程主机之间的全双工通信。该协议包括一个打开阶段握手规定以及通信时基本消息帧的定义。其基于 TCP 之上。此技术的目标是为基于浏览器的应用程序提供一种机制，这些应用程序需要与服务器进行双向通信，而不依赖于打开多个 HTTP 连接。

18.2.4　服务器

服务器主要用于部署腐蚀监测程序以及程序长时间稳定运行，从而将腐蚀监测终端的数据源源不断地获取及存储至数据库。常见的服务器依据存储位置可分为本地独立服务器和云服务器。在技术方面，云服务器对于云计算的计算精度、储存容量，结构灵活性都有一定的要求，会有庞大的数据输入或海量的工作集，因此云服务器更适合于中小型企业来开展业务。而独立服务器具有高超的硬件设置配置，能满足大型的网络服务节点，因此这类服务器在技术上面相对云服务器较为成熟一些。在规格方面，云服务器在规格方面和独立服务器都有较大的差异，因此在服务器租用的价格方面会有很大的差异。一般来说，云服务器的CPU、内存等配置都会相对较低，不会有很高的规格，而独立服务器就不会有这样低的配置。在安全方面，云服务器的安全要求非常高，因此云服务器具备防 ARP 攻击和 MAC 欺骗功能，可以进行快照备份，确保数据的相对安全。独立服务器的安全性相比云服务器就要相对弱一点。数据备份要是丢失，就会造成很大的麻烦。

18.2.5　数据库

在过去的很长一段时间中，关系型数据库(Relational Database Management System)一直是最主流的数据库解决方案，它运用真实世界中事物与关系来解释数据库中抽象的数据架构。然而，在信息技术爆炸式发展的今天，大数据已经成为继云计算、物联网后新的技术革命。关系型数据库在处理大数据量时已经开始吃力，开发者只能通过不断地优化数据库来解决数据量的问题。但优化毕竟不是一个长期方案，所以人们提出了一种新的数据库解决方案来迎接大数据时代的到来——NoSQL(非关系型数据库)。关系型数据库，是指采用了关系模型来组织数据的数据库，其以行和列的形式存储数据，以便于用户理解。关系型数据库这一系列的行和列被称为表，一组表组成了数据库。用户通过查询来检索数据库中的数据，而查询是一个用于限定数据库中某些区域的执行代码。关系模型可以简单理解为二维表格模型，而一个关系型数据库就是由二维表及其之间的关系组成的一个数据组织。常见的关系型数据库有 oracle、mysql、DB2(IBM)、Sybase、SQL server(Microsoft 微软)等。非关系型数据库简称 NoSQL，是基于键值对的对应关系，并且不需要经过 SQL 层的解析，所以性能非常高，但是不适合用在多表联合查询和一些较复杂的查询中。NoSQL 用于超大规模数据的存储。相对于关系型数据库，非关系型数据库是基于键值对的，可以想象成表中的主键和值的对应关系，而且不需要经过 SQL 层的解析，所以性能非常高。可扩展性同样也是因为基于键值对，数据之间没有耦合性，所以非常容易水平扩展。常见的非关系型数据库有 NoSql、Cloudant、MongoDB、Redis、HBase 等。大数据时代，数据存储大多选用非关系型数据库，其主要原因在于 NoSQL 具有多种应对不同场合的类型，如文档数据、图谱数据、键值存储数据等。

18.3　腐蚀大数据处理技术

腐蚀大数据处理技术包括数据挖掘(Data Mining)及数据可视化(Data visualization)等内容。数据挖掘是揭示存在于数据里的模式及数据间关系的科学，强调对大量观测到的数据的处理，是涉及数据库管理、人工智能、机器学习、模式识别以及数据可视化等学科的边缘学科。从统计学角度看，是利用计算机为工具，对大量的复杂数据集进行自动探索性分析的过程。其中，利用各种先进的数据工具建立模型，表示数据之间的因果关系是其最重要的内容。数据可视化是数据挖掘中的一种重要方法。数据可视化技术是运用计算机图形学和图像处理技术，将数据换位图形或图像在屏幕上显示出来，并进行交互处理的理论、方法和技术。换一种说法，可视化技术是一种将符号描述转变成几何描述，从而能够观察到所期望的仿真和计算结果的计算方法，用多维的形式将数据的各个属性值表示出来，从不同的维度观察数据，对数据进行更深入的观察和分析。

腐蚀数据挖掘工作包含多种挖掘方法，根据不同的腐蚀数据类型或预测目标可选用不同的数据挖掘方法。目前大部分腐蚀预测的模拟仿真研究围绕在材料腐蚀速率和材料腐蚀寿命的预测上。当前应用于腐蚀中的数据挖掘手段如表 18-1 所示，它们使用的腐蚀数据范围如图 18-3 所示。

表 18-1　应用于腐蚀研究的数据挖掘方法介绍

方法	功能	优　点	缺　点
贝叶斯网络	关联性分析	能够探究各个腐蚀影响因素之间的因果关系，描述统计的因素之间的相关性	需要一定量的数据保证模型可信度
灰色关联分析	关联性分析	能够探究各个腐蚀影响因素与材料腐蚀参数的关联性，寻找影响材料腐蚀机理的关键因素	无法反映材料腐蚀的一般规律，只适用于针对具体情景下材料腐蚀机理的分析，且假定各因素互不影响且共同影响了材料腐蚀
随机森林	关联性分析	能够探究各个腐蚀影响因素之间的因果关系，且量化各个腐蚀因子对腐蚀的影响大小	分析结果局限于产生数据集的具体情景下的材料与环境，无法反映材料腐蚀的一般规律
灰色预测	预测	以"小样本""贫信息"的不确定性系统为研究对象，样本量需求最小，仅需 3~7 条时序性数据即可预测	模型是仅根据时间-材料腐蚀速率建立的模型进行预测，无法反映其他因素对腐蚀的影响
多元线性回归	预测	最能直观描述各个因素对腐蚀速率的影响的方法	对数据本身的线性规律性要求较高，限制了材料腐蚀数据的使用范围
人工神经网络（ANN）	预测	具备处理非线性数据的能力，在进行腐蚀数据建模预测的预测精度上通常优于多元线性回归法	神经网络参数较多，因此对于模型建立的样本量有一定要求，如果样本量小的话会存在过拟合现象
支持向量机（SVM），支持向量回归（SVR）	预测	对处理非线性问题、高维模式识别问题展现了良好的优异性，预测精度高于人工神经网络	对模型建立的样本量仍有一定依赖性，但低于人工神经网络
宏观尺度的蒙特卡洛模拟	预测	从过程模拟的新角度进行数据挖掘，广泛应用于管道类工程设施的服役安全性评估	需提前假定点蚀速率或点蚀深度的分布进行模拟，无法调整输入输出进行灵活预测，需求样本量较大
马尔科夫链	预测	相比于这些数据挖掘方法，马尔可夫过程更适合挖掘连续、时序型数据	对离散型数据处理能力偏弱
随机森林	预测	具备天然的抗"噪声"能力，且十分适用于高速变化特征的腐蚀数据，如预测户外动态大气腐蚀	对模型建立的样本量依赖性高于人工神经网络

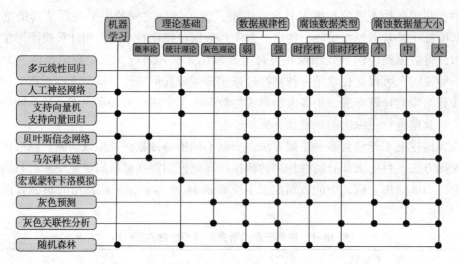

图 18-3 主要数据挖掘方法在腐蚀数据中的应用范围

18.3.1 多元线性回归

多元线性回归指通过 2 个或者 2 个以上的自变量与 1 个因变量的相关性分析从而建立数学模型并进行预测的方法，一般方程形式如下：

$$Y = a + b_1 x_1 + b_2 x_2 + b_3 x_3 + \cdots b_n x_n \tag{18-1}$$

式中，x_1，$x_2 \cdots x_n$ 为 n 个自变量，Y 为因变量，其余是未知常量，被称为回归吸收。多元线性方程是最早用于预测环境对材料腐蚀影响的数据挖掘方法。

Haynie 和 Upham[71] 于 1971 年提出碳钢与 SO_2、暴露时间、氧化物总量的大气腐蚀模型，但受限于环境因素数据不够全面因而拟合度不好。日本一个研究组[72] 利用七个地方的年大气环境数据（温度 T、相对湿度 RH、氯离子 Cl^-、二氧化硫 SO_2、降水量 Rainfall）及相应暴晒试验数据，通过多元回归分析得出碳钢腐蚀速率方程：

$$腐蚀速率(mdd) = 0.484 \times T(℃) + 0.701 \times RH(\%) + 0.075 \times [Cl^-](\times 10^{-6}) + 8.202 \times$$

$$[SO_2](mdd) - 0.022 \times Rainfall\left(\frac{mm}{mon}\right) - 52.67 \tag{18-2}$$

该方程对材料在未知大气环境下腐蚀速率的预测具有重要意义。之后人们倾向于改变环境、条件针对腐蚀速率方程进行研究。Zhao 等[73] 研究了铝在不同浓度盐酸溶液中腐蚀速率的线性回归模型，并利用线性回归方程针对盐酸溶液中阴离子表面活性剂在铝表面的吸附与腐蚀抑制作用进行讨论。Tang 和 Mu 等[115] 得出了冷轧钢在不同浓度盐酸与硫酸溶液中腐蚀速率的线性回归模型。由于多元线性回归方程要求变量之间存在线性关系，对数据本身的线性规律性要求较高，因此限制了材料腐蚀数据的使用范围。

18.3.2 人工神经网络

人工神经网络（Artificial Neural Network）[76] 的研究已有 60 余年的历史，一个简单的前馈神经网络包括有：输入层、输出层、一个隐藏层。PDP（Parallel Distribution Processing）小组[77] 于 1985 年提出 Bp（Back Propagation）神经网络，成为至今应用最为广泛的网络学习方法，也是腐蚀中运用最广泛的网络学习方法[78,79]。由于神经网络算法可以通过预置数学函数用以自适应的调节神经单元间的连接强度，进而学习数据样本中的知识，因此相比多元线性回归方程，人工神经网络具备处理非线性数据的能力，同时对于噪声干扰的数据也存在较强的容错能力，在进行腐蚀数据建模预测的预测精度上通常优于多元线性回归法。典型应用于腐蚀的神经网络模型见图18-4[80]，左侧输入层录入湿度等腐蚀因子样本数据，右侧输出层导入预测目标(如初锈时间)的样本数据，中间包含一个隐藏层，进行网络训练。

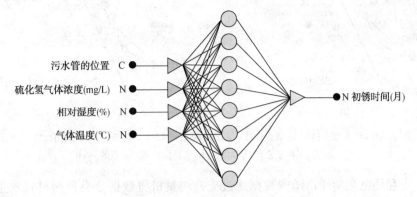

图 18-4　人工神经网络针对腐蚀初锈时间进行预测的模型网络架构[80]

　　目前神经网络主要针对输入、输出对象的调整进行腐蚀状态的模拟仿真工作，从而进行材料的寿命预测。Smets 和 Bogaerts[81,82]于 1992 年运用神经网络预测 304 奥氏体不锈钢在近中性 Cl⁻溶液的应力腐蚀开裂，是腐蚀研究中神经网络最早的应用之一。1999 年 Li 等[83]通过 BP 神经网络系统结合设备适应性评估技术，采用面向对象的可视化界面，建立了对炼油设备腐蚀管理专家系统。该系统可对设备腐蚀速率以及安全运行状态进行在线评价，并在多个石化厂的实际生产中得到广泛应用。Jiang 等[84]利用人工神经网络建立的评估管道混凝土耐久性模型；与多元线性回归模型的预测结果相对比，显示出人工神经网络的预测精确度更高。Cavanaugh 等[85]基于温度、pH、氯离子浓度、暴露时间以及暴露方向作为输入，铝合金最大蚀坑深度、最大蚀坑直径以及相关威布尔分布参数作为输出建立模型，Martin 等[86]以接触点焊的 3 个参数作为输入，焊接的 304 不锈钢产生的点蚀电位作为输出建立模型。或者将合金成分和腐蚀时间作为输入，腐蚀速率作为输出[87]，相似研究行为还有很多[88,89]。Kamrunnahar 等运用神经网络进行碳钢和合金各种极化曲线的学习，再通过预测的极化曲线导出腐蚀电位、极化电阻等参数，该方法大幅度创新了现有通过神经网络进行腐蚀数据学挖掘的方法，而且对照实测值与预测值的相关系数极高，大于 0.952。相比较研究参数对腐蚀的影响，Danaher 等[90]针对神经网络模型算法进行了改变，将当前 k 个时刻作为输入预测下一个时刻的输出，研究了时间对腐蚀动力学的影响。由于神经网络参数较多，因此对于模型建立的样本量有一定要求，如果样本量小的话会存在过拟合现象。

18.3.3　支持向量机和支持向量回归

　　支持向量机(Support Vector Machines，SVM)由 Vapnik[91]于 1997 年提出，是一种有监督的机器学习方法，建立在结构风险最小化原理和统计学习理论 VC 维理论基础上。支持向量机的工作原理见图 18-5，旨在找出包含所有数据的高维空间内与不同种类数据集间距相等的最优超平面，因此可以对未知腐蚀数据的类型进行识别形式的预测。支持向量机针对处理非线性问题、高维模式识别问题展现了良好的优异性，成为材料数据挖掘的一种新兴手段，即便是实验"废弃"数据也可以被有效利用，是对传统研究方法的革新[92]。支持向量机对于腐蚀数据隐藏的材料腐蚀状态的解析具有重要应用。

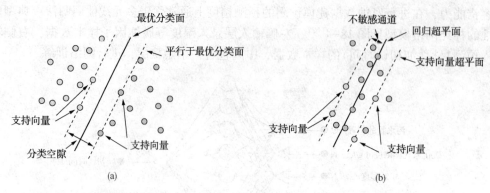

图 18-5　支持向量机(SVM)与支持向量回归(SVR)的工作原理示意

(a)支持向量机示意图(SVM)；(b)支持向量回归示意图(SVR)

Jian 等[93]利用电化学噪声图像数据通过支持向量机将数据分类预测材料发生的腐蚀类型，结果显示预测准确度高达 100%。Yan 等[94]采用粒子群算法对支持向量机的参数上进行优化，建立用于评价耐候钢桥梁的腐蚀状态的模型，并将处理结果同神经网络获得的结果相比，表明支持向量机可以达到比人工神经网络更高的分类准确率。Qiu 等[95]首次提出了递归特性消除的支持向量机用于解决大气腐蚀特征分类问题，但由于样本数据量不够充分，模型不能针对长周期的预测结果进行精准的拟合。

支持向量回归(Support Vector Regression，SVR)建立在支持向量机的理论基础上，旨在寻求高维空间内所有样本点离超平面方差最小的回归超平面。不同于支持向量机偏重于分类识别性预测的功能，支持向量回归更注重于建立回归模型进行预测。

Wen[96]基于支持向量回归方法以及 BP(Back Propagation)神经网络分别建立了 3C 钢在海洋环境中 5 个环境参数(温度、溶解氧浓度、含盐度、pH、氧化还原电位)影响下的腐蚀速率回归模型，并对比了两种模型的预测精度，同样显示出支持向量回归方法对于高维腐蚀数据预测精度更优。Zhao 等[97]运用支持向量回归方法，对 19 中氨基酸类缓蚀剂建立了缓蚀剂的分子结构参数-缓蚀效率的非线性预测模型，而分子结构参数数值及缓蚀效率皆采用分子动力学计算获得，结果显示模型预测的缓蚀效率平均误差较小，为 1.48%。利用相似的研究方法，Lu Li[98]将 19 种氨基酸改变成 20 种苯并咪唑衍生品缓蚀剂作为研究对象进行类似研究，并改进了支持向量回归模型的结构参数选择，建立起缓蚀剂分子结构参数-缓蚀剂效率的非线性模型，最终模型预测精度为 6.79%，相关系数 0.96。

18.3.4　马尔科夫链

1906 年，俄国数学家 A. A. Markov 提出马尔可夫链，该过程具有以下特性：事物将来状态的演变仅与现在已知目前状态有关，而与过去无关[99]，如液体中微粒的无规则布朗运动可视为马尔可夫过程。多元线性回归、神经网络、支持向量机和支持向量回归适合挖掘多样本、离散型数据，如针对多个点蚀坑在相同维度的条件下蚀坑深度，每一个蚀坑样本属于独立样本，且不受其他蚀坑状态的影响。相比于这些数据挖掘方法，马尔可夫过程适合挖掘连续、时序型数据，如针对同一个点蚀坑深度随时间变化的数据，点蚀坑下一个时刻蚀坑深度在目前深度的基础上发展即认为与已知目前状态有关，而与之前时刻蚀坑的状态无关。

目前通过马尔可夫链进行的腐蚀数据挖掘对象主要集中在点蚀数据集上。Provan 等[100]率先使用非齐次的马尔可夫过程建立点蚀深度增长预测模型，完成了马尔可夫链与材料腐蚀科学研究的首次结合。近年来，Caleyo 等[101]通过连续时间非齐次线性增长的马尔可夫过程建立 X52 埋地管线钢外部点蚀深度预测模型，并将预测结果与实测数据进行对比，结果见图 18-6，图 18-6(b) 和 (c) 展现了 95% 以上的点蚀深度预测精度，但图中显示模型针对点蚀分布区间预测精度尚有不足。McCallum 等[102] 以马尔可夫过程分析为基础，讨论了通过多种局部腐蚀共同判定设备服役安全性的可行性。Ossai 等[103] 提出了管道腐蚀性指数(PCI 指标)，通过 PCI 指标的大小，加以运用马尔科夫模型衡量老化管线钢的服役安全性。

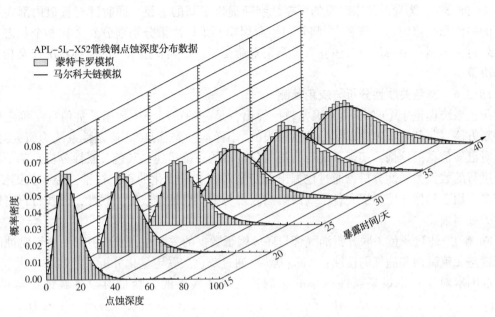

图 18-6　埋地管线钢点蚀深度的实测数据蒙特卡罗模拟和马尔科夫链模拟数据的对比

18.3.5　宏观尺度的蒙特卡洛模拟

蒙特卡洛方法(Monte Carlo method)由 John von Neumann 等于 20 世纪 40 年代首次提出，以概率和统计理论方法为基础的一种过程模拟。其基本思想是：设定相应基础参数建立概率模型或产生随机过程，通过对模型或过程的多次模拟运算，得到所求参数的统计分布特征，并运用算术平均值作为所求解的近似值。蒙特卡罗方法是一种基于统计学的数据挖掘方法，既可与第一性原理、分子动力学等方法相结合进行微纳观的腐蚀过程模拟，也可将模拟条件设定为点蚀速率等宏观尺度参数。不同的是运用蒙特卡洛方法进行微纳观尺度的模拟时多用于协助研究材料的腐蚀机理，而进行宏观尺度模拟时主要用于服役寿命预测与安全评估。和之前介绍的数据挖掘手段不同的是，蒙特卡洛模拟建立的材料腐蚀模型无法调整输入输出进行灵活预测，本部分主要讲述宏观尺度的蒙特卡洛模拟研究。宏观尺度的蒙特卡洛模拟主要应用在管道内壁的点蚀速率预测和管道寿命的预估，通过建立点蚀深度或点蚀速率在某一时刻的分布模型，判断管道服役的安全性。

Reigada 和 Sagues[104] 于 1994 年首次运用蒙特卡洛方法对局部腐蚀展开讨论，次年 Wang 和 Hardie[105] 进行 Mn-Cr 和 Ni-Cr-Mo-V 应力腐蚀开裂行为的研究，开启了蒙特卡洛模拟研究腐蚀问题的新纪元。Caleyo[106] 等运用蒙特卡洛模拟埋地管线钢外部的点蚀速率与点蚀深度概率分布情况，显示管道处于长时间腐蚀后，点蚀速率分布更偏向于符合 F 分布而不是 Weibull 分布以及 Gumbel 分布；这项研究的发现对于预测随机分布的埋地管线钢点蚀损害提供了可靠性分析依据。Ossai 和 Boswell[107] 同样通过蒙特卡洛模拟对管线钢内壁的点蚀生长速度与其服役安全可靠性进行分析，发现点蚀的生长是影响管线钢内壁减薄的主因，从而影响安全可靠性，并分析讨论了物理化学参数如温度、pH、CO_2 等对点蚀生长速率的影响。针对同一个数据集，Ossai 和 Boswell[108] 通过对管道环境参数和点蚀深度的分析，利用多元回归法和蒙特卡洛模拟估计点蚀的起始时间，进而利用非均匀连续时间的马尔可夫过程建立油气管道未来时段点蚀深度的分布模型，经验证 L-80 和 N-80 级海上油井管预测精确度达到 91.3%~98.5%，为管道未来时段的可靠性判断提供了新的途径。同时针对管道内部在不同阶段的检测和维修问题，作者[109] 将管道生命周期和维修决策分别划分 6 个和 5 个状态，利用马尔可夫模型和韦布尔分布建立管道剩余寿命模型，预测管道未来的腐蚀状况以及相应的维修决策。

18.3.6 灰色关联性分析与灰色预测

灰色系统理论于 1982 年由邓聚龙教授提出，是一种适用于少数据、贫信息不确定性问题的新方法。灰色系统理论以部分信息缺失的"小样本""贫信息"不确定性系统为研究对象，通过对已知信息的挖掘，实现系统行为与演化规律的正确描述。灰色关联性分析是基于灰色理论进行的数据关联性分析，通过挖掘出自变量对因变量变化的贡献权重，寻找关键变量。目前多应用于具体环境下探究各个腐蚀影响因素与材料腐蚀参数的关联性，寻找材料腐蚀机理的关键因素。

Fu 等[110] 通过灰色关联分析油气管与环境因子数据的关联性，发现引起油气管腐蚀的主要因素是无硫腐蚀和油气的侵蚀；Wang 等[111] 通过灰色关联定量化分析了蒸馏塔中大气的 4 种腐蚀因素对于蒸馏设备腐蚀速率的影响，发现油气中的含盐量对设备腐蚀影响最大。X. Cao 等[112] 添加了更多的影响因子，分析了中国 7 个试验站积累的为期一年的 Q235 碳钢大气暴露腐蚀试验的腐蚀速率（质量损失法）和 10 种影响腐蚀的环境因素数据的相互影响关系，得出环境因子对碳钢腐蚀速率的贡献大小依次为：空气相对湿度（12.22%）>结露时间（11.82%）>硫酸盐沉积速率（11.24%）>雨水 pH 值（11.23%）>平均降雨量（10.01%）>温度（9.86%）>下雨天数（9.75%）>Cl^-（8.31%）>H_2S（7.88%）>NO_2（7.61%），但是这种环境因子的选取是否具有相关性和重复性值得商榷，比如空气相对湿度会影响到结露时间，而在数据挖掘时假定了它们互不相关。灰色关联分析的局限性在于：只能反映具体情境下腐蚀因素对腐蚀总贡献权重的排比，不能揭示一般的腐蚀规律。比如某一大气环境下相对湿度 100%，含有 SO_2 浓度极微弱，通过灰色关联性分析两个大气环境因素对腐蚀贡献的结果会显示 SO_2 的关联性很小，无法揭示出大气相同浓度下 SO_2 与 H_2O 的变化对腐蚀的影响，因此灰色关联分析适用于针对具体腐蚀问题的腐蚀数据分析。

以灰色理论为基础，衍生有灰色预测和灰色建模。灰色预测的核心是将多种影响材料腐蚀速率的因素归纳至时间中，因此研究的腐蚀数据集类型必须是时序性数据。多元线性回归、神经网络、SVM 和 SVR、马尔科夫链、蒙特卡洛模拟对样本的数据量都有一定需求，且无法处理贫信息的腐蚀数据，而灰色预测模型 GM(1,1) 只需要 3~7 条时序性腐蚀数据即可进行挖掘建模，实现材料腐蚀相关参数随时间变化的预测。

目前针对 GM(1,1) 在腐蚀数据上挖掘的研究较为单一，多数仅通过改变数据集映射的具体情境进行腐蚀速率的预测。Li 等[113] 利用灰色理论探讨了一种缓蚀剂在低碳钢表面处于酸性介质中的缓蚀作用，首次将灰色理论引入腐蚀问题的研究。Zhao 等[114] 基于 GM(1,1) 模型，通过石油对储存石油容器底板造成的腐蚀速率进行预测，并和所有实测数据进行比较，误差区间处于 0.13%~5.41%，展现了较高的拟合度。Ma 等[115] 采用 14 条 SUS630 不锈钢实海投样的点蚀数据建立 GM(1,1)模型，并将模型预测结果误差同线性回归模型进行对比，发现线性回归模型的预测误差 10.53% 明显高于 GM(1,1)模型的 3.03%，显示出 GM(1,1)模型对于 SUS630 不锈钢的小样本腐蚀数据预测的高精确度。

18.3.7 频繁模式树算法

现有的数据挖掘研究中，Agrawal 等提出的 Apriori 算法是最有影响的挖掘布尔型频繁项目集的算法，提出了频繁模式树（FP-growth）算法。将 FP-tree 和概念格结合来进行腐蚀数据的智能分析，提取大气环境因子和碳钢腐蚀等级的量化关系结果，使之以数学统计概率的形式来描述。该概率在数据挖掘领域被称为置信度，即各因素相关性的可信程度，置信度越高，表示相关性越准确。图 18-7 为应用 FP-tree 腐蚀等级的量化关系挖掘流程。

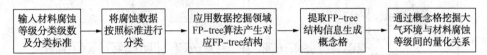

图 18-7　腐蚀等级的量化关系挖掘流程

表 18-2　环境因素与腐蚀等级的量化关系挖掘分析结果

大气环境因素				腐蚀水平量化关系					分级	ISO 9223 的分级
试验站	湿润时间	SO_2	Cl^-	C1	C2	C3	C4	C5		
武汉	$\tau4$	P1	S0	0%	0%	76.47%	23.53%	0%	C3	C3
北京	$\tau4$	P1	S1	0%	0%	100%	0%	0%	C3	C3
广州	$\tau4$	P1	S0	0%	0%	76.47%	23.53%	0%	C3	C3
青岛	$\tau4$	P3	S1	0%	0%	11.76%	82.35%	5.89%	C4	C5
万宁	$\tau5$	P0	S1	0%	0%	94.12%	5.88%	0%	C3	C3 或 C4
青海	$\tau5$	P1	S1	0%	64.71%	35.29%	0%	0%	C2 或 C3	C3 或 C4
江津	$\tau5$	P2	S0	0%	0%	5.89%	82.35%	11.76%	C4	C4 或 C5

挖掘表 18-2 结果显示，对于不同大气环境的武汉站和北京站：北京碳钢腐蚀等级为 C3 等级的置信度为 100%；武汉碳钢腐蚀等级为 C3 等级的置信度为 76.47%，为 C4 等级的置信度为 23.53%。这种量化关系区分了相近腐蚀环境对材料腐蚀影响的细微差别。

18.3.8 贝叶斯信念网络

贝叶斯定理由 Thomas Bayes 于 18 世纪提出，基于贝叶斯定理，发展了贝叶斯信念网络（Bayesian network）：一种基于概率推理的图形化概率网络。贝叶斯信念网络侧重于挖掘变量之间的联系，探究腐蚀因素之间的因果性[116,117]。

Tesfamariam 和 Martín-Pérez[118] 基于贝叶斯信念网络，针对钢筋混凝土的碳化腐蚀建立模型，在所有变量中发现潮湿条件等 6 个变量影响了钢筋混凝土的碳化系数 k，而碳化系数与时间变量共同决定了碳化深度，挖掘出了数据之间的因果关系。同样研究钢筋混凝土的腐蚀，Ma Y 发现混凝土表面的 Cl^- 浓度、钢筋表面的 Cl^- 浓度、Cl^- 扩散系数、混凝土层覆盖厚度决定了腐蚀发生的时间，而腐蚀起始时间与混凝土的强度值共同决定了腐蚀电流的大小，从数据角度侧面印证了应力腐蚀理论的正确性。由于贝叶斯信念网络属于概率统计模型，需要一定量的数据确保模型的可信度，且要求数据的完整性，因而无法进行极少数据、贫信息的腐蚀数据挖掘。图 18-8 为一种贝叶斯网络结构模型用于某一环境下环境因素缺失时的环境腐蚀等级分类问题，如 ISO 9223 标准中，潮湿时间、SO_2 浓度、Cl^- 浓度是关键数据。由于某一区域不能同时具备以上三种数据的情况，在基本判断数据缺失时，可利用贝叶斯网络来解决这一问题。根据贝叶斯网络结构模型，提出一种根据年平均温度、年降雨量、日照时间、风速和是否沿海等五个环境因素，用计算机自动判别金属材料大气腐蚀等级的方法，即在潮湿时间 SO_2 浓度、Cl^- 浓度的数值数据缺失时，金属材料大气腐蚀等级的自动判别方法。

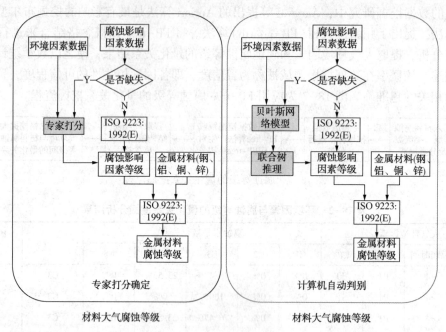

图 18-8　贝叶斯网络结构模型

18.3.9　随机森林

随机森林是一种数据驱动的集成学习模型，借助 Bagging 重采样技术和随机特征子集特点生成多个较为独立的树模型。对于某个输入样本，随机森林通过组合其在所有树模型的预测值形成最终的预测结果。虽然单棵树模型在小样本数据上可能会存在着不稳定、过拟合的情况，但这可通过随机森林的组合方式予以降低。而且随机森林作为集成算法之一，比一般浅层模型层数更多，更为适合处理陡峭流形结构的数据[119]。随机森林还具有实现简单、抗过拟合、可并行运行、具有收敛一致性、不受噪声影响以及无需调参等优点，且在多种公用数据集上取得了最优的结果。因此，随机森林目前已在诸多领域中得到广泛的应用。此外，随机森林还可以用于进行变量重要性的计算，为研究人员分析数据机理提供分析支持。基于这些优点，近年来，已有学者们将随机森林用于材料及材料腐蚀领域中。

Hou 等[120]利用递归量化分析获取影响腐蚀类型的电化学噪声变量，并利用随机森林建立变量与腐蚀类型的分类模型。Morizet 等[121]结合了小波分析与随机森林，提出了一种分离出局部腐蚀信号的分类算法。Di Turo 等[122]根据所建随机森林，分析了大气污染物对文化遗产物品的损害影响。Naladala 等[123]借助随机森林对材料腐蚀后的图片像素进行腐蚀等级标注，进而对材料各区域的腐蚀严重程度进行分类，为材料的早期腐蚀防护提供支持。Brown 等[124]使用随机森林探索研究了宏观腐蚀损失对 AA7050-T7451 裂纹增长行为的影响。上述随机森林在材料及腐蚀领域的成功应用表明了该算法在腐蚀领域的适用性。Zhi 等[125]利用随机森林对 17 种低合金钢在 6 种不同环境下 16 年的腐蚀速率进行了定量排序。结果表明，环境因素对腐蚀的影响比低合金钢自身的化学成分影响更大，特别是在大气腐蚀初期。在

16 年的时间段内，雨水的 pH 值对腐蚀速率的影响最大，而降雨的重要性在大气腐蚀的前两年更为突出。不过这些研究只是利用随机森林进行简单的建模/变量重要性分析，并没有根据腐蚀领域知识将变量重要性反向嵌入到模型中以提高最终的预测精度。

将数据模拟方法应用于腐蚀领域中的过程研究，已经成为一项希望大而又紧迫的工作。各种数据可视化及机器学习在腐蚀大数据中的应用案例还有很多。腐蚀大数据技术是未来腐蚀科学发展方向之一，也是准确认识腐蚀规律的必然趋势之一。通过对大数据技术的不断开发，未来对腐蚀规律的认识将越来越完善，对腐蚀过程的模型建立也会越来越准确。

参 考 文 献

1　Turner, M. E. D. Corrosion Monitoring, P. 31-34, Oyez Scientific and Technical Services Ltd, 1982

2　J. H. Morgan. Carhodic Protection, Its Theory and Practice in the Prevention of Corrosion. Leonard Hill, London, 1959

3　S. Haruyama, T. Tsuru. A Corrosion Monitor Based On lmpedance Method. Electrochemical Corrosion Testing, ASTM STP 727, Florian Mansfeld and U$_{90}$ Bertocci, Eds,, ASTM, P. 167-186, 1981

4　P. Hancock, L. E. O. Mayne. L Applied Chem., 1957, 7：700

5　Edited by：M. W. Kendig, UgoBertocci, J. E. Strutt, Proc, of the Symp. On "Computer Aided Acquisition & Analysis of Corrosion Data"(C. A. A. &A. C D.)Pennington, NJ, Electrochemical Society, 1985

6　H. S. Cambell, J. H. Cleland, C. Edeleanu. Br. Corros. J. 1987, 22(1)：10

7　M. Haroun, R. Erbar, R. Heidersbach. Materials Performnce, 1986, 25(11)：23

8　S. N. Smith, F. E. Rizzo. Materials Performance, 1980, 10：21

9　R. A. Osteryeung. E. C. S. &I, NewYork, 353, 1972

10　D. E. Smith. E. C. S. &I, NewYork, 369, 1972

11　S. P. Perone. E. C. S. &I, NewYork, 423, 1972

12　D. Britx. C. A. A. &A. C. D, 13, 1985

13　W. Fischer, et al. A. A. &A. C. D, 39, 1985

14　M. E. Cohem, P. A. Heimanu. J. Research of the NBS, 1978, 83(5)：429

15　O. R. Brown. Electrochemica Acta, 1982, 27(1)：33

16　宋诗哲，陈武平，姜伟. 中国腐蚀与防护学报，1985，5(3)：197

17　C. Gabrielli, et al, C. A. A. &A. C. D, 1, 1985

18　W. M. Peterson, Howard Siegernmn. Electrochemical Corrosion Testing, ASTM STP 727, 390, 1981

19　A. Tamba, Br. Corros, J., 1981, 16(4)：217

20　Lindsay F. G. Williams. Corros. Sci., 1979, 19(11)：767

21　Lindsay F. G. Williams. J. Electrochem, Soc., 1980, 127(8)：1706

22　K. S. Rajagopalan, et al. Transaction of the SAEST, 1984, 19(1)：7

23　L. R. Moody, X. P. Qin, J. E. Strutt. C. A. A. &A. C. D, 87, 1985

24　T. Tsuru, S. Sudo, S. Haruyama. C. A. A. &A. C. D, 45, 1985

25　S. Haruyama, T. Tsuru. Electrochemical Corrosion Testing, ASTMSTP 727, 167, 1981

26　J. D. Scantlebury, K. N. Ho, D. A. Eden. Electrochemical Corrosion Testing ASTM STP 727, 187, 1981

27　G. W. Walter. Corrosion Science, 1986, 26(9)：681

28　Ahamed Amirudin, Per Jernberg, Dominique Thierry. CORROSION/94, Houston USA, Paper 096, 171

29　T. C. Simpson. CORROSION/94, Houston, USA, Paper 073, 157

30　F. Deflorian, L. Fedrizzi, P. L. Bonora. Corrosion, 1994, 50(2)：113

31　F. Deflorian, V. B. Miskovic-Stankovic, P. L. Bonora, L. Fedrizzi. Corrosion, 1994, 6：438

32　A. Amirovdin, C. Barreau, D. Thierry. CORROSION/94, HoustOn, USA, Paper 097, 114

33　P. Mansfeld, C. Tsai. CORROSION/94, Houston, USA, Paper 046, 128

34　J. Murray, H. Hack, CORROSION/94, Houston, USA, Paper 156, 151

35　L. Nicodemo, P. Monetta, P. Bellucci. CORROSION/94, Houston, Texas, USA, Paper 290, 406

36　J. de Wit. CORROSION/94, Houston, USA, Paper 324, 420

37　J. Costa, S. Faidi, J. Scantlcbury. CORROSION/94, Houston, USA, Paper 331, 437

38　P. R. Roberge, V. S. Sastri. Corrosion, 1994, 50(10): 744

39　C. J. Houghton, P. I. Nice, A. C. Rugtveit. Materials Performance, 1985, 24(4): 9

40　M. Kendig, et al. C. A. A. &A. C. D, 60, 1985

41　J. P. Franey. C. A. A. &A. C. D, 32, 1985

42　K. Okamoto, M. hhkawa. Materials Performance, 1983, 22(7): 15

43　R. J, O'HallOran, L. F. G. Williams, L. P. Llyod. Corrosion, 1984, 40(7): 344

44　H. KanekO, H. Taimatsu. J. Japan Inst. Metals, 1984, 48(2): 191

45　G. Rose. Anti-Corrosion, 1981, 28(12): 8

46　M. Takano. Boshoku Gijutsu, 1984, 33: 623

47　K. Lawson, A. N. Rothwell, L. Fronczek, C. Langer. CORROSION/94, Houston USA, Paper 295, 4046

48　P. S. N. Stokes, W. M, Cox, M. A. Winters, P. O. Zuniga. CORROSION/94, Houston, Texas, USA, Paper 341, 4093

49　A. M. Brennenstuhl. CORROSION/94, Houston, USA, Paper 418, 4102

50　N. Henriksen, J. Kristgeirson. CORROSION/94, Houston USA, Paper 517, 4121

51　D. Farrell. CORROSION/94, Houston, USA, Paper 476, 4131

52　R. D. Strommen, H. Horn, K. R. Wold. CORROSION/94, Houston, USA, Paper 521, 4141

53　G. Notten, et al. CORROSION/94, Houston, USA Paper 582, 4154

54　W. R. Kassen, et al. CORROSION/94, Houston USA, Paper 321, 4237

55　C. Andrade. C. Alonso. Corrosion Rate Monitoring in the Laboratory and on-site. Construction and Building Materials, 1995, 10: 315-328

56　H. J. De Bruyn. Current Corrosion Montoring Trends in the Petrochemical Industry. Int. J press. Ves & Piping, 1996, 66: 293-303

57　Gamal Ahmed. Electrochemical Corrosion Monitoring of Galvanized Steel under Cyclic wet-dry Conditions. Corrosion Science, 2000, 42: 183-194

58　Eiji Tada, et al. Monitoring of Corrosion Fatigue Crackingusing Harmonic Analysis of Currentresponses Induced by Cyclic Stressing. Corrosion Science, 2004, 46: 1549-1563

59　Maria E Inman, Roy M Harp, et al. On-line Corrosion Monitoring in Geothermal Steam Pipelines. Geothermal, 1988, 27(2): 167-182

60　Shamsad Ahmad. Reinforcement Corrosion in Concrete Structures, Its Monitoring and Service Life Prediction—a review Cement & Concrete Composites. 2003, 25: 459-471

61　赵永韬，吴建华等. 工业腐蚀监测的发展及仪器的智能化. 2000, 21: 515-519

62　Akira Tahara, Toshiaki Kodama. Potential Distribution Measurement in Galvanic Corrosion of Zn/Fe Couple by Means of Kelvin Probe. Corrosion Science, 2000, 42: 655-673

63　张宝宏等. 金属电化学腐蚀与防护. 高等学校教材

64　Eiji Tadaa, Kazuhiko Noda, et al. Monitoring of Corrosion Fatigue Cracking Using Harmonic Analysis of Current Responses Induced by Cyclic Stressing. Corrosion Science. 2004, 46: 1549-1563

65　William Durnie, Roland De Marco, et al. Harmonic Analysis of Carbon Dioxide Corrosion. Corrosion Science. 2002, 44: 1213-1221

66　中国腐蚀与防护学会. 腐蚀试验方法与防腐蚀检测技术. 北京：化学工业出版社，1996

67　胡士信. 阴极保护工程手册. 北京：化学工业出版社，1999

68　B. E. Conway. Electrochemical Data. Elsevier. Amsterdam，1952

69　W. J. Albery. Electrode Kinetics. Clarendon. Oxford，1975

70　J. S. Newman. Electrochemical System，2nd ed. Prentice-Hall. Englewood. Cliffs. NJ，1991

71　Haynie F H，Upham J B. Effects of Atmospheric Pollutants on Corrosion Behavior of Steels［J］. Materials Protection，1971，10(11)：18

72　Revie R W. Uhlig's corrosion handbook［M］. John Wiley & Sons，2011

73　Zhao T，Mu G. The Adsorption and Corrosion Inhibition of Anion Surfactants on Aluminium Surface in Hydrochloric acid［J］. Corros Sci，1999，41(10)：1937-44

74　Tang L，Mu G，Liu G. The Effect of Neutral Red on the Corrosion Inhibition of Cold Rolled Steel in 1.0 M Hydrochloric Acid［J］. Corros Sci，2003，45(10)：2251-62

75　Mu G，Li X，Liu G. Synergistic Inhibition between tween 60 and NaCl on the Corrosion of Cold Rolled Steel in 0.5 M sulfuric acid［J］. Corros Sci，2005，47(8)：1932-52

76　Base L T. Neural Networks for Pattern Recognition［M］. Oxford University Press，1995

77　Rumelhardt D E，Mcclelland J L. The PDP Research Group Parallel Distributed Processing［J］. 1986

78　Shi J，Wang J，Macdonald D D. Prediction of Primary Water Stress Corrosion Crack Growth Rates in Alloy 600 Using Artificial Neural Networks［J］. Corros Sci，2015，92：217-227

79　Shi J，Wang J，Macdonald D D. Prediction of Crack Growth Rate in Type 304 Stainless Steel Using Artificial Neural Networks and the Coupled Environment Fracture Model［J］. Corros Sci，2014，89(11)：69-80

80　Alar V，Zmak I. Development of Models for Prediction of Corrosion and Pitting Potential on AISI 304 Stainless Steel in Different Environmental Conditions［J］. International Journal of Electrochemical Science，2016，11(9)：7674-7689

81　Smets H M G，Bogaerts W F L. Neural Network Prediction of Stress Corrosion cracking［J］. Materials Performance，1992

82　Smets H M G，Bogaerts W F L. SCC Analysis of Austenitic Stainless Steels in Chloride-Bearing Water by Neural Network Techniques［J］. Corrosion -Houston Tx-，1992，48(8)：618-623

83　Li X. Informatics for Materials Corrosion and Protection：The Fundamentals and Applications of the Materials Genome Initiative in Corrosion and Protection［M］. Chinese Chemical Industry Press，2014

84　Jiang G，Keller J，Bond P L，et al. Predicting Concrete Corrosion of Sewers Using Artificial Neural Network［J］. Water Research，2016，92：52

85　Cavanaugh M K，Buchheit R G，Birbilis N. Modeling the Environmental Dependence of Pit Growth Using Neural Network Approaches［J］. Corros Sci，2010，52(9)：3070-3077

86　Martín Ó，Tiedra P D，López M. Artificial Neural Networks for Pitting Potential Prediction of Resistance Spot Welding Joints of AISI 304 Austenitic Stainless Steel［J］. Corros Sci，2010，52(7)：2397-2402

87　Rolich T，Rezic I，Ćurković L. Estimation of Steel Guitar Strings Corrosion by Artificial Neural Network［J］. Corros Sci，2010，52(3)：996-1002

88　Kenny E D，Paredes R S C，Lacerda L A D，et al. Artificial Neural Network Corrosion Modeling for Metals in an Equatorial Climate［J］. Corros Sci，2009，51(10)：2266-2278

89　Birbilis N，Cavanaugh M K，Sudholz A D，et al. A Combined Neural Network and Mechanistic Approach for the Prediction of Corrosion Rate and Yield Strength of Magnesium-rare Earth Alloys［J］. Corros Sci，2011，53(1)：168-176

90　Danaher S，Dudziak T，Datta P K，et al. Long-term Oxidation of Newly Developed HIPIMS and PVD Coatings with Neural Network Prediction Modelling［J］. Corros Sci，2013，69(1)：322-337

91 Vapnik V, Golowich S E, Smola A. Support Vector Method for Function Approximation, Regression Estimation, and Signal Processing [J]. Advances in neural information processing systems, 1997, 281-287

92 Raccuglia P, Elbert K C, Adler P D F, et al. Machine-learning-assisted Materials Discovery Using Failed Experiments [J]. Nature, 2016, 533(7601): 73

93 Jian L, Kong W, Shi J, et al. Determination of Corrosion Types from Electrochemical Noise by Artificial Neural Networks [J]. International Journal of Electrochemical Science, 2013, 8(2): 2365-2377

94 Yan B, Goto S, Miyamoto A, et al. Imaging-Based Rating for Corrosion States of Weathering Steel Using Wavelet Transform and PSO-SVM Techniques [J]. Journal of Computing in Civil Engineering, 2014, 28 (28): 04014008

95 Qiu X, Fu D, Fu Z, et al. The Method for Material Corrosion Modelling and Feature Selection with SVM-RFE; Proceedings of the International Conference on Telecommunications and Signal Processing, F, 2011 [C]

96 Wen Y F, Cai C Z, Liu X H, et al. Corrosion Rate Prediction of 3C Steel under Different Seawater Environment by Using Support Vector Regression [J]. Corros Sci, 2009, 51(2): 349-355

97 Zhao H, Zhang X, JI L, et al. Quantitative Structure-activity Relationship Model for Amino Acids as Corrosion Inhibitors Based on the Support Vector Machine and Molecular Design [J]. Corros Sci, 2014, 83(6): 261-271

98 Li L, Zhang X, Gong S, et al. The Discussion of Descriptors for the QSAR Model and Molecular Dynamics Simulation of Benzimidazole Derivatives as Corrosion inhibitors [J]. Corros Sci, 2015, 99: 76-88

99 Rota G C. Handbook of stochastic methods [J]. Advances in Mathematics, 1985, 55(1): 101

100 Provan J W, Rodriguez E S. Part I: Development of a Markov Description of Pitting Corrosion [J]. Corrosion -Houston Tx-, 1989, 45(3): 178-192

101 Caleyo F, Velázquez J C, Valor A, et al. Markov Chain Modelling of Pitting Corrosion in Underground Pipelines [J]. Corros Sci, 2009, 51(9): 2197-2207

102 Mccallum K, Zhao J, Workman M, et al. Localized Corrosion Risk Assessment Using Markov Analysis [J]. Corrosion -Houston Tx-, 2014, 70(11): 1114-1127

103 Ossai C, Boswell B, Davies I J. Reliability Analysis and Performance Predictions of Aged Pipelines Subjected to Internal Corrosion-A Markov Modelling Technique; proceedings of the ASME 2015 International Design Engineering Technical Conferences & Computers and Information in Engineering Conference Idetc/cie, F, 2015 [C]

104 Reigada R, Sagués F, Costa J M. A Monte Carlo Simulation of Localized Corrosion [J]. Journal of Chemical Physics, 1994, 101(3): 2329-2337

105 Wang Y Z, Ebtehaj K, Hardie D, et al. The Behaviour of Multiple Stress Corrosion cracks in a Mn-Cr and a Ni-Cr-Mo-V Steel: II—Statistical characterisation [J]. Corros Sci, 1995, 81(37): 1705-1720

106 Caleyo F, Velázquez J C, Valor A, et al. Probability Distribution of Pitting Corrosion Depth and Rate in Underground Pipelines: A Monte Carlo study [J]. Corros Sci, 2009, 51(9): 1925-1934

107 Ossai C I, Boswell B, Davies I J. Estimation of Internal Pit depth Growth and Reliability of Aged Oil and Gas Pipelines-A Monte Carlo simulation Approach [J]. Corrosion -Houston Tx-, 2015, 71(8)

108 Ossai C I, Boswell B, Davies I. Markov Chain Modelling for Time Evolution of Internal Pitting Corrosion Distribution of Oil and Gas Pipelines [J]. Engineering Failure Analysis, 2015, 60: 209-228

109 Ossai C I, Boswell B, Davies I J. Stochastic Modelling of Perfect Inspection and Repair Actions for Leak-Failure Prone Internal Corroded Pipelines [J]. Engineering Failure Analysis, 2016, 60(3): 40-56

110 Fu C, Zheng J, Zhao J, et al. Application of Grey Relational Analysis for Corrosion Failure of Oil Tubes [J]. Corros Sci, 2001, 43(5): 881-889

111 Wang Z, Wang Y, Zhang J, et al. Grey Correlation Analysis of Corrosion on Oil Atmospheric Distillation E-

quipment; proceedings of the Wase International Conference on Information Engineering, F, 2009 [C]

112　Cao X, Deng H, Lan W. Use of the Grey Relational Analysis Method to Determine the Important Environmental Factors That Affect the Ttmospheric Corrosion of Q235 Carbon Steel [J]. Anti-Corrosion Methods and Materials, 2015, 62(1): 7-12

113　Li P, Lee J Y, Tan T C. Grey Relational Analysis of Amine Inhibition of Mild Steel Corrosion in Acids [J]. Corrosion -Houston Tx-, 1997, 53(3): 186-194

114　Zhao X G, Zhou Y, Cheng F, et al. Prediction of Soleplate Corrosion in Petroleum Storage Tank Based on Grey Model GM(1, 1); Proceedings of the IEEE International Conference on Industrial Engineering and Engineering Management, F, 2012 [C]

115　Ma F Y, Wang W H. Prediction of Pitting Corrosion Behavior for Stainless SUS 630 Based on Grey System Theory [J]. Materials letters, 2007, 61(4-5): 998-1001

116　Ayello F, Jain S, Sridhar N, et al. Quantitive Assessment of Corrosion Probability—A Bayesian Network Approach [J]. Corrosion, 2014, 70(11): 1128-1147

117　Ma Y, Wang L, Zhang J, et al. Bridge Remaining Strength Prediction Integrated with Bayesian Network and In Situ Load Testing [J]. Journal of Bridge Engineering, 2014, 19(10): 04014037

118　Tesfamariam S, Martín-pérez B. Bayesian Belief Network to Assess Carbonation-Induced Corrosion in Reinforced Concrete [J]. Journal of Materials in Civil Engineering, 2008, 20(11): 707-717

119　Breima L. Random forests [J]. Machine Learning, 2001, 45(1): 5-32

120　Hou Y, Aldrich C, Lepkova K, et al. Analysis of Electrochemical Noise Data by Use of Recurrence Quantification Analysis and Machine Learning Methods [J]. Electrochim Acta, 2017, 256: 337-347

121　Mor Izet N, Godin N, Tang J, et al. Classification of Acoustic Emission Signals Using Wavelets and Random Forests: Application to Localized Corrosion [J]. Mechanical Systems and Signal Processing, 2016, 70: 1026-1037

122　Di Turo F, Proiettl C, Screpantl A, et al. Impacts of Air Pollution on Cultural Heritage Corrosion at European Level: What Has Been Achieved and What are the Future Scenarios [J]. Environmental Pollution, 2016, 218: 586-594

123　Naladala I, Raju A, Aishwarya C, et al. Corrosion Damage Identification and Lifetime Estimation of Ship Parts using Image Processing [M]. 2018 International Conference on Advances in Computing, Communications and Informatics (ICACCI). 2018: 678-683

124　Brown D E, Burns J T. Data-Science Analysis of the Macro-scale Features Governing the Corrosion to Crack Transition in AA7050-T7451 [J]. JOM, 2018, 70(7): 1168-1174

125　Zhi Y, Fu D, Zhang D, et al. Prediction and Knowledge Mining of Outdoor Atmospheric Corrosion Rates of Low Alloy Steels Based on the Random Forests Approach [J]. Metals, 2019, 9(3): 383